评审会现场照片（一）

评审会现场照片（二）

评审会专家合影

中国纺织工业联合会文件

中国纺联〔2022〕34 号

关于授予"纺织之光"2022 年度
中国纺织工业联合会纺织职业教育教学成果奖
的决定

各有关单位：

根据国务院发布实施的《教学成果奖励条例》和《中国纺织工业联合会纺织职业教育教学成果奖励办法》，经中国纺织工业联合会纺织教育教学成果奖励评审委员会审定，中国纺联批准，"纺织之光"2022 年度中国纺织工业联合会纺织职业教育教学成果奖授奖项目共 206 项，其中：授予盐城工业职业技术学院瞿才新等申报的"悦达纺织产业学院产教深度融合双主体育人的研究与实践"等 21 项教学成果特等奖；山东科技职业学院李公科等申报的"高职服装类专业校企互融共生协同育人的实践教学改革与创新"等 51 项教学成果一等奖；杭州职业技术学院刘桠楠等申报的"'一平双导三接四融合'智能织造人才培养改革及实践"等 134 项教学成果二等奖。获得教学成果特等奖的奖励金由纺织之光科技教育基金会资助。

希望全行业要认真落实党中央对纺织工业转型升级的总体要求，鼓励纺织服装院校积极深化教学改革，彰显"做中学、做中教"的纺织教育教学改革的特点，开拓创新，提高纺织教育教学水平和教育质量，全面促进和推动纺织行业发展。

附件："纺织之光"2022 年度中国纺织工业联合会纺织职业教育教学成果奖获奖名单

中国纺织工业联合会
2022 年 9 月 6 日

"纺织之光"

中国纺织工业联合会
纺织职业教育教学成果奖
汇编

（2022年）

—— 主编 ——

中国纺织工业联合会

中国纺织服装教育学会

纺织之光科技教育基金会

中国纺织出版社有限公司

内 容 提 要

本书汇集"纺织之光"2022年度中国纺织工业联合会纺织职业教育教学成果奖特等奖、一等奖获奖项目共72项。2022年共有63所院校及相关单位申报了251项教学成果。成果从数量、质量、时效性等方面较上届均有所提高。伴随中国特色高水平高职院校和专业（群）建设计划、职业教育提质培优行动计划（2020—2023年）、关于推动现代职业教育高职发展意见等的实施，2022年中国纺织工业联合会职业教育教学成果奖方向更加宽泛，涉及培养模式改革、双创教育探索、非遗与文化教育体系构建、信息化教学改革、分层教学实践、校企双主体育人等领域，与上届教学成果奖相比，增加了专业群综合育人、劳动教育、岗课赛证融合改革、现代学徒制实践等方面的成果申报。

图书在版编目（CIP）数据

"纺织之光"中国纺织工业联合会纺织职业教育教学成果奖汇编．2022年 ／ 中国纺织工业联合会，中国纺织服装教育学会，纺织之光科技教育基金会主编．-- 北京：中国纺织出版社有限公司，2023.7

ISBN 978-7-5229-0583-9

Ⅰ．①纺… Ⅱ．①中… ②中… ③纺… Ⅲ．①纺织工业—职业教育—文集 Ⅳ．① TS1-4

中国国家版本馆 CIP 数据核字（2023）第 084156 号

责任编辑：亢莹莹　　责任校对：高　涵　　责任印制：王艳丽

中国纺织出版社有限公司出版发行
地址：北京市朝阳区百子湾东里 A407 号楼　邮政编码：100124
销售电话：010—67004422　传真：010—87155801
http://www.c-textilep.com
中国纺织出版社天猫旗舰店
官方微博 http://weibo.com/2119887771
唐山玺诚印务有限公司印刷　　各地新华书店经销
2023 年 7 月第 1 版第 1 次印刷
开本：889×1194　1/16　印张：23　插页：2
字数：580 千字　定价：128.00 元

编委会成员

主　　编：倪阳生　叶志民

副 主 编：纪晓峰　张翠竹　白　静

责任主编：劳　斌

编　　辑：陈思奇　吴　静　季爱琴　吴思楠

目 录
CONTENTS

第一部分 特等奖

附　录

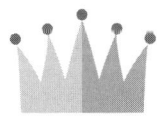

第一部分

特等奖

悦达纺织产业学院产教深度融合、双主体育人的研究与实践

盐城工业职业技术学院

完成人及简况

姓名	性别	所在单位	党政职务	专业技术职称
瞿才新	男	盐城工业职业技术学院	校长	教授（二级）
李桂付	男	盐城工业职业技术学院	教务处处长	教授
刘华	男	盐城工业职业技术学院	质量控制办公室、产教融合发展研究中心主任	教授
王前文	女	盐城工业职业技术学院	无	副教授、高级工程师
王曙东	男	盐城工业职业技术学院	科技处处长、创新创业办公室主任	副教授、高级工程师
姜为青	男	盐城工业职业技术学院	纺织服装学院院长	教授
钱飞	女	盐城工业职业技术学院	无	副教授
戴俊	男	江苏悦达纺织集团有限公司	董事长、总经理	研究员级高级工程师
周彬	男	盐城工业职业技术学院	纺织服装学院副院长	副教授、高级工程师
赵磊	男	盐城工业职业技术学院	无	副教授
徐帅	男	盐城工业职业技术学院	无	副教授
赵菊梅	女	盐城工业职业技术学院	纺织服装学院教科研主任	副教授
黄素平	女	盐城工业职业技术学院	无	副教授
仓金顺	男	盐城工业职业技术学院	无	副教授

1 成果简介及主要解决的教学问题

1.1 成果简介

根据2009年国务院发布的《纺织工业调整和振兴规划》和学校的发展定位，为了更好地服务纺织产业发展，努力培养面向生产一线、满足企业需要、适应岗位需求的高素质技术技能人才，2010年，学校依托江苏省首批高等教育人才培养模式创新实验基地，携手全国百强企业悦达纺织集团，在纺织院校中率先成立企业学院——悦达纺织学院，开启了纺织职业教育办学模式改革的探索之旅。2013年，"基于悦达学院的高职人才培养体制改革"被确定为省教育体制改革自主试点项目。2016年，江苏省教育厅专家组对学校省级示范性高职院校建设项目的验收意见明确指出：学院在政行校企合作办学体制机制创新、校企共建"悦达学院"等方面成效显著，成为学校示范建设的突出亮点。

产业学院始终坚守"立德树人、以职兴业"初心，秉承"开放办学、共享共赢"理念，以人才、管理、产教、科技、文化"五融合"创建"专业群+产业群""教学+研发""就业+创业"一体化协作的校企命运共同体，通过全面试点混合所有制，明确双主体的责任和义务，形成办学利益内循环市场化运行模式，突破校企双主体办学的利益制衡瓶颈，激发各自合作动力；双主体在多元化投入、专业化办学、企业化管理的运行机制下，共同实施人才培养，实现学校、企业、学生互利共赢。

实施"岗位群引领、学做创合一"人才培养模式，校企协同重构主动适应需求变化的基于岗位群的"平台+模块+方向"结构化课程体系，基础课程培养学生岗位通用能力，核心课程对接关键岗位，提高学生专业能力，拓展课程提升学生创新创业等综合能力，采用教学内容项目化、教学组织阶段化和岗位训练轮转化的教学组织形式，企业深度参与人才培养，学校人才供给与企业需求契合度高。

构建科研项目开发（Search）、科研团队建设（Staff）、科研路径实施（Path）、科研项目运行（Run）和科研成果转化（Transfer）的全过程科研工作机制（SSPRT），"贴近企业做学问"，形成了"企业项目入课堂、能工巧匠上讲台、教学名师下企业、师生作品进市场"的科教协同创新发展机制，做到"以学促研、以研促产、以产助学、以产养研"，达到教师服务社会和学生创新能力双提升。

经过十二年的实践探索表明，"悦达纺织产业学院产教深度融合协同办学双主体育人"模式成功促进了人才供需两端双向发力，实现了产教融合"理念—制度—实施"的落地生根。现代纺织技术专业群成为江苏省高水平专业群，校企共建的职教联盟成为全国示范职教集团，双主体合作企业获批江苏省首批产教融合型企业，专业群总体水平2020年武书连学科排名全国第三。

1.2　主要解决的教学问题

（1）公办院校试点混合所有制利益分配存在瓶颈，企业参与人才培养内生动力不强。

（2）学校人才供给与企业需求脱节，毕业生适岗率不高。

（3）教师服务社会和学生创新能力偏弱，科研反哺教学成效不明显。

2　成果解决教学问题的方法

2.1　构建利益内循环运行模式，打造现代产业学院

实施双主体、五融合的运行机制，拓展多元化办学体制，建立理事会治理下的现代产业学院。制定《悦达纺织产业学院章程》，明确了合作办学的共建内容与方式、资金投入和权益划分。为突破双主体办学的利益制衡瓶颈，构建了产业学院利益内循环运行模式，对于资金、场所、设备、人力等资源，校企双方按照比例投入产业学院，办学所产生的人才培养、社会培训、四技服务、产品服务等收益全部投入产业学院建设中，收益不分配，形成利益内循环，强化了企业的内生动力。

2.2　岗位群引领、学做创合一，实施双主体育人

根据纺织高端技术、高端装备、高端产品、高端服务对岗位人才的需求，将专业教学标准和技能证书标准对接，明确核心岗位工作内容，遵循"平台共享、能力递进、持续发展"的原则，校企协同重构"平台（基础课程）+模块（核心课程）+方向（拓展课程）"的结构化课程体系。基础课程培养学生岗位通用能力；核心课程对接关键岗位，即"一课程一岗位"，提高学生专业能力；拓展课程促进学生职业素质拓展，提升学生创新创业等综合能力。采用教学内容项目化、教学组织阶段化和岗位训练轮转化的教学组织方式，在学校开展岗位认知教学，在企业现场进行实践操作，遵循"识岗—跟岗—顶岗"环节，形成"岗位群引领、学做创合一"人才培养模式，培养高素质技术技能人才。

2.3 开发SSPRT工作机制，促进科研反哺教学

针对教学、科研"两张皮"现象，"以科研项目为载体、以科研团队为支撑、以产业化为路径、以项目管理为保障、以成果转化为目标"，构建了特色鲜明的高职院校科研工作机制，提升教师服务社会和学生创新能力。

（1）构建高质量项目开发机制（Search），促进企业项目走进课堂。"贴近企业做学问"，将企业真实科研项目转化为教学内容，培养学生创新能力。

（2）打造高水平科技创新团队（Staff），吸收能工巧匠走上讲台。汇集校企资源，打造以产业教授、科技副总为核心的团队，成为省级教学科研双优团队。

（3）拓展产业化科研实施路径（Path），促进教授走进企业。依托关键技术研发平台、技术产品化加速器和产品产业化基地，协同开展技术攻关。

（4）建立多维度项目管理机制（Run），激发教科研内生动力。抓住教科研项目经费管理、目标管理、绩效考核等关键环节，将科研项目转化为教学案例作为考核指标，构建目标管理体系，为教师产生高质量教科研成果提供保障。

（5）优化科研成果转化模式（Transfer），催生师生作品输出。依托省级技术转移中心，按照"机构实体化、运作市场化、队伍专业化、服务特色化、条件信息化、资源国际化"模式，将师生科技创新作品转移、转化到企业中。

3 成果的创新点

3.1 首创产业学院利益内循环运行模式，实现校企深度融合

通过办学利益内循环市场化运行模式，实施双主体办学、五融合发展，突破了校企双主体办学的利益制衡瓶颈，校企双方分别投入资源，即学校投入基础设施、教学资源、师资、教学经费，企业投入生产实训设备、资金，按比例占股，将办学收益全部投入产业学院人才培养和专业建设中，形成人力资源、设备资源、技术创新等利益共享、办学和社会服务收益内循环，促进产业学院长期稳定高效地发展。成果实现了由过去产教结合到现在产教深度融合的转变，相关理论成果形成专著《悦达纺织产业学院协同办学双主体育人的研究与探索》，校企共建的职教联盟成为全国示范职教集团。

3.2 创新"岗位群引领、学做创合一"双主体育人方式，提高学生适岗能力

围绕纺织服装"设计—生产—贸易"全产业链形成的纺织品时尚设计、生产管理、现代商贸岗位群对岗位人才的具体需求，对接岗位工作内容和职业资格标准，形成基于岗位群的结构化课程体系，基础课程培养学生岗位通用能力，核心课程对接关键岗位，拓展课程促进学生职业素质拓展。采用课程内容项目化、教学组织阶段化和岗位训练校企轮转化的教学组织模式，学习过程即工作过程，学习内容即工作内容，学习环境即工作环境。形成"岗位群引领、学做创合一"人才培养模式，学生职业素养、职业创新能力、人才培养适岗率显著提高，"新型纺织面料来样分析"获批国家精品在线开放课程。

3.3 创新SSPRT科研工作机制，促进科研反哺教学

实施科研项目开发（Search）、科研团队建设（Staff）、科研路径实施（Path）、科研项目运行（Run）和科研成果转化（Transfer）的全过程科研工作机制（SSPRT），"贴近企业做学问"，激发了教科研协同的内生动力，形成了"企业项目入课堂、能工巧匠上讲台、教学名师下企业、师生作品进市

场"的科教协同创新发展机制，实现了"以学促研，以研促产，以产助学，以产养研"。发挥科技创新促进产业发展和反哺教学的双重作用，提升教师服务社会和学生创新能力，学生获得全国"挑战杯"创新创业大赛国赛特等奖，近三年，"四技"服务累计到账达2000万元。

4　成果的推广应用情况

4.1　学生职业能力优，行业企业评价高

学生高级工获取率99.8%，全国纺织技能大赛团体一等奖9项，个人一等奖31项，"挑战杯"国赛特等奖1项、省赛一等奖3项，职业生涯规划省赛特等奖1项。

4.2　教师科技成果多，社会服务能力强

教师获批省科技项目61项，位列全国同类专业第一方阵，省内同类院校唯一牵头获省科学技术奖，核心论文和发明专利数进全国高职院校50强。"四技"服务累计到账2000万元。省优秀教学、科技创新团队4个，省"333工程""六大人才高峰"等人才项目30人次，位列省双创"科技副总"全省高职院校第一。高职纺织类院校唯一获批省技术转移中心和省发改委工程中心、连续两年获省"技术转移工作促进奖"。科学技术部原副部长曹健林2014年视察学校时说："作为地处苏北的高职院校能以科技服务吸引悦达集团主动合作，以悦达学院推动产教深度融合，以产学研合作引领创新创业，真是难能可贵！"

4.3　学院办学经验好，辐射引领作用大

传授铜川职业技术学院、阿克苏职业技术学院等学校产业学院创办经验。牵头全国纺织专业教学标准修（制）订。校领导在全国纺织教育教学成果奖宣讲会上向46所院校介绍产业学院育人模式；《江苏教育》以"结对帮扶守初心共同发展担使命"为题，报道周彬老师指导铜川职业技术学院师生联合企业申请专利、获得"挑战杯"金奖。学校在省产业教授推进会上介绍《借力产业教授推进产教深度融合》，相关经验在《人民日报》《中国教育报》等刊发。常州纺织服装职业技术学院、安徽水利水电职业技术学院、辽宁轨道交通职业学院、湖南铁道职业技术学院等39家院校来校学习产业学院创办机制。

4.4　学院机制特色显，各类媒体关注高

（1）机制成范式。《光明日报》刊发"如何让学生'技高一筹'"，对产业学院育人成效进行报道。"组建'悦达纺织产业学院'实行双主体办学"入选《江苏省高等职业教育改革发展创新案例集》。全国人大常委会副委员长艾力更·依明巴海2015年考察学校时说："学校创新办学体制机制，服务地方经济发展，富有成效，你们做得实在！"

（2）育人显特色。"推进素能一体　助力学生出彩"入选《江苏高校品牌专业项目建设优秀案例集》，肯定了产业学院零距离对接企业的办学实效。

（3）服务立标杆。《光明日报》刊文"高职院校如何'贴近企业做学问'"，《中国教育报》刊文"产业教授搭起产教融合桥梁"，报道了产业学院从生产一线实际中培养人才的做法。

双元育人、数字赋能、多样成才——高职纺织服装专业群工匠人才培养创新实践

山东科技职业学院

完成人及简况

姓名	性别	所在单位	党政职务	专业技术职称
董敬贵	男	山东科技职业学院	国际交流与合作部主任/纺织专业主任	教授
栗少萍	女	山东科技职业学院	无	教授
董传民	男	山东科技职业学院	宣传统战部、教师工作部部长	教授
徐晓雁	女	山东科技职业学院	纺织服装系主任	教授
胡兴珠	男	山东科技职业学院	国际交流与合作部直属党支部书记	副教授
杨晓丽	女	山东科技职业学院	无	副教授
李凯	男	山东科技职业学院	纺织服装系科长	讲师
田金枝	女	山东科技职业学院	无	副教授

1 成果简介及主要解决的教学问题

1.1 成果简介

对接时尚发展的纺织服装产业链对人才链的需求，组建以服装设计与工艺为核心的纺织服装专业群，经历省重点专业群、国家优质重点专业群、"双高"A类专业群建设等阶段的实践探索，依托3个省重点教改课题的研究，形成了"双元育人、数字赋能、多样成才——高职纺织服装专业群工匠人才培养创新实践"成果。

基于全人教育理论，确立了"个性化教育与创造性教育"融合的校企协同育人改革理念，适应产业数字化、智能化发展，构建了"能力导向、三层递进"的专业群课程体系，创新实施"双主体、五对接、四融合"人才培养模式。搭建"融合发展、共建共享"教科研平台，构建校企双主体育人的合作机制。

经过7年实践，人才培养质量大幅提升。学生获全国技能大赛一等奖8项；申报专利200余项；毕业生大型企业就业率75%以上，企业满意率95%。主持国家专业教学资源库、专业教学标准6个。CCTV-4、新华网等权威媒体报道34次。成果在济南工程职业技术学院等20多所院校有效推广并实施。

1.2 主要解决的教学问题

（1）传统纺织服装专业人才培养模式不适应产业时尚发展对创新型、复合型人才的需求。

（2）人才培养和纺织产业需求存在"两张皮"问题。

（3）校企融合机制不健全，企业不能参与人才培养的全过程。

2　成果解决教学问题的方法

（1）基于全人教育理论，确立了"个性化教育与创造性教育"融合的校企协同育人理念，因材施教，建立"一人一案"机制，协同培养适应时尚产业发展的创新型、复合型技术技能人才。

（2）数字赋能、多样成才，以岗位能力为导向，构建三层递进的专业群课程体系（图1）。数字化技术与专业课融合，根据纺织高端技术、高端装备、高端产品、高端服务对岗位人才的需求，将专业教学标准和技能证书标准对接，明确核心岗位工作内容，遵循"平台共享、能力递进、持续发展"的原则，校企协同重构"平台（基础课程）+模块（核心课程）+方向（拓展课程）"的结构化课程体系。基础课程培养学生岗位通用能力；核心课程对接关键岗位，即"一课程一岗位"，提高学生专业能力；拓展课程促进学生职业素质拓展，提升学生创新创业等综合能力。采用教学内容项目化、教学组织阶段化和岗位训练轮转化的教学组织方式，在学校开展岗位认知教学，在企业现场进行实践操作，遵循"识岗—跟岗—顶岗"环节，形成"岗位群引领、学做创合一"人才培养模式，培养高素质技术技能人才。

图1　三层递进的专业群课程体系

（3）基于德国双元制育人理论，实施专业群"双主体、五对接、四融合"人才培养模式。与鲁泰等龙头企业开展双主体育人，实现培养目标与岗位要求、教学与生产活动、教室与车间、教师与工程师、创新活动与产品研发等五对接，在教学内容与组织上实施"岗课赛证"四融合，提高了专业群人才培养的针对性、适应性和质量（图2）。

（4）校企协同，打造产教研互融互通平台。按照共建共享原则，校企共建生产性实训基地、技术中心、工作室等数字化、智能化产教研平台。师生利用平台课上学习企业真项目，研发真产品，并将成果纳入专业教学内容，实现了"教学出题目、科研做文章、成果进课堂"，教学过程与企业生产紧密对接。

（5）深化校企融合，构建"互嵌式"校企合作育人机制。校企作为育人主体，形成了教学生产一体、资源共建共享、人员双向挂职、研学互融互促的校企互嵌育人机制，校企成为互融共生的命运共同体。

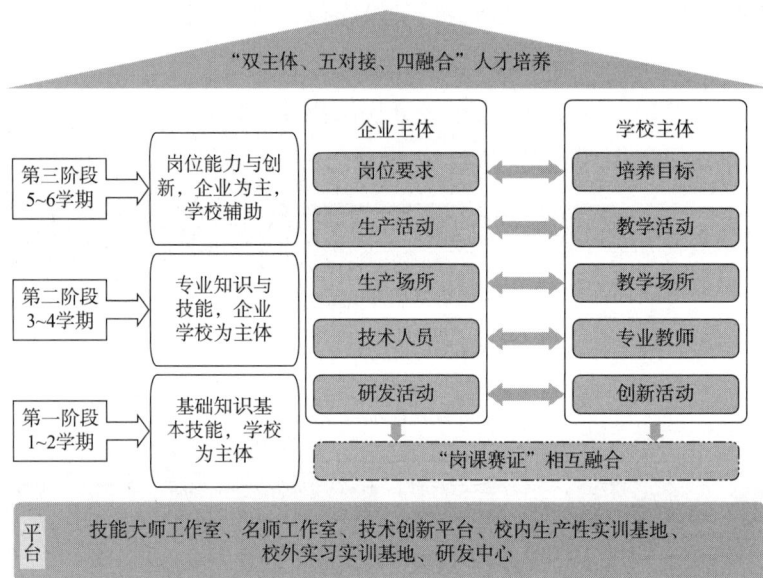

图2　纺织服装专业群"双主体、五对接、四融合"人才培养模式图

3　成果的创新点

（1）创新提出纺织服装专业群"双主体、五对接、四融合"人才培养模式，丰富了中国特色学徒制理论。借鉴"双元制"育人模式，在人才培养上实施五对接，践行了知行合一、工学结合职教理念。"岗课赛证"四融合，提高了人才培养的针对性和成效。

（2）对接产业数字化发展对岗位群能力需求，创新构建了"能力导向、三层递进"的专业群课程体系，为设计类专业群人才培养提供了可借鉴方案。底层基础能力课程共享，中层岗位能力课程可跨岗位融合，高层核心（拓展）能力课程可让学生在导师指导下打破专业界限，根据兴趣在群内跨专业选课，形成"一人一案"培养机制，有效解决了个性化不足、创新能力差的问题。

（3）深化校企融合，创新形成校企"双元育人"合作机制。基于"双主体"培养理念，形成了在人才培养、资源共建共享、双向挂职、科研技术服务等方面的合作机制，校企协同育人，科研成果由企业转化并反哺教学，校企成为命运共同体，保障了双主体合作育人的实施。

4 成果的推广应用情况

4.1 人才培养质量明显提高

成果实施7年来，人才培养质量明显提高。近三年就业率分别达到99.5%、99.5%、100%，毕业生平均薪资增长25%，大型纺织服装企业就业率达到75%以上，就业满意率达到95.7%，学生创新能力显著提高，申报相关专利200余项，授权86项。2015年以来，纺织服装专业群学生获国赛、省赛一等奖9项，职业资格证书获取率达到150%以上。毕业生以"职业素质高、动手能力强"受到用人单位的高度认可，满意率达到95%。

4.2 专业群建设成绩突出，位列全国同类专业群前列

2019年，山东科技职业学院纺织服装专业群被评为国家优质院校重点建设专业群，成为全国唯一一个国家"双高计划"建设单位A类纺织服装专业群。牵头成立山东省纺织服装职业教育行业教学指导委员会和"一带一路"纺织服装职业教育联盟。拥有国家纺织面料设计师（山东）培训中心、国家级服装制板技术服务协同创新中心等9个国家和省级技术与培训中心。近3年，各类项目到位资金991.5万元。建有俞建勇院士领衔的高水平双师队伍，包括国家级技能大师4人，拥有4个省级教学团队，3名省级教学名师，双师比达91%；建设国家及省级精品类课程12门，主持服装设计专业国家教学资源库建设；主持其他国家级专业教学资源库子项目12门；主持开发国家专业教学标准6个、行业标准4个，获得国家级教学成果奖二等奖2项。

4.3 国内示范效用明显

本成果团队人员应邀在全国纺织服装职业教育大会、全国纺织服装行指委会议等国内大型会议上进行成果交流发言23次，成果案例被收录在全国高职质量年度报告中。成果被《光明日报》、新华网等权威媒体专题报道34次。CCTV-4对中国台湾大仁科技大学等5所大学25名学生来我院体验非遗染缬技艺进行报道。

成果经验向全国高职院校推广，受到诸多兄弟院校的关注，应邀向全国125所院校做经验介绍；近年来接待国内50多所职业院校来我校交流学习，本成果在济南工程职业技术学院等20多所院校有效实施。

4.4 "一带一路"沿线推广，国际影响力大

2019年，学院依托纺织服装专业群与"走出去"企业华腾集团在乌干达建立国际学院，为企业培养纺织服装专业15名学历生，完成短期培训3000多人次，乌干达教育部副部长亲自为国际学院揭牌，乌干达国际电视台对成果进行了报道。与肯尼亚基苏木国家理工学院共建纺织服装鲁班工坊，12个专业标准、课程标准和部分课程资源在乌干达部分职业院校和肯尼亚基苏木国家理工学院使用借鉴。作为"一带一路"纺织服装职业教育联盟理事长单位，成果在"一带一路"沿线多个国家推广。

纺织服装院校审美教育探索与实践

常州纺织服装职业技术学院

完成人及简况

姓名	性别	所在单位	党政职务	专业技术职称
张文明	男	常州纺织服装职业技术学院	党委委员、教学副院长	教授
顾明智	男	常州纺织服装职业技术学院	文化传承与创新中心主任	教授
邓凯	男	常州纺织服装职业技术学院	副院长	教授
夏冬	男	常州纺织服装职业技术学院	教务处处长、校企合作处处长	教授
李洁琦	男	常州纺织服装职业技术学院	学生工作处处（部）长	副研究员
苏昊	男	常州纺织服装职业技术学院	创意学院副院长	副教授
祝燕芳	男	常州纺织服装职业技术学院	教务处副处长	副研究员
吴访升	男	常州纺织服装职业技术学院	党委书记	教授（二级）

1　成果简介及主要解决的教学问题

1.1　成果简介

1999年以来，国家颁布了《关于深化教育改革全面推进素质教育的决定》《全国普通高等学校公共艺术课程指导方案》《关于全面加强和改进新时代学校美育工作的意见》。

2006年以来，学校把公共艺术教育作为提升学生综合素养的重要途径，融入人才培养的全过程，依托我校"技艺融合"的办学特色，牵头研究艺术素养教育模式，挖掘公共艺术教育资源，建设艺术展示中心等美育场馆，推动向具有文化内涵与技能相结合的高素质综合型人才培养转型。以"审美和人文素质"为抓手，依托艺术教学资源，以艺术社团为补充，形成了"美育融专业相依共促、美育融文化相融共鸣、美育融社团实践相辅共育、美育融双创相向共进"的课程体系特色，形成了"课程特色化、组织多元化、评价时代化、条件优质化、教学项目化"的保障体系；到2017年，形成了"一项任务、两个目标、三全育人、四方融合、五化协同"的高职美育教育模式并推广应用（图1）。发扬常纺棉文化精神、传承常纺工匠精神，发挥一股纱合力，引导学生扣好人生第一

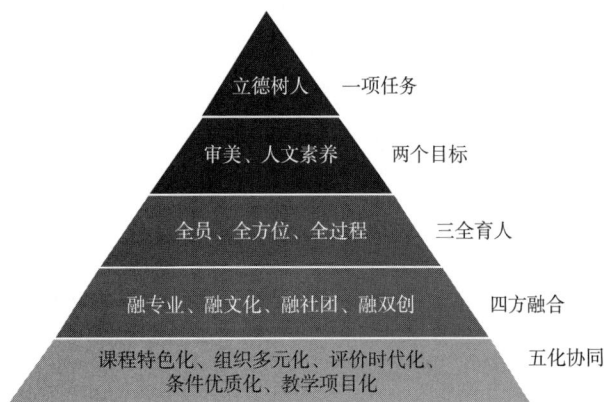

图1　高职美育教育模式

立德树人　一项任务

审美、人文素养　两个目标

全员、全方位、全过程　三全育人

融专业、融文化、融社团、融双创　四方融合

课程特色化、组织多元化、评价时代化、条件优质化、教学项目化　五化协同

粒扣子，努力打造"经纬天地、袖里乾坤、领袖人才"的纺织服装校园美育文化。

依托"四方融合"和协同保障，形成了五环美育课程体系（图2），浸润"健康美、劳作美、技艺美、自信美、人格美"，协同"德智体劳"全面发展；实践了六个学期的美育通识课—选修课—实践课—专业课为载体的递进式教学，循序渐进地将"以美赋能"目标与"强技精艺"技术实践贯穿于各教学环节，将职业岗位的"过程美、工作美、产品美"融入专业教学项目，服务了学生"感知美、鉴赏美、表现美、应用美、创造美"的个性化发展，形成了我校特有的美育塑人范式（图3）。

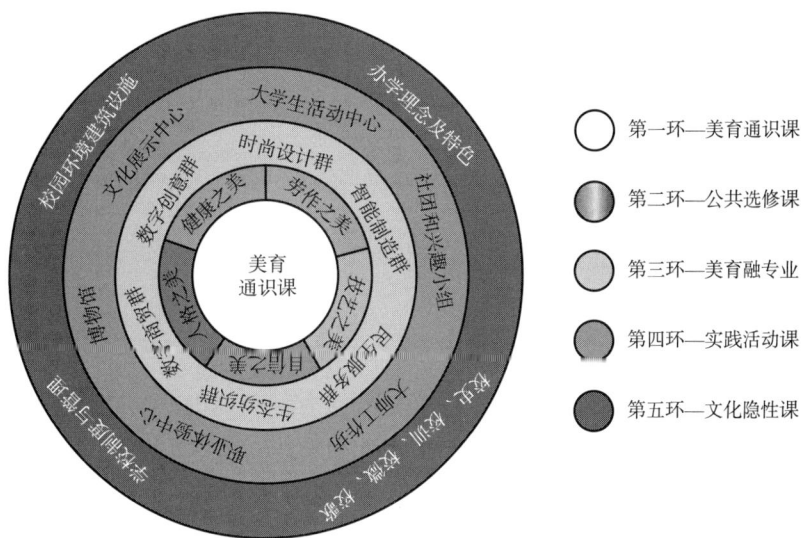

图2　五环美育课程体系

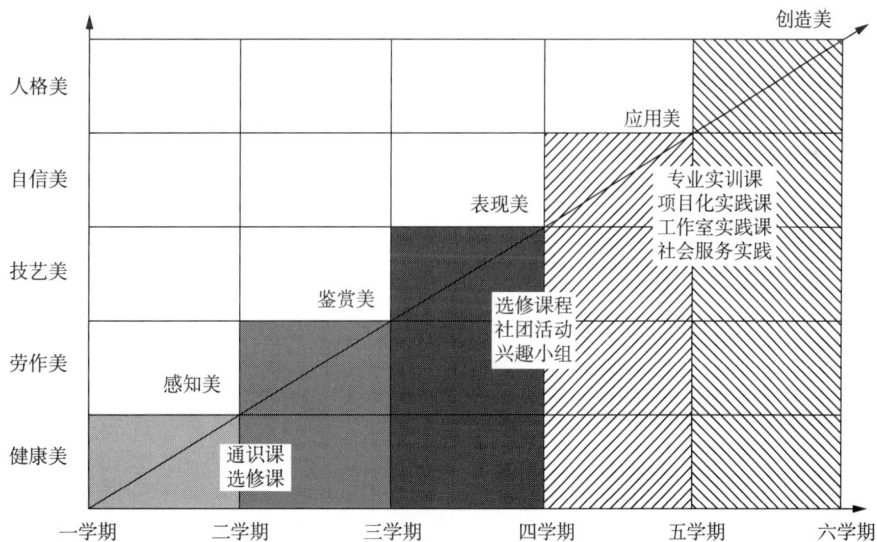

图3　美育塑人范式

经过4年多实践，每年美育通过融合专业、文化、社团、双创赋能我校万名学子，为常州科教城学生提升审美素养。学生受到团中央表彰，多名学生被江苏省教育厅评为最美职校生，有毕业生当选为全国劳模，以美赋能提升了人才培养对经济发展的贡献度。先后有100余所院校来校交流，中央电视台、新华网、学习强国、环球网、中国科技网、《中国职业技术教育》、江苏省教育厅、江苏高等教育网、中国江苏网、《扬子晚报》等几十家媒体、平台、机构广泛报道，被誉为"艺术与技术交融特色的高技能人才摇篮"。美育场馆成为全国职业院校传统技艺传承示范基地、江苏省"常州民间展示体验馆"、江苏省教育厅民艺体验中心、科教城人文素养培训基地；获北京大学生时装节人才培养奖、中国色彩教育奖、国家精品资源课程、江苏省公共艺术课考核优秀、国家教师教学技能大赛奖、学生职业技能大赛奖、全国教材奖、南京"紫金奖"文化创意设计大赛奖、中国工艺美术博览会奖，主持制定国家专业教学标准，专著和"美育大篷车"影响深远，有效提升了职教的吸引力和美誉度。2019年，被时任教育部部长陈宝生赞誉为"是一所创造美的学校"。

1.2 主要解决的教学问题

（1）解决五育并举中美育不到位的问题。

（2）解决美育与专业融合不紧密的问题。

（3）解决审美教育途径不丰富的问题。

（4）解决中华优秀传统如何发扬的问题。

2 成果解决的教学问题及解决方法

（1）解决了五育并举中美育不到位的问题。党的教育方针明确指出：培养德智体美劳全面发展的社会主义建设者和接班人。然而，美育在实施中成为许多学校的痛点和难点。在2003年我校就颁布了《关于加强学校美育工作的实施意见》，制订了任务分解方案，落实"以美育人"思路与职责，从课程、师资、教法、教材到设施等落实、落细，为美育发展奠定了良好的基础，同时，建立了美育塑人机制。美育课程体系第二环公共选修课融入德智体劳全面发展（图4）。

同时将岗位的"过程美、工作美、产品美"融入专业教学实践，建立了以通识课—选修课—实践课—专业课为载体的递进式美育教学模式，通过六个学期循序渐进实践，将"以美赋能"的目标与"强技精艺"的专业教育全员、全过程、全方位地贯穿于各教学环节，赋能学生的创新能力以及综合素养的提升。

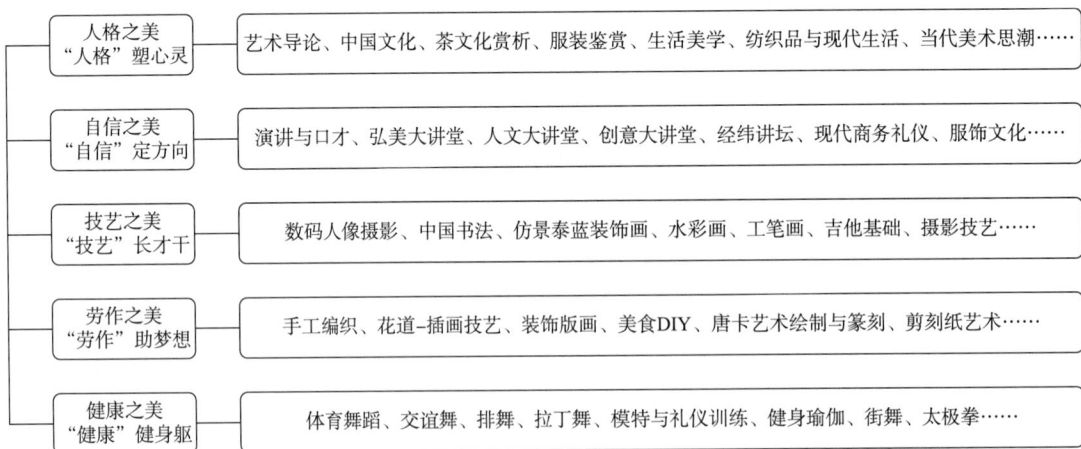

人格之美 "人格"塑心灵	艺术导论、中国文化、茶文化赏析、服装鉴赏、生活美学、纺织品与现代生活、当代美术思潮……
自信之美 "自信"定方向	演讲与口才、弘美大讲堂、人文大讲堂、创意大讲堂、经纬讲坛、现代商务礼仪、服饰文化……
技艺之美 "技艺"长才干	数码人像摄影、中国书法、仿景泰蓝装饰画、水彩画、工笔画、吉他基础、摄影技艺……
劳作之美 "劳作"助梦想	手工编织、花道–插画技艺、装饰版画、美食DIY、唐卡艺术绘制与篆刻、剪刻纸艺术……
健康之美 "健康"健身躯	体育舞蹈、交谊舞、排舞、拉丁舞、模特与礼仪训练、健身瑜伽、街舞、太极拳……

图4 美育课程体系——第二环公共选修课

（2）解决美育与专业融合不紧密的问题。多年来，职业院校审美教育与专业教育是相互独立的，存在边界。事实上，专业中包含大量美育因素，挖掘不同专业美育元素融入专业就显得尤其重要。

首先，开设美育通识课，解决了大多数学生的"美盲"问题；其次，开设美育课程体系第二环公共选修课100多门，艺术类专业学生选修工科选修课，工科类专业学生选修艺术选修课，形成互补，促进学生全面发展。开设美育课程体系第三环美育融专业（图5），使美育与专业相依共促、与创新创业相向共进。体验科技美、产品美的创新魅力，将"以美赋能、强技精艺"贯穿于专业教学全过程和各环节，提升艺术生产力，以美赋能学生服务社会的能力。

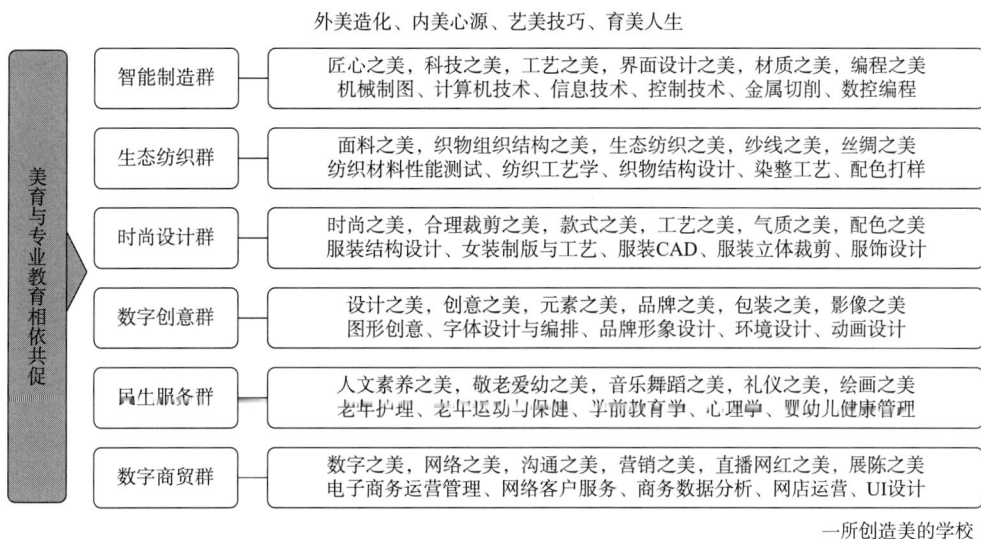

图5 美育课程体系——第三环美育融专业

（3）内培外引开展全方位审美教育解决了审美教育途径不丰富的问题。首先，通过内培外引，培养了一支高素质的美育师资队伍；其次，建成了梳篦、陶瓷、刻纸、乱针绣、留青竹刻、琉璃等一大批大师工作室和创建了纺织面料博物馆、明清服饰馆、竹刻博物馆等，同时，建立了若干校外美育基地，丰富美育资源；再次，通过多种形式的第二课堂以及弘美大讲堂、创意大讲堂、经纬讲坛等满足学生不同审美需求，开展全方位审美教育（图6）；最后，通过校园文化和"寝室内务美、整洁美"的浸润，对学生产生润物细无声的影响。每年有30多个艺术社团开展活动，将审美元素融入班级、宿舍、食堂、道路、桥梁、车库、景观。

（4）解决了中华优秀传统文化的传承与发扬问题。中国传统艺术的美育教育板块几乎空缺，中华文化源远流长，资源丰富，仅常武地区民间美术类非物质文化遗产就有常州梳篦、留青竹刻、乱针绣、掐丝珐琅、牙雕浅刻、金坛刻纸等。但许多传统工艺面临失传、后继无人。学校联合常州市非物质文化遗产促进会，聘请10多位非遗代表性传承人和工艺美术大师，先后建成了梳篦、陶艺、雕刻、剪纸、刺绣、竹刻、琉璃、紫砂等大师工作室，聘请非遗大师级代表性传承人来校，通过三进（进校园、进课堂、进社团）、四融、五步法（活动体验、技艺浅尝、拜师入室、深造锤炼、传承创新），进行活态传承、差异化渗透、技术艺术衔接（图7），通过"非遗进校园，校园拥抱非遗"等系列活动，弘扬中华优秀传统文化，传承大国工匠精神，彰显民族文化自信，培养学生"为华夏纺经纬，为神州织锦绣"的情怀和能力。

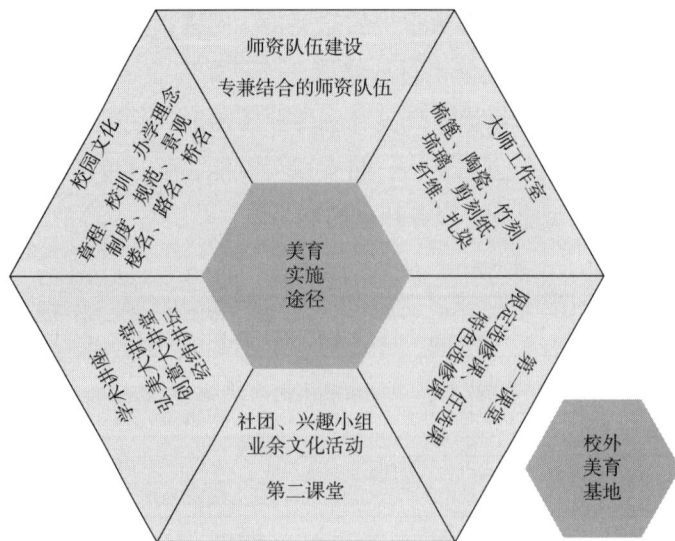

图 6 审美教育途径一览图

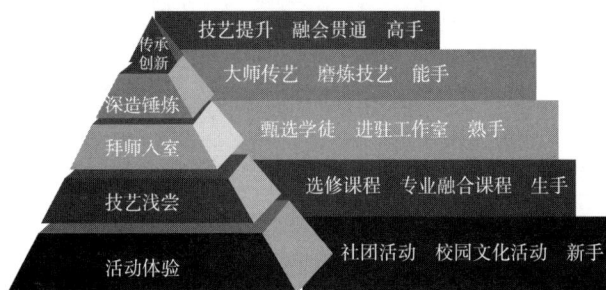

图 7 美育实践路径图

3 成果的创新点

3.1 创设了高职美育模式

以立德树人为根本任务，以提高"审美和人文素养"教育为抓手，突出"以美赋能"（审美能力、专业技能、社会服务能力），依托"技艺融合"的办学特色，把美育工作贯穿于德智体劳各方面、各过程，依托公共艺术课程建设成果和丰富多彩的社团活动，积极探究美育塑人的基本规律，形成了"美育与专业教育相依共促、美育与校园文化相融共鸣、美育与社团实践相辅共育、美育与创新创业相向共进"的美育课程特色，形成了"一项任务、两个目标、三全育人、四方融合、五化协同"的卓有成效的高职美育模式。

3.2 构建了五环美育课程体系

紧贴社会需求、艺术前沿、专业特点，形成了包括公共美育课程、公共选修课程、专业审美课程、社团审美活动和校园环境文化隐性课程等的五环美育课程体系。第一环以美育通识课为核心，提高学生"审美与人文素养"；第二环以美育选修课渗入德智体劳，形成了"自信之美、人格之美、技艺之美、劳作之美、健康之美"五大类课程选修模块；第三环是美育与专业教育相依共促，结合各专业群特色，激发职业创造力，赋能学生服务产业高端，增强了对专业的认同感；第四环是美育教学与社团实践相辅共育；第五环是文化潜在课程，与校园文化教育相融共鸣。美好的校园环境、丰富的文化活动，陶冶了学生的情操，助力学生扣好人生第一粒扣子，凸显"创造美丽、引领时尚"的办学理念。

3.3 形成了五化协同的保障体系

通过美育"与专业相依共促、与校园相融共鸣、与社团相辅共育、与创新创业同向共进"，形成了"课程体系特色化、组织形式多样化、评价体系时代化、条件建设优质化、教学项目实践化"的保障支撑体系，实现了全员、全过程、全方位美育塑人。课程体系特色化，即美育与专业、美育与文化、美育与社团、美育与双创的融合特色体系；组织形式多样化即除第一、第二课堂外，校内校外、线上线下同步进行；评价体系时代化采取过程评价、结果评价、作品展示评价相结合的方式；条件建设优质化，即通过文化展示中心、大师工作室、专业工作室、校外美育基地等场馆的建设，提升美育资源条件，仅文化展示中心就拥有明清服饰艺术馆、留青竹刻、乱针绣等20多个民间美术类非物质文化遗产大师工作室；教学项目实践化，采用行动导向教学，达到知行合一的效果。

4 成果的推广应用情况

4.1 学生的审美素养明显提升

经过多年美育探索，形成了与专业的相互渗透，主辅修课程体系和社团、兴趣小组、专业课、工作室课程、校园文化活动交融。每年有一万多名学生受到美育熏陶，辐射兄弟学校50多所，聘请全国劳模、艺术大师、非遗传人授课，实现教材共编、文化场馆和校外美育基地共建，形成了美育塑人的常纺范式，促进学生心灵美、行为美、语言美、形象美、工作美，赋能学生服务产业高端，培养了最美职业人。学生获得全国十佳服装设计师，受到团中央表彰，毕业生当选为全国人大代表，为地方经济发展赋能，被媒体誉为"艺术与技术交融特色的高技能人才摇篮"。

4.2 学校的美育特色不断彰显

从30多年前创立美育教研室，到现在开设100多门美育选修课，建成了全国职业院校传统技艺传承示范基地、江苏省"常州民间展示体验馆"、江苏省教育厅民艺体验中心等文化传承与创新基地、常州科教城人文艺术素养培训基地。

第二课堂坚持开展社团巡展、文艺汇演、校园文化艺术节、高雅艺术进校园、非遗技艺进课堂、人文艺术大讲堂、弘美大讲堂、社会实践等丰富多彩的美育实践，以美赋能学生"经纬天地、袖里乾坤"的理想，帮助学生扣好人生第一粒扣子，培养学生如纱线捻成一股绳般的团结精神，强技精艺助力学生成为中小企业班组的领袖，形成了"创造美丽、引领时尚"的办学理念，美德、美景、美人、美食的唯美校园也彰显了"技艺融合"的办学特色。

4.3 美育的社会辐射功能不断加强

为常州科教城开设25门美育公共选修课，面向中小学开展美育体验活动，韩国全州大学、黔东南民族职业技术学院、宁夏工商职业技术学院、新疆应用职业技术学院、佛罗伦萨艺术学院、法国巴黎第八大学等100多所院校来访交流，借国际合作传播中华传统文化。出版美育专著4部、教材近50本，主持市厅级课题15项，发表论文160余篇；获得"全国美育成果展评教学成果一等奖""全国高校美育成果展评最佳实践创新奖"等教学奖10余项及全国优秀教材奖一等奖、省大学生艺术展演奖、北京大学生时装周人才培养奖、南京紫金文化奖、中国工艺美术博览会、全国教学能力大赛和职业技能大赛一等奖等，"叠云追日"艺术中心、"飘之韵"展览馆项目分获江苏省首届大学生力学创新制作一等奖等。大学生创新创业项目110余项，获专利近200项。中央电视台、新华网、环球网、腾讯网、中国科技网、学习强国、《中国职业技术教育》、江苏省教育厅、江苏高等教育网、中国江苏网、《扬子晚报》等 50 余家的广泛报道，被誉为"艺术与技术交融特色的高技能人才摇篮"。"无纸动画"等 3 门课程获得国家精品共享资源课程，"手工编织"等 30 余门美育校级特色在线开放课程获得好评。为瞿秋白纪念馆、张太雷纪念馆、常州红馆等提供社会服务 100 多项；"美育大篷车"将美传播到街道、乡村、中小学等，"学习强国"栏目进行了宣传。留学生常态化体验中国文化，连续三年留学生在长三角区域跨文化大赛中获一等奖及最佳故事奖，被上海教育电视台赞为"文能赋诗两首、武能打拳耍枪"。2019 年，时任教育部部长陈宝生先生赞誉我校"是一所创造美的学校"。

"五维度协同、三系统联动"的纺织服装院校
创新创业教育模式探索与实践

成都纺织高等专科学校

完成人及简况

姓名	性别	所在单位	党政职务	专业技术职称
江磊	男	成都纺织高等专科学校	教务与专业建设指导处处长	教授
罗娅	女	成都纺织高等专科学校	纺织工程学院党总支副书记	讲师
陈绍芳	男	成都纺织高等专科学校	纺织工程学院党总支组织员	讲师
郭玲宏	女	成都纺织高等专科学校	教务与专业建设指导处副处长	讲师
贺子珊	女	成都纺织高等专科学校	教务与专业建设指导处教学建设科干事	实习研究员
朱瑶	女	成都纺织高等专科学校	学生管理与就业创业工作处处长	讲师
唐梦丽	女	成都纺织高等专科学校	计划财务与国资管理处副处长	讲师
余宜娴	男	成都纺织高等专科学校	旅游教研室创新创业教育项目负责人	副教授

1　成果简介及主要解决的教学问题

1.1　成果简介

围绕纺织服装院校创新创业教育中组织机构不健全、责权不明确，课程不成体系，育人目标不明确，课程与实践脱节，教师团队创业能力不强、指导质量不高，各资源平台没有充分利用等现实问题，我校聚焦创新创业人才培养探索，围绕体制机制、课程建设、平台建设、师资队伍建设等推进工作，通过实践探索形成了"五维度协同、三系统联动"的纺织服装院校创新创业教育模式，确定了"学校、企业、政府"三主体联动型管理体系，明确了"职业基本素养、岗位适应能力、创新创业发展能力"三渐进金字塔目标体系，建构了"课程、教学、评价"三层级个性化课程体系，组建了"创新思维导师、创新实践导师、创业实践导师"三类别共发展教师队伍，构建了"赛创融合、社创融合、孵创融合"三创并行推进实践平台，五个"三"系统联动、协同育人，培养出了一批具有创新意识和创业能力的高素质创新型人才。

1.2　主要解决的教学问题

（1）双创解决机制不完善，责权不明确，缺乏配套制度和政策的问题。

（2）双创解决教育人才培养指向不明确，课程内容理论性较强、内容单一、与实践脱节的问题。

（3）双创解决师资队伍不健全，结构单一，对行业发展前瞻性、预判性不足的问题。

（4）双创解决平台功能和作用受限，各类双创教育资源缺乏有效协同的问题。

2 成果解决教学问题的方法

2.1 创立运行机制：三主体联动型管理体系

创立三主体联动型管理体系针对性解决了双创教育机制不完善的问题（图1）。学校主管，做好顶层设计，设置专门机构，制定相关文件；企业配合，互利共赢，成立创新创业中心和创业学院；政府参与，搭台支持，保障双创工作顺利推进。

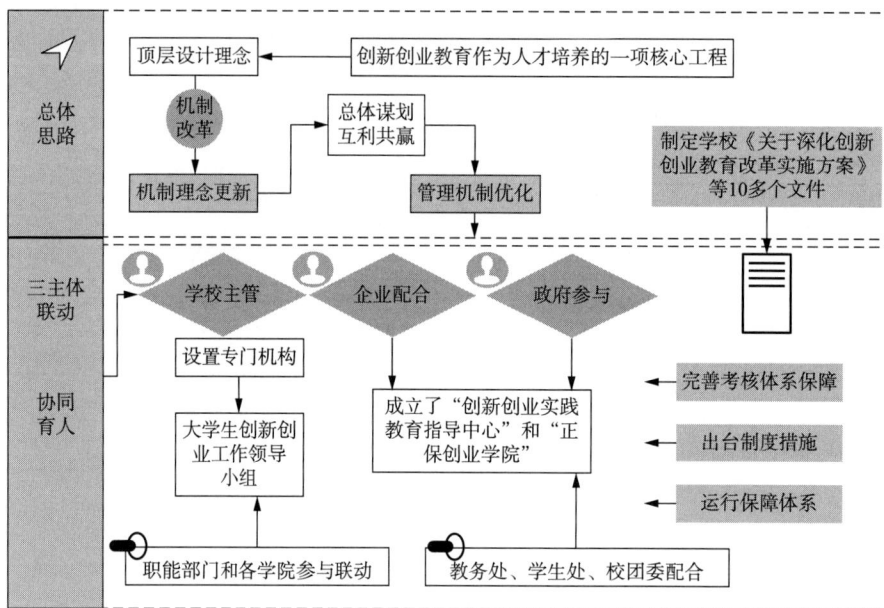

图 1 三主体联动型管理体系

2.2 确立育人指向：三渐进金字塔目标体系

三渐进金字塔目标体系解决了人才培养指向不明的问题。双创教育的育人目标与专业人才培养目标相契合。构建"底层目标—中层目标—高层目标"三渐进金字塔目标体系（图2），有效涵盖创新思维、创业精神、创业能力、专业技能等核心能力与素质。

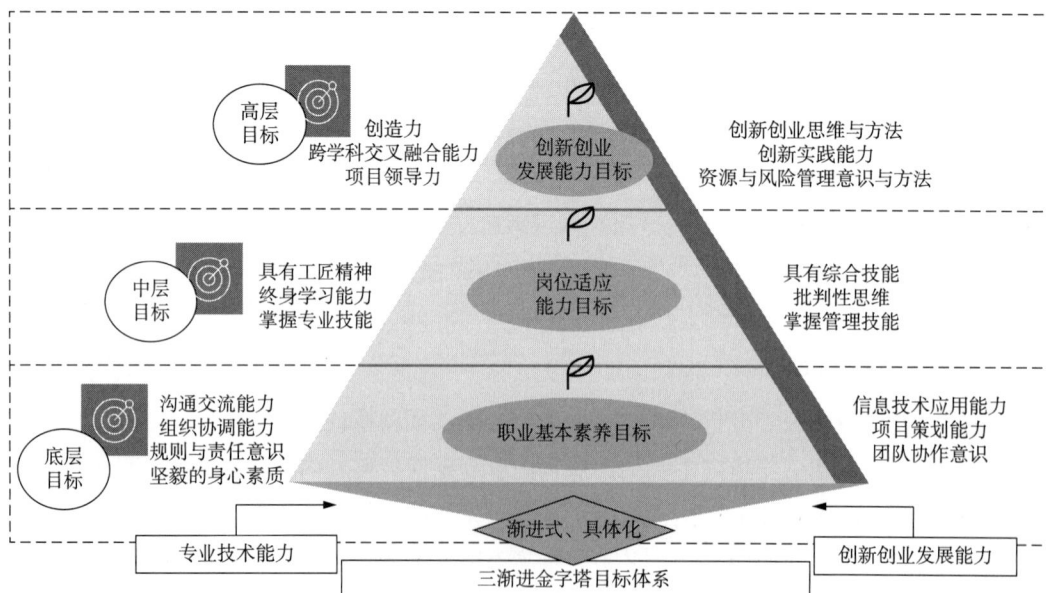

图 2 三渐进金字塔目标体系

2.3 设立课程体系：三层级个性化课程体系

三层级个性化课程体系对应解决了双创课程设置不完善的问题。构建"通识性—专业性—实践性"三层级个性化课程体系，主要目的是创新教学方法和优化评价体系（图3）。

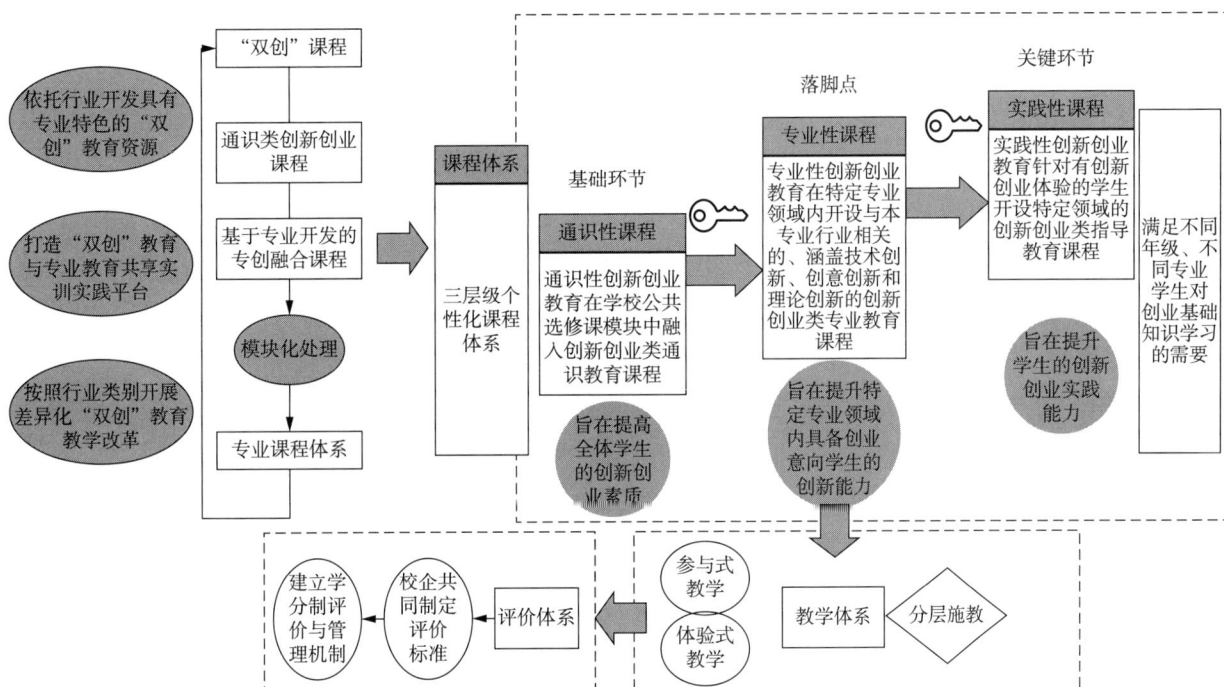

图3 三层级个性化课程体系

2.4 建立师资保障：三类别共发展教师队伍

三类别共发展教师队伍对标解决了双创师资队伍不健全的问题。明晰目标层，制定师资发展规划；细分类型层，以三类型结构明确各类教师能力；厘清路径层，实行同伴教育，进行精准培训；夯实基础层，在环境基础等方面着力。

2.5 成立支撑系统：三创并行推进实践平台

三创并行推进实践平台针对性解决了双创平台作用不凸显的问题。整合校内外资源，构建"赛创—社创—孵创"实践训练平台支撑系统（图4）。"赛创融合平

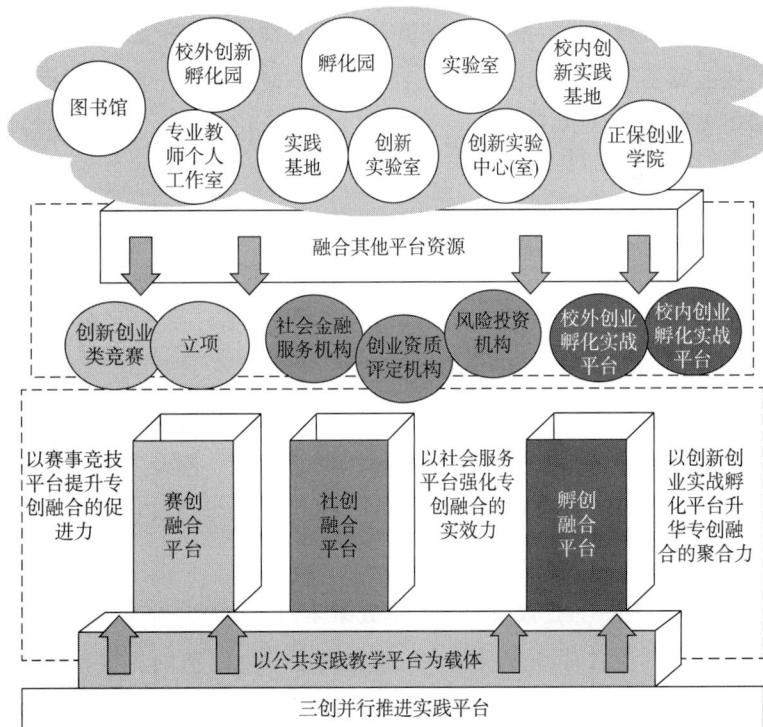

图4 三创并行推进实践平台

台"组织学生参加双创类竞赛；"社创融合平台"为学生提供政策咨询、成果转化等服务；"孵创融合平台"为学生建设校内外实战平台。

3 成果的创新点

3.1 提出了学校、企业、行业、政府全面参与的一体化运行体制

通过一体化管理机制的确立，各参与部门及单位全力推进，将创新创业教育融入人才培养全过程，构建了"正保创业学院"。

3.2 促进了专业教育深度融入创新创业教育、创新创业教育深度支撑专业教育的实施过程

坚持"五维度协同"的理念，始终围绕创新创业精神、意识等核心要素，将创新创业教育作为基本要求，与专业教育有机融合，大力推进交叉专业建设和交叉人才培养模式创新。

3.3 创建了"通识＋专业＋实践"的启航、领航创新创业教育的培养模式

本成果坚持"三系统联动"的实施理念，面向全校学生，通过省级示范课程等进行创新创业通识类课程教育，利用相关实践平台对创业项目进行孵化，开展创新创业实践领航式教育。

3.4 打造了跨界、跨专业的创新创业三创并行的实践平台

通过整合学校各专业优势资源，打造了"赛创融合平台""社创融合平台""孵创融合平台"三类实践平台。

4 成果的推广应用情况

4.1 人才培养质量显著提升

创新创业教育实现100%全覆盖，通过以赛促创，近4年来，学生参与"互联网＋""挑战杯""创青春"等各级各类创新创业比赛获得国家级银奖1项、铜奖2项，省级奖项近50项，参与其他各级各类技能竞赛获得省级以上奖项1500余项。近4年来，毕业生就业率始终保持在96%以上，连续4年被四川省教育厅、四川省人力资源服务行业协会评为"四川省普通高等学校毕业生就业创业工作先进单位"。

4.2 课程建设示范引领作用明显

学校目前已建设有4门省级创新创业示范课程，10余门创新创业在线开放课程及多门专创融合特色课程，通过校内外示范及在线课程的推广教学，提升了学校的创新创业教育认可度。

4.3 双创师资队伍建设实现飞跃式发展

学校吸纳学校学科带头人、专业教师、创业就业指导教师、科技人才、企业家、金融机构负责人等担任创业导师，从创业基础教育、创业竞赛、创业实践、创业资源匹配等多维配套。目前导师库成员超过100人，拥有3个国家级创业导师、4个省级创业导师，校内导师多次深入其他高校及四川省监狱系统开展创新创业培训及辅导。

4.4 创新创业教育教学改革成果丰富

创新创业教育改革项目"工程类高职学生创新创业教育融入专业教学的探索与实践"获得2018年四川省第八届教育教学成果奖二等奖；另外两个创新创业教育项目获得2018年度中国纺织工业联合会纺织职业教育教学成果奖二等奖。我校曾连续获得四川省"互联网＋"创新创业大赛最佳组织奖。学校作为四川省首批"大学生就业创业导航站"、郫都区"就业创业工作先进集体"、郫都区"大学生创

业孵化示范基地"和"全球模拟公司联合体实训基地",创新创业教育辐射带动作用明显。

4.5 创新创业社会影响力持续扩大

中纺传媒、中国高职高专教育网、新浪网等多家媒体通过宣传报道、会议交流等形式,全面推广学校的创新创业教育成果与经验,学校学生的创新创业典型案例作为学校质量年度报告上报教育部,得到广泛应用与推广。

"产教融合、非遗赋能、数字助力"家纺设计专业教学改革创新与实践

江苏工程职业技术学院

完成人及简况

姓名	性别	所在单位	党政职务	专业技术职称
张盼	男	江苏工程职业技术学院	家纺设计教研室主任、家纺设计专业负责人	讲师、工程师
姜冬莲	女	江苏工程职业技术学院	家纺支部书记	教授、研究员级高级工艺美术师
李楠	男	江苏工程职业技术学院	无	讲师
任健	男	江苏工程职业技术学院	艺术设计学院院长	副教授
汪智强	男	江苏工程职业技术学院	艺术设计学院副院长	副教授
王明星	男	江苏工程职业技术学院	无	副教授
钱雪梅	女	江苏工程职业技术学院	无	副教授
张蕾	女	江苏工程职业技术学院	无	研究员级高级工艺美术师

1 成果简介及主要解决的教学问题

1.1 成果简介

在全国范围内，我校率先开设"家用纺织品设计"专业，历经国家示范专业、江苏省特色专业、江苏省品牌专业、国家双高专业群建设，在国内同类专业中颇具影响。自2016年以来，本专业系统探究了"产教融合、非遗赋能、数字助力"的家纺设计专业教学改革创新与实践（图1）。围绕"善设计、精工艺、懂市场、会创新、能创业"的复合型技术人才的培养目标，依托南通家纺产业优势，与知名家纺企业合作，实施了"引企入教、专兼结合、全程参与、基地共建、协同育人、成果共享"的产教融合教学改革，借助南通本土非遗资源提升专业教学内涵，以"大师领衔、馆室传习、浅尝辄止、深造锤炼、守正创新"为路径，与国家级非遗大师共同培育学生对技艺孜孜以求的"匠情"、对职业始终如一的"匠心"、对产品不断创新的"匠魂"。联合国际艺术家、非遗大师、企业总监共建数字教材与数字课程，打造"教材多媒化、资源全球化、教学个性化、学习自主化、课堂智慧化"的优质教学资源，利用信息化手段，进行线上线下混合式教学，形成了一个完整的由上至下、从内涵到形式，理论与实践、线上与线下相融合的专业教学体系。

1.2 主要解决的教学问题

（1）家纺设计专业人才培养方案与家纺企业转型升级所需要的应用型创新人才培养目标不相适应，教育教学中理论与实践衔接不够，毕业生创新实践能力与企业发展要求存在差距。

（2）家纺设计专业存在"重技能、轻文化"的现象，引导学生践行工匠精神、劳模精神、劳动精神、民族精神和时代精神的途径少、载体单一。

（3）专业教学中信息化教学资源与实践教学资源难以支撑学生设计实践创新能力的培养，信息化教学手段个性化缺失、智慧性不足、互动性不够。

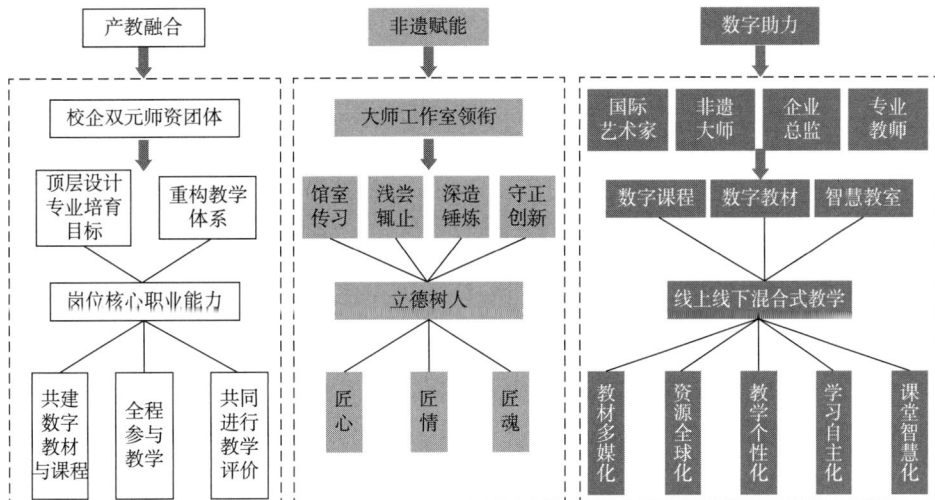

图1 家纺设计专业教学改革示意图

2 成果解决教学问题的方法

（1）以"非遗大师＋企业总监＋专业教师"为团队，解决校企协同弱、缺乏顶层设计、无法全程参与专业教学的问题。专业师资引企入教，形成"专兼结合，两栖流动"的校企教师团队，国家级非遗大师——吴元新（蓝印花布）、焦宝林（扎染）、黄培中（彩锦绣）、李玉坤（丝毯）、卜元（仿真绣），企业总监——蓝丝羽家纺（张伟）、南方寝饰家纺（邓珏玲）、金太阳纺织科技（沈建东），校内教师（专业教师、思政教师、创新创业教师）全程参与教学。校企教学团队根据行业岗位核心职业能力，顶层设计专业教学目标，制定教学与工作一体化的教学大纲，共建数字教学资源，建立校企真实工作环境学习场所，强化学生职业技能训练。

（2）以"立德树人＋以美育人＋以文化人"为引领，解决课程思政内涵不足、思政教学与专业教学相剥离的问题。将非遗传承作为专业教学"立德树人、以美育人、以文化人"的主要着力点，打通非遗与专业建设、课程教学、校园生活的链接，围绕非遗展开馆室传习、作品展览、赛事指导、文化下乡、创新创业项目实践，把"以文化人、以美育人"落到实处。教学中注重"文化传承、专业渗透、技创融通"的实施，用文化基础课提升思想政治素质、文化内涵、职业素养，用专业基础课培育审美情趣、艺术创造、跨界设计，用创新实践课培植传承能力、工匠技能、创业能力。

（3）以"文化素质＋非遗技艺＋现代设计＋商业运营＋创新实践"为模块，形成"真实项目引领、理实一体"的教学体系，解决人才培养与企业需求不一致的问题（图2）。对应解决了双创课程设置不完善的问题。构建"通识性—专业性—实践性"三层级个性化课程体系，主要目的是创新教学方法和优化评价体系。"文化与技术、艺术与商业"相结合，以专业综合技能为主线，结合专业课程体系类型，将专业综合技能归类聚集形成专业课程模块，按照家纺产品研发、生产、销售流程建立课程模块，基于学生发展规律及学习进阶，重组家纺设计专业课程体系，设置"文化素质、非遗技艺、现代设计、商业运营、创新实践"五大模块课程，核心课程以企业真实任务和典型工作任务设置教学情景，具体教学任务围绕典型工作任务展开，以工作过程为导向，实施教学与工作过程一体化的项目化教学，保证教学内容的实用性和前沿性。

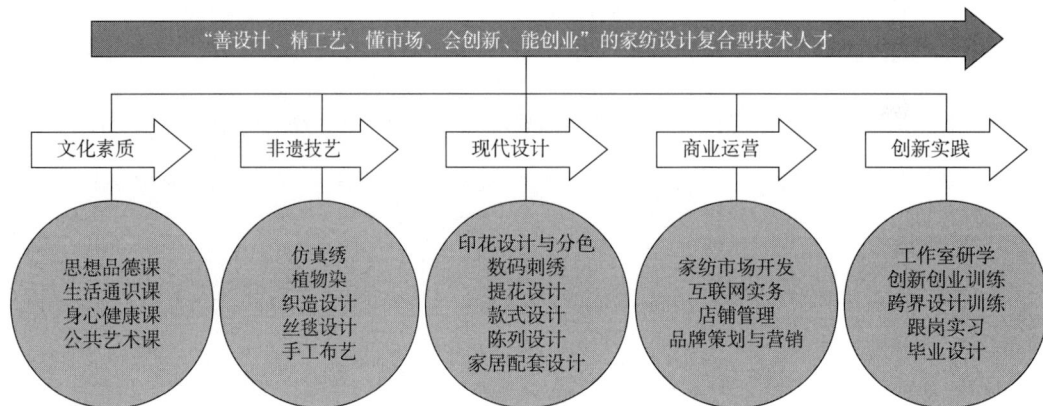

图2　家纺设计专业课程模块示意图

（4）以"企业工作室+实训基地+线上交易"为平台，解决校企协同育人和教学实践平台衔接不畅的问题。以非遗大师工作室（刺绣、印染、织造、文创）、研发中心（联发高端纺织中心、数字时尚与非遗延展设计研究院、南通市家纺服务中心）、校企实训基地（蓝丝羽家纺、南方寝饰家纺、金太阳纺织科技）为依托，推进工学交替和产学研合作，让学生置身真实的工作环境中完成实践性工作任务，接受职业训练，获得工作经验。企业采纳学生的设计成果，并引导学生在瓦栏花型设计服务平台注册自己的工作室，将作品放在平台对外交易，让学生参与商业实践活动（图3）。

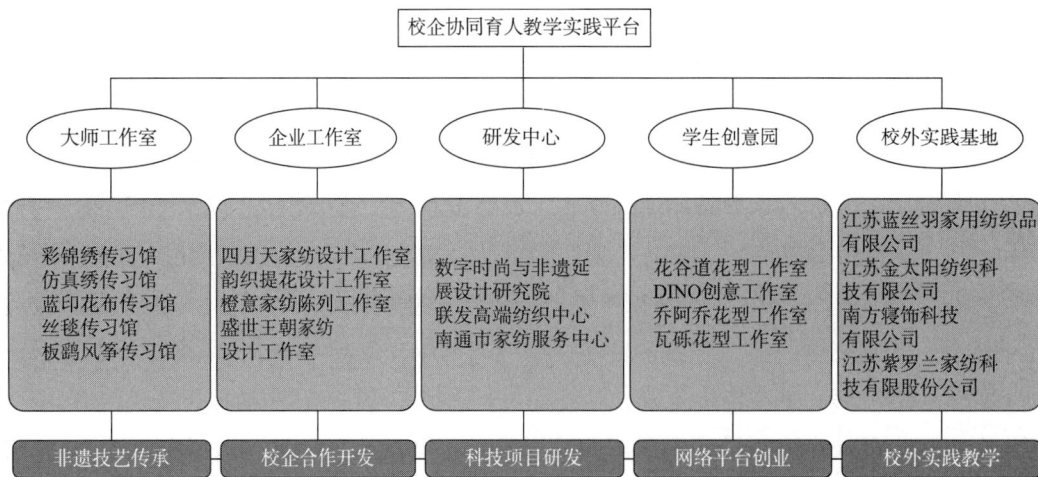

图3　协同育人教学实践平台

（5）以"数字资源+网络数据+智慧教室"为手段，解决教学资源不丰富、学生自主学习不连续、学习动态难跟踪、师生互动不密切、教学反馈不及时的问题。引入信息化专业软硬件，利用国家专业教学资源库、中国大学慕课、智慧职教、蓝墨云班课、金课坊教学平台等信息化教学资源及技术，构建信息化教学体系。实施教室智慧化改造全覆盖，教师全员、全课程、全过程使用金课坊教学平台，构建全景式教学大数据中心，形成智慧教学、智慧督导、智慧顶岗系统。使用金课坊教学平台和智慧教室系统进行学生课堂行为无感采集与分析，对课堂签到、答题、讨论、互评、课件、点答、作业等"七项"互动实时采集，第一时间掌握学生的学习动态，让数据赋能教学改革（图4）。

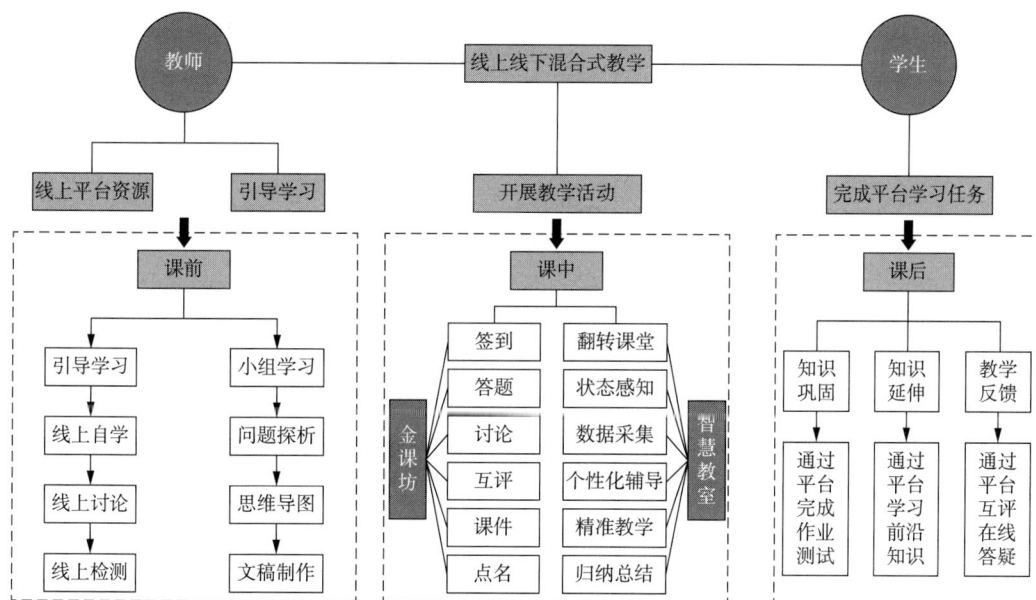

图 4 线上线下混合式教学过程示意图

（6）以"学习数据＋作业质量＋销售积分"为考量，引入企业标准，形成有效的"教学—评价—再教学"的动态反馈机制，解决教学评价方式单一与评估指标模糊的问题（图5）。基于教与学的效果视角，将评价和教学过程相融合，构建评价主体多元化、评价方式立体化和评价内容职业化的评价体系。评价主体为企业、教师、学生。评价方式以过程性考核为主，将慕课平台在线学习率、在线测试、作业提交、在线讨论参与度指标，线下作业实物质量、现场实践能力，作品在瓦栏交易平台的积分情况纳入考核范畴。评价内容将企业技术标准规范和产品质量意识贯穿其中，注重知识、技能、职业、思政的多重考核。

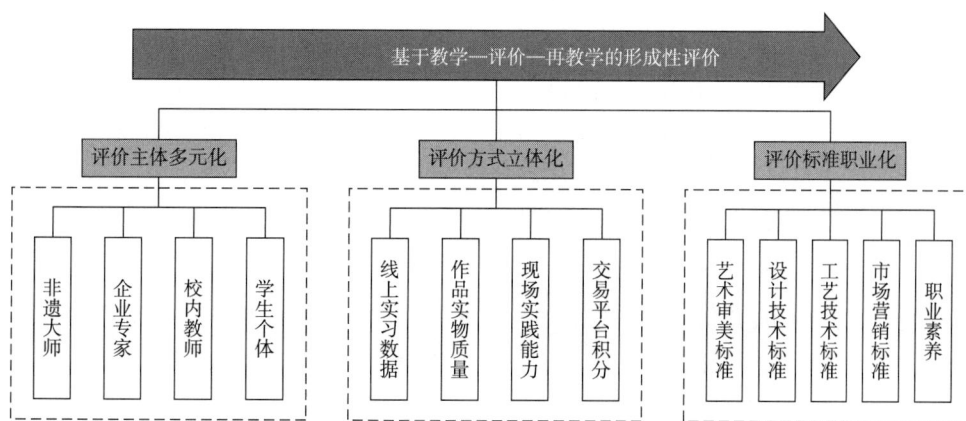

图 5 基于教学—评价—再教学的形成性评价示意图

3 成果的创新点

3.1 理念创新——提出了"产教融合、非遗赋能、数字助力"的家纺设计专业人才培养理念

借助南通家纺产业基地优势，家纺设计专业建设对接产业升级人才需求，师资队伍对接行业企业专家能手，课程建设对接职业岗位能力需求，实践平台建设对接行业企业产研需求，课程教学对接现代信息化教学要求，融入"产教融合、协同育人、匠艺并生、技创融通"理念，建立以能力提升为核心，实现"专业培养—艺术熏陶—能力训练—专业竞赛—企业实训—创新创业"逐级递进的专业教学模式，突出家纺设计专业的行业特色，彰显了我校传承张謇职业教育思想的纺织服装办学优势。

3.2 体系创新——形成了"传统文化、非遗技艺、创意设计、创新实践"融合的专业课程体系

聚焦非遗传承与专业教学的契合，创新立德树人教育的人才培养路径，构建"文化素质、非遗技艺、现代设计、商业营销、创新实践"五大模块，教学体系加强对学生的文化素养、精神境界的提升，依托非遗大师工作室，以专业教学实施为载体，围绕非遗产品的制作过程，根据"一师一室一门类、一师一企一项目、一专一兼一课程、一师一企一岗位"，强化核心技艺，鼓励交叉互选，借助专业技能训练课程、企业项目、社团活动、创新实践，进行文化体验、技艺传习、产品研发、技能竞赛，让学生成为具有绝技绝活和工匠精神的现代传承人、敬业奉献和敢为人先的职业人。

3.3 实践创新——构建了基于共商共建共享的师生教与学联动的教学共同体，提升教师数字教育能力

顺应信息化时代大数据、互联网、云计算、智能制造的新教学模式，优化教师"如何教"、学生"如何学"信息化教学设计，构建"以学生为主体，以教师为主导"的开放型混合式教学。借助信息化教学资源及技术，从教学内容、方法和成果评价与交流等方面，实现了从"以教师和教室为中心"向"以学生和学生的学习为中心"组织教学的转变，延伸了教学时空，构建了支持数据应用的智慧教学情境，实现了对教学全过程数据的感知、采集、处理和应用。依托数字技术，教师了解不同学习者的学习风格与个性特征，掌握学习者当前学习状态与潜在问题，以此为学习者提供个性化辅导和精准的学习支持，提升教师数字教学能力。

4 成果的推广应用情况

4.1 专业示范引领作用显著

本专业为江苏省特色专业，国家示范院校建设重点专业、江苏省重点建设专业群核心专业、江苏省品牌建设专业，国家双高计划专业群建设专业，有双师型专职教师14人、教授3人、副教授4人；企业大师、兼职教师25人，其中国家级非遗传承人5人、省级非遗传承人10人、知名家纺企业设计总监10人，建有4000余平方米的国内最大的家纺设计校内生产性实训基地。专业办学成果三次获得中国纺织工业联合会教育教学成果奖一等奖、江苏省教学成果奖一等奖、国家级教学成果奖二等奖。

4.2 人才培养质量全面提升

培养了大批中国家纺行业设计人才，各大国内知名家纺企业设计总监、设计经理均有我校毕业生，更有一批在家纺行业内的成功创业者，学生技能证书通过率100%，就业率100%，供需比为1：8。学生成果被企业采纳400多个，转化金额3000万元，学生参加国际国内家纺设计大赛，摘金夺银，获奖150余个，在国内高职同类专业中遥遥领先，包揽全国高职院校面料设计技能大赛金、银、铜奖，在

海宁杯、张謇杯、震泽杯家纺等设计大赛获奖60余人次。

4.3 教师教研能力不断提高

教师在国家级、省级教学能力大赛和设计大赛中屡获佳绩，获教育部艺术设计专业青年教师教学"金教鞭"奖金奖2项、江苏省职业院校教师能力大赛一等奖3项、省微课教学设计大赛一等奖1项；获评江苏省"青蓝工程"优秀教学团队奖1项、优秀骨干教师3人、中青年学术带头人1人、省"333工程"高层次人才1人、省"紫金人才"3人，获得"紫金杯"江苏省文创设计大赛金、银、铜奖各1项、江苏省工艺美术精品博览会金奖3项，产生专利60多项，实现经济产值2000多万元。

4.4 专业辐射影响持续扩大

联合国际艺术家、国家级非遗大师、企业总监共建国家级数字教材1部《南通蓝印花布印染技艺》、国家级精品课程1门"家纺艺术设计"、国家级资源库课程3门"百工录——南通蓝印花布印染技艺""百工录——南京云锦木机妆花技艺""跟我学做蓝印花布"，国家职业教育规划教材1部《家用纺织品设计与市场开发》，省级重点教材5部《家居产品配套设计》《刺绣艺术设计》《印花面料设计》《家纺艺术设计》《刺绣设计与工艺》，省级精品在线开放课程4门"刺绣工艺与设计""印花设计与分色""家纺展示陈列""商用图形设计"，通过线上数字课程选课人数累计6万人，为兄弟院校、行业企业提供教学培训资源，起到了示范引领作用。

4.5 国际合作交流深度开展

专业与意大利艺术与设计大学深入合作，每年开设"时尚艺术设计"工作坊实验性课程，师生赴意大利艺术与设计大学开展国际化交流（图6），与纽约时装技术学院、英国伯恩茅斯艺术大学等国外高校纺织品设计专业进行"文化传承与时代创新"的文化交流主题活动，与韩国拼布协会开展面向亚太地区的手工艺培训、交流、创作与研究项目，开展系列跨国、跨文化的对话性活动，推进中国传统手工艺文化与世界工艺文化的交融。学校多次承办全国纺织服装设计大赛、国际纺织服装职业教育联盟高峰论坛、"一带一路"国际防染艺术联展、国际防染艺术交流工作坊、时尚设计师交流会和全国家用纺织品设计专业教学指导委员会会议等（图7~图9）。

图6 我校家纺设计专业品牌专业赴意大利访学

图7 国际防染艺术家联盟成立大会

图8　联合国内外艺术家召开非遗艺术与现代生活设计研讨会

图9　中意服装与布艺交流赛媒体报道

新型设计人才"专创融合"培养模式的探索与实践

温州职业技术学院

完成人及简况

姓名	性别	所在单位	党政职务	专业技术职称
钱小微	女	温州职业技术学院	设计创意学院副院长	教授
邢旭佳	男	温州职业技术学院	服装与服饰设计专业负责人	教授
叶晓露	女	温州职业技术学院	设计创意学院教工支部纪检委员	讲师
施凯	男	温州职业技术学院	校党委委员（退二线）	教授
史晓明	男	温州职业技术学院	产品艺术设计专业负责人	讲师
施禹名	男	温州职业技术学院	无	助教

1　成果简介及主要解决的教学问题

1.1　成果简介

2017年8月完成的教学成果——新型设计人才"专创融合"培养模式（图1），由"个性化定制"为主线的专业课程体系、"学训研创用"一体的实践教学体系、"探提创"为特点的"363"专创融合教学模式、"智能智造"为特征的教学方法、"立德树人"为原则的教学评价体系构成。新型设计人才"专创融合"培养模式有效支撑了新时代时尚产业对"具备创新创造能力、掌握智能新技术、适应个性化定制和数据化信息化网络化时代发展"的新型设计人才的需求。

经过在服装专业3年的教学实践，形成了物化可推广的方案，2017年推广至本校设计类专业。经深入实践，培养成效显著。毕业生就业质量

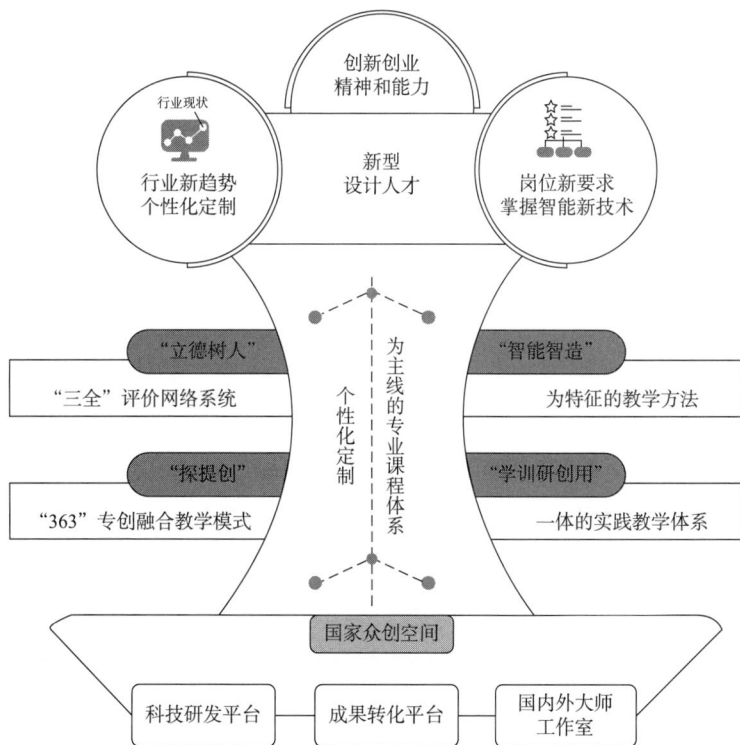

图1　新型设计人才"专创融合"培养模式

连续3年位居全省前列，用人单位满意度超98%，学生获得各类技能大赛奖项高达158项。本成果极大地促进了设计类专业发展和学生专业技能提升，有效缓解了时尚产业对"新型设计人才"需求的缺口问题，高度契合"双创"国家战略和党的十九大报告对职业教育的期望。

应教育部全国鞋服饰品及箱包专业指导委员会、聚焦职教平台、浙江师范大学职教研究中心和兄弟院校的邀请，通过经验交流会等途径进行成果推广，得到同行、行业、企业的好评。

1.2 主要解决的教学问题

（1）原有的专业课程体系与个性化定制岗位新需求不匹配。

（2）传统技艺传承难度大，对学生经验要求高，高职设计类学生的设计研发创新能力缺乏。

（3）教学案例与市场对接性不强。

（4）传统教学评价对学生素质考核缺少抓手。

2 成果解决教学问题的方法

2.1 以"个性化定制"为主线，实施了"学训研创用"实践教学体系

抓住区域优势设计产业向个性化定制转型升级的契机，创建了以"个性化定制"为主线的专业课程体系。将单项基础型、多项综合型、应用拓展型的个性化产品开发项目作为教学案例和拓展任务贯穿始终。实施"学训研创用"实践教学体系，实践活动立足于用，学训相融，研创促学，促进学生个性化定制能力培养，从而有效解决课程体系设置与岗位需求不匹配的问题（图2）。

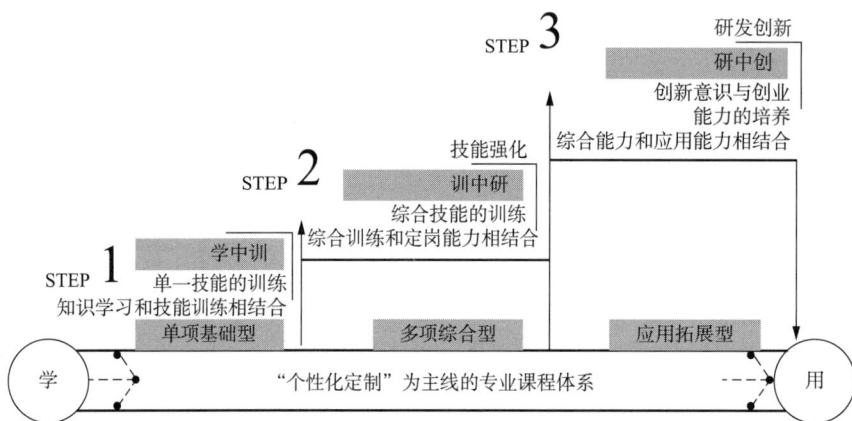

图2 "个性化定制"为主线的专业课程体系

2.2 以"探提创"为特点，创建了"363"专创融合教学模式

"363"专创融合教学模式，课前完成3个"探"究任务，熟悉基础知识原理和操作技能；课中通过6个"提"升环节，螺旋推进提升技能，突破难点；课后通过3个"创"业评价层级，强化技能应用实效。教学过程中，充分运用国家教学资源库等信息化教学资源，融入3D虚拟软件、舒适性测试等行业创新技术；将产品设计研发经验用数据、图片直观展示，消除传统技术高经验的障碍（图3）。

2.3 以"国家众创空间"为基础，搭建了多层次实践教学平台

以"国家众创空间"为基础，以科技研发平台、成果转化平台、国内外大师工作室为支撑，构建了集"实践教学、应用研发、企业技术服务"于一体的多层次实践教学平台，为专创融合教学实施提供鲜活的个性化定制案例、真实创业情境，有效地解决教学案例与市场对接性不强的问题。

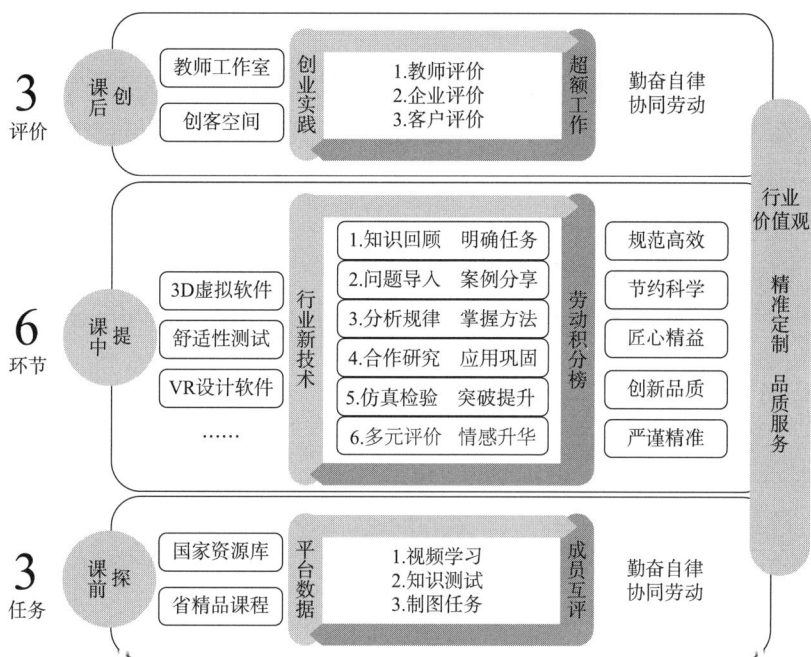

图3　"363"专创融合教学模式

2.4 以"立德树人"为原则，开发了"三全"育人评价网络系统

构建了全方位、全过程及全员评价体系，并对应开发了"三全"育人评价网络系统。评价内容涵盖全方位，完全对应"知识、技能、素养"的三维学习目标；形成性评价贯穿"课前、课中、课后"教学全过程；教师、学生、企业、客户全员参与课程评价，对接"利益相关方"诉求。建立了"学习劳动积分榜"，全程评价学生职业素质、思政素养，为素质考核增添新抓手（图4）。

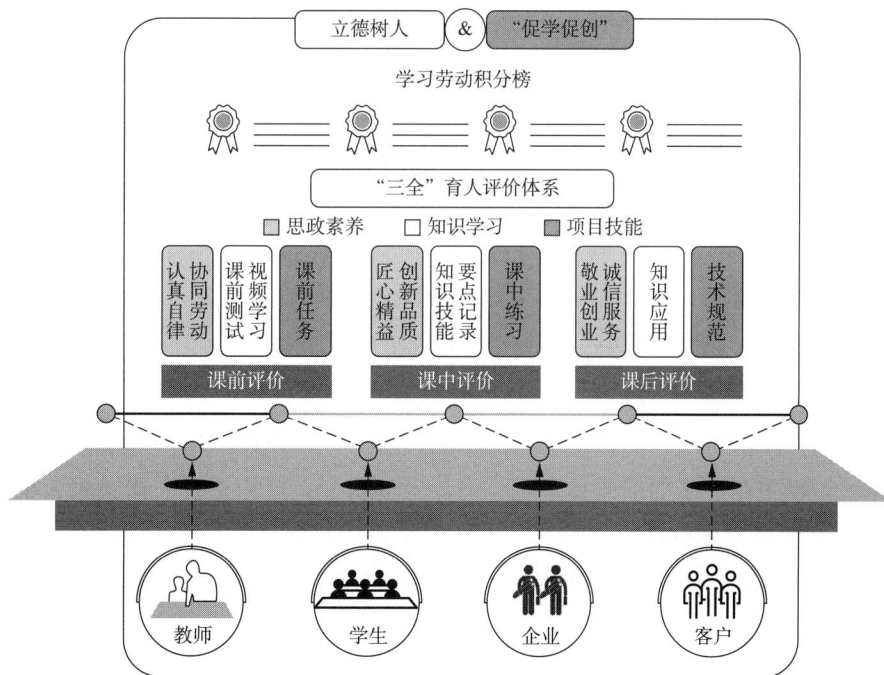

图4　"三全"育人评价网络系统

3 成果的创新点

3.1 多层次实践教学平台和"学训研创用"教学体系有机结合，促使教学案例与市场项目深度融合

多层次的实践教学平台，提供鲜活的个性化定制案例、真实的创业情境；"学训研创用"教学体系，学中训、训中研、训中创，学以致用，高度契合技能晋升规律。两者有机结合，确保学生技能学习、设计研发与市场需求无缝对接，促进创新创业项目孵化转化。

3.2 "363"专创融合教学模式与行业新技术有机结合，加速学生设计研发能力提升

专业知识技能学习与创新创业项目有机结合，更能激发学生的学习动力，从而提升创新设计和创业实战能力；以"智能智造"为特征的行业创新技术使个性化产品设计研发变得更为形象直观，有效地解决了传统技术手段留存的教学难点，降低了对学生的经验要求，提高了创新设计教学效能，进而加速了学生设计研发能力的提升。

3.3 "三全"育人评价体系和网络评价系统的开发，强化素质考核，落实思政目标

"三全"育人评价网络系统的开发，落实了评价内容与三维学习目标完全对应，实现了"课程利益相关方"全员、全过程参与教学评价，更好地激发学生学习原动力，提升思政素养，有效落实"三全"育人教育理念。

4 成果的推广应用情况

4.1 成果应用于校内设计类专业，效果显著

体现在学生培养、教师发展和专业建设成效三个层面。成果促使设计类专业学生获得国际奖4项和国内省级一等奖以上9项。紧贴行业企业需求，近3年设计类专业毕业生高质量就业（年薪30万元）人数累计提高了220%，自主创业率提升了70%，职教成效显著。教师也得到快速发展，取得多项国家级成果；专业建设成效更为显著，获得2个国家级骨干专业、1个国家级高水平专业群。

4.2 成果被省内外院校借鉴应用，影响较大

为了加快成果的推广，项目团队教师通过聚焦职教、教育部全国鞋服饰品及箱包专业指导委员会、浙南职业教育集团、浙江师范大学职教研究中心等平台，与省外370余所高职院校进行经验交流；应省内外同类院校邀请派团队教师入校进行校际经验深度交流，确保成果推广效果，获得兄弟院校的高度认同并借鉴和应用。

国家级教学资源库（鞋类设计专业）按本成果建设并更新资源32520条，被40多家校企教育机构直接应用，对国内高职院校相关设计类专业人才培养产生重要影响。

4.3 成果应用于社会人才输送，受到社会不同层面的一致好评

按照本成果培养设计类人才，学生毕业后能快速适应个性化定制岗位并创造价值，更能适应岗位迭代更新，职业忠诚度更高、理想信念更坚定、设计及创新创造能力更强，深受用人单位的喜爱。我院时尚设计专业毕业生受到来自鞋服、产品、家具、文创等行业协会、商会和报喜鸟集团有限公司、康奈集团有限公司等龙头企业的一致好评。社会各界对本成果所培养的人才质量予以了高度肯定。

基于"双融"办学理念，培养纺织复合型技术技能人才的探索与实践

广东职业技术学院

完成人及简况

姓名	性别	所在单位	党政职务	专业技术职称
李竹君	女	广东职业技术学院	纺织学院院长	教授
朱江波	男	广东职业技术学院	纺织学院副院长	副教授
吴佳林	男	广东职业技术学院	无	讲师
董旭烨	男	广东职业技术学院	纺织学院教研室主任	讲师
陈水清	女	广东职业技术学院	纺织学院副院长	副教授
甘以明	男	广东职业技术学院	无	讲师
蔡祥	男	广东职业技术学院	高明产业创新研究院院长	教授
杨璧玲	女	广东职业技术学院	纺织学院党支部书记	副教授

1 成果简介及主要解决的教学问题

1.1 成果简介

"纺织强国""纺织智造"的战略目标，赋予纺织人新使命。针对国家战略需求与传统纺织专业人才培养供需错位的现实，项目以广东职业技术学院"专业融入产业、教学融入企业"的双融职教办学理念为指导，构建出国家战略需求导向的现代纺织技术专业集群融合发展人才培养模式，明晰了纺织高素质复合型、创新型技术技能人才的培养定位，受到业界高度关注与肯定。

1.2 主要解决的教学问题

（1）实现了高水平专业建设。现代纺织技术专业入选中央财政支持高等职业学校提升专业服务产业发展能力项目，2014年通过验收；2016年入选广东省首批一类品牌专业建设点（全省仅26个专业），2020年通过验收，被教育部认定为国家骨干专业。

（2）形成了现代纺织技术高水平专业集群。以现代纺织技术专业为龙头，形成1个省重点专业（针织技术与针织服装）、3个省二类品牌专业［纺织品检验与贸易、高分子材料（纺织纤维）加工技术、染整技术］组成的专业集群。2021年，现代纺织技术专业群入选广东省首批高水平专业群建设点，通过高水平专业群建设带动其他专业的建设发展。

（3）打造了系列高水平专业平台链。建设了广东省数字化纺织服装协同创新发展中心（全省唯一）、广东省数字化纺织服装工程技术研究中心、广东省数字化纺织服装协同创新发展中心（培育）、

佛山市先进纺织技术工程技术研究中心、佛山市新材料协同创新平台、纺纱新技术及其先进装备协同创新平台等省级、市级以上平台12个，发挥科研创新平台对复合型、创新型人才培养的支撑作用。

（4）探索了多方位社会服务链。围绕产业发展战略，通过校校、校地、校企、校行合作，构建产学研用四位一体、校政行企多方联动模式，从产学合作、标准制定、咨询报告、人才培训等方面发力，为地方纺织产业升级提供技术支持。主持或参与市级以上项目40余项，参与起草国家（行业）技术标准13项，参与编制政府产业发展报告6项，每年为合作企业培训员工24030人日，获得授权专利42件。

2　成果解决教学问题的方法

（1）构建产业战略需求导向的专业群，解决人才培养与产业发展供需错位问题。秉持"专业融入产业、教学融入企业"的双融办学理念，聚焦服务国家"纺织强国"、广东省发展先进轻纺制造业等大战略，优化专业结构和布局，提升专业与产业需求的契合度，将生产链与价值链融合，专业链与产业链精准对接，系统构建现代纺织技术专业群，形成共生共享的专业新生态，服务区域纺织产业转型升级。

（2）创新人才培养理念，采用人才分类培养，解决人才结构不合理、复合型人才供给不足等问题。明晰人才培养定位，按照复合型人才培养要求，精准对接行业、企业需求，设计人才分类培养体系。成立各类工作室，实施创新训练"导师制"，探索分层分类教学，培养卓越人才；与广东溢达纺织有限公司等龙头企业成立产业学院，培养产业特色人才；与惠州学院实施高本协同育人，打造多层次人才培养通道，培养产业高端人才。

深化三教改革，完善人才培养方案，将产业标准植入人才培养方案。设置分类培养课程模块，构建创新创业教学体系，培养创新思维；围绕精品在线课程、课程思政构建金课群，完成国家资源库课程5门，省级（精品、在线开放、继续教育）课程11门，出版国家级规划教材、部委级规划教材8部，建成多维立体化教学资源和虚拟仿真教学资源，"基于纺织服装全产业链的职业教育虚拟仿真实训基地"入选国家级示范基地建设点。

加强实践教学改革，实现"岗课赛创"结合。构建"创新创意创业三融合、能力阶梯递进"实践教学体系，通过校行企举办技能大赛、"1+X"考证、学徒制培养等，增强实践技能与岗位技术技能培训；依托共建共管共享的纺织服装公共实训中心等平台，开展创新创业实践，培养出一大批复合型技能人才。建设了2个省级大学生实践教学基地，中国国际"互联网+"大赛获奖1项，广东省分赛金、银奖5项，"挑战杯"省赛特等奖3项、二等奖3项，全国纺织技能大赛团体一等奖2项、个人一等奖3项，师生申请专利55项，授权42项。

（3）促进产教深度融合，创新协同育人模式，解决传统纺织教育与现代纺织产业融合度不够的问题。聚焦国家发展战略，专业群建设与产业发展精准对接。服务"一带一路"纺织企业，在越南设立百宏纺织应用技术学院，与柬埔寨中国纺织协会合作设立柬埔寨纺织服装教育基地，为当地纺织企业培养纺织优秀复合型人才；为地方政府撰写产业报告6份，制定纺织标准规范13项，促进复合型人才培养。

加强师资团队建设，提升教育教学质量。推进高层次教学科研团队建设，实施中青年骨干教师培养工程。获批省教学团队1个，省珠江学者特聘教授、全国纺织工业先进工作者、省教学名师、省专业领军人才、省优青对象、省级高层次技能型兼职教师等称号者11人次。

3 成果的创新点

3.1 理论创新——秉持双融办学理念，创新了多元主体、开放共赢的产教融合机制

成果通过与地方政府、区域产业、龙头企业深度合作，冠名产业学院、现代学徒制等多层次、多维度校企合作，推进多元主体参与办学，积聚产教优质资源，形成开放共融、校企共赢的运行模式和产教融合机制；明晰人才培养定位，尝试解决纺织产业发展战略与人才培养供需错位等共性问题，推动人才培养与产业发展同频共振，为高职院校依托区域发展深化产教融合提供示范样本。

3.2 体系创新——创新人才分类培养体系，打造分类实践教育平台

精准对接行业、企业需求，创新实施人才分类培养体系：实施创新训练"导师制"，培养卓越人才；成立产业学院，培养产业特色人才；实施高本协同育人，培养产业高端人才。构建"创新创意创业三融合，能力阶梯递进"实践教学体系，打造分类实践教育平台，实现"岗课赛创"结合。

3.3 实践创新——探索了"校政行企协同育人"复合型人才培养新路径

采取多元化培养路径、社会化培养机制和特色化培养模式等，通过卓越人才培养、产业特色人才培养、产业高端人才培养、国际视野人才培养，探索了"校政行企"多方联动、"产学研用"协同育人培养机制，实践了复合型、创新型人才培养路径，建设了一批国家级骨干专业和省级品牌专业，打造了一支高水平专业教学团队，提升了专业群服务经济社会发展能力，实现了教育链、人才链、产业链、创新链有机衔接。

4 成果的推广应用情况

4.1 校内应用，人才培养质量显著提升

成果在校内6个纺织类专业应用，直接受益学生12000人，求人倍率达4。学生获全国职业院校技能竞赛一等奖5项，"互联网+"大赛国家级奖项1项、省级金奖1项及银奖4项，"挑战杯"大赛省级特等奖3项、二等奖3项。专插本升学185名，累计421名学生获国家或励志奖学金。生源质量稳步提升，2021年高考招生录取线文、理科分别高于所在批次分数228分和133分，新生报到率提升20%，毕业生专业对口率达85.67%，平均起薪提高1332元，对母校满意度达98%，推荐度达85%。师生授权42项国家专利，培养了胡杆华等160余名创新创业型人才。

4.2 省内引领，行业企业高度认可

建成国家级骨干专业1个、省级品牌（重点）专业3个、省现代学徒制试点专业2个，实施中高、高本协同培养；新增省级教学团队1个、省级人才项目10项。专业建设成果被广东省教育厅报道。参与制定国家纺织类专业教学标准4项、职业技能等级标准1项、纺织标准13项。建成3个省级平台、9个市级平台，平台数量领跑同类院校。积极为广东轻工纺织战略提供决策报告，受到省工信厅的高度认可。成果在省行业协会及骨干企业中推广使用。

4.3 国内外推广，辐射示范效应增强

专业在国内影响力持续加大，在武书连2020中国高职高专专业大类排行榜上，我校位居轻工纺织大类第一！接待浙江纺织服装职业技术学院、江苏工程职业技术学院等兄弟院校500余人次，成果惠及"一带一路"沿线国家，输出课程标准，受到《中国教育报》、光明网等媒体报道，经验在世界纺织服装教育大会上分享，示范和辐射作用明显。

"七贯通"职业教育适应性人才培养模式的创新与实践
——以纺织服装专业群为例

苏州经贸职业技术学院

完成人及简况

姓名	性别	所在单位	党政职务	专业技术职称
周燕	男	苏州经贸职业技术学院	纺织服装与艺术传媒学院院长	教授
苏益南	男	苏州经贸职业技术学院	党委书记	研究员
唐俊松	男	盛虹集团有限公司	总经理	高级工程师
许磊	男	苏州经贸职业技术学院	纺织服装与艺术传媒学院副院长	副教授
黄紫娟	女	苏州经贸职业技术学院	纺织服装与艺术传媒学院副院长	讲师
钱琴芳	女	盛虹集团有限公司	副总工程师	高级工程师
吴惠英	女	苏州经贸职业技术学院	专业负责人	副教授
姚平	男	苏州经贸职业技术学院	纺织服装与艺术传媒学院副院长	副教授
陶然	女	苏州经贸职业技术学院	专业负责人	讲师

1 成果简介及主要解决的教学问题

1.1 成果简介

本成果实施的各个专业作为江苏省高水平专业群内专业，自2003年成立以来（源于江苏省丝绸学校丝绸系），伴随纺织产业转型升级不断改革。尤其自2012年省"青蓝工程"团队立项以来，针对高端纺织人才培养过程中，学生培养与就业岗位要求不一致、教育教学过程中教学用三者不统一、学生发展不适应产业要求的现状，依托已经建成的苏州市优秀企业学院盛虹企业学院和苏州市高端纺织产教融合联合体（苏州市第一批千亿级产教融合联合体）进行"七贯通"的人才培养模式改革，打通了人才培养"最后一公里"。

将"七贯通"全面融入学生成长理念、成长方案、成长团队、成长资源、成长场所、成长过程、成长评价，使学生有信仰、精技艺、有品位，解决了高端纺织人才培养导向与企业首岗（首岗是指企业对该专业学生第一需求岗位）实际需求脱节的问题，实现了从知识本位到能力本位再到素养本位的进阶递升。"七贯通"的人才培养模式实现了为高端纺织类专业学生量身定制一套人才培养方案、让每一位学生都拥有一技之长、让每一位学生的人生都出彩、让每一位学生都成为富民强国的星星之火的目标，形成了广泛的示范效应（图1）。

1.2 主要解决的教学问题

（1）学生培养方案与高端纺织智能化就业岗位需求不一致、学生就业不适应问题。

（2）教育教学过程中教学用三者不统一、学生发展不适应问题。

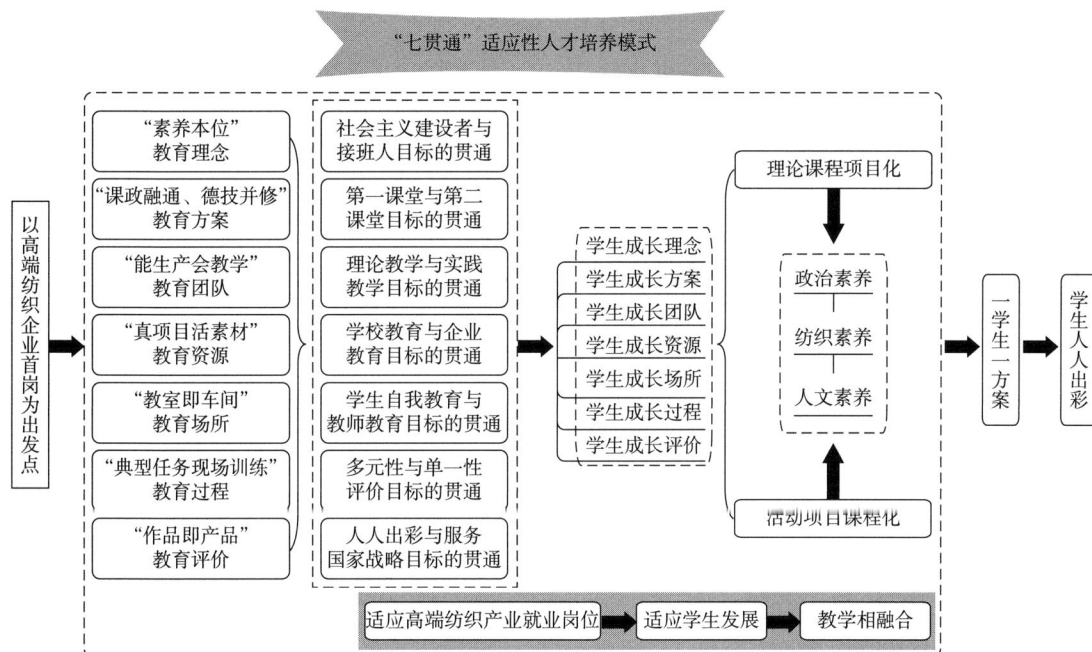

图1 "七贯通"适应性人才培养模式

2 成果解决教学问题的方法

2.1 以适应企业首岗为出发点，构建"素养本位"的个性化人才培养方案

依托盛虹企业学院，以适应企业首岗为出发点，解构首岗核心能力，设置"政治、纺织、人文"三类素养课程，通过"理论课程项目化"构建素养必修课、"活动项目课程化"构建个性化拓展课，以自选个性化拓展课项目实现纺织品检验与贸易专业群的个性化人才培养，适应高端纺织智能化的就业需求。

2.2 社会主义建设者与接班人目标的贯通对接

在人才培养的规格和目标中，遵循"七贯通"原则绘制人才培养施工图，既注重学生价值观和素质教育，培养社会主义接班人，也注重学生技术和技能教育，培养社会主义建设者。

2.3 第一课堂与第二课堂目标的贯通对接

课程体系聚焦企业首岗能力，构建"以素养为本位"的"政治、纺织、人文"课程模块，完善课程标准，通过必修课+自选个性化拓展课完成学生成长方案课程选择，第二课堂学分认定、贯通第一第二课堂学分互换，实现课政融通、德技并修的"一生一案"个性化人才培养（图2）。

2.4 理论教学与实践教学目标的贯通对接

以典型企业的典型产品、典型任务为项目载体来组织设计教学，构建特色鲜明的理实一体化课程体系。采用"真项目、活素材"的典型课程资源，根据企业典型生产线，构建"以实为主，虚实结合"的典型实训场所、虚拟实训平台，实现"教室即车间"，提高职业教育纺织专业人才培育的适应性（图3~图5）。

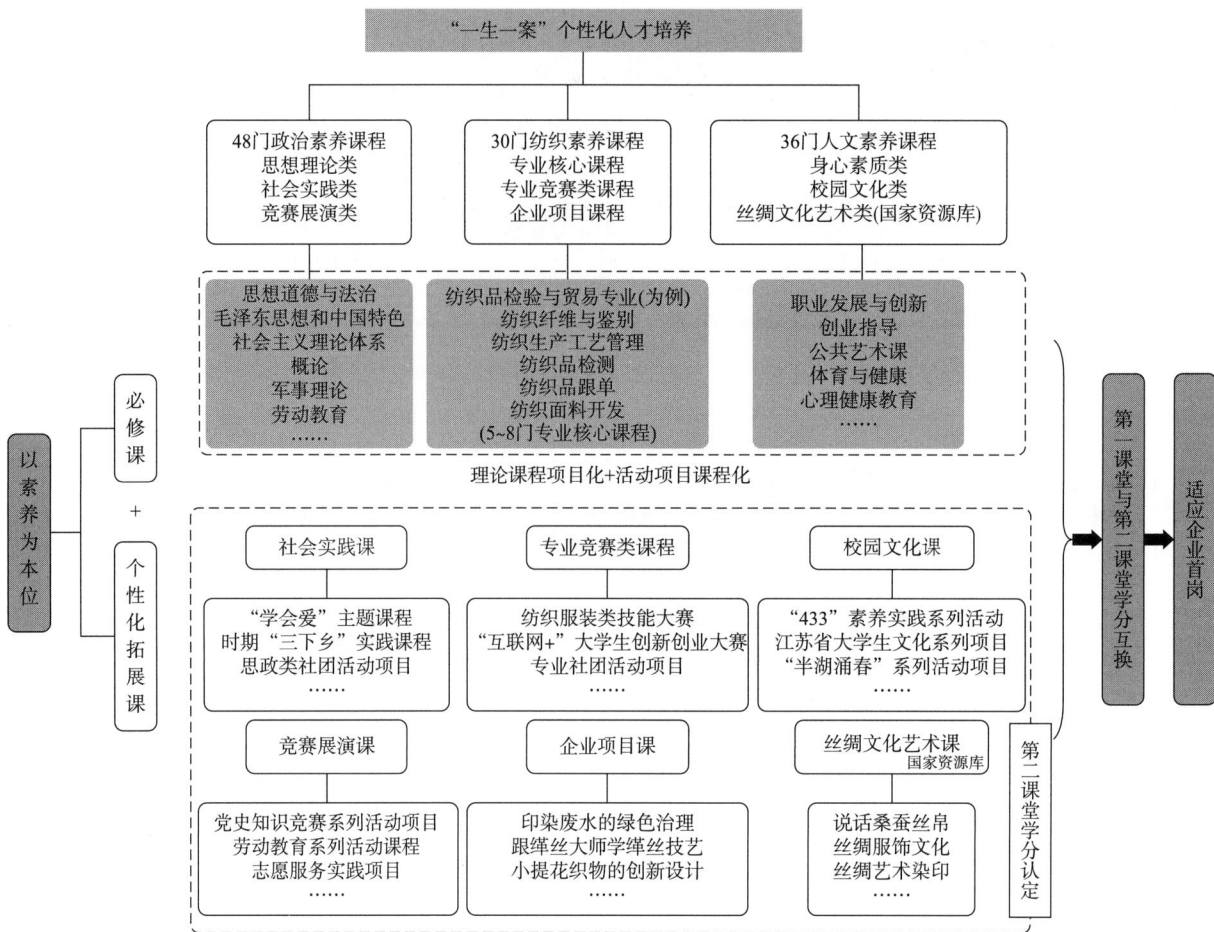

图2 "一生一案"个性化人才培养方案

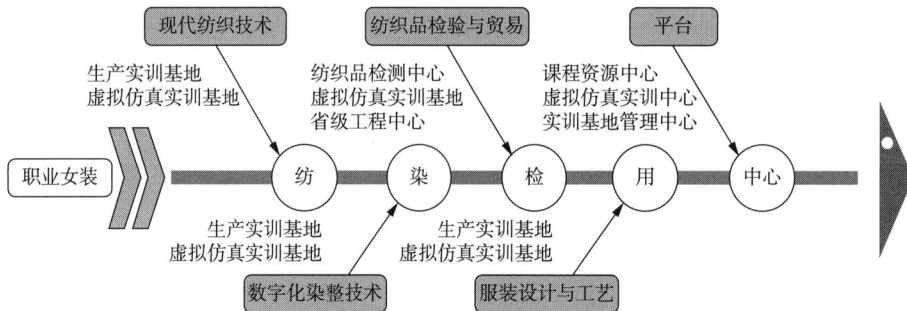

图3 纺织品检验与贸易专业群"虚拟仿真"实训平台

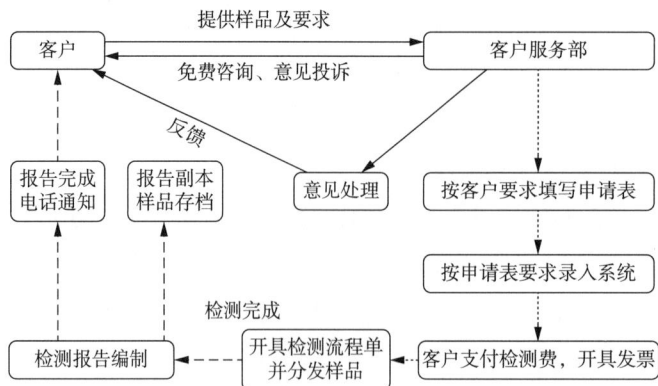

图4 "纺织品检测技术"课程教学设计示意图

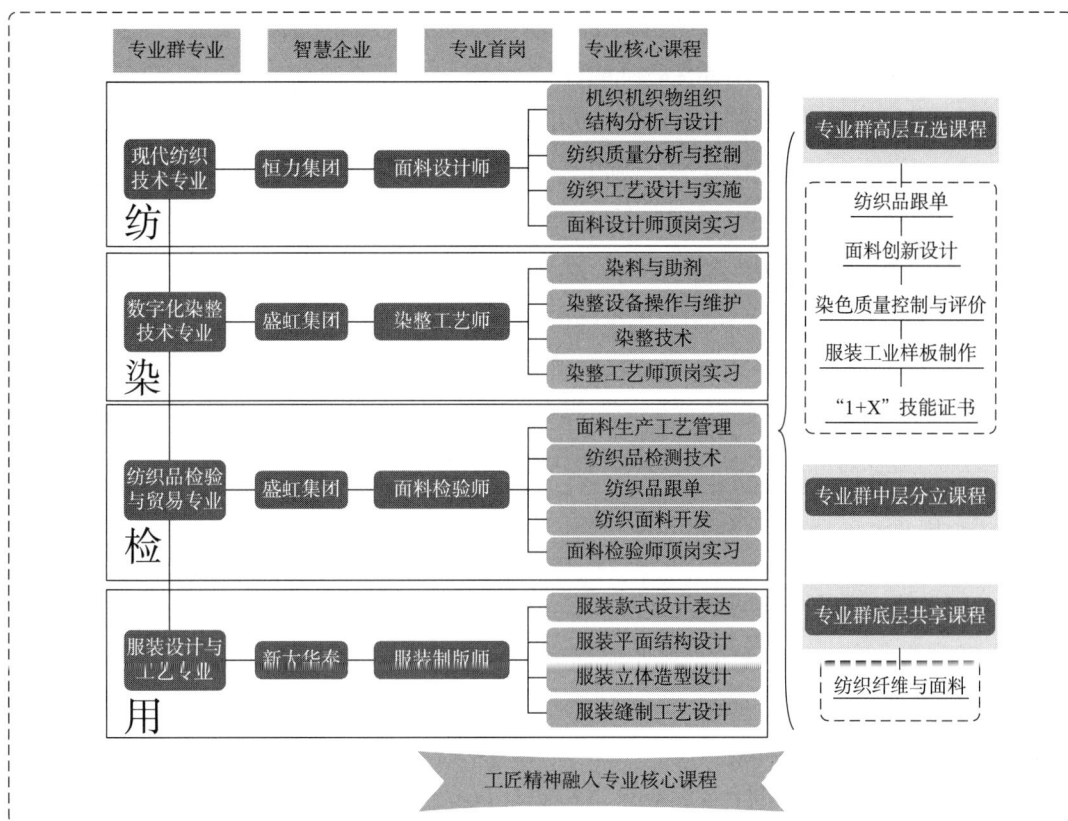

图 5 专业群素养课程

2.5 学校教育与企业教育目标的贯通对接

聚焦盛虹集团首岗，分析首岗工作过程，提炼同一类企业岗位能力，建设数字化课程资源、编写一批新型活页式教材，开发形成学生成长资源。打造一支"能生产会教学"的校企混编的师资团队，依据岗位能力要求进行专项培养。

2.6 学生自我教育与教师教育目标的贯通对接

通过引导学生充分认识爱自己、爱家庭、爱岗位、爱社会、爱党、爱国、爱民族的"七爱"教育，支持学生实行自我教育，同时发挥教师"七个一"和教授"五好"协同教育效应，积极引导学生成长、成人、成才，全面提升学生成人、成才发展的主动性。

2.7 多元性与单一性评价目标的贯通对接

实施多元化的课程考核评价和学生学业考核评价，改变"一张试卷定分数"的传统考核方式。构建评价目标"作品即产品"，确定评价标准"首岗产品要求"，对人才培养实施多个维度的考核评价。

2.8 人人出彩与服务国家战略目标的贯通对接

实施"433"学生成才工程，让学生的个人素养、专业技能及创新能力全面符合国家对纺织专业人才培养的要求，实现人人出彩。

3 成果的创新点

3.1 首岗需求贯穿学生成长全程适应了企业所需

充分利用盛虹企业学院及苏州市高端纺织产教融合联合体等高水平产教融合平台，实现人才培养全过程与企业首岗能力要求贯通对接，适应企业真需要。

3.2 教学用相统一的实践改革促使教师成长

结合教学用相统一的"七贯通"适应性人才培养模式实践，教师能力全面提升。教师团队中享受国务院政府特殊津贴专家1人、全国优秀教师1人、江苏省级团队3个、省级人才8人，获得教育部人文社科、江苏省自然科学基金等省部级教科研项目12项。立项国家资源库1项，获得教育部创新发展行动计划项目2项，编写国家级规划教材1部，开设江苏省在线开放课程2门。

3.3 "一生一案"人才培养方案助力学生硕果累累

成果在全院纺织服装类专业全面推开，直接受益学生累计6000多人。"一生一案"人才培养方案助力学生成才，从2017年至今，专业群学生获得中国国际"互联网+"大学生创新创业大赛金奖等奖项5项，江苏省大学生"挑战杯"课外学术科技作品竞赛特等奖等省级奖项41项。

4 成果的推广应用情况

4.1 政府充分肯定，人才培养效果显著

江苏省人大常委会副主任、省社科联主席曲福田，江苏省委教育工委书记、省教育厅厅长葛道凯先后莅临我校视察，对人才培养创新实践做法给予高度评价。立项建设省发改委、省教育厅等4个省级技术平台，获批省高校优秀科技创新团队、省"青蓝工程"科技创新团队2个省级科技创新团队，主持省自然科学基金5项、教育部人文社科项目5项及其他省部级项目2项。

4.2 行业企业高度认可，社会服务能力好

专业群牵头成立江苏省纺织品检验与贸易专业教学指导委员会、苏州市高端纺织产教融合联合体，参与单位包括院校、研究所10多所，参与的企业有世界500强企业盛虹集团、恒力集团、波司登集团等龙头企业10家，以及行业协会5个、公共服务机构3个。盛虹集团、恒力集团等企业主动与学校共聘共用教师，全国优秀教师周燕被聘为盛虹集团首席技术顾问，分别在校内设立"盛虹集团国家纺织品检测分中心""恒力集团化纤面料开发"等联合研发中心，共建高端纺织智造实训平台；近3年为企业解决技术问题132项，取得直接经济效益2845万元、间接经济效益超亿元。

4.3 媒体关注度高，省内外示范效应明显

本成果负责人应邀在中国丝绸技艺联盟全国会议、江苏省纺织服装职业教育行业指导委员会上做专题发言，传播"七贯通"适应性人才培养理念。成果受到全国诸多兄弟院校的关注，浙江、安徽、山东、陕西、广东及省内23所院校来我校深度学习人才培养经验。《中国教育报》《光明日报》等纸媒专题报道"'三教'改革如何在高职落地生根"。"绘好新时代人才培养'施工图'"等项目相关成果10余次，新华网、人民网等权威媒体专题报道本成果相关教学改革与成效45次。

适应产业转型升级的高职服装类专业人才培养"山科模式"的创新实践

山东科技职业学院

完成人及简况

姓名	性别	所在单位	党政职务	专业技术职称
郑德前	男	山东科技职业学院	党委书记	副研究员
丁文利	男	山东科技职业学院	党委副书记	教授
董敬贵	男	山东科技职业学院	国际交流与合作部主任、纺织专业主任	教授
徐晓雁	女	山东科技职业学院	纺织服装系主任	教授
李公科	男	山东科技职业学院	教师党支部书记、纺织服装系副主任	副教授
孙金平	女	山东科技职业学院	无	副教授
胡兴珠	男	山东科技职业学院	国际交流与合作部直属党支部书记	副教授
张善阳	男	潍坊尚德服饰有限公司	总经理	工程师

1 成果简介及主要解决的教学问题

1.1 成果简介

纺织服装是我国民生支柱产业，当前正由传统产业向信息化、数字化、智能化产业转型升级，存在人才培养与产业转型发展脱节等问题。自2008年起，山东科技职业学院历经国家示范校、国家优质校、国家"双高计划"A类专业群等阶段实践探索，依托10个省重点教改课题研究，形成了"适应产业转型升级的高职服装类专业人才培养'山科模式'的创新实践"成果。

成果基于职业教育适应性理论，确立了"人才培养与产业发展同频共振"的育人理念，确定了适应产业转型升级的创新型、复合型技术技能人才培养目标。构建了"能力导向、三层递进"的专业群课程体系，创新实施"三境多轮，研学融促"人才培养模式，打造了高水平、结构化教学团队，建立了"互嵌式"校企合作育人机制。

成果经过12年的实践逐渐成熟完善，被教育部专家誉为"山科模式"。专业群获批国家"双高计划"A类高水平专业群，CCTV-4、《光明日报》、新华网等权威媒体专题报道34次。成果在济南工程职业技术学院等20多所院校有效实施。

1.2 主要解决的教学问题

（1）高职服装类专业人才培养与服装产业转型升级人才要求不匹配。

（2）高职服装类专业人才培养模式不适应创新型、复合型技术技能人才培养的需求。

（3）校企协同育人机制实质性运行不足，企业参与人才培养全过程深度不够。

2 成果解决教学问题的方法

（1）精准对接服装产业转型升级，构建"能力导向、三层递进"的专业群课程体系。底层共享，中层融合，高层互选，学生可打破专业边界，群内跨专业选课，自主选择研发项目，"一人一案"，多样成才，解决了人才培养与产业转型升级人才要求不匹配问题（图1）。

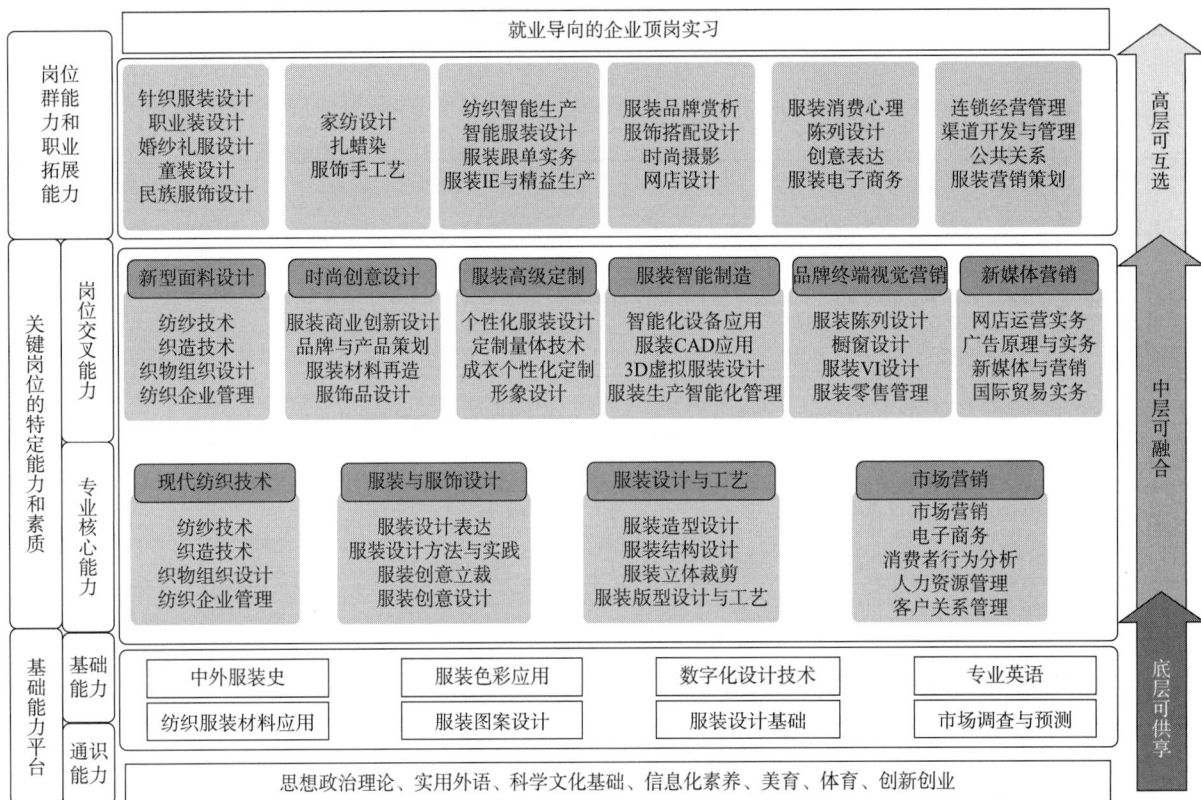

图1 纺织服装专业群课程体系

（2）产学研相长、职场化育人，创新实施"三境多轮，研学融促"人才培养模式。基于职业教育适应性理论和"人才培养与产业发展同频共振"育人理念，引企入校，与潍坊尚德服饰有限公司合力打造"项目工作室+研发中心+智慧工厂"产学研育人平台，与鲁泰纺织建设产业学院，共建集教学条件、文化、情感、活动于一体的教学情境，使知识学习、技能训练、研发创新三类教学情境难度逐轮递增，师生学习真项目、研发真产品，达到研学融促，实现知识、技能、创新能力及工匠精神同步螺旋提升（图2）。

（3）第一课堂与第二课堂目标的贯通对接"四有"标准、三重角色，校企共建高水平、结构化教学团队。聘请王方水等技能大师担任工艺技术课程教师、实践教师，企业聘请教师担任产品研发、工艺设计工程师，岗位互换，专兼职教师基于"教师、工程师、科研人员"的角色定位，使实践技能、教育教学和研发创新与技术服务能力持续提升。

（4）产教融合、互融共生，建立"互嵌式"校企合作育人机制。立足高端人才培养，引企入校，与潍坊尚德服饰有限公司共建国家级生产性实训基地，与鲁泰纺织共建现代产业学院，建立了产学一

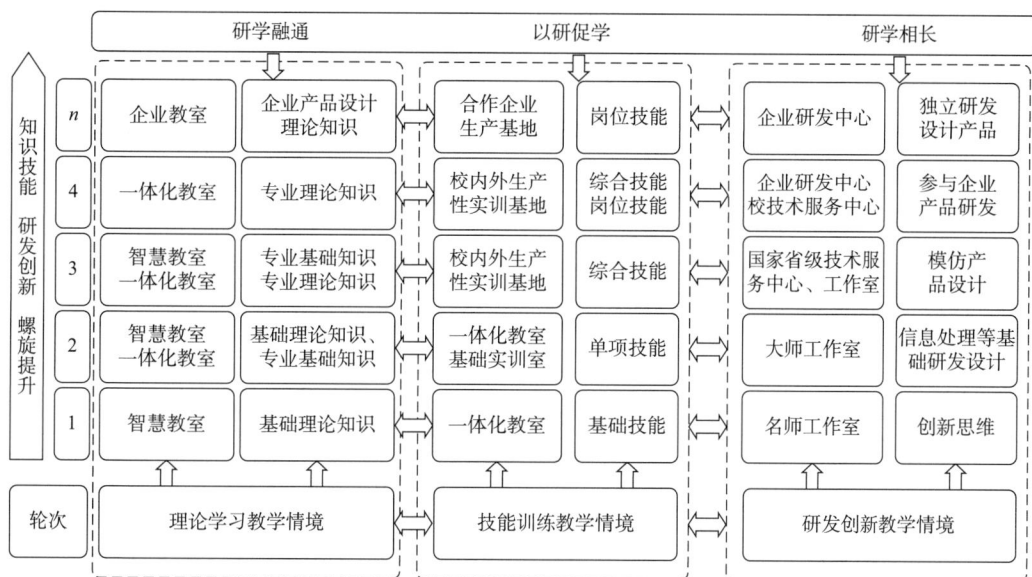

图2 "三境多轮、研学融促"人才培养模式

体、资源共享、双向挂职、科研互嵌、人才共育的"互嵌式"校企合作机制，校企成为互融共生命运共同体，有效解决了合作机制实质性运行不足的问题。

3 成果的创新点

（1）基于职业教育适应性理论，首次提出"人才培养与产业发展同频共振"育人理念。校企共同参与人才培养，专业教学内容随着企业生产科研活动发生变化，将新技术、新材料、新工艺及时纳入课程内容，适应服装产业转型升级，丰富了职业教育适应性理论。

（2）创新提出服装类专业"三境多轮、研学融促"人才培养模式，为高职纺织服装类专业提供了实践方案。校企共建知识学习、技能训练、研发创新三类教学情境，每类教学情境难度逐轮增加，学生依据培养方案在三类教学情境间轮回学习，实现研学融促。学生的理论知识、专业技能、创新与研发能力得到螺旋式提升，对研发创新要求较高的专业有较好的借鉴作用。

（3）创新形成多元协同、互融共生"互嵌式"校企合作育人机制，构建校企命运共同体。立足服装高端人才培养，完善了在人才培养、资源共建共享、实训室共建、双向挂职、科研与技术服务等方面的长效合作机制，校企在教学、生产、科研中相互嵌入、相互反哺，你中有我、我中有你，真正成为命运共同体，调动了企业参与的积极性，保障了校企合作育人的实施。

4 成果的推广应用情况

4.1 人才培养质量明显提高

成果实施12年来，人才培养质量明显提高。近3年，学生获全国职业院校技能大赛一、二等奖8项；毕业生就业率保持100%，平均薪资增长25%；学生创新能力显著提高，申报相关专利200余项，授权86项。服装专业群学生获国赛、省赛一等奖9项。我院培养人才在全省规模以上纺织服装企业基层管理和技术骨干中占比65%。在2020年全国职业教育活动周上，时任教育部部长陈宝生对我院服装专业学生实训成果给予高度评价。

4.2 服装类专业建设成绩突出，位列全国同类专业前列

2019年，山东科技职业学院纺织服装专业群被评为国家优质院校重点建设专业群，成为全国唯一一个国家"双高计划"建设单位A类纺织服装专业群。牵头成立山东省纺织服装职业教育行业教学指导委员会和"一带一路"纺织服装职业教育联盟。拥有国家纺织面料设计师（山东）培训中心、国家级服装制版技术服务协同创新中心等9个国家和省级技术与培训中心。近3年，各类项目到位资金991.5万元。

4.3 教师教学科研团队能力进一步提升

建有俞建勇院士领衔的高水平双师队伍，包括国家级技能大师4人，拥有省级教学团队4个，省级教学名师3名，双师比达91%，服装专业群教学团队被评为黄大年式教师团队；教师获全国职业院校信息化教学大赛一、二等奖2项；建设国家及省级精品类课程12门，主持服装设计专业国家教学资源库建设；主持其他国家级专业教学资源库子项目12门；主持开发国家专业教学标准6个、行业标准4个，获得国家级教学成果奖二等奖4项。师生每年为潍坊尚德服饰有限公司研发校服新产品200余种，助推其通过国家高新技术企业认定，被授予山东省"专精特新"企业、山东省"瞪羚"企业。

4.4 应用推广

本成果团队人员应邀在全国纺织服装职业教育大会、全国纺织服装行指委会议等国内大型会议上进行成果交流发言23次，近年来接待国内50多所职业院校来我校交流学习，本成果人才培养模式在济南工程职业技术学院等20多所院校有效实施，资源库在杭州职业技术学院等20多所高职院校中应用。作为"一带一路"纺织服装职业教育联盟理事长单位，成果在肯尼亚等多个国家推广。

4.5 社会反响

毕业生以"职业素质高、动手能力强"受到用人单位高度认可，满意率达95%。我院服装类专业产学一体人才培养模式在2012年第五届国家示范性高职院校建设成果展示会上被教育部领导、专家称赞为"山科模式"。

成果被《光明日报》、新华网、CCTV–4、中国教育电视台等权威媒体专题报道34次。中国教育电视台对团队成员进行了采访报道。乌干达国家电视台对山东科技职业学院乌干达国际学院进行了专题报道。

高职纺织类专业"协同化团队、专题化教材、智慧化教学"三教改革探索与实践

浙江纺织服装职业技术学院

完成人及简况

姓名	性别	所在单位	党政职务	专业技术职称
季荣	女	浙江纺织服装职业技术学院	纺织学院纺织品检验与贸易专业主任	副教授
翁毅	男	浙江纺织服装职业技术学院	教师	教授
翟霄宇	男	浙江纺织服装职业技术学院	党委副书记	高级工程师
杨乐芳	女	浙江纺织服装职业技术学院	无	教授
石东亮	男	宁波产品食品质量检验研究院（宁波市纤维检验所）	主任	教授级高级工程师
刘健	男	浙江纺织服装职业技术学院	教师	副教授
俞鑫	女	浙江纺织服装职业技术学院	教师	讲师
邵灵玲	女	浙江纺织服装职业技术学院	教师	讲师

1　成果简介及主要解决的教学问题

1.1　成果简介

《国家职业教育改革实施方案》（以下简称"职教20条"）提出教师、教材、教法（以下简称"三教"）是教学建设的基本要素。为了贯彻落实"职教20条"，配合"双高"专业建设，本成果从产教融合的角度找准突破口，聚焦三教改革探索推动高职教育质量提升的路径。在"00后"高职学生培养的过程中，普遍出现学生组成复杂、个性化学习需求多，教材更新慢、不实用，学习情况追踪效率低、能力过程评价难等问题，高职院校教学基本建设略显薄弱，课程和教学内容体系亟待改革，学与教是所有学校的技术核心。成果建立了"校企协同、课程协同、专业协同"三协同的教学团队，建成专题化、数字化、思政化的三化教材，构建工具智能化、互动网络化、评价全流程立体化的线上线下整合探究式（OAO）智慧教学模式，在规模化教育（班级标准化课程）中探索个性化培养的路径。

经过多年的实践，校企互兼、互聘的三协同团队建设成效显著，获全国多媒体课件一等奖，全国信息化教学大赛二、三等奖等34项奖项；三化教材以数据为纽带，"纸质＋新媒体"将真实的企业项目与工作场景搬到课堂，适应高职教育以技能学习者为中心的个性化学习需求，有利于提升学生的综合职业能力，以建成的纺织品设计国家专业教学资源库为载体向全国纺织类专业推广，立项2本国家级、5本部委级规划教材、2本省级新形态教材、2门省级精品在线开放课程、1门省级课程思政示范课；以学为中心，率先在高职课堂中引入独具特色的"手机课堂"，打破固有校园与厂房的时空限制，构建自

带设备（BYOD）的智慧教学生态环境，成果被400多家媒体报道，引发全国手机进课堂的大讨论；获得中国纺织工业联合会一等奖3项，二、三等奖各1项，以及市级成果奖2项。

1.2　主要解决的教学问题

（1）解决传统单一的在职教师与现代学习者复杂的矛盾。

（2）解决传统教材更新慢、与生产实际脱节、无互动与学材即时更新、真实工作项目、合作学习的需求的矛盾。

（3）解决学校集中式教育模式中的时空局限性与学习者个性化学习、工学结合、学情实时追踪、能力过程评价需求的矛盾。

2　成果解决教学问题的方法

2.1　建立校企协同、课程协同、专业协同的教学团队

（1）构建"学院＋企业"互兼互聘的校企协同团队。依托宁波"港口经济圈"建设战略，与"国家检验检测认证公共服务平台示范区"的宁波纤维检验所、天祥集团等6家企业签约，校企双方师资互兼互聘，建立"学院＋企业"的双带头人制度，教师、师傅双导师协同授课（图1）。

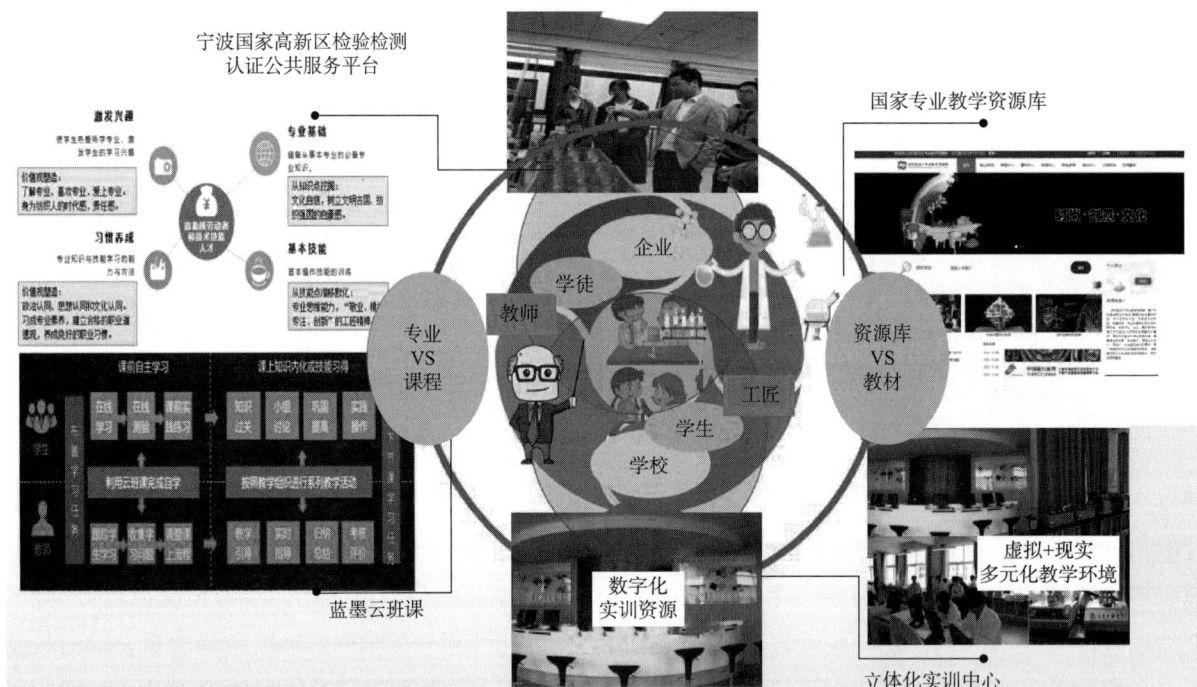

图1　"学院＋企业"的校企协同团队

（2）组成项目化教学的课程协同团队。根据工作过程，将专业课程考核与职业技能考核结合，引入行业技术标准，对接国际标准，打破原有课程体系壁垒，分专题、按项目由不同课程教师协同完成。

（3）形成跨界融合的专业协同团队。根据现代纺织企业对具备专业化、综合化知识结构的信息、管理、创新复合型高技能人才的需求，多专业跨界协同，形成教育模式的跨界互补、知识体系的跨界融合。

2.2　建设专题化、一体化、思政化的三化教材

（1）重构共建、共管、共享的课程体系，建设专题化教材。打破学科体系，基于企业岗位核心能力需求，组建生产性实训专题模块，对接国际标准，完善"学院＋企业"共建、共管、共享的课程体系，及时将行业的新技术、新工艺、新规范作为内容模块融入教材，实现教学内容与岗位工作、教学方法与工作方式、教学环境与工作氛围一致，满足职业教育的需求（图2）。

（2）"纸质教材＋多媒体平台"，构建实时动态更新的新形态一体化教材。专业教学资源数字化，将工厂搬入课堂，增强学习的临场感；专业教学资源库、在线开放课程、新形态教材、"纸质教材＋多媒体平台"的新形态一体化教材体系，构成实时动态更新的学材；数字化资源全覆盖，实训室所有仪器现场扫码即可学习；基于建构主义，师生协同共建交互性"学材"（图3）。

（3）技术赋能学习，建设思政化的教材。采用与课程内容密切相关的典型案例，将思政元素有机植入课程知识点，结合现代企业用人要求，将专业思维方式、职业素养作为内化基因融入技能点，将爱国教育融入教材建设中。

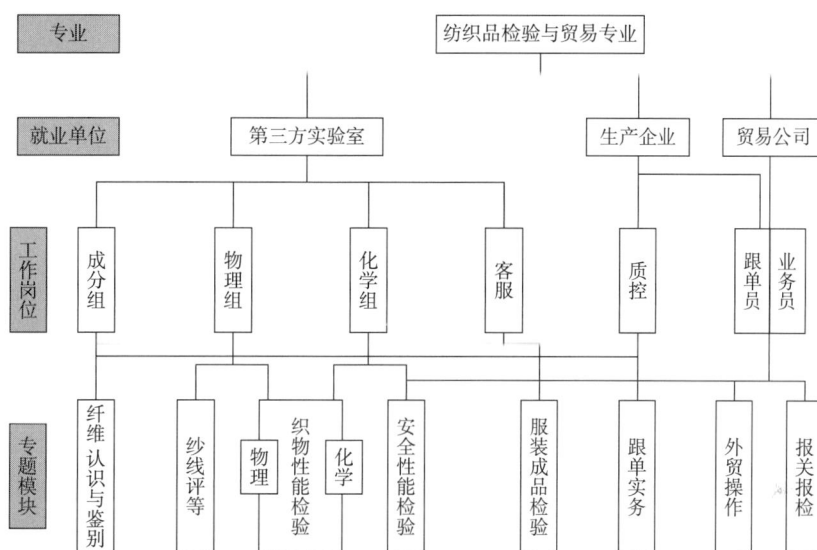

图 2　专业课程的专题化整合

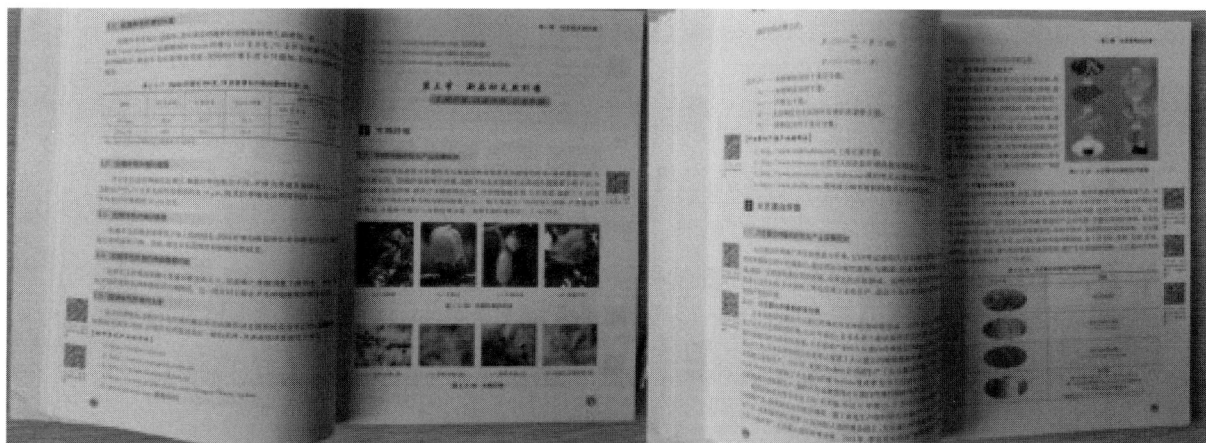

图 3　国家级规划教材与部委级优秀教材

2.3 构建智能化、网络化、立体化的OAO智慧教学模式

（1）工具智能化。联合企业构建四维融通的现代学徒制智慧教学体系，借助检验检测认证公共服务平台与智能教学应用程序（App），人机协同、空间互联，构建OAO智慧环境，线上线下互通、互联，学习空间和工作空间无缝衔接，满足学生个性化学习需求（图4）。

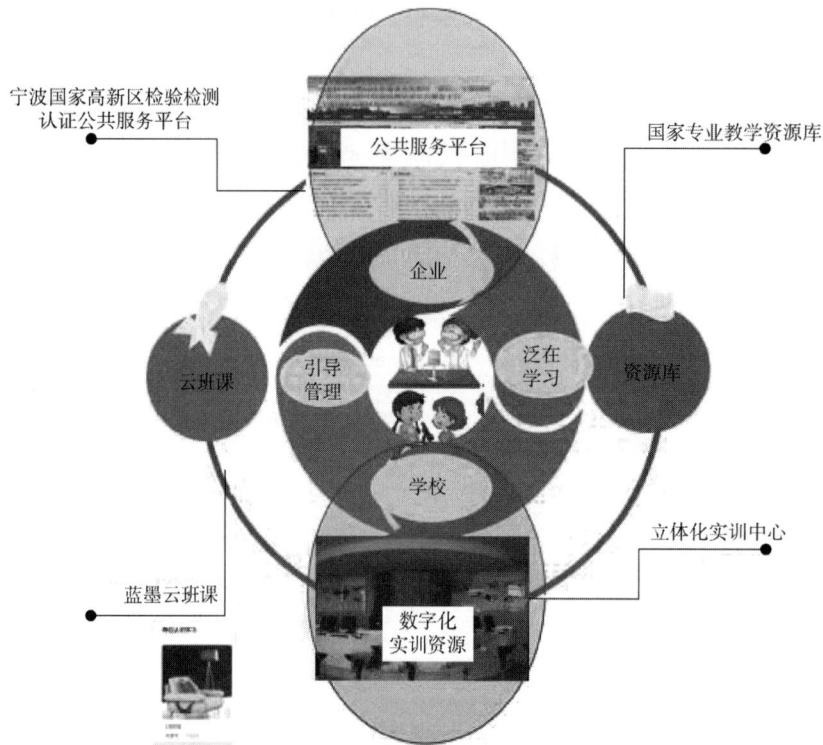

图4 四维融通的现代学徒制智慧教学模式

（2）互动网络化。课前在线推送导学任务；课堂在线测试即时反馈，开展头脑风暴、小组任务等活动调动学生参与积极性；课后在线推送拓展资源、答疑，全面互动、无缝交流。

（3）评价全流程立体化。线上线下全流程动态跟踪，靠数据说话，刻画学生学习画像，及时调整教学模式，构建立体化评价模式；辅助快速、准确诊断教学问题，及时、有效解决教学过程中存在的问题；自动记录教与学的全过程，为智慧教学管理提供数据支持。

3 成果的创新点

打破传统课程体系、专业壁垒以及校园围墙限制，配备最合适的教学团队，采用最符合学情的教学方法，传授最新、最能满足企业需要的知识、能力和素养，提升学生的综合职业能力。

3.1 形成双导师、多课程、多专业的三协同互兼互聘混编教学新团队

打破校园围墙、专业壁垒、课程界限，使专业设置与企业需求对接，教学过程与工作过程对接，课程标准与职业标准对接，课程内容与国际标准对接，毕业证书与职业资格证书对接，学校教育与终身学习对接，实现校企双方师资互兼互聘。团队建设成效显著，省省级专业带头人、智慧教学之星、先进个人称号；以赛促建，获3项国家级、3项省级信息化教学大赛奖项；专业发展迅速，入选省"双高计划"专业群建设，获评省级特色专业、市级品牌专业。

3.2 构建数字化资源+课程平台+活页式教材组合的"纸质+富媒体"的一体化教材体系

打破学科体系，率先在检测专业中探索课程体系专题化整合，采用多种形式的教材组合，构建"纸质教材+多媒体平台"的新形态一体化教材体系，及时将行业的新技术、新工艺、新规范作为内容模块融入教材，满足职业教育的需求。出版5本校企合作教材，在学生的技能培养上取得明显成效；建设1个国家级专业教学资源库，形成动态更新的交互式数字化"教材"；出版2本省级新形态教材，内容随时更新；自编活页式实训教材，满足教学做一体化学习需求；建立2个行指委实训教学资源库，保证数字化实践教学资源全覆盖，将视频转化为二维码，现场扫码即可随时随地自主学习（图5）。

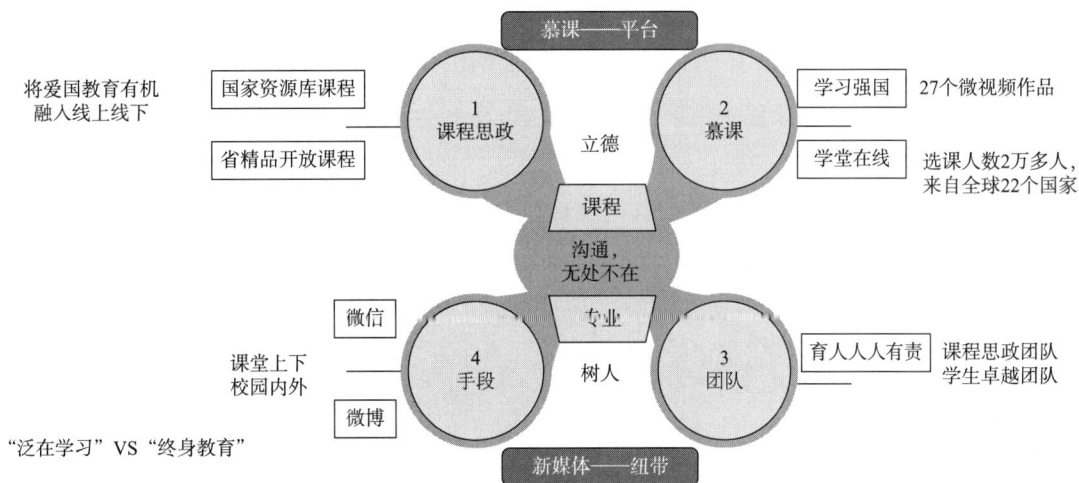

图5 纸质教材与慕课结合的课堂，实体专业建设+新媒体引导的育人体系

3.3 校企共建OAO的时空互联的智慧教学实践新途径

基于泛在网络环境，率先在高职课堂中引入独具特色的"手机课堂"，构建BYOD的智慧教学生态环境，既能将真实的企业项目与工作场景搬到课堂，也能将课堂随身携带到多家企业同时开展实训任务，不受固有校园、工厂围墙限制，学习和工作空间无缝衔接，有利于提升学生的综合职业能力。大数据技术成功促使教学评价由学习考核向全程化、多元化、多维度评估扩展，技术赋能教育，使"因材施教"从"经验主义"走向以数据说话。本成果被包括CCTV-2、CETV-1、中国新闻网在内的400多家媒体报道。

4 成果的推广应用情况

4.1 实践效果

（1）学生技能得到极大提高，2015~2020年的5届全国职业院校纺织面料检测学生技能大赛中，共获一等奖4项、二等奖8项、三等奖13项，团体一等奖2项、二等奖2项。

（2）企业对学生的工作态度与职业素养更为满意，2020年，刚毕业的周鑫同学被评为绍兴市战"疫"先锋、杨克孝被评为宁波市纺织"行业标兵"推荐学习对象。

（3）专业成功入选浙江省特色专业、宁波市品牌专业建设。

（4）建成2门省级精品在线开放课程，出版2本职业教育国家规划教材、2本"十三五"国家规划教材、2本省级新形态教材，建立2个行业专指委实训资源库。

（5）先后在国家专业教学资源库（24门）、浙江精品在线开放课程（2门）、宁波市慕课联盟（2

门）、学堂在线（1门）、学习强国（1门）等平台上线。

（6）团队教师获全国多媒体课件大赛微课一等奖、国家信息化课堂教学二等奖、国家信息化教学设计三等奖、中国纺织工业联合会教学成果奖一等奖等奖项30多项。

4.2 理论水平

（1）发表6篇论文，获中国职业技术教育学会优秀论文、浙江高等职业教育研究会专题征文二等奖。

（2）获中国纺织工业联合会教学成果奖一等奖2项、三等奖1项，宁波市教学成果奖二等奖、三等奖各1项。

4.3 推广应用

（1）2015~2021年，连续7年作为学校创新课堂案例第一名，在全校推广。2016年时我校已有英语、思政、模特表演等127门课程应用该成果，并取得良好的教学效果。2020年疫情期间，学校在线授课1281门次，占应开总课程的86%。

（2）成功推广至国家专业教学资源库25门课程，在16所兄弟院校实施（图6）。

图6 在兄弟院校交流资源库建设标准

4.4 社会反响

（1）受邀在全国移动信息化课程资源建设培训会（北京、海南、杭州等，中国教育报刊社）、宁波市重点专业建设工作推进会议（宁波教育局）、全国纺织服装信息化教学师资培训（桂林，中国纺织服装教育学会）、高职高专国家专业资源库建设推进培训会（宁波、绍兴等）等17次汇报（图7）。

（2）相关内容曾被CCTV-2（《第一时间》，2015年6月19日）、CETV-1（《图说教育》，2015年6月17日）等400多家媒体报道、转载（图8），引发了全国范围对"手机进课堂"的大讨论，众多高校教育同行评价"精辟""理论指导实践的范例""实操性强""启发很大"。

图7 宁波重点专业建设交流

图8 课程模式被CETV-1报道

通专互融·虚实链接·内外贯通——中职服装专业"大课堂"的创新实践

江苏省南通中等专业学校

完成人及简况

姓名	性别	所在单位	党政职务	专业技术职称
施捷	女	江苏省南通中等专业学校	科研处主任	正高级讲师
濮海慧	女	南通大学	职教所副所长	副教授
陈桂林	男	广东省职业教育研究院	院长	教授
裴晔	女	江苏省南通中等专业学校	无	高级讲师
周怡	男	江苏省南通中等专业学校	无	高级讲师
方琴	女	江苏省张家港中等专业学校	信息工程系副主任	高级实验师
张蕾	女	江苏省南通中等专业学校	督导处副处长	高级讲师
陈海霞	女	江苏省金坛中等专业学校	教学科研处处长	高级讲师
沈海生	男	上海赛晖服饰有限公司	总经理	工程师
陈静	女	江苏省南通中等专业学校	无	高级讲师
陈潇潇	女	江苏省南通中等专业学校	无	讲师

1　成果简介及主要解决的教学问题

1.1　成果简介

南通作为全国著名的纺织服装之乡，拥有较大的生产规模和区域产业集群优势。随着服装产业的转型升级，学生适岗能力问题日益突出。课堂是人才培养的主战场，一直以来我们都在积极探索有效的课堂教学模式。我校联合省内外多所学校共同开展探索研究，课程专家、学校教师、企业骨干一起努力寻找课堂教学的突破口，凝聚共识，创新构建"通专互融·虚实链接·内外贯通——中职服装专业'大课堂'"，即通识课与专业课互融互通、线上与线下教学全链路对接、校内与校外课堂时空跨越贯通（图1）。2015年3月，校企双方签订"服装设计名师工作室'大课堂'人才培育示范基地建设咨询服务"项目书，2017年4月，该项目结项。经过5年多的实践检验，本成果取得显著成效，获得2021年江苏省教学成果奖特等奖、南通市职业教育教学成果奖特等奖，已在省内外40多个学校80多个同类或相近专业得到广泛复制与推广（图1）。

1.2　主要解决的教学问题

（1）解决传统课堂教学目标"重形式轻融合、重效益轻素养"，与行业企业人才培养规格适配度不高的问题。

（2）解决课堂教学内容"重局部轻整体、重技能轻思维"，难以提升学生处理工作场景中复杂问题的能力的问题。

（3）解决学生课堂评价"重结果轻诊断、重总体轻个体"，不能有效服务于学生个性化发展需求的问题。

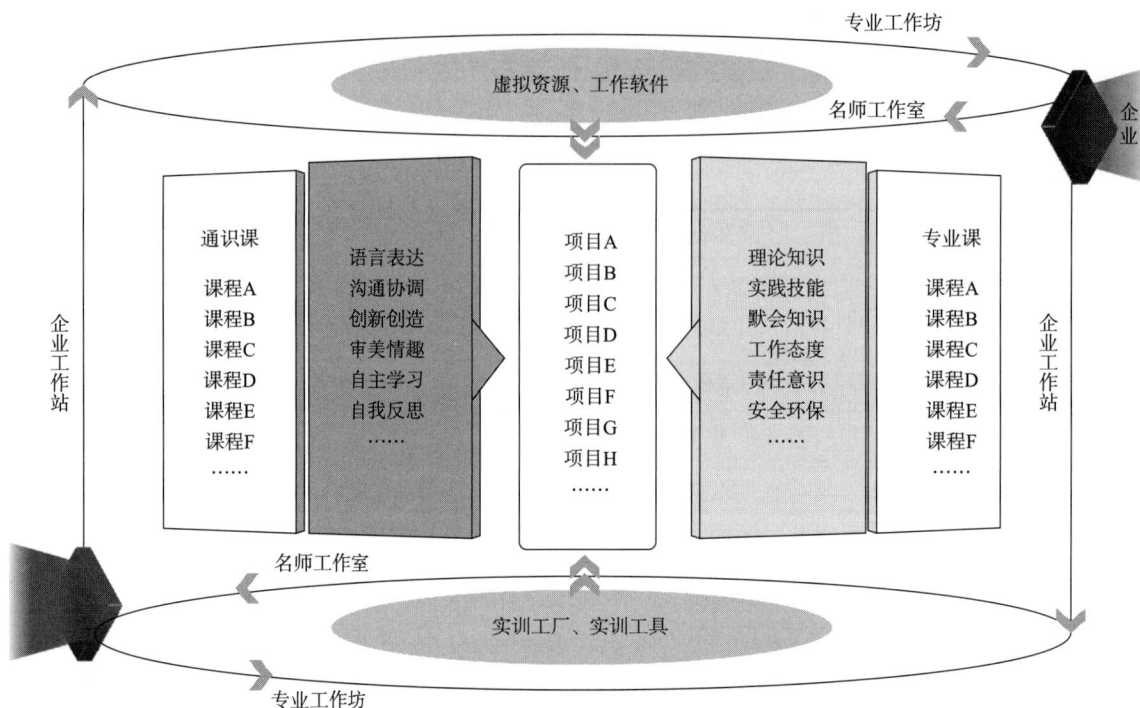

图1 中职服装专业"通专互融·虚实链接·内外贯通"大课堂构建示意图

2 成果解决教学问题的方法

（1）突出学生本位，确立了核心素养导向的统整教学目标，提高人才培养与企业需求的吻合度。基于真实项目构建"开放"单元目标；以典型工作任务为载体构建"融合"课程目标；以岗位胜任力为价值取向构建"共创"人才培养目标；以生本理念构建"共生"职业生涯发展目标。

（2）对接能力标准，打造"通专互融"大单元课程内容体系。将项目、问题、案例融入通识课教学，使通识课不再孤立，同时将通识能力融入专业课程教学，使学生有全局视野和全面解决问题的能力。

（3）深化产教融合，打造线上线下混合、校内校外贯通的教学平台，拓展课堂教学时空向度。打破时空界限，根据学生认知水平和知识类型，进行知识分类和序化，有机整合教学内容。

（4）推进教学改革，创设"项目进阶、三序合一"教学实施路径，满足个性化学习需求。遵循学生的认知规律和职业能力发展规律，将项目进行序化，形成三年进阶教学项目体系，认知序、项目序、教学序三序合一。

（5）聚焦复合能力，创新"五能并进"学习评价指标体系，提升学生面向未来的岗位胜任力。学习评价体系包括"技艺迁移能力、课堂贡献能力、团队合作能力、深度思维能力、挑战创新能力"指标内涵，助力学生从"知识人"向"职场人"转变。

3 成果的创新点

3.1 组织平台创新——成立产教融合新载体"企业工作站"

"大课堂"聚焦企业最前沿技术,成立产教融合"企业工作站",该平台既为企业设计生产服务,也为人才培养提供全新载体。与"专业工作坊""名师工作室"形成产教融合流动组织,三方联动形成阶梯式柔性化平台,与学生能力递进形成双轴螺旋发展态势。

3.2 教学队伍创新——打造赋能共创型"雁阵"师资团队

"大课堂"组建了一支专业复合、人员跨界的"名师名匠"队伍,团队建设遵循"外引企业良才,内涌学校良将,锻造雁阵效应"的合作原则,利用产教融合的高阶智慧,从教学模式的改革、产教融合项目的研发、系列核心课程的重塑等方面,发挥中职服装专业课堂"联创伙伴"角色的作用。

3.3 评价制度创新——设计"五能并进"学习评价制度

"大课堂"打破课堂评价载体单一、形式单一、主客体单一的传统范式,打造从"线性评价"到"立体评价"的全新评价模式,兼顾学生的多元智能,体现对学生学习成果的个性化认可。

4 成果的推广应用情况

4.1 提升学生培养质量,用人单位高度认可

自2017年成果实践以来,覆盖江苏省南通中等专业学校、苏州高等职业技术学校、江苏省张家港中等专业学校、郑州市科技工业学校等省内外服装专业学生10000多人。学生考工平均通过率达98.7%,超过86.5%的学生成为服装企业技术人员。成果完成人所在学校学生参加中职组服装技能大赛获省级10金22银2铜、国家级12金2银5铜。毕业生质量得到社会认可,用人单位对学生岗位胜任能力的综合满意度呈上升趋势,就业率达100%,对口就业率达92.10%。

4.2 服务师资队伍建设,推动教育事业发展

成果完成人获评全国优秀教师、感动江苏教育人物、全国纺织服装行业职业教育先进工作者、全国职业院校技能大赛优秀指导教师奖、省职业学校信息化教学大赛先进个人、市学科带头人等多项荣誉称号;1位老师成长为2020年江苏省"苏教名家"培养对象、正高级讲师;3位完成人参加全国职业院校技能大赛获得一等奖2项、二等奖1项;施捷、方琴老师领衔2个服装工作室获评江苏省职业教育名师工作室。

4.3 专业建设成绩突出,建设经验全省示范

自成果实施以来,学校被授予江苏省职业教育轻纺食品教科研中心组、江苏省中等职业学校学生学业水平考试纺织服装类研究组等。成果完成人负责牵头制定江苏省中等职业学校纺织服装专业类课程指导方案、指导性人才培养方案及课程标准,为江苏研制省级相关教学标准提供实证研究。江苏省南通中等专业学校服装专业先后获评省现代化实训基地、现代化专业群。苏州高等职业技术学校连续多年承办全国职业院校、江苏省职业学校技能大赛。

4.4 校企合作成效明显,引领行业企业发展

江苏省南通中等专业学校服装专业自2007年开始与企业开展校企合作,成果完成人主持了童装品牌"小乖猴"和"VIV&LUL"项目研发实践工作,协助公司每年开发款式240余款。自2017年至今,协助企业成功申报外观专利18余项、发明专利6项、实用新型15余项、服装类软著6项,助力企业先

后获得"江苏省名牌""高新技术企业"及"江苏省重点培育和发展的国际知名品牌"等荣誉。

4.5 媒体、业界广泛关注，产生良好社会影响

教学成果被《中国职业技术教育》《中国教育报》《江苏教育》等期刊多次介绍，相关活动也被南通电视台、苏州电视台等多家媒体报道，产生广泛的社会影响力。成果完成人应邀在全国及各省市会议上介绍项目改革模式400多次。来校参观、调研和学习、借鉴教学模式、师资、基地建设经验的来宾络绎不绝，其中在2017～2021年有34批次5000多人次，该模式已成为各地相关院校教学模式改革实践的参照范例。

适应纺织服装产业升级的产创研赛"四轨并育"人才培养体系的构建与实践

武汉职业技术学院

完成人及简况

姓名	性别	所在单位	党政职务	专业技术职称
戴冬秀	女	武汉职业技术学院	纺织与服装工程学院党委书记、院长	副教授
陈衡	男	武汉职业技术学院	合作发展处长	讲师
全建业	男	武汉职业技术学院	纺织与服装工程学院学党委副书记	讲师
孔莉	女	武汉职业技术学院	纺织与服装工程学院副院长	副教授
包振华	男	武汉职业技术学院	专业带头人	教授
陈玲玲	女	武汉职业技术学院	纺织与服装工程学院院长助理	讲师
罗莹	女	武汉职业技术学院	骨干教师	讲师
肖伟	男	广东都市丽人实业有限公司	供应链总监	工程师

1　成果简介及主要解决的教学问题

1.1　成果简介

《国务院关于加快发展现代职业教育的决定》（国发〔2014〕19号）提出职业教育的总体目标是培养适应技术进步和生产方式变革以及社会公共服务的需要的高素质劳动者和技术技能人才，并指出提高人才培养质量的主要途径是推进人才培养模式创新，推进校企一体化育人。

2014年是纺织服装产业新旧动能转换的关键时期，急需适应产业技术进步和生产方式变革的技术技能人才，项目组立项湖北省规划重点课题"纺织业职业岗位分析及人才培养研究"，研究确定纺织服装产业转型升级期所需要的人才是具备"新型能力"的人，即掌握产业升级的最新工艺和技术、有创新意识或创造能力、有研发或设计能力、有精益求精的工匠精神。课题研究了面向纺织服装产业升级期的人才培养需求，构建了产创研赛"四轨并育"的人才培养体系，形成本成果。

成果包括以下内容：

（1）产创研赛四轨并育的课程体系。

（2）产创研赛四阵协同的师资团队。

（3）产创研赛四力并举的资源平台。

（4）灵活互动的培养机制。

成果从2017年开始运行，4年实践期已有两届毕业生，从2020、2021年连续两届毕业生数据来看，毕业生适应产业转型升级能力明显增强，雇主平均满意度从2017年的80%提升到95%，毕业生对口就业率从40%上升至70%，人才培养质量明显提高，满足产业升级需求能力明显增强。

1.2 主要解决的教学问题

传统纺织服装业存在智能化水平低、原创设计能力弱、技术创新能力不强等问题，随着信息时代生产与生活方式的加速进步，产业转型升级速度日益加快，生产制造向智能化生产转型，日益注重原创设计和自主研发能力的提升，产业转型升级对人才培养质量和能力的要求提高。在此背景下，高职院校纺织服装类专业教学普遍面临以下四个问题：

（1）教学内容滞后于产业转型升级。

（2）师资队伍能力结构欠缺，不能支撑产业升级的人才培养需要。

（3）教学资源平台单一，不能充分支撑产业转型升级对多元化人才培养的需求。

（4）人才培养机制不灵活，制约学生和企业对个性化培养的需求。

2 成果解决教学问题的方法

2.1 建构四轨并育的课程体系

依托武职—都市丽人服装学院，秉持"激发潜能、尊重个性、普惠全体"的理念，培养适应纺织服装产业升级的能干会创的复合型技术技能人才，以混合所有制实施校企共建共育，共同构建了"产创研赛"四轨并育的课程体系（表1），并采用现代学徒制有效体现产业元素。

表1 四轨并育的课程体系

	学期	产	创	研	赛
四轨并育课程体系	第6学期	顶岗实习	孵化成功者入驻大学生创业中心	进入校重点实验室导师研究团队	入围选手进入国家集训队
	第5学期	实战项目课程：服装产品设计、品牌包装设计、服装店铺设计、产品展示推广……	学校双创训练营专项课程：进行创业项目孵化	导师项目课程：生物质抗菌纤维研究、生态染织工艺研究、表面活性剂研究	第4学期胜出者，备战国赛
	第4学期	技能模块课程：服装IE、服装陈列、跨境电商、印刷技术、品牌包装策划、服装表演与策划、新零售技术……	创业工坊课程（兴趣班）：创业导师和专业课导师带领，结合专业技能课程进行创意产品设计	第3学期表现好的学生进入生态染织工艺室参加项目研究	第3学期院技能运动会选拔胜出者继续开展集训，备战省选拔赛
	第3学期	技能模块课程：服装结构与工艺、服装制板、服装设计与表达、纺织品检验、形体表演、染色工艺、化学分析	创业工坊课程（兴趣班）：创业导师和专业课导师带领，结合专业技能课程进行创意产品设计	探究式项目课程：染色工艺、化学分析	各专业结合专业核心课程开展服装制板、服装设计院级技能运动会纺织品检验院级技能运动会

	学期	产	创	研	赛
四轨并育课程体系	第2学期	专业基础课程： 服装美学、色彩与图案、服装材料、CorelDRAW应用、Photoshop应用、摄影摄像技术	创新创业基础	科研导师招募兴趣小组	创新创业基础课程作业：大学生"互联网＋"或"挑战杯"参赛
	第1学期	公共必修课程： 形势与政策、企业管理、体育、思政、应用写作、法律基础、体育、英语	创意思维	科研导师招募兴趣小组	创意思维课程作业：大学生"互联网＋"或"挑战杯"参赛

2.2 打造四阵协同的师资团队

产业导师：依托武职—都市丽人服装学院，与广东都市丽人实业有限公司共同组建校企双导师团队，共同开发实践课程，共同承担实践课程教学，确保教学内容对接产业升级需求。

创业导师：校企共建国家、市、校级创业导师6人，负责指导学生创新创业活动。

研发导师：2017年成立校级纺织研究所、服装研究所，2019年成功申报服装设计省级技能大师工作室，2021年成立都市丽人研发中心，2021年建成校级重点科研实验室，聘请武汉大学周金平教授、武汉纺织大学姜会钰教授作为研究顾问，带领学院12名教师，成长为覆盖纺织新材料科研、服装原创设计的研发导师团队。

技能大赛导师：建成世界技能大赛时装技术湖北省集训基地，聘请世界技能大赛中国区总裁判李宁教授担任顾问，培养国家技能大赛教练孔莉、陈汉东等，聘请企业导师徐亮、王洪等，形成一支由行业专家、企业和学校共同组成的6人大赛导师团队。

2.3 构筑四力并举的资源平台

（1）以产业平台提供实践支持力。学校联合广东都市丽人实业有限公司，于2015年成立混合所有制的武职－都市丽人服装学院，为学生学习提供真实的产业环境，并在校内共建都市丽人大学生样板店，成立都市丽人研发中心，建设员工培训基地。企业提供真实的原创设计、新材料研发等真实项目，学校将企业真实项目植入课堂，校企共同制定课程标准、共同承担项目教学任务。推行课堂革命、改革教学评价，形成"四化课堂"，即项目课程化、任务作业化、作业产品化、产品商品化，作业按产品标准验收，企业购买学生作品投产，增强学生的学习成就感。

（2）以双创平台熏陶创新内驱力。搭建"基础课程—双创工坊—双创协同中心"三步递进式双创平台。全体学生必修创意思维和创新创业基础课程，并参加全国大学生"互联网＋"大赛；与未之学院等文创公司合作，将东方创意之星设计大赛、都市丽人"正青年"中国大学生内衣创意设计大赛导入课程教学内容；依托都市丽人大学生样板店和学校的双创协同中心，遴选优质项目进行培育孵化，助力学生完成创业梦想。

（3）以研发平台培养探究学习力。依托省级服装设计名师工作室、校级纺织研究所和服装研究所、都市丽人研发中心，联合武汉大学、武汉纺织大学共建校级重点科研实验室，导师常态化收集和储备纵向或横向研发项目，长年吸纳学生参与研发，培养探究性学习能力。

（4）大赛平台提升就业竞争力。常态化的院级技能运动会实行"人人参赛"，形成"学院技能运动会—省技能大赛—国家技能大赛"逐级选拔机制，从普惠到精英，培养学生工匠精神。

2.4 配套灵活互动的培养机制

（1）选课制度。在完成规定任务的基础学习后，学生可根据自己的职业定位和特长，在第五、第六学期通过选课制度完成产、创、研、赛四条轨道的切换。

（2）弹性学制和学分置换制度。创业的学生可以申请保留学籍休学创业，学制在六年内修满学分即可；因参加技能大赛或双创训练营而无法正常上课的学生，可按《技能大赛管理办法》《创业教育管理制度》申请进行学分置换，支持特长发展。

（3）"1+X"证书融课制度。将商品展示设计课程融入服装陈列"1+X"证书课程内容，将服装3D设计课程对接"服装数字化设计'1+X'证书"课程内容，结课即可考取技能等级证书，以匹配产业升级的最新需求。

3 成果的创新点

3.1 理念创新

在纺织服装传统产业升级转型的过程中，首次识别了这一阶段人才需求的"新型能力"的内涵，包括适应产业升级发展的能力、创新创意创造创业四步递进的能力、探究学习与自我成长能力和掌握岗位技能的工匠精神。这一新型能力的识别为满足产业升级的人才培养目标定位指明了方向，既契合产业升级对人才"新型能力"的需求，培养了学生的复合技能，也兼顾了学生就业、深造、创业的多元化需求。

3.2 实践创新

首次提出产创研赛"四轨并育"的人才培养体系。高效契合教育部"岗课赛证"的培养要求，同时有效弥补了教学内容更新滞后于产业升级的不足，通过实战式项目课程有机融入产业要求、创新思维、技能大赛要求和研发要求；成果突破了专业教学的时间和空间界限，将专业教学的渠道和阵地拓展到产业平台、双创平台、大赛平台和研发平台；在师资队伍上构建了产业导师、双创导师、研发导师、大赛导师，形成了具备产创研赛四种能力协同的导师团队，弥补了师资不满足产业升级的能力要求的不足。

成果通过产创研赛四个轨道，能有效激发学生潜能，通过对接产业的实战项目课程，激发学生学习产业新技术的兴趣和动力；创意思维、创新能力、创造性设计、创业孵化逐层递进，培养创新素养和自我革新精神；以企业项目为依托，教师带领学生进行科技研发，培养学生的探究性学习能力；通过参加大赛培养学生的工匠精神。

3.3 培养机制创新

创造性提出了兼顾学生多元化需求的灵活"变轨机制"。通过产创研赛四条轨道的机制构建，配套选课与学分置换等机制，可满足学生学完基本技能后，再根据特长自主选择"变轨"的需求，形成兼顾基本而又突出专长的个性化培养机制。

4　成果的推广应用情况

4.1　人才培养质量高

自成果实施以来，学生对产业发展的适应能力、创新意识、工匠精神、探究性学习能力持续提升，有效地培养了精通专业和产业、兼具创新和探究能力、技能过硬的复合型人才。

各专业初次就业率从2017年的92%，到2019年起持续3年保持在96%以上；在2017~2021年，各专业连续5年对口就业率持续提升（图1），最低的从40%上升至72%；毕业生适应产业转型升级能力明显增强，雇主平均满意度从2017年的80%提升到2021年的95%。

学生在职业技能大赛中获得国家级奖项30项、省级奖项20项，大学生"互联网＋"创新创业大赛和"挑战杯"大赛获国家奖项3项、省级奖项8项，在各类文创大赛获省级以上奖项6项。在获奖的级别、种类和数量上，较2016年都有显著提升。

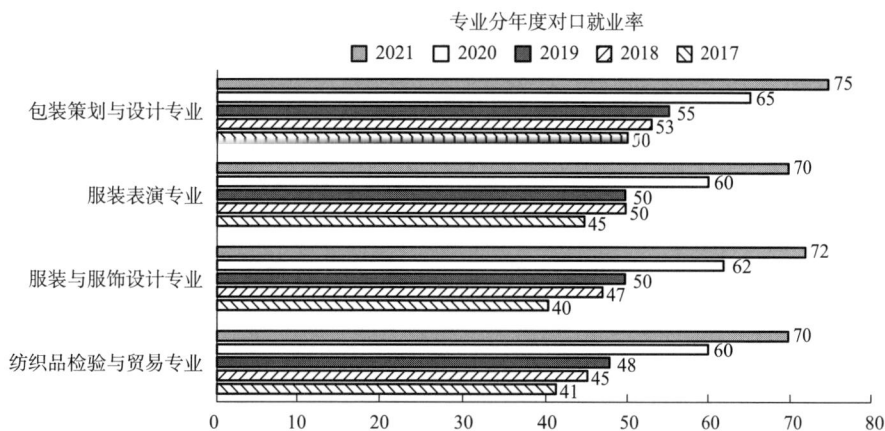

图1　服装类专业对口就业率持续提升

2020、2021年连续2年担任独立设计师、自主创业者均达30人以上，占毕业生总数的6%以上，4支学生团队经学校双创协同教育中心遴选获批孵化落地，注册成立了独立法人的实体公司，目前已投入实体运营。仅2021年3月组织的学生作品校内交易会就成交600件次，完成交易总额7万元。

4.2　教学改革成效优

（1）专任教师整体教学能力提升。学院3位教师入选全国行业职业教育教学指导委员会委员。服装专业教师2020、2021年连续2年参加教师教学能力大赛，分获省级二等奖、一等奖；包装专业教师2020年参加全国职业院校中华优秀传统文化微课教学比赛获一等奖；2020年教师参加全国首届职业技能大赛获得服装制版项目全国第七名。

教师研发成果显著，2019~2021年连续3年共获得发明专利授权4项、软著3项、实用新型等36项，发表高水平论文20篇。

（2）教学改革成果显著。2018年双主体办学的校企合作经验获得全国教学成果奖二等奖、湖北省教学成果奖一等奖、湖北省优秀案例一等奖，人才培养机制改革研究获得2019年中国纺织教育学会三等奖。

（3）专业建设成果丰硕。自成果实施以来，2018、2020年分别建成44、46届时装技术项目世界技能大赛武汉市、湖北省集训基地，2019年服装设计与工艺专业通过国家创新发展骨干专业验收，2020

年纺织品检验与贸易专业通过省级特色专业验收。

4.3 社会影响力度强

成果契合产业升级的产创研赛"四轨并育"的鲜明特色，在以纺织服装类专业为主的江西工业职业技术学院、广东职业技术学院得到应用。人民网、腾讯网、大楚网、极目新闻、《长江日报》、湖北电视台、武汉电视台等18家媒体报道，获得广泛赞誉。

教育部职业教育与成人教育司司长陈子季，时任湖北省副省长肖菊华、黄楚平及湖北省教育厅等政府领导多次来院观摩指导；与新西兰南方理工学院、新加坡莱佛士设计学院等多个国外教育机构进行经验交流，吸纳缅甸留学生26人来院交流学习；天津职业大学、新疆博尔塔拉职业技术学院、甘肃白银职业技术学校、清远职业技术学院等全国25个省（市、区）的60多所兄弟院校来校交流，特步、真维斯、维珍妮等100多个知名企业与学院签订合作协议，优质企业争相招收学院毕业生入职，学院已在业界形成品牌效应。自成果实施以来，世界各地来校参观人数达3000多人次，得到多方肯定。

"价值引领、载体融合、评价驱动"——服装专业课程思政教学改革与实践

温州职业技术学院

完成人及简况

姓名	性别	所在单位	党政职务	专业技术职称
邢旭佳	男	温州职业技术学院	服装与服饰设计专业负责人	教授
陈力	女	温州职业技术学院	无	讲师
林莹懿	女	温州职业技术学院	无	副教授
尤伶俐	女	温州职业技术学院	无	讲师
崔同占	男	温州职业技术学院	无	高级实验师
胡朝朝	女	温州职业技术学院	无	讲师
金花	女	温州职业技术学院	无	副教授

1 成果简介及主要解决的教学问题

1.1 成果简介

2016年习近平总书记在全国高校思想政治工作会议上强调：把思想政治工作贯穿教育教学全过程，开创教育新局面。同年12月，温州职业技术学院服装专业立项省优势专业，重点落实思政全面融入专业课程体系建设，学生思政素养和知识技能得到有效提升。2017年，完成专业课程体系思政顶层设计，以服装CAD课程为代表的专业核心课全面推进课程思政建设。2018年7月，服装CAD立项省精品在线开放课程，标志着本成果完成。

理论上形成思政顶层设计创新：基于国家战略、区域精神、行业文化三层面，提出"匠心品格、双创精神、文化自信"三线交融的服装专业课程思政顶层设计。

实践上凸显思政育人功能落地：提出载体内涵式思政元素挖掘方法，将价值塑造、知识传授和能力培养紧密融合，落细课程思政育人功能。

成效上具有示范推广应用价值：取得国家课程思政示范课、全国教师教学能力大赛一等奖、全国学生技能大赛一等奖等一系列标志性成果。

1.2 主要解决的教学问题

（1）区域精神行业素养与课程体系脱节，专业人才培养质量弱化。

（2）思政载体设计缺少有效方法，课程思政形式生硬、效果不理想。

（3）课程教学评价缺少思政考核有效抓手，学生不重视素质提升。

（4）教学团队缺少课程思政元素挖掘方法，课堂育人的效应不强。

2　成果解决教学问题的方法

2.1　价值塑造与专业特质相融合，思政进阶育人逐级迭代

依据专业特质融入思政育人价值，从纺织强国层面融入工匠精神、行业素养，从温州人精神层面融入创新理念、创业案例，从服饰文化层面融入文化传承、国风设计，三线交融形成"匠心品格、双创精神、文化自信"的服装专业课程思政目标，并做到可评可测逐级迭代（图1）。

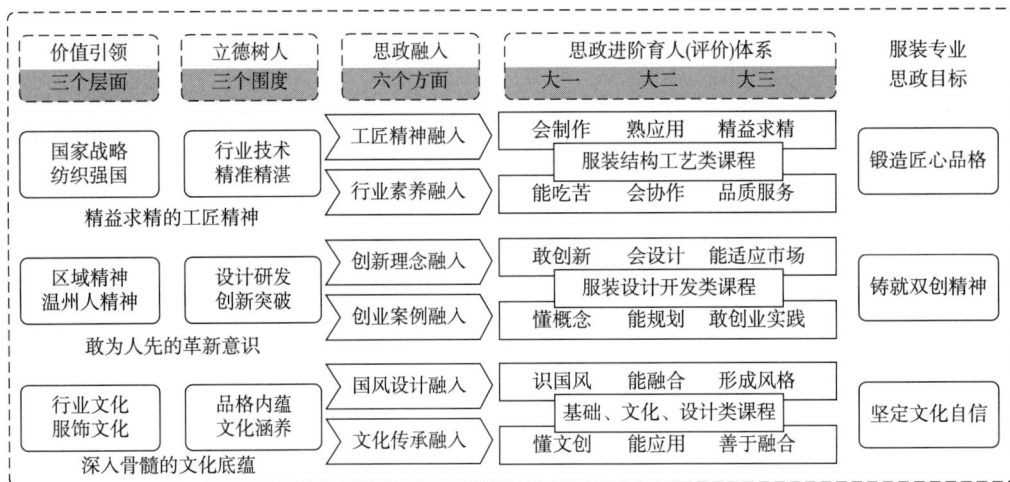

图 1　服装专业课程的思政目标

2.2　思政载体与教学内容相融合，育人匹配度高、效果显著

以服装CAD课程为例，把"敢为人先、特别能创业创新"的温州人精神和工匠精神全面融入课程四个教学项目。依据每个任务特点设计合适载体，将价值塑造、知识传授和能力培养紧密融合，育人与教学内容高度匹配，润物细无声但效果显著。

2.3　育人目标与评价手段相融合，构建育人体系以评促学

三全评价体系涵盖素质评价（占30%），做到全方位引导学生加强素质提升，评价环节从课中延伸到课前和课后，做到全过程促进课外与课堂良性循环；教师、学生、企业、客户等全员参与评价，促进学生全面成长。创建学习劳动之星积分榜，实现全学程评价学生职业素质、思政素养，为素质考核增添新抓手（图2）。

2.4　思政挖掘与育人能力相融合，强化师资提升育人效应

团队创新提出载体内涵式思政元素挖掘方法，提升专业教师思政挖掘融合能力，确保思政目标与教学内容高度融合统一。定期开展优秀课程思政教学案例分享、课程思政案例教学示范等活动，提升专业教学团队的育人意识和课程思政实践能力，做到人人讲育人、会育人（图3）。

3　成果的创新点

3.1　依据服装专业特质融入思政育人价值，思政素养逐级迭代

从纺织强国、温州人精神、服饰文化三个层面将"匠心品格、双创精神、文化自信"课程思政目标交互融入3年的不同课程类型中，逐级迭代落实。

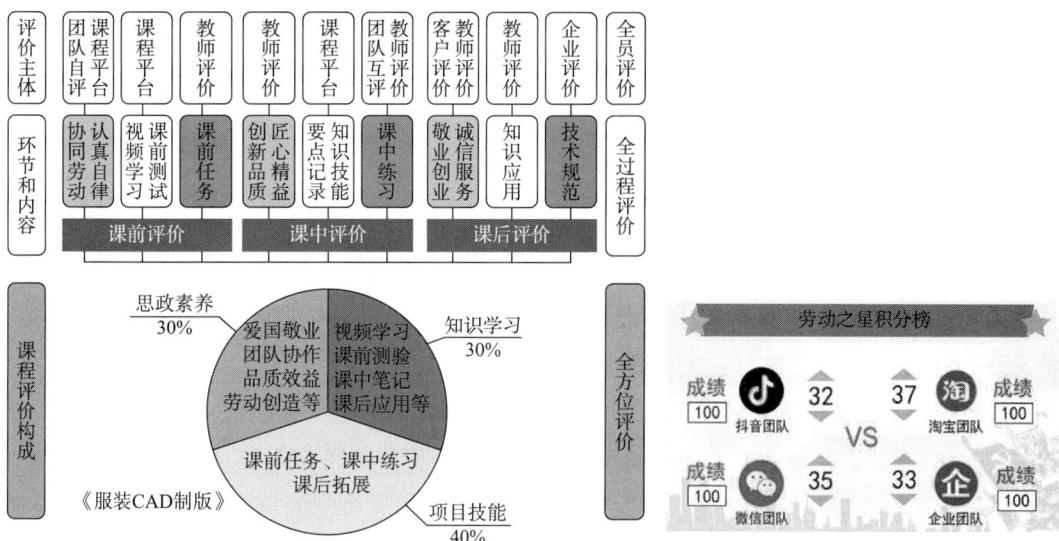

图2　以评促学的育人体系

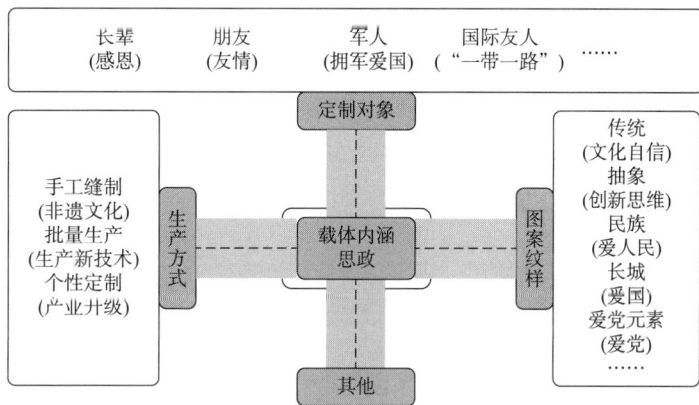

图3　创新提出的载体内涵式思政元素挖掘方法

3.2　融通教学任务与育人载体的设计方法，潜移默化立德树人

结合教学任务特点，设计育人项目载体，寓育人于专业教学任务，潜移默化提升学生职业素养和行业价值观，实现课程育人目标，践行立德树人使命。

3.3　构建三全评价体系和学习劳动之星积分榜，素质考核有效实施

素质评价占总评成绩的30%，可以有效引导学生重视和加强素质提升。多元评价主体通过学习劳动之星积分榜这一素质考核抓手，可以有效落实素质思政素养评价，从而促进学生全面成长。

3.4　强化服装专业师资育人方法、育人能力，做到人人落实育人

创建和落实载体内涵式思政元素挖掘方法，强化交流课程思政教学方法，提升专业教学团队的育人意识和课程思政实践能力，做到人人讲育人、会育人。

4　成果的推广应用情况

4.1　成果应用于专业群专业建设，教学育人效果显著

成果促使服装等设计类专业学生获得国家级、省级奖项22项，2021年获得全国工业设计职业技能

大赛鞋类设计师赛项一等奖，学院被评为冠军选手单位；教师取得31项国家级、省级成果和项目，获得2020年全国职业院校技能大赛教学能力比赛一等奖；专业获得国家骨干专业、国家级高水平专业群等国家级专业荣誉10项，职教成效显著。

4.2 成果被省内外院校借鉴应用，认同度高、影响力较大

项目团队教师应教育部全国鞋服饰品及箱包专业指导委员会、浙江省高等教育学会、聚焦职教、高教国培、浙南职业教育集团、浙江师范大学职教研究中心等邀请，将课程思政建设成果向省外700余所高职院校进行经验交流，获得兄弟院校的高度认同，成果被国内130余所职业院校借鉴与应用，对国内高职院校的专业人才培养产生良好影响。

4.3 成果应用于岗位技术人才输送，获得社会一致好评

按照本成果培养专业人才，学生毕业后能快速适应职业岗位要求和岗位技术迭代更新，职业忠诚度更高、理想信念更坚定、设计及创新创造能力更强，深受用人单位的喜爱。毕业生就业质量连续3年位居全省前列，职业稳定率提高12%，用人单位满意度达100%。

"依链提质、五阶递进、匠技崇艺"——高职纺织复合型技术技能人才培养的创新实践

常州纺织服装职业技术学院

完成人及简况

姓名	性别	所在单位	党政职务	专业技术职称
陶丽珍	女	常州纺织服装职业技术学院	无	教授
高妍	女	常州纺织服装职业技术学院	纺织学院党总支书记	讲师
朱红	女	常州纺织服装职业技术学院	无	教授
曹红梅	女	常州纺织服装职业技术学院	纺织学院副院长	副教授
赵为陶	女	常州纺织服装职业技术学院	纺检教研室主任	讲师
陶建勤	女	常州纺织服装职业技术学院	无	教授、高级工程师
王建平	男	常州纺织服装职业技术学院	无	副教授
岳仕芳	女	常州纺织服装职业技术学院	无	教授
邵东锋	男	常州纺织服装职业技术学院	无	副教授
张国成	男	常州纺织服装职业技术学院	副总经理/常州市纺织工程学会理事长	高级工程师

1 成果简介及主要解决的教学问题

1.1 成果简介

纺织产业高端化发展带来纤维新材料、先进纺织品、纺织智能装备等领域的技术创新，新技术、新工艺、新装备、新应用也不断撬动纺织产业的迭代升级。产业链、创新链的链动发展，触发了职业岗位的重大变化，带来了纺织产业复合型高素质技术技能人才培养的新需求。

2008年，团队以省示范性高职园区常州科教城建设、省特色专业建设等为依托，启动开展人才培养的改革实践。2014年以来，团队研究先行，主持完成教育部《纺织服装行业人才需求与专业设置报告》和《时尚服装行业人才需求与职业院校专业设置指导报告》，主要参与完成《纺织类专业毕业生就业报告》，确立了纺织产业新兴技术职业岗位群，制定了复合型高素质技术技能人才的能力标准。

专业深化产教融合，依链提质，动态调整人才培养目标和技能培养要素；开展产业学院建设、现代学徒制试点等教学改革，实施"职业愿景塑造、技术技能育训、工匠学徒锤炼、赛证研创培优、创新创业出彩"五阶递进培养策略，创建了"535"纺织专业人才培养模式；基于产学研项目、大赛项目等构建"课程模块+项目群组"的课程体系，创新课堂组织形式，培养具有"匠心精技、崇艺尚美"职业品格的复合型技术技能人才，本成果打造了校企共育、共享、共为的复合型人才培养实践共同体。

1.2 主要解决的教学问题

解决了纺织类专业人才培养与产业高质量发展契合度不高、专业人才能力培养与职业岗位匹配度不高、专业人才培养的职业品格与新时代职业岗位适应度不高的问题。累计培养毕业生5000余人，人才培养得到社会、用人单位、行业的高度认可（图1）。

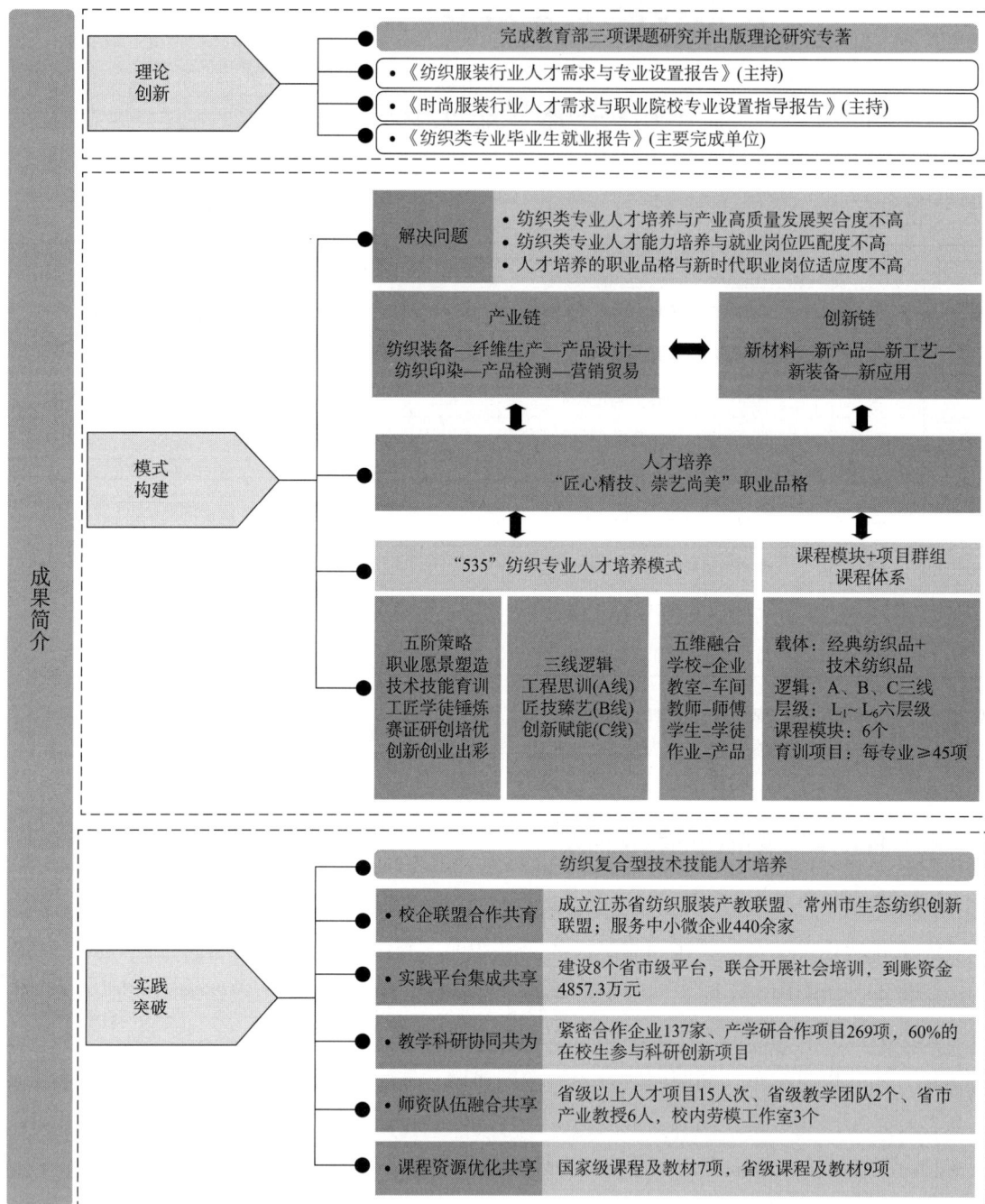

图1 成果简介

2 成果解决教学问题的方法

（1）研究先行，依链提质实施五阶递进育人策略，解决纺织类专业人才培养与产业高质量发展契合度不高的问题。以教育部3项课题的理论研究为指导，分析纺织产业链、创新链对人才培养供给侧的要求变化，提出新业态下纺织复合型高素质技术技能人才的岗位需求，以此动态调整完善人才培养方案（图2）。实施"职业愿景塑造、技术技能育训、工匠学徒锤炼、赛证研创培优、创新创业出彩"五阶递进育人策略（图3），将职业愿景塑造作为专业第一课，通过学做、育训、研创结合，将大师事迹、工匠精神浸润育人过程，强化赛证融通、创新创业，拓展职业空间，实行以毕业资格条件为基线的增量评价。

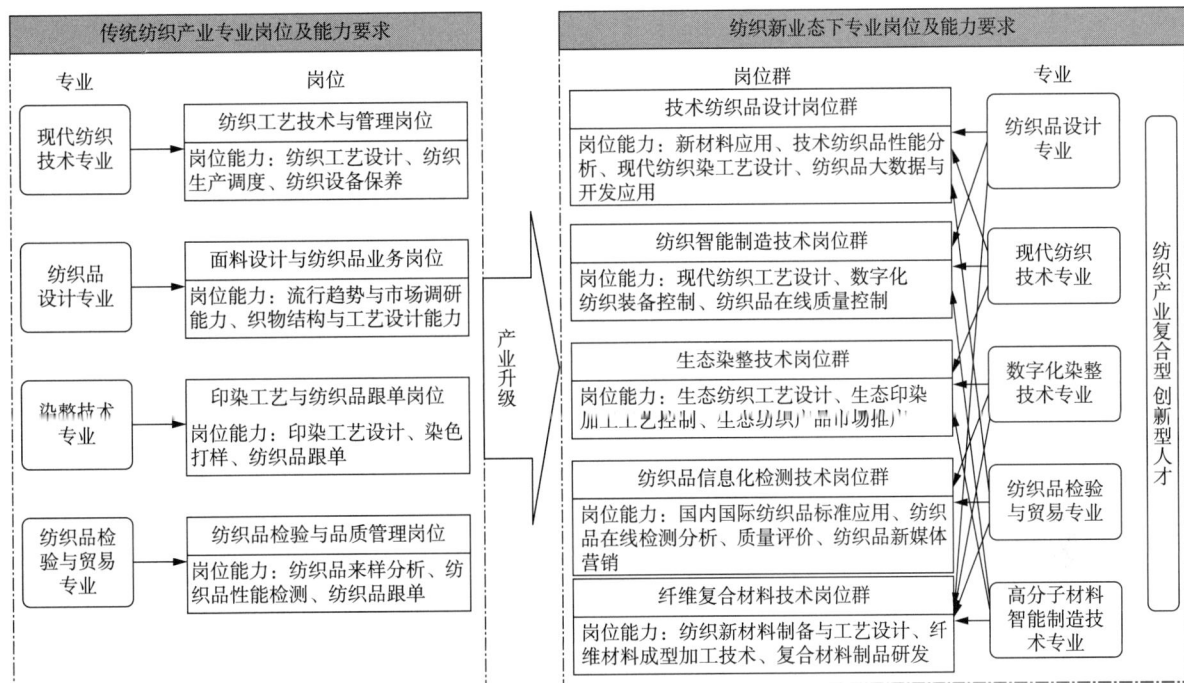

信息来源：
《纺织服装行业人才需求与专业设置报告》(高等教育出版社，2016.)
《时尚服装行业人才需求与职业院校专业设置指导报告》(高等教育出版社，2017.)
《纺织类专业毕业生就业报告》(中国纺织出版社，2016.)

图 2 纺织新兴职业岗位的复合型人才需求分析

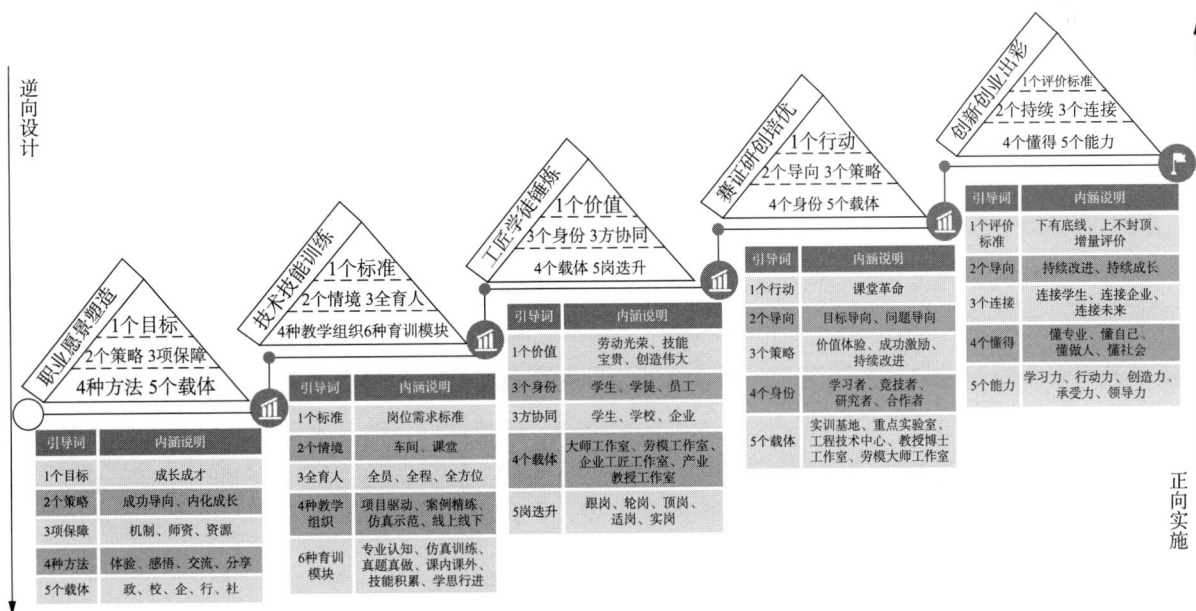

图 3 基于成果导向教育（OBE）的五阶递进式专业育人策略

（2）层级递进，构建矩阵项目课程体系。解决纺织类专业人才能力培养与职业岗位匹配度不高的问题。聚焦纺织新材料开发、纺织智能制造、技术纺织品开发等新兴职业岗位群，遵循"工程思训、匠技臻艺、创新赋能"的职业能力成长三线逻辑，基于产学研项目、大赛项目等开发以经典纺织品和技术纺织品为载体的矩阵项目群组，将层级式矩阵项目与课程模块融合，建立"课程模块＋项目群组"课程体系（图4），实施项目化教学。创新课堂组织形式，打造校企混编团队，带领学生实学真做，培养适应职业岗位需求的复合型高素质技术技能人才。

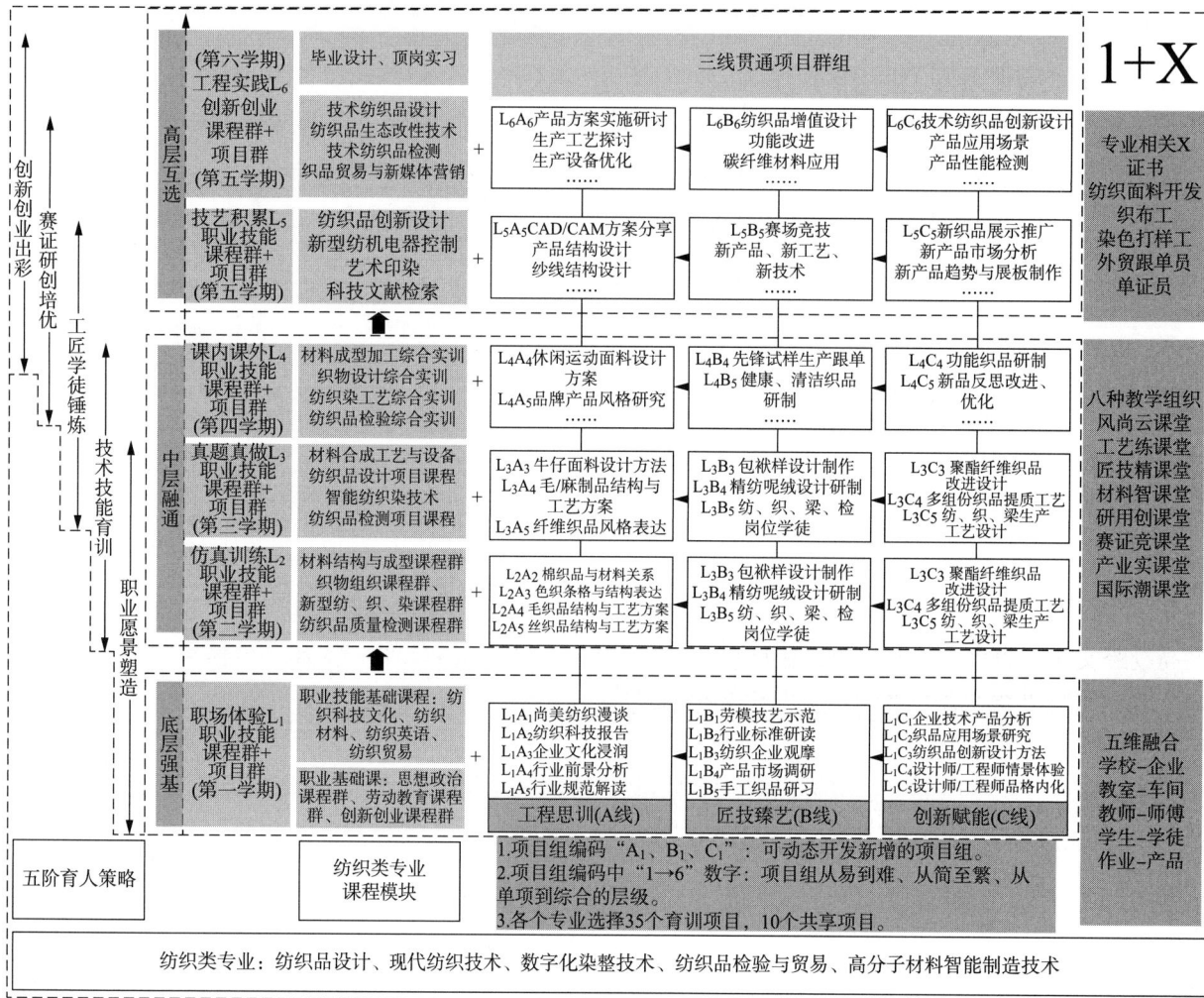

图4　层级式矩阵项目"课程模块＋项目群组"课程体系

（3）立德树人，内化"匠心精技、崇艺尚美"的职业品格。解决了专业人才培养的职业品格与新时代职业岗位适应度不高的问题，讲好现代纺织工业真实故事，挖掘纺织文化、科技绿色、工匠精神、劳模事迹等课程思政元素，把纺织产业愿景认同、职业规范、职业理想等职业要素融入育训项目。在产业学院、现代学徒制试点中实施双元育人、实岗练兵、匠技锤炼；通过宋锦、缂丝、乱针绣等"非遗＋新时尚"育训项目，研习推演匠造臻品的精湛技艺，以美化人、润德润心，培育学生职业精神。

3　成果的创新点

3.1　产教融合路径新

产教融合共建了省级实践平台、省级工程中心、市级重点实验室等8个省市级平台；联合国家、省市级纺织工程协会和学会建立江苏省纺织服装产教联盟、常州市生态纺织创新联盟，打通为中小微企业服务渠道；通过企业出题、研发解题、科教融合，形成校企联盟合作共育、实践平台集成共享、教学科研协同共为、师资队伍融合共享、课程资源优化共享，打造了复合型人才培养的实践共同体。

3.2　矩阵项目课程体系新

依据纺织技术技能积累和职业成长规律，聚焦纺织产业新兴职业岗位群，以职业能力成长为主线逻辑，依托产学研合作、大赛项目等资源，筛选凝练出层级育训项目，建立了以产品为载体的"课程模块+项目群组"课程体系。

3.3　职业品格塑造方法新

立德树人，讲好现代纺织工业真实故事，深入挖掘课程思政元素；将劳模精神、工匠精神、劳动精神贯穿"全员、全程、全方位"三全育人过程；通过产业学院、现代学徒制试点等，真学实干、实岗练兵；将"非遗+新时尚"等植入技艺融合育训项目，习匠艺，明匠心，内化"匠心精技、崇艺尚美"的职业品格。

4　成果的推广应用情况

4.1　人才培养质量高

项目累计培养服务纺织产业的"设计+、工艺+、智造+、服务+"毕业生5000余人，96%以上在长三角地区就业，就业率达98.86%。近5年专业对口率达79.68%，供需比在1∶10以上。李荣喜等10余名毕业生获省市级"五一"劳动奖章、劳动模范、技能状元、创业明星等荣誉。

学生获得全国"发明杯"大学生创新创业大赛一等奖、江苏省跨文化能力大赛特等奖、长三角地区高校跨文化能力大赛一等奖等；获得全国高职高专院校纺织面料设计、纺织面料检测等学生技能大赛奖项98项；获得省市级奖项288人次；获得省优秀毕业设计26项，学生公开发表论文30余篇。培养孟加拉国、埃塞俄比亚、马来西亚等留学生239人，毕业生已成为无锡一棉（埃塞俄比亚）纺织有限公司等企业管理骨干。

4.2　专业建设成效显著

"纤维化学与面料分析"建成为国家级精品资源共享课，建成国家级教学资源库课程3门；编写国家规划教材2本、江苏省重点教材2本；培养省优秀教学团队2个、省"333"工程第三层次人才2人、省"青蓝工程"学术带头人3名、省"青蓝工程"骨干教师6名；将纺织品设计、染整技术、现代纺织技术建成为省特色专业，将现代纺织技术建成为省骨干专业，建设江苏省纺织贸易专业群、江苏省纺织机电专业群，立项建设江苏省服装服饰高水平专业群。

4.3　平台产教融合度高

建设省纺织服装数字创意公共技术（集成）平台、省纤维材料与制品工程技术中心、省服饰文化研究院、省高职纺织品创新实训基地、省数字化纺织工艺与装备实训基地、省纺织服装智创平台、常州市新型纺织材料重点实验室、生态纺织技术重点实验室等8个省市级产教融合平台，产学研合作项目269项，到账经费2406万元，60%的在校生参与各类科研和创新训练项目，研究成果获江苏省科技进步奖三等奖1项、中国纺织工业联合会科学技术奖3项、江苏省纺织技术创新奖2项。

4.4　成果推广应用效果好

3项教育部课题《纺织服装行业人才需求与专业设置报告》《时尚服装行业人才需求与职业院校专

业设置指导报告》和《纺织类专业毕业生就业报告》出版发行，并进入百度词条，相关成果由人民网发布。完成《常州市十大产业链招引、培植、服务手册——新型纺织服装分册》《常州高端纺织服装产业集群培育与创新发展路径研究》的编写和研究，为地方纺织产业发展提供智库支持。

2017年牵头成立江苏省纺织服装产教联盟，2018年常州市纺织工程学会入驻我校，2019年成立常州市生态纺织创新联盟；承办全国高职高专院校纺织面料检测技能大赛、江苏省纺织企业职工技能大赛等国家、省、市级大赛13次；率先在全国司法系统开展"服装技术与管理"社会培训，到账资金4857.3万元；行业技术人员培训13200余人次。

4.5 示范辐射影响大

接待38所全国同类高职院校267人次来访学习交流；接待印度纺织工业部、意大利纺织服装职业院校代表团、日本工艺美术作家协会等国际交流团12个78人次；中央电视台、《人民日报》、学习强国栏目、《纺织服装周刊》《科技日报》、常州电视台等对专业建设成效进行宣传报道50余次。新疆应用职业技术学院、宁夏民族职业技术学院等西部高职院校慕名前来，建立纺织类专业对口援建项目。

"平台链接、项目牵引、多岗协同"——服装设计专业特色学徒制人才培养的创新实践

浙江纺织服装职业技术学院

完成人及简况

姓名	性别	所在单位	党政职务	专业技术职称
胡贞华	女	浙江纺织服装职业技术学院	时装学院专业主任、服装设计支部书记	副教授
龚勤理	女	浙江纺织服装职业技术学院	无党派人士	教授
吕秀君	男	浙江纺织服装职业技术学院	科研与地方合作处处长	副研究员
张春姣	女	浙江纺织服装职业技术学院	教务处科长	实验师
卓静	女	浙江纺织服装职业技术学院	服装设计支部宣传委员	高级实验师
王成	男	浙江纺织服装职业技术学院	教务处处长	教授
宋祥	男	宁波华羽金顶时尚科技有限公司	民革党员	设计师

1　成果简介及主要解决的教学问题

1.1　成果简介

服装与服饰设计专业作为学校高水平专业群的龙头专业，自2014年实施特色现代学徒制试点专业建设以来，通过引进大型平台企业协同共建，聚集丰富的服装行业、企业设计项目实践教学资源，链接众多企业对学徒制人才的需求，探索形成了"平台链接、项目牵引、多岗协同"的"0.5年学校学生+2年平台企业学徒+0.5年用人企业准员工"的"交互训教、工学交替，岗位培养、在岗成才，校企一体化育人"为内涵的中国特色现代学徒制实践体系。培育了一支与企业无缝链接、能带产学研项目的校企双导师团队，建立了成果市场化考核机制，制定了与职业标准相匹配的教学标准，构建形成了以服装设计为核心，服装制板、服装工艺、品牌管理、品牌形象与推广等多岗协同的跨年级、跨专业学徒团队。以企业真实项目为牵引组织教学，有效培养了学生的产品设计市场转化能力、岗位协作融通能力，并在校企合作项目实践中，培养学生责任担当意识和家国情怀。通过5年的深化实践，学徒的数智设计与技术、岗位实战能力大幅提高，对接18家服装企业，培养了482名深受企业欢迎、毕业可直接上岗的复合型服装设计人才，切实解决了浙江服装产业高级技术技能人才紧缺的问题。

该成果先后获得2019年中国纺织服装教育学会校企合作优秀案例，2020年中国纺织工程学会"突出贡献奖"。合作企业连续获得"全国纺织技术研发贡献奖""中国纺织工业学会技术研发中心年度先进单位"。2020~2021年在"金平果"全国高职院校专业建设水平排名中，该专业在158所高职院校同类专业中排名第一。

1.2 主要解决的教学问题

（1）专业教学标准与职业标准不匹配。因缺乏有效的市场通道，导致学徒设计作品停留在概念层面，与市场需求存在较大的差距。

（2）教学模式不符合服装产业现代学徒制人才培养的需要。缺乏多岗位的磨合协同，无法提升学徒综合素质，难以胜任中小服装企业对复合型高技术技能人才的需求。

（3）服装数字化、智能化教学资源十分有限。服装设计能力培养需要多品类服装项目实践，需要高水平数字化、智能化的新技术、新工艺实践基地。

2 成果解决教学问题的方法

2.1 大型平台企业协同，资源聚集共享，链接企业人才需求，主导特色学徒制人才培养

（1）引进大型平台企业。宁波华羽金顶时尚科技有限公司为宁波服装协会秘书长单位、中国纺织学会理事单位，拥有创意服装设计中心、全国童装设计研发中心、全国儿童时尚文化周承办单位、宁波时尚节时尚发布单位、中国服装设计师宁波工作站等平台，聚集了大量的行业和产业资源，在承接服装设计项目、商品企划、品牌发布、品牌展示推广等方面具有核心竞争力，因此，引入该企业入驻学校时尚中心。

（2）创新运行机制，平台企业主导特色学徒制人才培养。平台企业协同学校链接宁波博洋集团、爱伊美集团、凯信服饰等18家大中型服装企业对学徒制人才的需求，安排日常实践教学和学徒培养经费使用，实施"0.5年学校学生+2年平台企业学徒+0.5年用人企业准员工"的特色学徒制人才培养模式。

2.2 项目牵引，组建校企双导师+跨专业学徒项目团队，多岗协同，培养复合型人才

平台企业承接宁波时装周品牌推广等行业活动项目和企业设计项目，学徒参与平台企业众多项目，兼具学生和员工的双重身份。

（1）打通专业壁垒，组建校企双导师+跨专业学徒项目团队。从项目要求出发，依循品牌产品设计与推广岗位链，在服装专业群以服装与服饰设计专业为龙头，与时装管理、服装设计与工艺、陈列与展示等多个专业，组成多个校企双导师+跨专业学徒项目团队。

（2）以项目促成长。每位学徒3年内参与8个以上企业项目，工学交替，从产品企划、款式设计、制板、工艺制作到产品发布推广等，多岗位磨合，凭实力升职，在真实团队氛围中提升综合能力。

（3）思政与专业自然融合。团队建设融合工匠精神、企业文化，组织"红帮技能大赛"等设计与技能比赛8项，学徒既掌握了扎实精湛的专业技术，也实现了职业素养的提升。

2.3 科技企业助建国家级数字化、智能化实训室，对接企业人才需求，助力产业升级

（1）科技企业助建服装数字化、智能化实训室。浙江凌迪数字科技有限公司助力学校建设服装Style 3D实训室，提供免费软件和校企师资培训，浙江壹布互联科技有限公司助建智能化服装流水线车间，学院成功申报国家级虚拟仿真实训基地，使学徒班的服装数字化、智能化实训教学条件达到国内高职院校领先水平。

（2）项目过程实现服装数字化、智能化。3D款式设计、样衣虚拟工艺缝制、虚拟展示等服装数字化、智能化，贯穿于项目设计与企业客户沟通的整个工作流程，实现一款服装多种面料、图案、色彩方案数字化，既提高了时间效率，减少了初样成本，又提高了产品选中率。

2.4　教学标准与职业标准一致，建立成果市场转化考核机制

（1）项目课程对接产品订货，市场实战锤炼能力。每一个项目课程都对应企业一季产品订货，衔接品牌上新的节奏和生产货期，在商品企划、产品设计、样板设计、样衣制作、陈列展示和企业选款订货等6个项目中实施具体的教学任务。

（2）教学标准匹配职业标准。实践教学和岗位任务同步，学徒在市场实战中认识市场的需求，锤炼自己的产品设计能力。教学内容设计与企业生产流程一致，作业标准与产品标准匹配，项目课程标准与项目验收标准匹配，成绩评定与岗位业绩考核匹配，达成教学标准与职业标准匹配。

（3）设计作品企业测评与转化。学徒设计作品采用成果评价和激励机制，学徒成绩评定、岗位定级、奖金，与设计产品选款数量、市场转化率、团队绩效挂钩，形成学徒相互竞争、积极上进、互相激励的工作氛围，有效提高学徒工作主动性和产品转化率。学徒团队5年开发产品1200余款，连续5年为企业在宁波时装周发布13场产品专场，企业采用680款，为企业产生效益。

3　成果的创新点

3.1　构建"0.5+2+0.5"特色现代学徒制人才培养模式

基于大型平台企业链接用人企业，形成了"平台链接、项目牵引、多岗协同"的"0.5年学校学生+2年平台企业学徒+0.5年用人企业准员工"的中国特色现代学徒制人才培养模式，探索并实现学徒培养校企长期合作+规模化。

3.2　创新"平台+项目"为内核的校企共赢合作机制

一方面，学徒团队参与真实项目，不断为平台设计企业注入创新设计力量，逐步实现有偿输出设计，帮助平台企业承接更多项目，产生经济效益，提高社会影响力；另一方面，学校获得丰富的实践教学资源，建立了逐步成熟的学徒制培养模式，为企业培养更多的高质量学徒人才。

3.3　锻造协作、激励、竞争的企业"生态化"学徒成长环境

项目牵引下组建企业双导师+跨专业学徒团队，对标服装企业开展项目任务、成果考核，构建了完全企业"生态化"的协作、激励、竞争的学徒成长环境。教学内容设计与企业生产流程一致，作业标准与产品标准匹配，成绩评定与岗位业绩考核匹配，项目课程标准与项目验收标准匹配，达成教学标准与职业标准匹配，为毕业可直接上岗的服装复合型高技能技术人才培养提供了可借鉴的范例。

4　成果的推广应用情况

4.1　人才培养质量高，专业排名第一

学生学科技能竞赛和创新创业成绩居全国前列，5年来获全国职业院校服装技能比赛、浙江省大学生创意设计大赛等省级以上奖项152项，其中一等奖12项。2020~2021年在"金平果"全国高职院校专业竞争力排名中，我校服装与服饰设计专业在158所同类高职院校同类专业中排名第一。

4.2　高水平教学成果多，内涵建设丰富

校企合作双师型教师培养培训基地等3个项目列入教育部创新发展行动计划。培育了实战能力突出的校企双师团队，省级以上教学竞赛获奖12项，1人被认定为宁波市行业领军人物。校企共建国家级精品资源共享课程2门，省级精品在线开放课程4门；获省高职院校"互联网+教学"优秀案例特等奖1项、一等奖1项；出版校企合作教材14本、部委级规划教材5本、新形态教材2本，获国家级教材

建设二等奖1项。

4.3 产业推动力强，示范效应明显

吸引近60家企业加盟平台合作，在宁波时尚节和儿童时尚文化周专场发布13场，横向课题到账1021万元。合作企业连续获得"中国纺织工业学会技术研发中心年度先进单位"和"全国纺织技术研发贡献奖"。现代学徒办学合作示范效应显著，宁波太平鸟、雅戈尔、凯信服饰等规模服装企业主动要求加入校企协同育人的行列。

4.4 成果辐射范围广，社会各界评价优

获2019年中国纺织服装教育学会校企合作优秀案例。学徒制教学成果向同类院校推广，在中国纺织工业联合会纺织教育教学成果奖宣讲培训会、全国纺织服装行指委等各类会议上做典型发言交流累计23次。广东职业技术学院、江苏常州纺织服装职业技术学院等30余家院校来我校交流学习。学校联合企业多次承办或主办儿童时尚文化周、全国童装设计大赛、原创童装专场发布会、宁波时尚节等大型活动。人才培养成果丰硕，多次获《人民日报》（2020年10月23日）、中国教育新闻网（2021年7月8日）、央广网（2021年7月5日）等32家媒体的专题报道。"产教融合共建宁波现代纺织服装产业学院"获批浙江省产教融合"五个一批"工程项目（浙发改社会〔2019〕377号）。

"依托双高，对接产业，政校企协同"——染整专业创新创业人才培养构建与实践

江苏工程职业技术学院

完成人及简况

姓名	性别	所在单位	党政职务	专业技术职称
张炜栋	男	江苏工程职业技术学院	染整与材料教研室主任	副教授
黄旭	女	江苏工程职业技术学院	纺织品检测专业负责人	副教授
孔雀	女	江苏工程职业技术学院	无	讲师
龚蕴玉	女	江苏工程职业技术学院	实验中心主任	副教授
季媛	女	江苏工程职业技术学院	非遗中心负责人	副教授
潘云芳	女	江苏工程职业技术学院	无	教授
黄雪红	女	宁波华羽金顶时尚科技有限公司	无	教授
杨晓红	女	江苏工程职业技术学院	无	教授
李朝晖	男	江苏工程职业技术学院	无	副教授
邵改芹	女	江苏工程职业技术学院	无	副教授
季莉	女	江苏工程职业技术学院	无	副教授
张泰	男	江苏工程职业技术学院	无	讲师
顾家玉	女	江苏工程职业技术学院	无	讲师

1 成果简介及主要解决的教学问题

1.1 成果简介

项目以教育部"双高"专业群专业——数字化染整技术、省骨干专业和江苏省先进纺织工程技术中心项目建设为契机，创建了以绿色纺织印染产业需求为导向、以高技能创新创业人才培养为目标的政校企深度融合全程参与"绿色+科技+时尚"跨学科创新实践人才培养模式，突出具有全产业链创新创业视野的工匠人才培养，优化专业结构布局，培养人才质量稳居国内同类专业前列。

成果的应用，促进了教育部"双高"专业群建设，集聚了一支高水平研究队伍，营造了多维协同互动高效育人氛围，创造了"项目提升、双线融合、一专多能"协同互动生态育人环境。培养的高技能创新创业人才专业能力扎实、创新能力突出、成果丰硕，促进长三角区域纺织印染产业稳健发展；构建校企双导师"以研促教、以研育创"多层次产教融合交流合作平台，内外衔接、密切配合、协调联动，发挥了高校院所和企业的人才优势，形成学科专业改革建设重要动力，助推创新创业复合型人

才培养。本创新成果获得了政府（中国职业技术教育学会会长鲁昕、时任江苏省教育厅厅长葛道凯予以肯定）、纺织院校、合作企事业单位的认可和赞誉，行业和社会影响显著。

1.2 主要解决的教学问题

（1）政校企三方协同创新，解决了教学与科研、科研与产业脱节，创新教育理念与教学课程孤立，人才培养与产业对接、适配性较差的问题。

（2）立足长三角印染产业，接轨市场，解决了创新创业技术技能型人才培养环节中，实践教学资源缺乏、创新教学团队薄弱、创新教学课程平台较少、教学模式单一滞后的问题。

（3）"项目提升、双线融合、一专多能"构建校内外学徒制等多元混合式人才培养方式（图1），解决了染整类专业课程体系横向打通不够，学生知识结构单一，难以满足创新需求的问题。

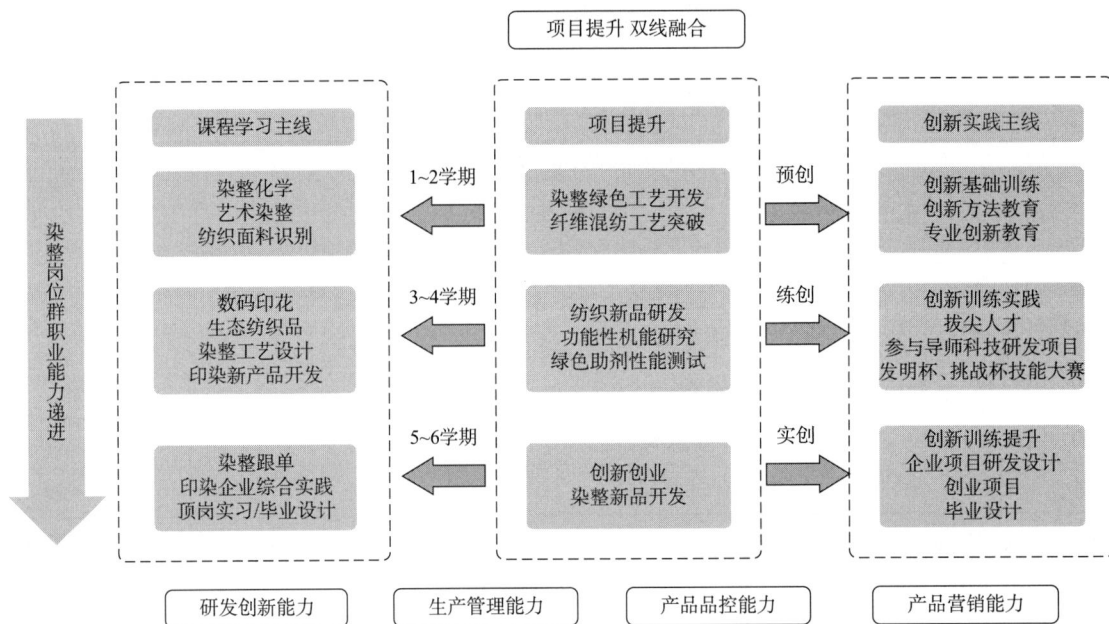

图1　"项目提升、双线融合、一专多能"人才培养方式搭建

2　成果解决教学问题的方法

（1）坚持"创新＋实用"双擎驱动的人才培养设计，解决人才培养与产业适配性较差的问题。以纺织新产品为对象，对标纺织材料、智能装备、绿色助剂产业应用需求，树立"需求引领、校企联动、产教融合、科研协同、导师引导、创新鲜明"的复合技能型人才培养理念。依托教育部"双高"专业群雄厚的专业基础及鲜明的特色优势，利用政校企三方协同，安排专业认知周、科技创新周，强化职业发展认知，点燃创新引擎。以认识实习、跟岗、顶岗为载体深化实习内涵，实现机制、环节、平台融合创新。设置校企合作四个对接，多举措确保数字化染整技术创新人才培养新机制展开，通过"绿色＋科技＋时尚"促进纺织产品更新升级、纺织行业转型升级。

（2）以产教多维度融合，政校行企协同创新，解决培养资源对学生能力培养协同不足的问题。立足多学科融合应用、放眼产业市场需求，以创新性、技能性为引领，融合"互联网、材料、大数据"等新技术，构建校内专业教育和企业实践相互关联知识体系和培养方案。围绕数字化染整产业，依托7个校企合作创新平台，以"多领域融合，一体化设计"为原则建立覆盖纺织材料、染整、计算机、商贸、艺术设计等产业技能进阶培养的特色校外基地链；对接校内课程与实践体系，结合产业教授，创建"校企混编教学团队"，制定教学与工作一体化教学目标、课程体系及评价标准；创建"校企真实创新工作环境学习场所"。通过"政校行企联袂，校企导师共举，产学训赛结合，科教创服贯通"，强化学生创新职业技能，驱动创新型技能人才培养（图2）。

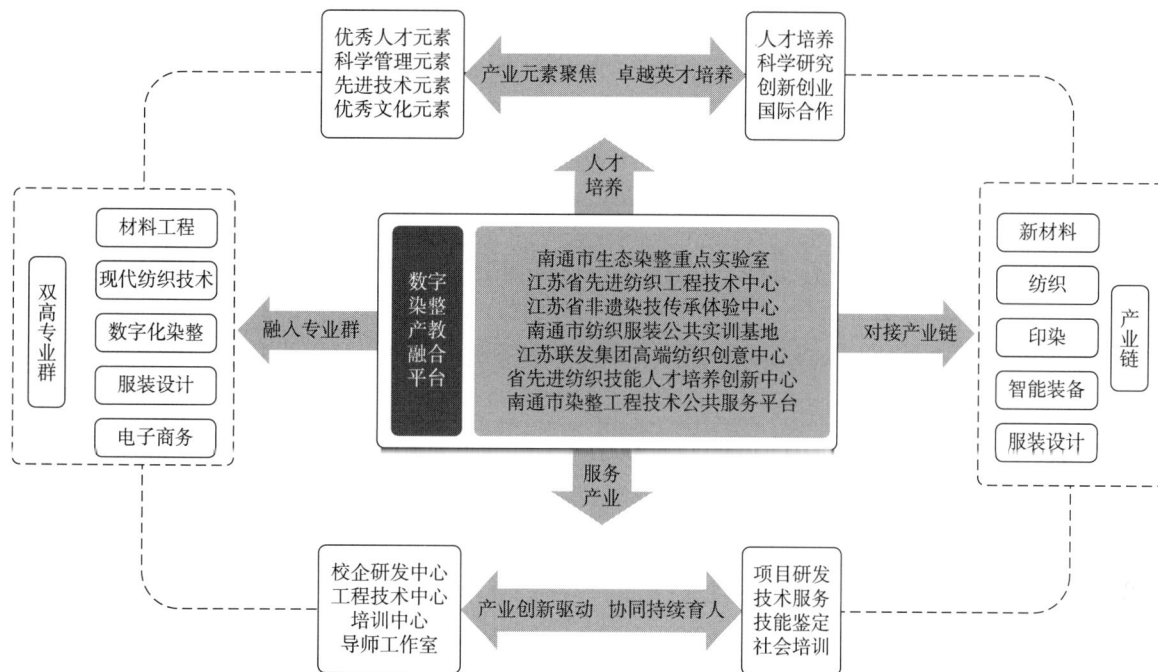

图 2　数字染整产教融合平台

（3）聚焦专业群创新能力，优化专业群课程体系，解决一专多能人才培养困难的问题。依据我国纺织产业链布局，"串联"材料工程技术、现代纺织技术、数字化染整技术、服饰设计等专业，"并联"纺织品检测、工业机器人、电子商务等专业，构建"绿色＋创新＋时尚"生态染整专业群。立足纺织品生产各环节，根据数字化染整建设多学科交叉融合人才培养要求，打通学科间教学通道，构建跨学科课程体系，将"并联"专业课程融入"串联"专业，提高数字化染整技术专业特色，形成专业群课程体系的叠加、聚合和倍增效应，支持一专多能创新人才培养要求的达成。

3　成果的创新点

项目紧密结合江苏现代纺织产业及南通市高端纺织产业发展对创新型高技能人才的需求，着力推进技术技能型人才技能水平及创新能力进一步提升，突出创新创业人才培养，主要创新点如下。

3.1　理念创新，提出"知识能力一体，创新应用协同"，推动高职染整创新技能人才培养

秉承张謇"学必期于用，用必适于地"职教思想，坚持以印染行业人才需求为导向，坚持与印染行业提档升级创新需求同频共振，企业培养人才前置，科技项目实践引领，促进高技能创新人才高质量培养，答好新时代高职院校高质量发展的考卷。经过多年建设，集聚一支高水平的队伍，在技术技能创新应用人才培养方面积累了丰富经验，形成了较为鲜明的学科特色，在江苏乃至全国已形成标杆效应。

3.2 路径创新，打造数字化染整多学科交叉融合跨界专业群体系，全面提升师生"三创"能力

依托"双高"专业群建设，对接行业最新发展需求，聚焦优势、特色专业，突破专业定式，构建纺织、材料、染整、检测、服装、贸易、机电、计算机交叉融合跨界体系。根据数字化染整建设多学科交叉融合人才培养要求，打通学科间教学通道，构建跨学科课程体系。课程设置既体现专业群交叉融合，又有力支持创新技能人才培养目标的达成。组建跨专业科教团队，推进校企教师协同、校内专业群联合，教师专业背景、结构多样化，完善兼职聘用机制，实现教师教学资源有效整合。

3.3 实践创新，构建创新能力实景创新教学平台，实现产业先进元素与专业人才培养相融合

对接区域优势经济，与政府共建创新创业平台。依循"找准一个企业、构建一个平台、培育一支队伍、建立一套机制"的举措，创设校企双导师"以研促教、以研育创"的"项目训练、技能培训、学科竞赛"能力进阶平台，师生扎根企业、面向企业需求，开展课题研究（图3）；根据江苏区域纺织产业特色，融合实践创新教学体系，增强高端纺织产业创新导向性，努力打造数字化染整技术专业技能进阶式实践创新培育平台，实现提升人才培养质量和促进地方经济发展多方共赢。

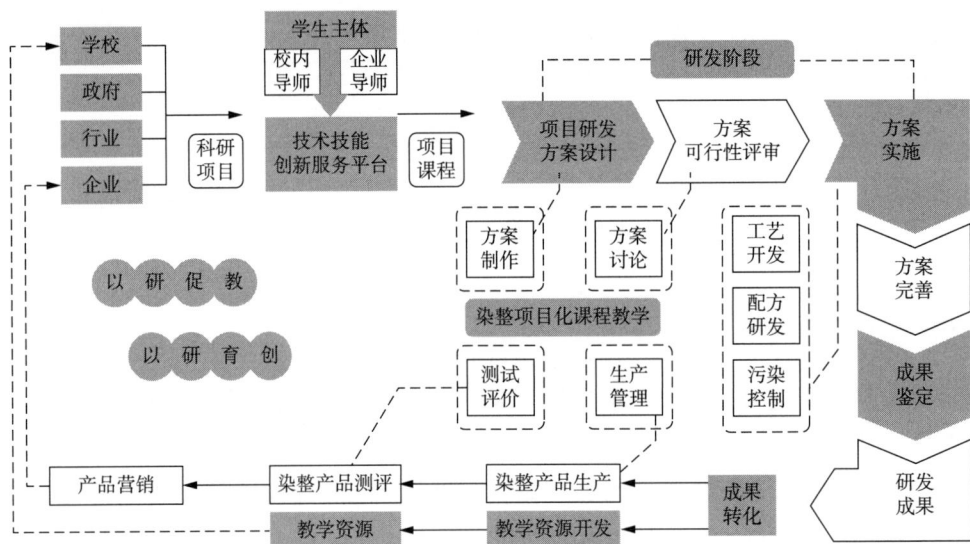

图 3　校企双导师"以研促教、以研育创"教学模式实践

4　成果的推广应用情况

4.1　高素质创新型技能人才培养成效显著

依托"双高"专业群、省骨干专业、省特色专业建设，多年来为长三角地区的纺织行业培养了大批高素质技术技能型人才。尤其近年来实施创新人才高质量培养改革以来，数字化染整专业人才培养质量持续提高。7年来，专业先后培养1200余名具有创新理念的技术技能人才，学生主持省大学生实践创新项目29项，18人次获得全国技能大赛一等奖，学生获授权专利6项，6名学生获全国纺织行业技能大赛标兵称号，4名学生获中国纺织工业联合会"纺织之光"奖，6人次获得省高校优秀毕业设计奖及优秀团队奖，获"发明杯""互联网+""挑战杯"等省级以上创新创业大奖12项，20多名学生先后创业开办了公司、实体店等。人才培养理念的转变和机制改革为毕业生职业发展提供了知识能力储备，奠定了事业发展基础，专业学生连续8年就业率达100%，供需比为1∶10。入选全国高校就业先

进典型50强和全国高等职业院校服务贡献50强、育人成效50强，南通市服务地方经济贡献奖。通过对用人单位满意度调研，本专业毕业生普遍具有"专业基础厚、拓展知识宽、工作能力强、创新思维新、发展潜力强、综合素质高"等特点，在长三角纺织印染企业中具有较大的影响力和竞争优势，得到政府、行业、企业的一致好评（图4、图5）。

图4　学生参加国家、省技能大赛获得一、二等奖及标兵

图5　学生全国"发明杯""互联网+""挑战杯"创新创业大赛获得一、二等奖

4.2　成果示范与辐射作用明显，教学水平持续提升

经过多年实践，数字化染整专业建设水平获得国内同行和社会高度认可，形成引领和示范效应。已建成国家"双高"专业群、国家示范性（骨干）高等职业院校建设重点专业、江苏省特色专业、江苏省骨干专业。在全国同类专业中率先建有"产学工厂"的专业，是全国同类专业中唯一的国家示范院校重点建设专业、唯一拥有2个国家级教学团队的专业、唯一建有2门国家精品资源共享课程的专业。也是在全国同类专业中，出版部委级以上规划教材数量全国领先、教师教学大赛获奖数量和等级全国领先、学生职业技能大赛获奖数量和等级全国领先、获得省级以上教学成果数量和等级全国领先的专业。专业通过机制体制探索、教学业务培训、技能竞赛、下企业挂职锻炼、参与企业研发、承担纵向各类项目、境外研修与考察等途径，打造了一支以技术大师和教学名师领衔，以双师型教师为中坚，专兼结合、互兼互聘的国家级优秀教学团队。专业现有教师26名，其中教授6名、副教授12名，高级工程师4名，博士10名，"双师型"教师比例为100%。其中享受政府特殊津贴1人，江苏省突出贡献中青年专家1名，江苏省"333工程"高层次人才3名，江苏省"青蓝工程"中优秀青年学术带头人3名，江苏省教学名师2名，南通市教学名师1名，南通市"226工程"高层次人才3名。团队分别获评国家级高水平教学团队及全国石油化工教育优秀教学团队2个殊荣。

4.3　发挥学科优势，科技服务产业，有效助推行业发展

有效服务长三角纺织印染产业集群，涉及纺织材料、纺织技术、数字化染整、绿色化学、产业用

纺织品，提升企业自主创新能力，实现高职院校创新型技能人才培养输送和促进地方优势产业高速发展的双赢。专业先后与浙江柯桥区滨海工业区、吴江纺织循环经济产业园、常熟市梅李通港工业园、南通常安现代纺织工业园、通州湾现代纺织产业园共建了不同层面的技术交流和协同创新平台，为专业教师与对应产业集群和企业构架技术交流、成果转移、联合创新的平台，同时培养满足企业自主创新需求的人才。教学改革6年来，13个以教授、博士为核心的科技团队，为仪征新材料、吴江化纤、盐城化工、南通家纺、常熟经编、盛泽丝织、黄桥牛仔、常州石墨烯等产业集群提供科技服务，支撑纺织产业技术发展，累计服务企业120余家，为企业培训员工3000余人，开发新产品150个，其中高新技术产品8个，制定标准16项，其中，国家标准、行业标准3项；授权发明专利123项，转让专利技术32项，为企业新增销售收入8亿元以上，和企业合作技术获省部级科技进步奖8项，有8家企业成为国家高新技术企业，成果转化为企业发展提供了原动力，推动了长三角纺织行业的发展，取得了良好的经济和社会效益（图6）。

图6　领导、院士和外国专家等对我院的视察、访问及各媒体的报道

"匠艺相生、跨界融合"——服装专业群"三堂融教"课程体系的构建与实践

无锡工艺职业技术学院

完成人及简况

姓名	性别	所在单位	党政职务	专业技术职称
许家岩	男	无锡工艺职业技术学院	时尚艺术与设计学院副院长	副教授
陈珊	女	无锡工艺职业技术学院	教务处处长	教授
李玮	男	无锡工艺职业技术学院	时尚艺术与设计学院院长	副教授
严华	男	无锡工艺职业技术学院	服装设计专业主任	副教授
吴萍	女	无锡工艺职业技术学院	无	副教授

1　成果简介及主要解决的教学问题

1.1　成果简介

针对中国纺织工业"十三五"规划提出的中国服装原创设计不足、部分品牌文化基因不鲜明、优秀传统文化融入职业教育不充分问题，自2015年起，我校开展《传统手工艺资源在高职艺术教育中的传承模式探究》等省教改研究，结合中央"中华优秀传统文化传承发展工程"和"时尚江苏"战略，提出"匠艺相生，跨界融合"建设理念，围绕服装设计、服装工艺、服装陈列、市场营销专业群，构建了面向岗位群技能需求的"三堂融教"专业群课程体系。

本成果面向"创意设计＋智能制造"时尚服饰产业链，一是重新定位了"三堂融教"的专业群课程体系，形成传承文化课堂、"菜单模块"专业技能课堂、创新实践课堂，实现"课岗对接，技艺融合"；二是重新开发了"适应需求"的专业群课程资源，引入蓝印花、精微绣和360°数码印花技术，跨专业开发项目化课程资源，推动专业群教学资源融通；三是重新打造了"共生互融"的专业群教学团队，实施教师分类提升的"五一工程"，保障课程教学改革的有效实施；四是重新构建了"分层培养"的专业群创新实践课堂，基于江南服饰产业学院、数码印花平台，推动从课程专业认知到项目创业实践的递进式培养。

本成果的实践，为地方时尚产业输送一批现代创意人才，获得省级教学成果奖一等奖4项。学生获全国职业院校技能大赛（高职组"服装设计与工艺"）赛项一等奖1项、二等奖4项，完成省级大学生创新项目21项。助推专业入选教育部"创新发展行动计划"、省高水平专业群，入选全国职业院校"非遗教育传承示范基地"、中国工艺美术大师传承创新基地院校。

1.2 主要的教学问题

（1）解决专业群课程体系与传统服饰文化传承融合度不足，难以顺应中华优秀传统文化全方位融入职业教育的需求。

（2）解决专业群课程内容与产业"创意设计＋智能制造"契合度不够，难以满足"时尚江苏"战略对创意人才技能的培养的问题。

（3）解决专业课程创新教育内容与学生个性化培养的匹配度不够，难以满足新业态下学生分层分类发展的需求的问题。

2 成果解决教学问题的方法

2.1 落实"共栖同体"育人机制，重构专业课程体系

以群建院，与江苏省服装设计师协会联合15家企业单位，共建江南服饰产业学院；对接时尚产业中文化传承、创意设计、智能制造等岗位需求，推行校行企参与的"共栖同体"育人机制，构建"三堂融教"课程体系（图1）。通过大国工匠进校园等，构建"通识文化＋专业文化＋企业文化"的传承文化课堂；基于职业能力培养，重构"基础共享＋核心共融＋拓展互选"的专业技能课堂；引入企业资源项目，搭建从专业认知到创业实战的"创新实践课堂"。

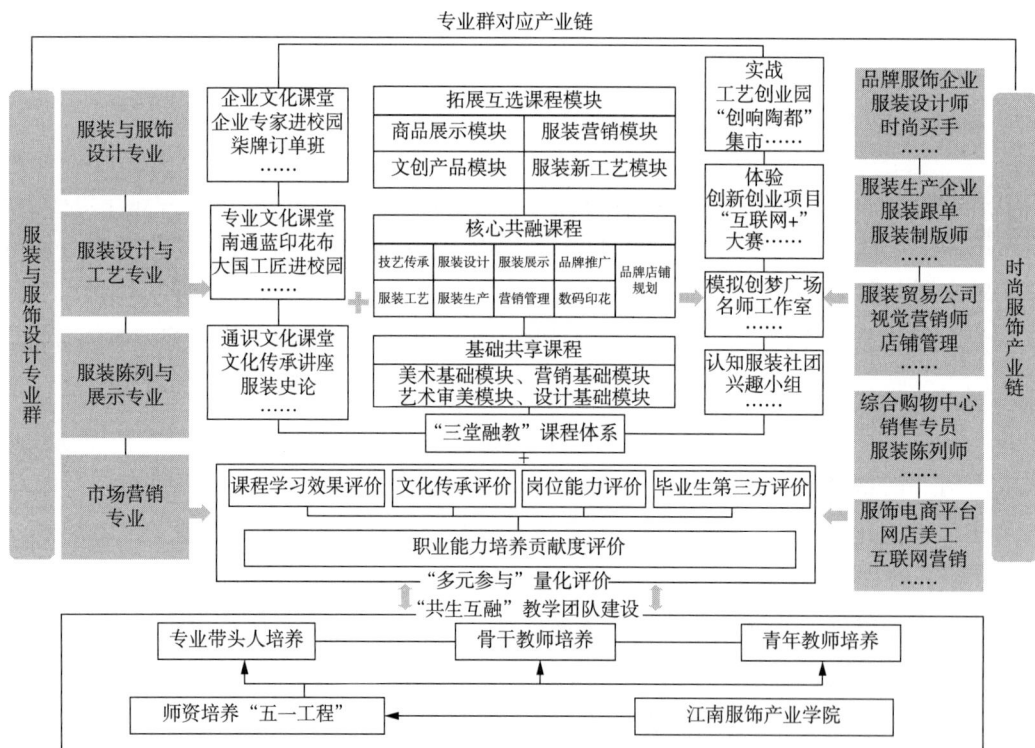

图1 服装专业群"三堂融教"课程体系

2.2 构建"菜单模块"技能课程，完善课程资源平台

以"专业技能课堂"将服装岗位群典型任务转化为技能训练"菜单模块"，底层4个、核心9个、拓展4个；基于企业需求、生源基础和学生职业意向，选取模块课程组成"个性化培养套餐"。基于教育部数码印花协同创新中心，引入360°数码印花、智能制衣等技术，校企共建服装专业群教学资源

库，实现人才的技艺融合与跨界培养（图2）。

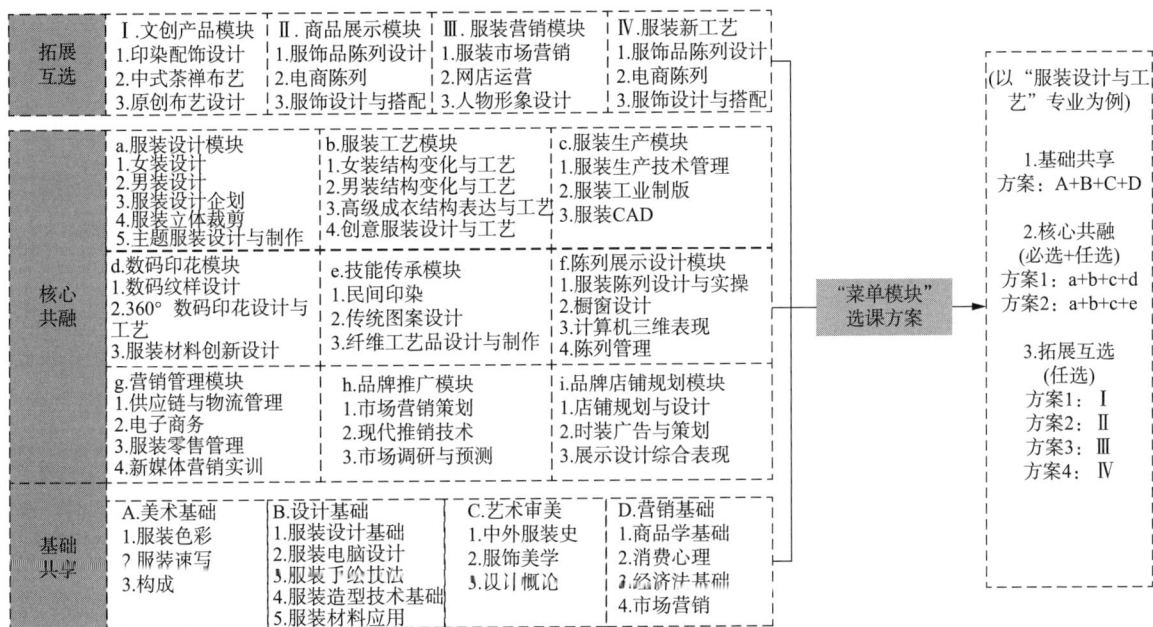

图2　"菜单模块"专业技能课堂

2.3　实施"五一工程"名师引领，深化课堂教学改革

依托江南服饰产业学院，校企名师联动，对带头人、骨干教师、青年教师跨专业分类培养。梁惠娥+吴元新引领"江南民间服饰传承创新基地"，开设优秀传统服饰文化课程；陈珊+杨晶莹引领"数码印花服饰协同创新中心"，开发"数码纹样设计"等资源；冯燕芳+蒙辉引领"无锡市时尚人才服务中心"，打造新零售省优秀教学团队。

2.4　构建"四层递进"创新课堂，推动人才分类培养

依托无锡时尚创意人才服务中心，组建手工布艺、服饰印染、德赛数码纹样、乐祺牛仔等师生团队，导入蓝印花服饰文创、职业工装设计、数码印花服饰、牛仔服饰设计等企业项目，构建服饰小组（认知）+创梦广场（模拟）+创新创业项目（体验）+大学生创业园（实践）"四层递进"创新实践课堂，推动技艺传承与创意创新人才分类培养。

3　成果的创新点

3.1　提出"匠艺相生，跨界融合"高职专业群课程建设理念

该理念指导了"共栖同体"育人机制的实践应用，将传统服饰文化与产业新技术等引入服装专业群人才培养，以课程为载体，整合行业协会、服饰企业、非遗研究所等技艺资源，将其转化成教学内容，解决学生创意设计落地不够的问题，实现专业群与产业链精准对接，促进精准育人。

3.2　重构"课岗对接，技艺融合"高职服装专业群课程体系

基于"时尚江苏"战略，将专业群课程建设与服装岗位需求对接，构建文化、专业、创新创业"三堂融教"课程体系。组建江南服饰文化、海澜服饰技术、服饰新零售的教学创新团队，构建职业能力量化评价模型，动态调整课程组合，优化专业教学内容，促进专业群资源融通。

3.3 创新"名师引领、分层递进"高职服装人才创新教育课堂

依托江南服饰产业学院，发挥名师引领作用，导入南通蓝印花、海澜服饰、无锡乐祺等企业项目，构建"四层递进"创新实践课堂，孵化与传统文化相关的研究成果和产品，提升学生原创设计能力，推动现代学徒制试点项目、"卓越人才"培养计划实施。

4 成果的推广应用情况

4.1 人才质量提升，创新能力增强

项目通过研究、试点、完善，受益学生达2500余人。学生获全国职业院校技能大赛（高职组）"服装设计与工艺"赛项一等奖1次、二等奖4次，省部级比赛获奖100余项，实践能力明显提高。

学生完成"京剧脸谱元素在服饰设计中的创新应用"等省大学生创新项目17项；组建尚品手工、扎染配饰等11个创梦团队，定制服装工作室获10万元创业基金；学生作品入选全国职业院校艺术设计类作品"广交会"、省市大学生创新创业大赛等26项，创新创业能力明显提升。

4.2 教学成果丰硕，文化特色彰显

围绕江苏服饰文化，打造了以"教学名师+行业大师"领衔的专业教学团队。教师获全国教学大赛二等奖1项、省级一等奖3项；出版国家规划教材2部，开设省在线开放课程1门、市级6门；培养省优秀教学团队1个，省"333工程""青蓝工程"高层次人才5人次，省部级教学名师1人。

聚焦汉族民间服饰文化、数码印花技术等，申报国家艺术基金1项，省社会科学基金重大项目1项，省教改研究课题12项，出版《中国传统佩饰明清"飐帨"研究》等专著4部，发表与本成果相关论文60余篇。

4.3 校企协同育人，专业优势提升

政府、行业、企业等多维度协同，与省服装设计师协会牵头成立江南服饰产业学院，建成省数码印花服饰产教融合平台、360°数码印花工程技术中心，并入选教育部生产性实训基地1个、协同创新中心1个。近3年，为企业培训5000余人次、提供技术服务35项。

助推服装专业（群）入选省高水平骨干专业（2017）、教育部"创新发展行动计划"骨干专业（2019）、省高水平专业群（2020），入选全国职业院校"非遗教育传承示范基地"、中国工艺美术大师传承创新基地院校。在"金平果"高职专业排名中，服装与服饰设计、服装设计与工艺、服装陈列与展示专业均在全国排名前列。

4.4 改革成效显现，社会影响力增强

主持国家服装陈列专业教学标准，协助企业制定"1+X"陈列师职业技能等级标准，指导中职院校服装类专业教学标准制定，为全国70余所院校师资培训292人次。与北卡罗来纳州立大学、中国香港知专设计学院等院校，开展服饰文化传承与创新人才培养合作。将江南传统服饰技艺和数码印花技术融入高职服装人才培养，重构了专业群课程体系，获省部级教学成果奖一等奖4项，《中国教育报》《新华日报》等报道我院文化传承的教学改革与成效10余次，被省内外多所中高职院校借鉴。

基于时尚产业可持续发展背景下的服装专业人才培养路径探索与实践

陕西工业职业技术学院

完成人及简况

姓名	性别	所在单位	党政职务	专业技术职称
袁丰华	女	陕西工业职业技术学院	化工与纺织服装学院专业带头人	教授
贾格维	女	陕西工业职业技术学院	化工与纺织服装学院党支部书记	教授
钟敏维	女	陕西工业职业技术学院	无	副教授
杨玫	男	陕西工业职业技术学院	化工与纺织服装学院教研室主任	副教授
王晶	女	陕西工业职业技术学院	无	讲师
秦辉	女	陕西工业职业技术学院	无	副教授
曾语晴	女	陕西工业职业技术学院	无	讲师

1 成果简介及主要解决的教学问题

1.1 成果简介

可持续发展是当代全球一致的发展观，面对我国发展循环经济、构建节约型国民经济体系的产业发展目标，服装产业具有绿色、时尚、科技发展的趋势。针对高职服装专业人才培养缺乏可持续发展观、培养规格与产业需求不匹配、培养质量不显著等突出问题，在国家"双高计划"院校、陕西省重点专业建设等6个项目支持下，服装专业基于成果导向，推进全人育人，重设人才培养目标、创新人才培养模式，探索实践育人途径，历经10年的实践改进、推广应用，形成以下成果。

（1）确定了"勇创新、重环保、融文化、懂科技""通工艺、精制板、能设计、善营销"的特色专业人才培养目标。学生就业率达到97.5%以上，学生的职业素养、专业技能和劳动精神获得行业企业高度认可，我学院被评选为中国纺织服装人才培养基地。

（2）创建了以学生为主体、成果为导向的"三协同、五对接"人才培养模式。成果的理论及实践探索研究获得全国高等职业教育研究会优秀理论研究奖、陕西省人民政府教学成果奖二等奖，以及中国纺织工业联合会教学成果奖一等奖2项、二等奖1项。

（3）制订了"产业引领、能力本位、三进阶、四核心"人才培养方案。凝练出"绿色时尚、服饰文化、个性定制、数字化技术"四大核心价值取向，制订了"时尚设计、形象设计、高端定制、智能制造"四个专业方向人才培养方案。学生就业对口率和初次就业核心岗位上岗率逐年上升。

（4）形成了"兴趣启迪、标准搭建、能力强化、素质养成、岗位提升、创新拓展"六递进式实践育人模式。培养的学生获得国际、国内技能大赛、创新创业大赛奖项44项。1200名学生成为服装行业技术管理骨干。

（5）打造了"校内+校外、基础+拓展、专业+跨界、技术+艺术、现实+虚拟"多元化资源平台。获得全国职业院校技能大赛教学能力比赛二等奖、教育部课程思政教学名师及团队；联合主持国家级专业资源库1个，建设国家资源库课程1门；创立服装设计创新技术研发中心、校企合作虚拟仿真中心、中俄丝路青年服装设计师工作坊等特色实训、工作室。

1.2 主要解决的教学问题

（1）专业设置陈旧、人才培养同质性、缺乏可持续发展观。

（2）专业教学滞后于产业发展、技术进步，难以适应新时代高职学情变化。

（3）教学资源难以满足现代化职业教育高质量人才培养的要求。

2 成果解决教学问题的方法

（1）基于时尚产业可持续发展背景，展开人才需求调研，按照技术领域、职业岗位的实际需要调整专业方向、体现专业价值取向，开发了"时尚设计、形象设计、高端定制、智能制造"四大核心专业方向，确立了"勇创新、重环保、融文化、懂科技"和"通工艺、精制板、能设计、善营销"的特色专业人才培养目标。制定相应人才培养方案及课程标准，解决了专业设置陈旧、人才培养同质性、缺乏可持续发展观的问题。

（2）致力于培养行业内具有社会担当、可持续发展的服装专业人才，创建了以学生为主体、成果为导向的"三协同、五对接"人才培养模式。通过服装专业、交叉学科和企业三方协同形成产教融合、跨界培养，共建专业、共育人才；通过"培养目标与产业趋势""课程体系与岗位职业能力变化""教学内容与技术发展""师资团队与技艺工匠""实训基地与职场实境"五方面动态对接，建设课程体系，打造师资团队，共建实训基地；通过制订"产业引领、能力本位、三进阶、四核心"人才培养方案，将绿色时尚设计、环保材料使用，节约减耗的数字化技术，可持续有责任的服装生产理念融入课程体系；通过"专业兴趣启迪、标准体系搭建、基础能力训练、岗位能力提升、业界素质养成、跨界创新拓展"六递进式实践育人模式，全面挖掘学生主动性、探索性、实践性、创新性，有效增强核心竞争力，解决了专业教学滞后于产业发展、技术进步，难以适应新时代高职学情变化的问题。

（3）打造"校内+校外、基础+拓展、专业+跨界、技术+艺术、现实+虚拟"多元化资源平台。按照"大师引领、校企共建、跨界交融"的建设思路，构建交融互促团队建设模式，搭建教师培养平台，打造技艺融合的双师型教学团队；按照"工作室牵头，多方协作，育训并举"的建设理念，建成生产性流水线车间，校企签订校外智能工厂实训基地协议，创建"校企合作服装设计创新技术研发中心"，联合国际知名高校建立"中俄丝路青年服装设计师工作坊"，创建非遗传承人"馨锈计清大师工作室""小雅芳斋传统文化工作坊"，建立三维虚拟仿真教室，建成现代化多元多能实训基地；采取"共建共享、混合形式、虚实结合"的举措，开发服装企业培训技术资源包、创建资源库课程，建设跨专业、跨校际和跨数据平台的立体共享教学资源平台，建成"数字化+活页式+工作手册式"多样化教材，实现校企联动、多元组合实践育人，解决了教学资源难以满足现代化职业教育高质量人才培养要求的问题。

3 成果的创新点

（1）确立了"勇创新、重环保、融文化、懂科技"和"通工艺、精制板、能设计、善营销"的特色专业人才培养目标。形成了品德塑造为先导、能力培养为本位、岗位修养为底蕴、实践训练为重心、艺术素养兼容的融合全人观念、思政育人、可持续发展的服装专业特色人才培养理念。

（2）探索出可持续发展的服装专业人才培养路径。在服装产业可持续发展背景下，针对人才需求的变化，确立了"勇创新、重环保、融文化、懂科技"和"通工艺、精制板、能设计、善营销"的专业人才培养规格；创建了以学生为主体、成果为导向的"三协同、五对接"人才培养模式；制订了产业引领、能力本位的"三进阶、四核心"人才培养方案；形成了"兴趣启迪、标准搭建、能力强化、素质养成、岗位提升、创新拓展"六递进式实践育人模式，经实践检验，为一条有效的服装专业人才培养路径。

（3）创建了"校内＋校外、基础＋拓展、专业＋跨界、技术＋艺术、现实＋虚拟"的多元化资源平台。紧密围绕可持续发展人才培养目标，按照"大师引领、校企共建、跨界交融"的思路，构建了技艺融合的双师型教学团队，遵照"工作室牵头，多方协作，育训并举"的理念，共建了多元多能实训基地；采取"共建共享、混合形式、虚实结合"的举措，开发多样化教材、搭建立体共享教学资源平台，夯实了学生专业基础，加强了实践能力及职业素养，积淀了文化艺术底蕴，拓展了跨界创新能力，为实现人才培养目标奠定了坚实基础。

4 成果的推广应用情况

该成果自2018年5月进入推广应用阶段，有效地促进了专业人才培养目标准确对接产业发展、匹配企业人才需求，推动了专业建设、提升了专业综合实力，人才培养质量明显提高。成果助力服务"一带一路"，在国际、国内大赛及国际交流合作中取得了显著成效；受到兄弟院校的广泛关注、不断推广和借鉴，并应用到社会培训中，树立了专业培训品牌。

4.1 校内推广成效

（1）人才培养质量显著提高。服装专业将产业可持续发展理念融入人才培养，积极推进"三协同、五对接"人才培养模式。学生获得国际、国内技能大赛、创新创业大赛奖项44项，获奖等级及数量名列全省同类专业第一；学生就业率达到97.5%以上，就业对口率和初次就业核心岗位逐年上升，其中数百名学生就职于企业核心岗位，学生的职业素养、专业技能和劳动精神获得行业企业高度认可，被授予中国纺织服装人才培养基地。

（2）教学资源日渐丰富，专业实力稳步提升。获得教育部"现代学徒制试点专业""民族特色服装专业示范点"和教育厅"创新创业改革试点学院"等称号；创建省级非遗大师工作室、中俄丝路青年服装设计师工作坊、校企合作虚拟仿真中心，与陕西省服装行业协会联合成立陕西省服装设计研究院、服装设计创新技术研发中心。获得教育部课程思政教学名师及团队荣誉1项、全国职业院校技能大赛教学能力比赛二等奖1项，获评省级优秀教师1名、省级名师1名、省级师德标兵1名、省级十大工匠1名、优秀设计师4名；获陕西省政府教学成果奖二等奖1项、中国纺织工业联合会教学成果奖一等奖2项，联合主持国家级专业资源库1个，建设国家资源库课程1门。

（3）辐射带动相关专业发展。校内推广应用带动相关专业协同发展，纺织品检验与贸易专业完成省级专业综合改革；工业分析检验建成省级在线课程1门、课程思政12门，主持省级、行业课题8项等。共获省级以上技能大赛奖项18项，专业学生就业率超过96%，就业数量连年提升。

4.2　校外推广成效

（1）院校积极推广、媒体广泛关注。武汉职业技术学院、陕西凤翔县职教中心等院校推广应用，人才培养取得良好成效。专业建设和改革成效得到广泛关注，被《中国纺织报》、中国服装网等12家媒体报道30余次。教学名师团队参加教育部和行业协会组织的课程思政建设成果线上集体备课、赴兄弟院校作专题报告等40余次，面向全国同类院校进行展示交流。

（2）国际交流与发展成效显著。学生获得国际大赛特等奖2项、一等奖1项、二等奖1项；教师22套设计作品参展太平洋国际时装周，3名教师代表中国参赛时装周，并做主题发言，提供服装专业人才培养的"陕工方案"；与俄罗斯、澳大利亚等知名服装院校开展三年制大专学历教育，培养学历留学生1名；留学生参加2021中国—东盟未来职业之星创新创业营，获得最佳人气奖。

（3）社会培训与服务形成品牌。持续开展社会培训和技术服务，为陕西咸阳杜克普服装有限公司等全国9家公司开展培训15项，培训1800人，4000件产品用于扶贫捐赠。服装培训案例入选陕西省职业教育质量年报，形成社会服务品牌效应。为20家企业开发特种功能职业装，"舱体支撑行走式X射线防护服"获立省科研计划项目。

"三环耦合、三阶递进"——高职时尚创意设计人才培养体系构建与实践

山东轻工职业学院

完成人及简况

姓名	性别	所在单位	党政职务	专业技术职称
梁菊红	女	山东轻工职业学院	副院长	教授
杨新月	女	山东轻工职业学院	教务处处长	副教授
张昱	女	山东轻工职业学院	国际合作与继续教育中心主任	副教授
李永鑫	女	山东轻工职业学院	国际时尚学院执行院长	讲师
马雪梅	女	山东轻工职业学院	图书馆馆长	副教授
李莹	女	山东轻工职业学院	艺术设计系主任	讲师
徐彬	女	山东轻工职业学院	教育总监	副教授
刘仰华	男	山东轻工职业学院	战略咨询委员会专员	教授

1　成果简介及主要解决的教学问题

1.1　成果简介

学校响应国家创新驱动发展战略，顺应传统纺织服装产业向高设计含量、高附加值时尚创意产业转型发展的趋势，针对创新型、复合型高职时尚创意设计人才培养过程中的培养目标体系融合度不够、个性化不足等问题，基于"成果导向"和"开放融合"教育理念，整合服装设计等5个专业，建设时尚创意专业群，探索构建综合育人体系，依托山东省创意设计品牌专业群建设项目和7项教改课题，2016年形成本成果并开始实施。

成果构建了专业核心素养、专业核心能力、岗位胜任能力环环关联、互为驱动的"三环耦合"人才培养目标体系，重构了"岗位主线、项目载体"课程体系，依托一园三室"泛设计"育人平台创新了"项目递进、工作室制"综合培养模式，完善了"展评一体、主体多元"的评价体系。

经过6年实践，人才培养质量明显提升，用人单位满意度提升到96%，师生在国家级设计类竞赛中获一等奖13项。学校获批3个国家级骨干示范专业，入选国家级产教融合典型案例。

1.2　主要解决的教学问题

（1）人才素养与能力结构定位不精准，导致人才培养目标与岗位需求不适应的问题。

（2）教学内容与企业实际脱节，学生创意设计实战能力不强的问题。

（3）教育教学资源缺乏有效整合，实施综合育人缺乏载体支撑的问题。

（4）人才培养质量评价没有结合行业及专业特点，模式与维度单一的问题。

2 成果解决教学问题的方法

（1）构建了"三环耦合"时尚创意设计人才专业素养与能力结构体系。分析产业用人信息，梳理出岗位素养、能力关键词，并根据其影响力进一步序化，厘定了3项专业核心素养、4项专业核心能力、7项岗位胜任能力。构建出时尚创意设计人才的专业素养与能力三环，形成时尚创意设计人才"三环耦合"专业素养与能力结构体系，确定了人才培养目标（图1）。

（2）重构了"岗位主线、项目载体"课程体系。根据岗位共性素养与能力要求，设计基础学习项目，构建了"色彩"等平台课程，满足共性素养与能力培养培养需求；根据岗位工作流程，设计典型单元项目，构建了"时装画技法"等专业模块课程，培养专项设计素养与能力；根据岗位用人定位，设计综合实战项目，构建了"服装个性化定制"等拓展课程，培养综合设计素养与能力（图2）。

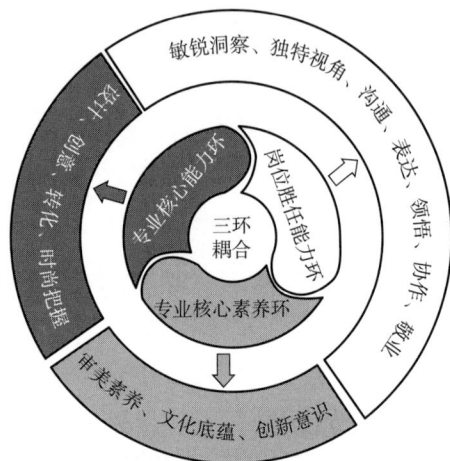

图1 "三环耦合"时尚创意设计人才专业素养与能力结构体系

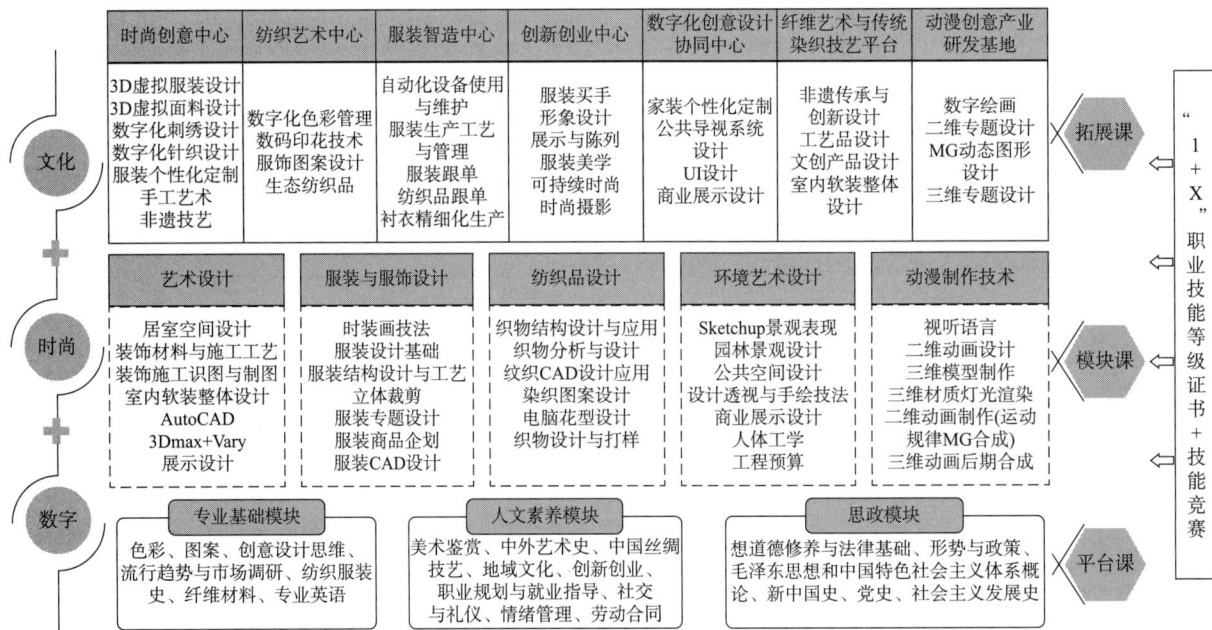

图2 "岗位主线、项目载体"课程体系

（3）创新了"项目引领、三阶递进、工作室制"综合培养模式，实现了跨领域、跨专业融合、递进培养要求。建成了"1960丝绸文化创意园"和三阶、36个产学研培创一体化工作室，形成了"泛设计"综合育人平台，浸润式培育学生的文化、审美等专业素养。"三阶递进"工作室打通了专业间、领域间的壁垒与界限，满足了时尚创意设计人才融合培养需求（图3）。

（4）开发了"展评一体、主体多元"的评价体系。关注创新、文化、时尚等素养与能力要素，形成5类综合评价指标并制定评价标准。通过课程展、主题展等展出形式，由教师、学生、企业、客户等评价主体，针对成果形成过程和综合呈现效果点评和评分，对人才培养成效做出科学评价（图4）。

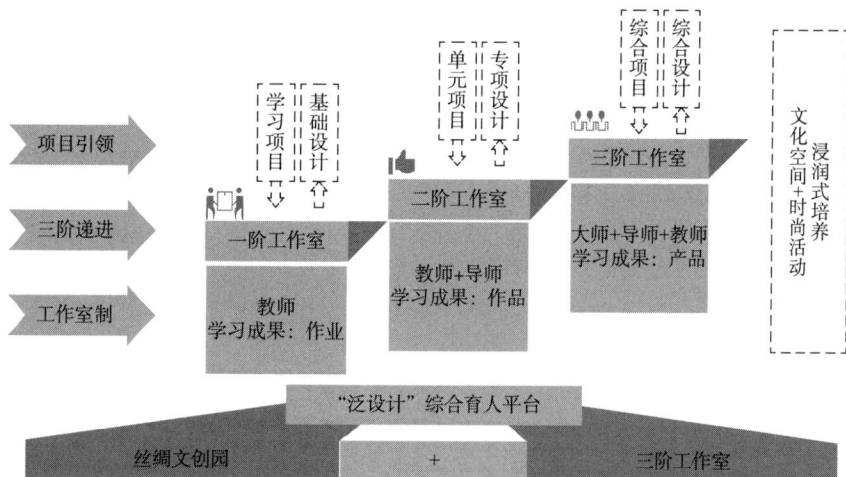

图 3 "项目引领、三阶递进、工作室制"综合培养模式

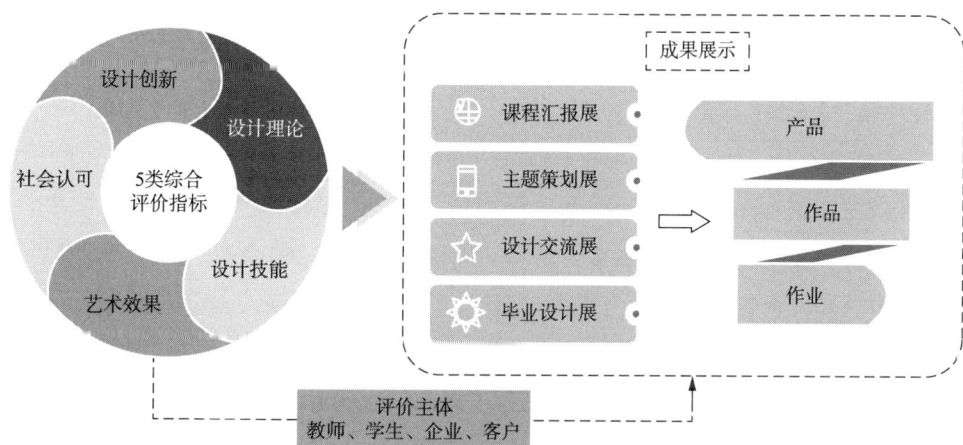

图 4 "展评一体、主体多元"评价体系

3 成果的创新点

3.1 以时尚创意设计人才成长规律为遵循，创新提出了"三环耦合"的专业素养与能力结构体系

专业核心素养是人才能力形成、全面可持续发展的基础，专业核心能力是从事岗位工作必需的专业技能，岗位胜任能力助力人才在工作实战中脱颖而出。三环互相驱动、耦合成为时尚创意设计人才特有的专业素养与能力结构体系，契合了时尚创意设计人才融合培养的要求，为人才培养提供了根本遵循。

3.2 融合各方资源，搭建了符合创意设计素养能力培育规律的综合育人平台

剖析时尚创意设计专业共性，建立跨领域、跨专业的资源共享协作机制，打通专业培养体系壁垒，构建了横向融通、纵向递进的一园三室"泛设计"综合育人平台。平台内不同类型的教育资源面向各专业开放，满足时尚创意人才跨领域、跨专业的融合培养要求，综合提升学生设计素养与能力。

3.3 基于成果导向，创新了符合时尚创意设计专业特性的质量评价模式

针对时尚创意设计人才素养与能力结构复杂、不易测量等特性，基于增值理念和成果导向，设计了评价模式，使时尚创意设计人才培养成效可评可测、评价方式科学合理。

4 成果的推广应用情况

4.1 提高了人才培养水平

成果实施期间，群内5000余名学生，校内近2万名学生受益。毕业生就业率100%，毕业生满意度达到98%以上，社会满意度达到96%以上，用人单位评价学生创新创意能力强，岗位适应快。毕业生月起薪从3500元提升到5000元以上，创业率达到5%以上。师生获国家级设计类竞赛一等奖13项，获其他奖项201项，获创新创业省级奖项15项。获评省级名师5人、省轻工系统首席技师2人、省级教学团队1个，发表论文和作品192篇（件），出版图书13本，获国家专利79项。丁姣、崔灿灿被共青团中央评为"中国大学生自强之星"，徐晓晨师生团队荣获第二届中国妇女手工创新创业大赛季军。

4.2 取得了一批高层次成果

完成了国家、省教学质量工程29项。建成全国职业院校民族文化传承与创新示范专业点1个，获评国家级骨干专业2个，参与建设国家级教学资源库3项，立项建设省级精品资源共享课程、社区课程、继续教育课程8门，立项省部级教科研课题24项，开发山东省教学指导方案5项，建成省级协同创新中心1个、技艺技能传承创新平台2个。

4.3 校内外推广及辐射

为学校打造职业教育创新高地建设标杆专业群以及服装与服饰设计省级高水平专业群打下了基础，为校内专业组群式发展路径和创新管理体系建设提供了借鉴。国内院校1000余人次来校学习交流；119人次受邀到宁波、中国台湾等地做学术报告和交流，受益学校260余所、教师万余人。与中职学校联合培养招生1000余人，承担了省、市各类大赛20项，受益师生千余人。美国帕森斯设计学院、意大利马兰戈尼设计学院等36家海外院校到校交流学习，与12所国（境）外高校开展资源共建。69名师生赴境外学习交流。239名境外学生到校学习，为美国、孟加拉国等国家的院校开设时尚设计教育课程11门次，受益师生200余名。

4.4 行业企业影响力

为企业提供技术服务411项，培训职工2万余人日，创收820余万元；与258家企业签署了实习就业及技术服务协议；29人次在行业企业兼职，10人次担任国家级、省级赛项评委。获批2个国家级人才培养培训示范基地。《产教融合打造高水平专业群人才培养模式》入选国家级产教融合典型案例，《创新校企合作模式培养未来创意工匠》等入选省级案例。

4.5 媒体及社会评价

专业群建设、人才培养等工作被中央电视台、人民网、《中国教育报》等10余家主流媒体报道27次，受到中国纺织服装教育学会、中国工艺美术学会等行业组织和社会各界高度评价，多次承办会议、论坛等活动，产生了广泛的社会影响。

创新工作室一体化课程教学模式改革实践
——以"服饰图案工艺"课程为例

广东女子职业技术学院

完成人及简况

姓名	性别	所在单位	党政职务	专业技术职称
谢秀红	女	广东女子职业技术学院	无	副教授
谢盛嘉	男	广东女子职业技术学院	应用设计学院院长	副教授
和健	男	广东女子职业技术学院	服装专业教研室主任	高级工艺美术师
贺聪华	女	广东女子职业技术学院	无	讲师、实验师、工艺美术师
徐万清	女	广东女子职业技术学院	无	讲师，服装设计二级定制师
黄娟	女	广东女子职业技术学院	无	讲师
李红杰	女	广东女子职业技术学院	无	高级工艺美术师

1　成果简介及主要解决的教学问题

1.1　成果简介

针对2004年教育部《关于以就业为导向深化高等职业教育改革的若干意见》中提出"大力推行工学结合、校企合作的培养模式"等要求，2019年国务院印发《国家职业教育改革实施方案》，"职业教育就是就业教育。"时任教育部部长周济指出，"职业教育必须以就业为导向改革创新，要牢牢把握面向社会、面向市场的办学方向。"2010年，依托服装专业中央财政基地建设项目，"服饰图案工艺"课程改革和"图案工作室"实训室内涵建设校级立项，开始探索项目导向工作室教学改革。2016年《服饰图案工艺》省级精品开放课程获得广东省教育厅立项，2020年完成校级创新创业教育改革试点课程验收，2016年编写高职高专"十二五"规划教材《服饰图案设计与应用》并出版应用。通过项目改革创新与探索，服装与服饰专业顺利完成广东省首批高等职业教育重点专业验收和示范性院校建设验收。专业依托校企合作平台及时把握行业企业发展趋势和人才需求状况，确立以服装设计师岗位作为专业人才培养定位，形成"创新工作室一体化课程教学模式"人才培养模式，本项目是针对高职"服饰图案工艺"课程改革的建设成果。

1.2　成果形式

历经10年探索与实践，课程团队创新了高职服饰图案工艺课程的"工作室教学与实训"一体化教学模式的改革，编写了高职高专"十二五"国家规划教材《服饰图案设计与应用》，2015年建设"服饰图案工艺"课程为省级资源共享课程，2016年建设为校级创新创业教育改革试点课程，团队发表《服装专业创新创业训练研究与实践心得》《中国传统吉祥图案在现代服装设计中的艺术表现》等论文作品10篇。《服饰图案综合设计与制作》课件获得2017年全国应用型人才综合技能大赛"国泰安·赛名师杯"教师创课大赛一等奖，获得专利12项，项目成果得到进一步深化研究。教学团队互助化，团队教师专业技能突出，其中获评广东省技术能手2人、省级职业教育专业领军人才培养对象1人、广东省十佳设计师1人、广州市十佳设计师1人。教师在全国教师技能大赛等专业竞赛获得金奖、一等奖和其他奖项多项。指导学生获得国家级、省级、市级专业技能竞赛三等奖以上多项（图1）。

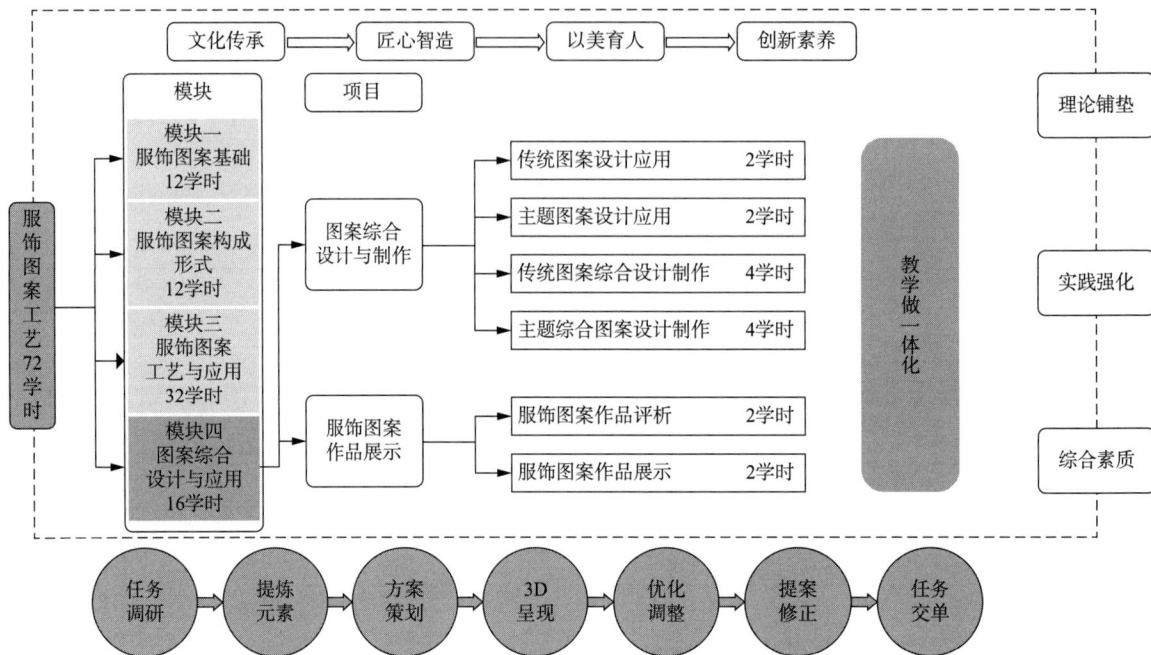

图1　服饰图案工艺项目化课程教学内容分析图

1.3　主要解决的教学问题

本成果包含创新"工作室教学与实训"一体化教学模式下，研究归纳出"4+1"人才培养模式下的职业能力课程模块中关于"服饰图案工艺"课程"工作室教学与实训"一体化教学模式的教学改革创新与探索。制定服装专业课程标准，围绕企业工作任务选择教学内容、组织教学活动，将知识、技能、职业态度的学习融为一体。结合流行趋势和市场应用、设计构思、图案表现、图案工艺、电脑图案设计、图案综合设计与制作、图案作品展示等方法与步骤，培养学生掌握当前服装行业图案企业开发流程及设计制作方法，掌握独立完成设计构思、材料、制作全过程的知识和技能。本成果通过"教、学、做"一体化项目教学法，创新性将作品展示成果对接市场，实现教学与岗位无缝对接（图2、图3）。

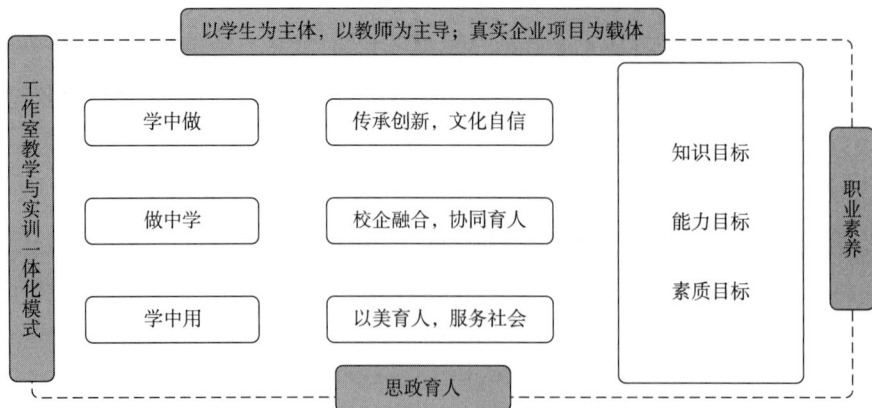

图2　"教、学、做"一体化项目教学

教师活动	教学环节	学生活动

课前初拟方案

| 引导学生合理分组进行图案制作准备 | ① 课前准备制作网络课程预习 | 预习网络课程，准备相关资料 |

课中实施方案

检查点评学生分组情况	② 课前任务点评	分组准备好图案制作
讲授传统图案的制作方法	③ 传统图案制作新知识讲解	学生认真学习
示范转移印花操作技法	④ 演示操作图案技法	学生认真观摩学习操作
巡回指导操作技法	⑤ 分组图案操作	学生分小组讨论设计好的图案
示范多种工艺的组合和技法运用	⑥ 多种技法制作图案	学生将多种材料和工艺结合运用
巡回指导，引导学生多技法运用	⑦ 分组综合制作	学生分组训练，分工合作
总结重难点，选出优秀小组上台分享	⑧ 课程小结	记录总结，课后巩固，上台分享成果和心得

课后

| 布置企业项目训练任务 | ⑨ 拓展巩固 | 完成企业项目任务 |
| 讲授传统图案的制作方法 | ⑩ 实践提升 | 工作室完成企业实践训练优化方案 |

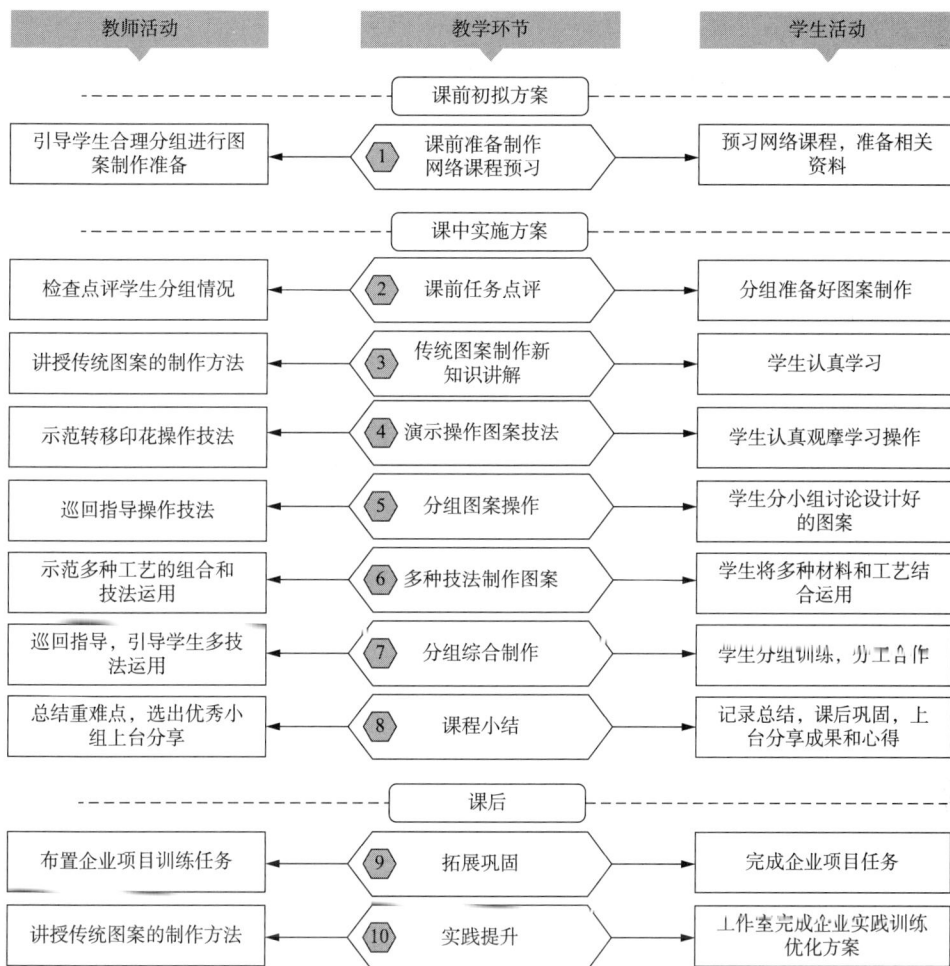

图3　主题综合图案设计制作教学设计流程

2　成果解决教学问题的方法

2.1　解决广东省区域层面服装与服饰专业"服饰图案工艺"课程资源建设的空缺问题

充分利用微信、QQ、学习通应用程序、网站微课视频资源等新媒体建立多通道学习途径，开通中国慕课（MOOC）教学平台，采用课中项目化教学，将企业案例导入实施，翻转课堂微课，营造浓厚氛围，实现线上线下相结合的教学模式，"互联网+"教育时代的到来，实现了教育资源的多元化与获取知识路径的多样性。2015年项目"服饰图案工艺"省级精品开放课程获得广东省教育厅立项，已完成建设工作并在教学中应用。2016年编写的高职高专"十二五"国家规划教材《服饰图案设计与应用》，得到进一步推广和应用。

2.2　解决课程设置与服装岗位职业能力要求相脱节的问题

通过校企双方充分调研行业企业职业岗位需求，以企业真实的产品设计为教学载体，共同重构基于项目实施流程的服装与服饰设计专业课程体系，使其体现完整性、系统性和真实性，突出能力的三级递进式培养，实现了职业能力训练与职业素养培养有机结合。

（1）企业实际需求与专业设置相融合（共制教学计划）。

（2）企业岗位与学校技能培训相融合（实习基地）。

（3）企业技术骨干与学校教师相融合（技师进课堂、教师进企业）。

2.3 解决工作室资源不配套的问题

通过深化"工作室"建设目标，逐步完善"项目共享、人才共享、师资共享、成果共享"的"工作室"建设目标，组建9间教师工作室，其中7间为校级工作室。聘请国家级工艺大师到校任教并开设大师工作室。

（1）学校建立配套工作室建设与管理办法，给予资金扶助，严格进行年度考核。

（2）与北京超星未来科技有限公司合作建立《服装与服饰设计专业》教学资源库平台，电子资源容量达到20G。购置蝶讯网和POP服饰流行前线网站两大服装设计资讯网站。

2.4 解决校企合作中"校热企冷"动力不足的问题

（1）加强校企交流互动，共建实习基地，使专业与深圳英纺电子商务有限公司共建广东省职业教育校企合作基地；与东莞市汇尚服装有限公司共建广东省高职教育大学生校外实践教学基地等。校企共建13个校外实训基地。

（2）加强学生职业能力培养，组织学生参与企业服装博览会活动等，组织优秀毕业生回校分享经验，并给予同学建议和方法。企业技术骨干与学校教师结合，构建工作室平台，完善学生激励制度，促进产品研发和技术升级，提高企业应用效果，打造较强的专业研发能力和社会服务能力，通过以上方法破解校企合作瓶颈，达到双赢的目的。近5年本项目课程完成中山市尊龙丹宁服装有限公司等企业项目10多项。

3 成果的创新点

3.1 创新"工作室教学与实训"一体化模式

课程通过引入企业项目及岗位情景创设"工作室制，将教学项目化、作业实践化、作品产业化"，一体化模式给学生加强深刻学习与实践体验。注重培养学生的文化自信、专业素养、实践能力、创新能力和团队精神（图4）。

3.2 构筑"以美育人、服务社会"课程建设新理念

习近平总书记曾要求我们"坚持中国特色社会主义教育发展道路，培养德智体美劳全面发展的社会主义建设者和接班人"，教师则承担着孕育美、传播美的重要职能。本课程教学根植传统、着力创新、以美育人、服务社会。以文化传承为主线，通过产品的制作展示，引导学生树立正确的理想信念、学会正确的思维方法、培养学生专业自信和民族自豪感，增强学生文化素养，锻炼学生"敬己、敬人、敬业"的职业素养及"德技并修，精益求精"的工匠精神，培育正确的美育观，增强学生职业荣誉感；融思政进课堂，推动传统文化创造性转化、创新性发展，更好地构筑中国精神、中国价值、中国力量（图5）。

3.3 更新"风尚动态"信息化教学手段

课程融合信息化动态资源的递进式教学过程，层层深入，符合高职学生的认知规律。加大加深课堂容量，提高学生创新与实践能力，有助于学生全面发展。用信息技术改变学生的学习方式，促使学生主动学习，积极培养团体协作的意识，提升学生的综合素质。以教育信息化带动教育现代化，促进教育的创新与发展，最终在信息技术的支持下更好地进行教学活动。灵活采用混合式教学、探究式教学、微课教学、云平台教学、课后跟踪等教学方法，为学生提供更多的学习方式和学习途径。让学生

运用丰富的教学资源及多途径的信息技术进行自主探究式及合作互动式学习，让学生随时学、随地学、随心学，实现学生自主学习计划的顺利开展（图6）。

"工作室教学与实训"一体化　　　开展课程创新与实施　　　学、练、干、创一条线

概念构思、产品设计、　　　引入先进职业教育理念和方法　　　开展课程创新与实施
产品运作完整的工作流程

图4　　"工作室教学与实训"一体化教学

根植传统、着力创新　　　以文化传承为主线设计产品　　　学生专业自信

大学生时装周作品展　　　德技并修，精益求精　　　美育产品服务社会

图5　　"以美育人、服务社会"课程建设新理念

图6　信息化教学手段丰富

4　成果的推广应用情况

4.1　成果在合作研究院校得到了广泛试点应用

"服饰图案工艺"课程共享为广东省职业技术教育学会会员单位线上教育教学资源课程，在中国慕课平台供全国使用，不仅在院校教学中应用，还为企业和社会提供资源服务，学生的作品可通过企业真正转化为市场产品，接受客观的第三方评价。为广州南洋理工职业学院、广州科技职业技术大学等院校积极开展讲座，带动了周边院校的项目工作室教学改革。

4.2　成果以专著、论文、专利的形式由正规出版社正式出版

本项目为教师团队与企业共同进行的产品研发与技术革新，项目成果《服饰图案设计与应用》由北京师范大学出版社2011年出版。5年的成果应用中，不断更新，联合广东白云学院、广州工程技术职业学院及相关绣花印花企业，应用最新图案工艺、设备和资讯，于2016年编写高职高专"十二五"规划教材。教学研究提炼出论文《服装专业创新创业训练研究与实践心得》《中国传统吉祥图案在现代服装设计中的艺术表现》等。《服饰图案综合设计与制作》课件获得2017全国应用型人才综合技能大赛"国泰安·赛名师杯"教师创课大赛一等奖，获得专利12项，项目成果得到进一步深化研究。

4.3　在项目建设研究的同时教学团队得到能力提升

项目成果研究过程中，教学团队采用互助化模式，团队教师专业技能突出，其中广东省技术能手2人，省级职业教育专业领军人才培养对象1人，广东省十佳设计师1人，广州市十佳设计师1人。教师在全国教师技能大赛等专业竞赛获得金奖、一等奖和其他奖项多项。服装创新教学团队通过校级验收，聘请国家级工艺大师到校任教并开设大师工作室，黄伟雄大师获得"广东省高等职业院校高层次技能型兼职教师"称号，建成专兼结合优秀教学团队。在"服装设计与工艺"竞赛中学生获得国家级二等奖1项、三等奖3项，省级一等奖4项、二等3项、三等奖4项。其他省市级专业技能竞赛获得三

等奖以上多项。承担宜州区晶晶镁盐有限责任公司企业服装开发等多项横向课题，将理论教学成果更好地服务于社会。

4.4 项目建设成果获得同行和上级部门关注，获得良好评价

通过行业会议、学术交流活动及对口服务支援等形式将我校在高职"服饰图案工艺"课程"工作室教学与实训"一体化教学模式教学改革创新与探索的建设成果和经验与其他院校分享，得到了协会、企业和专家的认可。"以项目导向工作室进行教学改革"为题专访我校服装专业带头人的视频在中国服装网、搜狐、新浪、"广东服装设计师协会"微信公众号等的播出获得高点击率。通过项目改革创新与探索，服装与服饰专业顺利完成广东省首批高等职业教育重点专业验收，对兄弟院校起到了示范、引领作用，并产生了较好的辐射带动作用。

"文艺铸魂、数智赋能、五创联动"——设计专业群时尚创客人才培养探索与实践

杭州万向职业技术学院

完成人及简况

姓名	性别	所在单位	党政职务	专业技术职称
黄格红	女	杭州万向职业技术学院	设计创意系服装设计教师	副教授、服装设计定制技师、考评员
李志梅	女	杭州万向职业技术学院	设计创意系服设教研室主任	教授
刘士瑾	女	杭州万向职业技术学院	设计创意系服装设计教师	讲师
虞韵涵	女	杭州万向职业技术学院	设计创意系服装设计教师	讲师
何利良	男	杭州万向职业技术学院	设计创意系系主任	副教授
范婷婷	女	杭州万向职业技术学院	设计创意系党总支书记/副主任	讲师
陈方圆	女	杭州万向职业技术学院	设计创意系工业设计教研室主任	副教授
孙佳丽	女	杭州万向职业技术学院	设计创意系工商企业管理教研室主任	副教授
韦晓军	男	杭州万向职业技术学院	设计创意系人文艺术教研室主任	教授
徐燕丽	女	杭州万向职业技术学院	设计创意系思政教研室主任	副教授
王栋	男	杭州万向职业技术学院	设计创意系服装设计教师	副教授
江建华	女	杭州万向职业技术学院	设计创意系服装制版教师	高级制板师、实验师
王平	男	杭州万向职业技术学院	设计创意系服装制版教师	讲师
王志楠	女	杭州万向职业技术学院	设计创意系服装工艺教师	助教

1 成果简介及主要解决的教学问题

1.1 成果简介

该成果紧密围绕国家推动现代职业教育高质量发展的战略，以"文艺铸魂"为育人使命，以"双高计划"为政策指导，依托教育部和省教改等12个项目，以服装设计与工艺专业（国家骨干专业、浙江省高校"十三五"优势专业）为核心引领，工业设计专业、工商企业管理专业为双翼支撑，思政与人文艺术为涵育保障，以培养艺智工商（Arts、AI、Technology、Business）交叉学科素养的国际化复合型创客为目标，秉持"传中国文化美学、守红色根脉信仰、承古法技艺匠心、创国际数智时尚"的教育理念，集聚区域内优势资源，加强产教深度融合，构建专创融通、智创赋能、赛创强技、众创筑梦、益创润心的"五创联动"育人体系（图1），全面提升学生的文化传承、时尚设计、柔性智造、精益创业等能力。

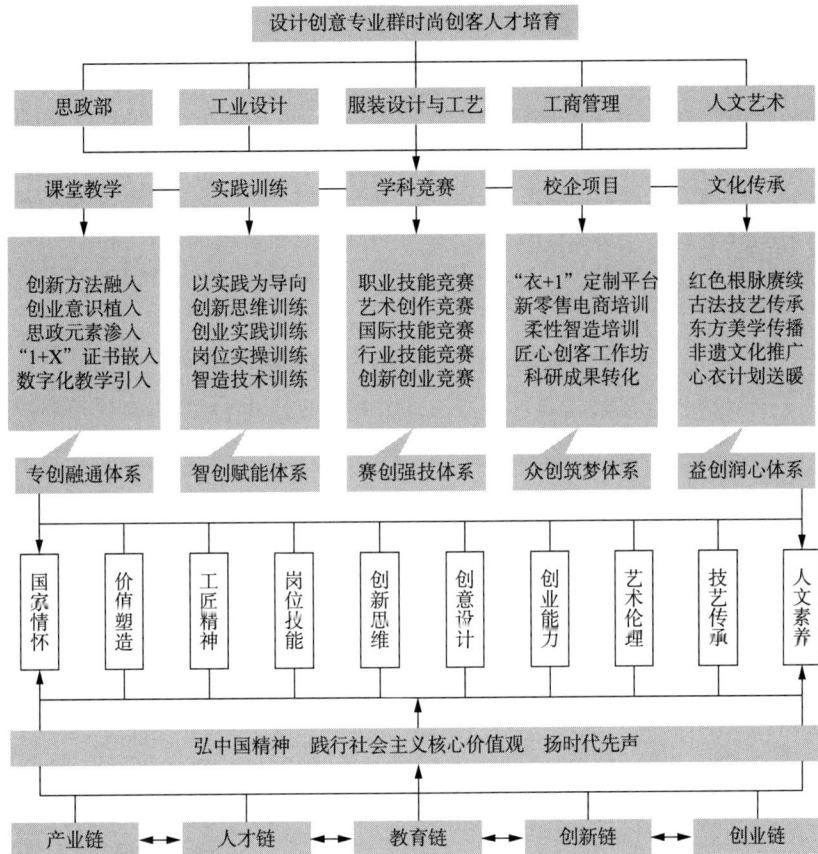

图 1 文艺铸魂、数智赋能、五创联动——设计专业群"艺智工商"
（Arts、AI、Technology、Business）国际化复合型时尚创客人才培育路径

7年来，成果直接受益学生2576人，培训50000人，创业400多人，师生获国际至省赛140项、省部和市级科研项目40项、专利400多项、教材20部、论文120多篇。获教育部和省优秀案例多项，主办国际服装学术会议，百余位师生赴海外访学。人民网、《中国教育报》等媒体相继报道，社会反响良好，省内外约20所院校来校考察，为推动高职创客人才改革提供可复制的新路径。

1.2 主要解决的教学问题

（1）改变德技不能互融，缺少文化自信的现状。

（2）弥补顶层设计缺失，学、研、赛、证、创不能有效衔接的难题。

（3）消除专业面狭窄问题，解决学生能力结构单一的局限。

（4）破解创业项目缺乏新技术、新模式的短板。

2 成果解决教学问题的方法

2.1 政产校实施顶层设计，创建具有艺智工商交叉学科素养的国际化复合型时尚创客育人体系

专业群集聚浙江省时尚产业、数字经济、非遗传承等产教融合联盟优势资源，组建国际化师资队伍，政产校共同制定专创融通、智创赋能、赛创强技、众创筑梦、益创润心"五创联动"育人体系。通过课堂教学、实践训练、学科竞赛、校企项目、文化传承的实施载体，做好课程、竞赛、创业、思政、文化的衔接与融合，加强学生多元化综合素质培养，提升服务时尚产业链升级的能力。

2.2 构筑多元培养、交叉跨学科的专业群课程体系，深耕"1+X"证书训练范式，创设非线性学习空间，赋能智慧课堂

厘清双创教学、专业教学、X证书标准的重合内容，构筑"能力多元复合，职业迁移发展"的专业群课程体系。开展"课前准备、线上学习、课堂双线实训、课后拓展、评价提高"五段"1+X"证书课堂训练范式，积淀德育内涵和加强思政元素渗透，利用BI（商务智能技术）、AR（增加现实技术）、VR（虚拟现实技术）等信息化技术，创设非线性学习空间，促进无缝泛在式学习，给予就业或创业路径的学生个性化指导（图2）。

2.3 校企共建共享时尚创客产业学院，开展智创、赛创和众创培育

携手华服领军企业、智能科技公司、互联网头部公司，共建共享"时尚创客产业学院"，开展小批量个性化订单智造实训。开发多元交互的赛创强技习得学习场，进行创新、创意、创业等学科竞赛集

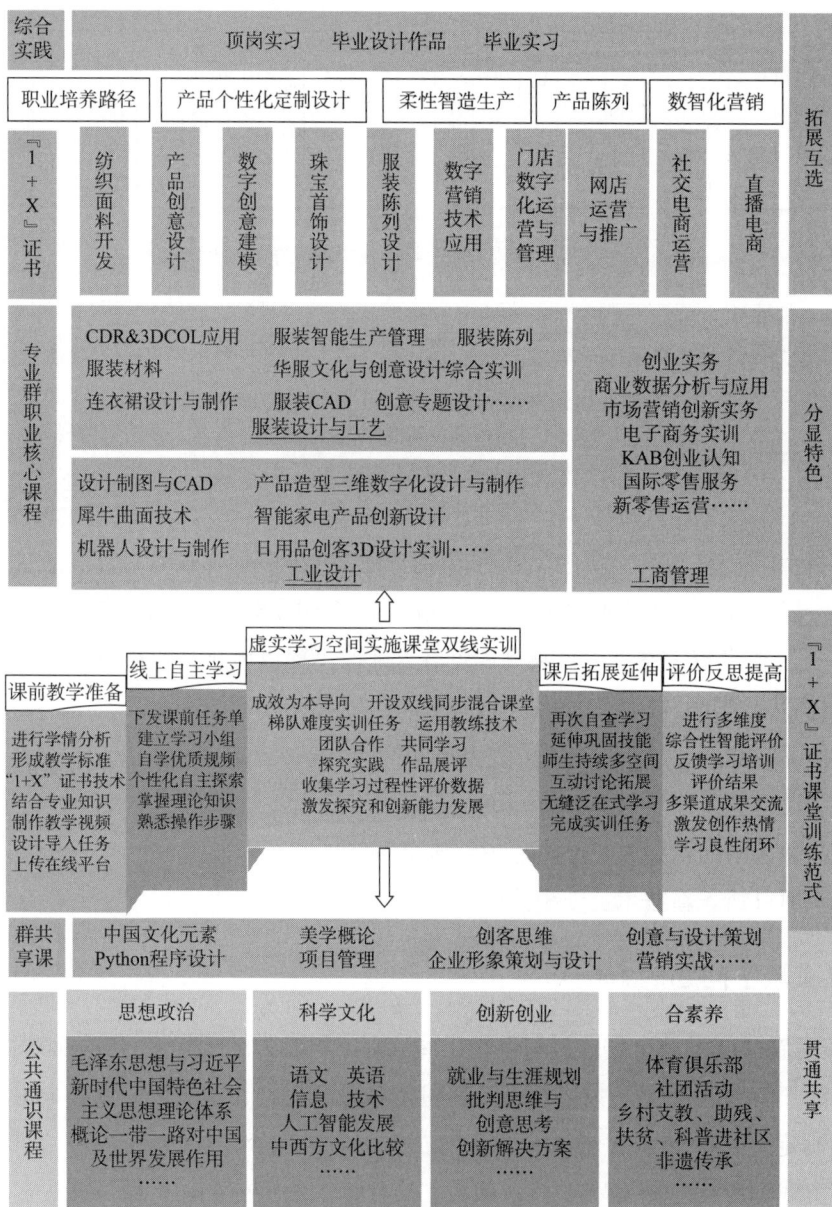

图2　"能力多元复合，职业迁移发展"专创融通的课程体系，打造"1+X"课堂训练范式

训，强化创客能力。通过国际服装学术研讨会、国际面料设计工作坊、智能产品国际设计营等众创项目，给予学生以创新力带动传播力和商业价值的精准指导，对潜力创业项目进行孵化，实现成果转化。

2.4　铸中华复兴之梦，汲红色根脉之萃，承古法艺匠之心，实现益创培育

汲取红色根脉的精神与力量，以社会主义核心价值观为引领，加强文艺培根铸魂行动，秉承古法技艺匠心，开展学四史、颂经典、观影展、"送心衣"、非遗沙龙、华服美学、"焕然衣新"等益创活动，形成"爱国爱党教育与时尚文化"双向并行的育人效动。

3　成果的创新点

3.1　创新构建与时尚产业人才需求侧深度匹配的艺智工商交叉学科素养的国际化复合创客培育模式

专业群以"重振东方范式之美，铸就中国智造之魂"为己任，以课堂教学、实践训练、技能竞赛、文化推广和校企项目为载体，实施"专创、智创、赛创、众创、益创"五创联动的全员、全方位、全过程的育人模式，为职业院校深化高质量教学改革提出有效解决方案。

3.2　创新构筑"能力多元复合，职业迁移发展"专业群课程体系

构筑"通识贯通共享、专业分显特色、证书拓展互选"的专业群课程体系，构建"时尚资讯提炼—时尚产品设计—产品柔性智造—产品传播与陈列—新媒体销售"的全链式学习新路径，打造"学、研、赛、证、创"融通式多元化优质课程，满足深造、就业或创业的个性化选课需求，提升艺创思维、匠心精神、产品智造、"互联网＋创业"等技能及素质，畅通高职复合型时尚创客的成长道路，助推时尚产业价值链的提升。

3.3　创新打造思政寓于时尚的"1+X"证书五新智慧课堂

设计蕴含文化基因和德育元素，嵌入X证书分层标准的学习新内容；创设非线性虚实学习新场景；引入VR、AR、XR（扩展现实技术）等新媒体技术，引导学生进行探究式、小组式、项目式的高阶新学法，实现德技并重+X职业能力考核的全方位新评价，赋能沉浸式五新智慧课堂，有效促进个性化、智能化、协作化、中心化的"互联网＋"课程课堂生态圈的形成。

4　成果的推广应用情况

自2017年成果实施以来，将创客教育融入学生培养全方位、全过程，直接受益专业群学生2576人，并向全校覆盖，在专业群建设水平提高、人才培养质量提升、示范辐射能力扩大等方面成效显著。

4.1　人才培养质量提升飞速，发挥专业群溢出效应

专业群在国际化复合型创客人才培养过程中，加强产、学、研、用协同的"产业链、人才链、教育链、创新链、创业链"五链融合，学生"艺术思维＋工匠精神"的创新能力得到强化，综合素质得到明显提升。学生累计获国际、国家、省级竞赛奖项140多项，其中有全国职业院校技能大赛二等奖、三等奖，省高职院校技能大赛二等奖、三等奖等90多项。教师获德国红点（reddot）概念、iF产品设计，美国IDEA（International Design Excellence Awards）设计等多项国际大奖，获国家、省级和协会级教学竞赛与成果50余项。第一志愿率达100%，获双证率高达98%，创业增至400余人，创业率达10.28%（全省为4.49%）。

4.2 双语项目课程精准对接，国际化教育稳健推进

专业群为了加快国际化教育的进程，通过"走出去、请进来"的模式，选派百余名师生教师赴我国港台地区，以及澳大利亚、美国、德国等地标杆考察，汲取国内、国际教学理念和创新思维。先后与美国普渡大学、新西兰商学院、新西兰怀卡托大学、美国加州州立大学圣马克斯分校、美国圣文森山大学，以及我国香港理工大学、台湾真理大学等高校开展百名交流生项目；与各国高等学府共商标准、共同研发、共建资源、共享师资，推出8门国际化双语课程，实现本土化与国际化交融的有效链接。

国内外顶尖时尚专家、智造顶级专家、高校学者和产业联盟代表云集专业群主导的"传承创新，智驱时尚"——国际服装学术研讨会"共话时尚美学，可持续性未来——国际面料设计工作坊""高端装备产品、智能产品国际设计营""毕设作品登入杭州国际时装周"等一系列国际化活动，开展国际化领导力、创新力、责任感等创客核心素养培训，旨在精准搭建中国时尚产业与世界互联互通的国际化平台，汇聚全球时尚领袖、展现战略创新视野，推动"高层次对话、高水平交流、全方位合作"，助力长三角地区乃至全国时尚产业的未来发展和人才培养趋势提供前瞻性的思想和多元化的路径。

4.3 教研科研双向促进发展，社会服务树立好口碑

主持教育部、省教学改革、省软科学、省哲社科等项目12项、市级科研项目28项；省专业带头人3名、市教学名师2名、市优秀教师5名；省在线精品课程7门、主编教材20部、拥有国家专利400余项、专著6本、发表三大检索论文120余篇。依托国家级非遗工作室、市名师工作室，持续开展新品开发项目，为企业创造千万销售业绩；承担社会服务达50000余次。

4.4 形成教育部标志性成果，媒体效应集聚快增值

获国家骨干专业、国家非遗高校创意工作室、浙江省高校"十三五"优势专业、省职业院校实习实训基地、省非遗传承教学基地、省时尚产业、省数字经济等产教融合联盟理事单位。与198所高校共同学习交流，获国家高校美育优秀案例二等奖，省高校美育案例、省"互联网＋教学"案例、省翻转课堂案例、中国连锁经营协会校企合作案例等一等奖4项。育人成果被人民网、《中国教育报》、现代职教等主流媒体报道20次，产生了强烈的社会反响和广泛关注，对带动区域内高职院校相近专业群建设和发展都具有良好的推广借鉴价值。

第二部分

一等奖

高职服装类专业校企互融共生协同育人的实践教学改革与创新

山东科技职业学院

完成人及简况

姓名	性别	所在单位	党政职务	专业技术职称
李公科	男	山东科技职业学院	纺织服装系副主任、教师、党支部书记	副教授
徐晓雁	女	山东科技职业学院	纺织服装系主任、党总支副书记	教授
孙金平	女	山东科技职业学院	无	副教授
周春梅	女	山东科技职业学院	无	讲师
申文卿	女	山东科技职业学院	教学科研科科长	助教
陈国强	男	山东科技职业学院	无	副教授
李哲	女	山东科技职业学院	无	讲师
张善阳	男	潍坊尚德服饰有限公司	总经理	讲师

1 成果简介及主要解决的教学问题

1.1 成果简介

针对高职服装专业群实践教学缺乏先进理念引领，教学模式单一，学生能力培养与职业岗位需求脱节，生产性教学条件不足等问题，立足服装产业转型升级对人才的新需求，依托国家示范校建设和省教改课题等研究，构建并实施了专业群"训赛研创"四位一体实践教学模式，强化教学实践性的全面发展观，实现知行合一。率先在国内高职院校建立了校内全真化运营的服装服饰类专业教学工厂，打造了校企紧密协同的实践育人共同体，为校企互融共生、协同育人提供了"山科样板"。

经过10年实践，学生的职业综合能力显著提升，培育出"全国纺织服装专业学生职业技能标兵"柳清琳、房雪等优秀学子，我系6个专业10个方向共1704名学生受益，先后获全国职业院校技能大赛一等奖3项，中国"互联网+"大学生创新创业大赛铜奖1项等奖项。服装设计与工艺专业群成为国家A档高水平专业群，先后有省内外126所院校来校交流学习，成果在17所院校中应用，《大众日报》等媒体报道50余次，产生了广泛影响。

1.2 主要解决的教学问题

（1）实践教学理念不先进，培养模式与职业成长规律不适应的问题。

（2）实践教学内容不适用，能力培养与职业岗位需求不匹配的问题。

（3）生产性教学条件不足，全要素职场化实践教学环境缺失的问题。

2　成果解决教学问题的方法

（1）提出"能力本位，训赛研创结合"实践教学新理念。基于"能力本位"教育思想，确定了"品优、技高、善创新"的实践能力培养目标，强调德技并修、跨界融合、能力复合，实施"训赛研创"四位一体实践教学模式改革。

（2）重构"项目引领，分层递进"的实践教学内容体系。对接职业岗位发展阶段，校企合作逐级构建了基本技能、核心技能、就业技能和拓展技能4个实践教学能力模块和38个实训项目，并根据发展变化实时内容更新，满足了学生职业成长需求。

（3）搭建"全要素、实景化、生产性"校内职场化教学环境。围绕生产、教学、科研等功能要素，对接基本技能训练、职业技能大赛、产品技术研发和创新创业活动需求，改造升级26个理实一体化实训室；建成2个满足180人可同时训练和比赛的大赛场地；建有国家级服装制板技术协同创新中心等9个省级以上技术研发中心；引企入校，建成校内教学工厂。打造了"教学工厂＋项目工作室＋技术研发中心"产学研三位一体育人平台，保障了教学实施，建立了专业教师和企业技术骨干双向兼职工作机制。

（4）创新实施了"训赛研创"四位一体实践教学模式。依托校内外职场化教学环境，校企合作制订实训教学方案，统筹规划"训赛研创"一体化实训项目教学组织，第1~2学期"训"；第3~4学期"赛"；第4~5学期"研"；第6学期"创"。从单项到综合，再到个性化，实现分阶段协同实施。建立评价标准动态调整机制，根据产业发展新需求及时完善评价标准，保障实践教学成效，提升育人质量。

3　成果的创新点

（1）率先在国内高职院校建立了校内全真化运营的服装服饰类专业教学工厂，打造了校企紧密协同的实践育人共同体。立足"围绕产业办专业，办好专业促产业"的办学理念，将生产实践与社会实践紧密结合，实现车间教室合一、学生学徒合一、教师师傅合一、理论实践合一、作品产品合一、学校工厂合一，为校企互融共生、协同育人提供了"山科样板"。

（2）校企合作开发了对接"训赛研创"教学活动的实践能力训练项目，实现了教学内容随产业发展的动态调整。基于校企协同育人平台，根据能力要素，合理序化教学内容，将企业能力需求融入实践教学全过程，根据知识需求和学习效果，动态优化教学内容，满足职业岗位发展需求。

（3）创建了"训赛研创"四位一体实践育人新模式和评价标准动态调整新机制，使人才培养更加适应职业发展规律。聚焦实践能力培养，将职业能力培养融入"训赛研创"实践教学全过程，建立了评价标准随市场反馈结果动态调整新机制。

4　成果的推广应用情况

4.1　实践教学改革成效显著

（1）人才培养质量持续提升。构建紧密的校企协同育人共同体，使教学内容紧密对接企业生产，学生职业综合能力得到有效提升。近5年来，学生先后在全国各类大赛获奖157次，其中获全国职业院校技能大赛一等奖3项、中国"互联网＋"大学生创新创业大赛铜奖1项。近年来，毕业生就业率持续保持在100%，在鲁泰纺织股份有限公司等头部企业就业率达40%以上。在2020年全国职教周上，时任教育部部长陈宝生对我院服装专业学生实训成果给予了高度评价。

（2）专业建设与改革成效显著。校企双方共同制订专业人才培养方案，进一步深化了专业内涵建设与发展，先后获批省级以上标志性成果101项，其中国家级标志性成果26项。2019年立项国家"双高计划"A档高水平专业群建设。

（3）职场化教学环境实现蜕变。引企入校，全面打造了校内产学研三位一体育人平台，建设了服装智能制造实训中心等20多个校内实践教学场所，连续2年承办"服装设计与工艺"国赛，建有国家级服装制板技术协同创新中心等9个省级及以上科研平台，生均科研教学设备值达4.48万元，位列全国高等职业院校同类专业首位。

（4）师生的职业能力明显提升。建立了专业教师和企业技术人员双向兼职机制，打造了"大国工匠＋企业技能大师"引领的高水平结构化教学团队，专业教学团队获"省教学团队"和"省黄大年式教师团队"称号，2名教师成长为省名师；教师获全国职业院校信息化教学大赛一等奖；师生每年为企业研发校服新产品200余种，服务企业产生经济效益6000万元以上，助推教学工厂通过国家高新技术企业认定，被授予山东省"专精特新"企业、山东省瞪羚企业。近3年来，实现到位科研经费706.4万元，累计完成各类社会培训22760人日。

4.2 成果广泛推广、收益面广

（1）成果在全院范围推广应用。我院服装设计与工艺专业群作为国家"双高计划"A类专业群采用该实践教学模式，取得了推广示范显著效果并在全院48个专业进行推广和应用。

（2）成果在兄弟院校推广应用。先后有陕西工业职业技术学院等126余所省内外院校来校交流学习，成果在广东职业技术学院等17家院校应用。专家对我院该实践教学模式表示赞同，并表示其科学性、创新性、适应性等优势具有很好的应用推广价值。

（3）成果在国内外产生了广泛影响。项目组应邀在"一带一路"纺织服装职业教育联盟、全国纺织服装类"1+X"证书会议等多个场合多次进行经验交流；《大众日报》《光明日报》等多家媒体对我院服装类专业办学成效报道50余次；乌干达教育部副部长戴维德先生观摩专业职场化教学环境后给予了高度评价。

携手"走出去"企业共同培养国际化纺织人才的探索与实践

盐城工业职业技术学院

完成人及简况

姓名	性别	所在单位	党政职务	专业技术职称
邵从清	男	盐城工业职业技术学院	校党委书记	教授
孙卫芳	女	盐城工业职业技术学院	副校长	教授
姜为青	男	盐城工业职业技术学院	纺织服装学院院长	教授
赵磊	男	盐城工业职业技术学院	教务处副处长	副教授
钱飞	男	盐城工业职业技术学院	无	副教授
黄素平	女	盐城工业职业技术学院	无	副教授
周红涛	男	盐城工业职业技术学院	人才办副主任	讲师
周彬	男	盐城工业职业技术学院	纺织服装学院副院长	副教授
赵菊梅	女	盐城工业职业技术学院	无	副教授
陈贵翠	女	盐城工业职业技术学院	无	副教授

1 成果简介及主要解决的教学问题

1.1 成果简介

目前我国经济已步入高质量发展阶段，产业结构转型、创新驱动成为新常态，国内纺织业面临着较大的生存压力，与此同时，"一带一路"倡议的提出及沿线国家所具有的劳动力成本、土地价格、税费政策等优势，为国内纺织企业"走出去"带来了新的发展机遇。"走出去"的纺织企业所需的技术技能型人才应主要源于当地，但本土化人才技能水平不能较好地满足企业岗位能力需求，导致了像天虹纺织集团、鲁泰纺织股份有限公司等一批"走出去"的纺织企业在国外的技术技能型人才储备明显不足，迫切需要国内纺织类高职高专院校承担起培养国际化纺织人才的重任。

以国务院《关于加快发展现代职业教育的决定》和教育部等八部门《关于加快和扩大新时代教育对外开放的意见》为指引，策应"一带一路"建设高质量发展要求，服务"走出去"纺织企业，2015年我校与乌克兰开展国际化合作办学，2016年为乌克兰定向培养国际化服装技术技能留学生，2019年携手天虹纺织集团（越南）共建"纺织技术技能海外培训基地""海外实训基地"，开展"订单式"留学生学历教育，试点留学生"现代学徒制"，构建"五维融通、四证融合"的国际化纺织人才培养模式（图1），形成"两平台＋三模块＋三方向"的课程体系（图2），建成"中文＋技能＋文化＋英文"的多元优质教学资源，搭建一支"国际影响大、学术能力优、文化包容强"的国际化师资队伍，建成语言与纺织产业技术创新联合体，校企共建共享具有国际化、特色化和社会化的校内外实训基地平台，达到校企协作育人、协作研发、协作服务，参照专业认证标准，构建多元、多层次教学质量监控和评价机制，保障了专业人才培养质量的国际化。

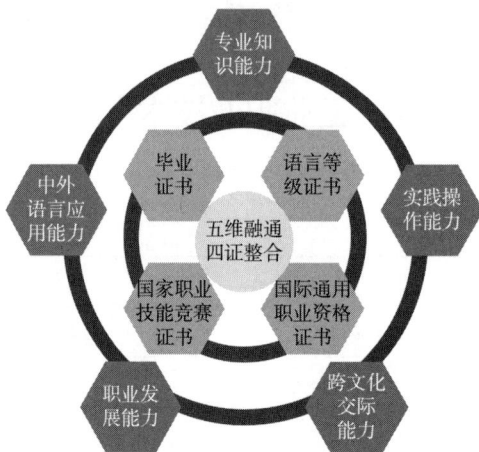

图1　"五维融通、四证融合"的国际化人才培养模式

图2　现代纺织技术专业"两平台＋三模块＋三方向"课程体系

多年的国际化办学实践助力学校高质量发展。2017年学校成为中国教育国际交流协会"百千万交流计划"中方院校；2018~2019年连续2年获高等职业院校国际影响力50强；2019年获亚太职业院校影响力50强；2020年获中国职业院校世界竞争力50强；2020年入选"江苏高职院校'一带一路'人才培养合作联盟"；2018~2020年连续3年获江苏省来华留学生教育先进集体；2021年纺织服装教育国际化办学案例成功入选教育部产教融合校企合作典型案例，"高职教育（纺织服装类）'走出去'国际

化特色办学研究与实践"获江苏省高等教育教学改革研究重点课题;2022 年现代纺织技术专业获批江苏省"十四五"高校国际化人才培养品牌专业建设项目。

1.2 主要解决的教学问题

(1)本土化人才供给与"走出去"企业需求不够匹配,国际化人才培养适岗率不高。纺织作为江苏重要的支柱产业和民生产业,随着产业制造向高端化、低碳化、服务化转型升级和"引进来、走出去"区域化、国际化转移步伐的加快,企业对国际化技能型人力资源需求的矛盾日益突显。本专业须充分适应和引领产业发展新常态,切合产业需求,引入国际职业资格标准,培养具有国际职业标准要求的高素质技能型纺织人才,为走出去企业或本土国际化企业服务。

(2)多元集成的语言+专业教学资源不成体系,国际化学生双语素养不足。国内学生的英语素质普遍不能达到双语的要求,来华留学生中文基础薄弱且参差不齐,对接后续国际化的学习及工作能力存在的短板,需建设语言和专业深度融合的专业教学资源。应围绕"一带一路"国际化纺织产能转移发展战略,建设语言教学中心,提升国外留学生的汉语水平和国内学生的外语水平;建设文化交流中心,传播中华优秀文化,吸纳世界优秀文化,使文化素养和专业素养有机融合。

(3)教学团队"国际视野"与"专业技能"不能融合,教师国际化教学能力不强。表现在问题专业教师境外交流访学比例较低且拥有国外学历学位的比例较低;团队教师双语、英文教材编写经验不足,发表国际前沿论文较少;聘请的外籍专家以语言类为主,讲座和短期交流居多。鉴于此,当前专业师资队伍国际化整体水平有待进一步提升与加强。

2 成果解决教学问题的方法

2.1 应对"一带一路"国际产能转移,完善国际化人才培养模式

(1)对接国际化知名纺织企业,打造跨国现代学徒制人才培养典范。与天虹纺织集团(越南)深入开展跨国现代学徒制(图3),通过职业认知、企业项目真学真做、独立顶岗为主的"师徒对接、双员一体"教学过程,实现学生从学员到职员的"无缝"过渡,教学过程与就业岗位、国际职业资格标准与教学内容"零对接";借助与塔吉克斯坦丹加拉国立大学联合开展来华留学生培养的合作基础,继续推进两校在中文教育和纺织技术学科的深入合作,共同为中泰(丹加拉)新丝路纺织产业有限公司

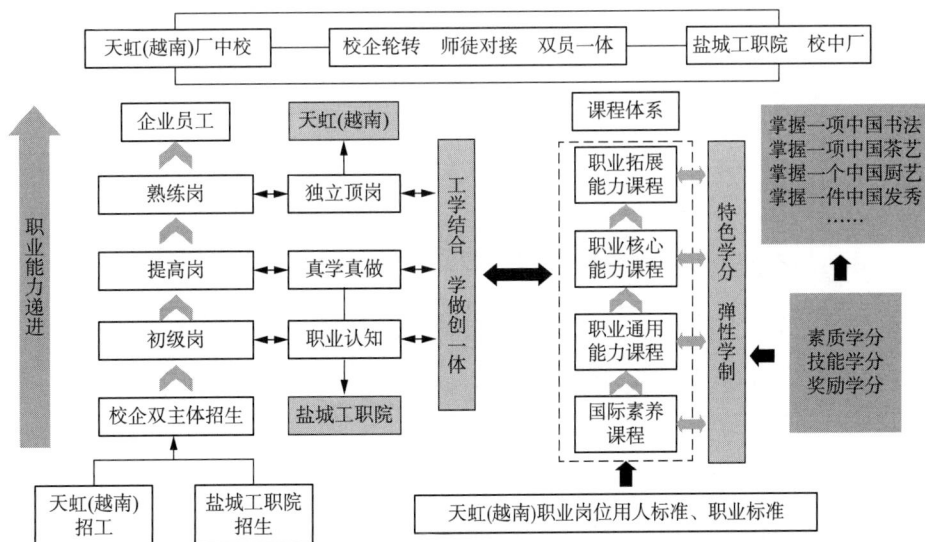

图 3 跨国现代学徒制育人路径

等"走出去"企业提供本土化人力资源保障。

（2）借鉴"1+X"证书考证模式，激励学生对标国际职业资格水平。围绕国际化纺织企业岗位（群）的要求，依托国家特有工种职业技能鉴定站等平台，对标国际职业资格标准，借鉴"1+X"证书考证模式，参考国际注册助理纺织工程师（International Registration Assistant Textile Engineer，IRATE）、国际注册助理外贸营销管理师（International Registration Assistant Foreign Trade Marketing Management，IRAFTMM）等职业资格内涵，联合天虹纺织集团（越南）开发国际化纺织职业资格证书，形成国际化专业水准的人才培养标准。

（3）依托校内五大中心平台，完善国内外学生多维协同培养模式。在悦达产业学院"双主体"办学的基础上，依托生态纺织品研发中心、纺织品检测中心、技术转移中心、语言学习中心、语言交流中心五大中心，实现多维协同育人，为国内外学生HSK3、4级、纺织行业相关国际职业资格、外语口语等技能证书的获取创造优质条件，使学生具备一定的中外语言能力、中国文化认知和国际视野、岗位专业知识、实践应用技能和创新能力，胜任国际型纺织企业技术、管理、贸易等岗位。

2.2 按照专业人才国际化需求驱动"三教"改革，优化专业课程体系

（1）对接国际纺织业态的技能人才需求，优化"两平台+三模块+三方向"课程体系，瞄准和分析"一带一路"国际纺织业态主流发展对高端技能型人才的需求，继续引进国内外先进课程，以进一步优化服务学生职业能力培养的课程体系（图4）。

针对国外留学生，侧重中华文化浸润与语言培养相融合的课程开发，改进"中文+"专业核心技能课程，新建中华文化素养的素质课，开设更为通用的汉语社交课程，以满足国外纺织技术人才的"本土化"需求。

针对国内学生，侧重国际语言和国际文化职业沟通能力培养，新增培养跨文化交流与合作技能的基础课，引进双语专业核心技能课程，开设更为多元的国际交流合作拓展课，以满足国内纺织技术人才"走出去"需求。

（2）依托校内语言中心和校企联盟多平台，构建语言和专业深度融合的专业教学资源。依托校内语言教学中心和语言文化中心两大平台，联合省内外知名高校，优化中华文化与"中文+职业技能"课

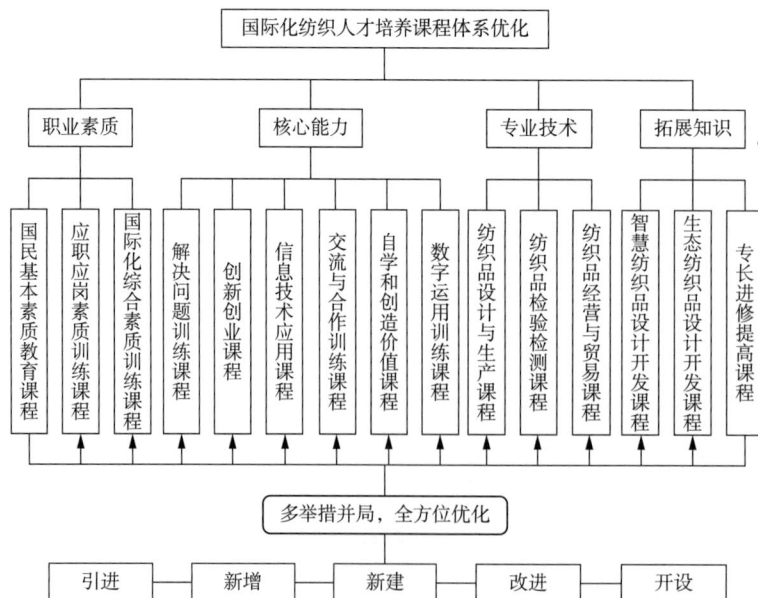

图4　国际化纺织人才培养课程体系优化

程教学资源，针对国外留学生，选取中国传统文化、民俗文化、纺织文化等典型图片，搭配中英文双语关键词句，图文并茂增加学生的体验感；针对国内学生，优化国际文化与"英文+职业技能"课程教学资源，以世界纺织发展史为主线，通过故事串联的方式，使课程通俗易懂，更具融入感。

依托校企联盟多平台，强化专业课程立体化和数字化教学资源的开发，整合现有资源，建设包含课程教学、行业资源、国际交流等动态更新的资源库，充分借鉴和利用世界知名大学纺织学科慕课（MOCC）、微课等网站学习资源，开发满足国内国外学生使用的系列模块化互动教材与活页式教材，建成一个面向国内外学生开放、共享、智能、动态的优质教学资源库，推行"线上+线下"混合式教学模式，营造学生友好型教学网络空间，实现优质课程资源最广泛的共享。

2.3 依托校内各级各类教科研平台，搭建高度集成创新平台

（1）依托校留学生重点培训基地，建成语言文化交流平台。依托校留学生重点培训基地，打造特色鲜明的国内外语言学习与交流中心，新建语言学习实训室和语言交流模拟实训室，对接现代纺织技术专业国际职业教育标准，重点培养国内外学生跨语言和跨文化职业沟通能力；对接合作企业技术人才"本土化"培养需求，提高国外留学生的中华文化浸润和中国语言的渗透力（图5）。

（2）依托国家示范性纺织职教集团，建成专业技能育人平台。依托国家示范性纺织职教集团（联盟）、"校中厂"和"厂中校"，构建校企联训的实训机制，新建智慧纺织研发中心等校内外实训基地平台。联合"一带一路"国际型纺织企业，开展国际化共享型课程资源、项目课程开发等多种形式实践教学活动；联合天虹纺织集团（越南）开展跨国学徒制培养，教学过程与就业岗位、职业资格标准与教学内容"无缝对接"，实现学生从学员到职员的"无缝过渡"（图6）。

（3）依托江苏省外国专家工作室，建成产业技术研发平台。依托省生态纺织工程技术研发中心和生态染化料工程技术研发中心，打造纺织品数字化设计研发中心、纺织国际商务中心等国际化研发平台。校企合作开展项目申报、课题研究、科技攻关、成果转化等，解决技术难题；与美国天虹纺织集团共建共享国际化标准检测实验室，与国际著名本科院校共建生态纺织检测实训室，与美国北达科他州立大学、越南河内纺织工业大学等国外纺织院校创建智慧纺织品和生态纺织品研究和开发工作室等，引领纺织企

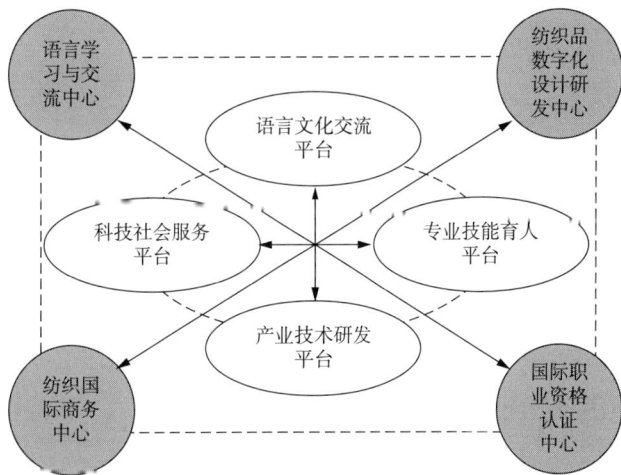

图5 语言与纺织产业技术创新联合体

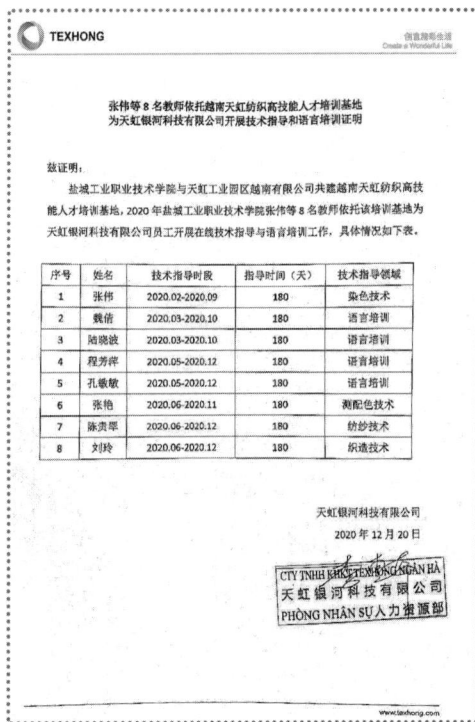

图6 教师给天虹纺织集团（越南）员工开展技术指导和培训证明

业转型升级与区域转移。

（4）依托国家特有工种技能鉴定站，建成科技社会服务平台。以国家纺织行业特有工种技能鉴定站为依托，融入国际职业资格标准，打造国际化社会培训平台，新建国际职业资格认证中心，积极开展国内或"走出去"企业员工的培训和技能鉴定工作；联合天虹集团（越南）建设海外纺织学院，并组建"新型面料智能生产与分析""纺织品数字化设计""纺织服装国际电商"等鲁班工坊，联合开展功能纺织服装产品、智能纺织生产加工、互联网营销等技术研究平台，形成国际技术转移。

2.4 对照双师标准建设国际化师资团队，打造国际化内涵水准的师资

（1）大力推进引智工作，全力赋能"团队＋"协同关系。吸引美国北达科他州立大学教授、博士生导师 Jiang Long、新加坡南洋理工大学客座教授、苏州大学博士生导师张克勤等具有国际影响力的专家学者组建"智慧纺织""生态纺织""时尚纺织"团队，成立"外国专家工作室"，通过组织教师参加世界纺织服装教育大会、国际纺织服装职业教育联盟大会、国际先进纺织科学技术学术交流与项目合作等活动，全方位指导团队教师开展国际化教科研工作，建立紧密型团队协作关系。

（2）鼓励教师境外研修，积极营造"国际＋"人本环境。一是多方联动创设平台，鼓励境外学历提升与专业研修。与乌克兰基辅国立大学签订联合培养博士协议，2018年9月朱挺和何远方老师作为第一批次培养对象入学。依托国家和省级各类人才项目，积极鼓励青年教师赴世界一流大学、研究机构进行学历提升教育和高层次学术研修。

二是集中资源重点投入，有序开展境外研修与文化交流。集中资源，重点投入，有步骤、分层次地组织专业教师赴国外进行短期学习和培训，拓宽国际化视野，为学科建设营造国际化氛围，促进教师快速成长。

（3）实施"国际化科研能力提升项目"，提高团队教师国际化科研能力。制定和实施"国际化科研能力提升项目"，与中国香港理工大学、越南河内纺织工业大学等国内外纺织类高校开展广泛交流和合作。开设大师论坛，邀请国内外大师和跨国公司高管来校"传经送宝"，实现团队内教师整体国际化科研水平的提高；设立名师工作室，组织国际学术沙龙，发挥名师的引领、示范、带头作用，辅导教师团队开展科研工作。

（4）实施"国际化教学能力发展项目"，提高团队教师国际化教学能力。制定和实施"国际化教学能力发展项目"，大力培养以省"333工程""青蓝工程""六大人才高峰"等国家和地方人才工程入选者为骨干的中青年国际化教学队伍，有计划地派遣教师到美国、新加坡、越南等国培训、进修、访问、考察及参加各类国际化教学交流活动，定期举办专业国际教学沙龙，提升团队教师英语口语交际、双语教学及专业教学的实践能力。

2.5 构建专业质量保障体系，对标专业国际化认证

引入现代目标管理与过程控制理论，参照国际工程教育认证标准，创新专业管理体制和运行机制，校企共建教学质量监控与评价标准体系，构建由企业专家、督导、学生和认证机构四主体构成的多元、多层次监控和评价机制，建立校、院、系、教研室四级督导体制；建立教学信息员、优秀学生代表和学生主体等在内的多层次学生样本监督评价机制；采纳纺织行业企业实践专家的建议，邀请校内督导及优秀学生代表共同制定和完善课程教学质量评价标准体系。运用 PDCA（Plan, Do, Check, Act）循环理论，构建教学质量持续改进的动态良性循环系统（图7），形成更加合理有效的监控与评价反馈机制，正确激励和引导教学活动，实现教学质量循环上升。

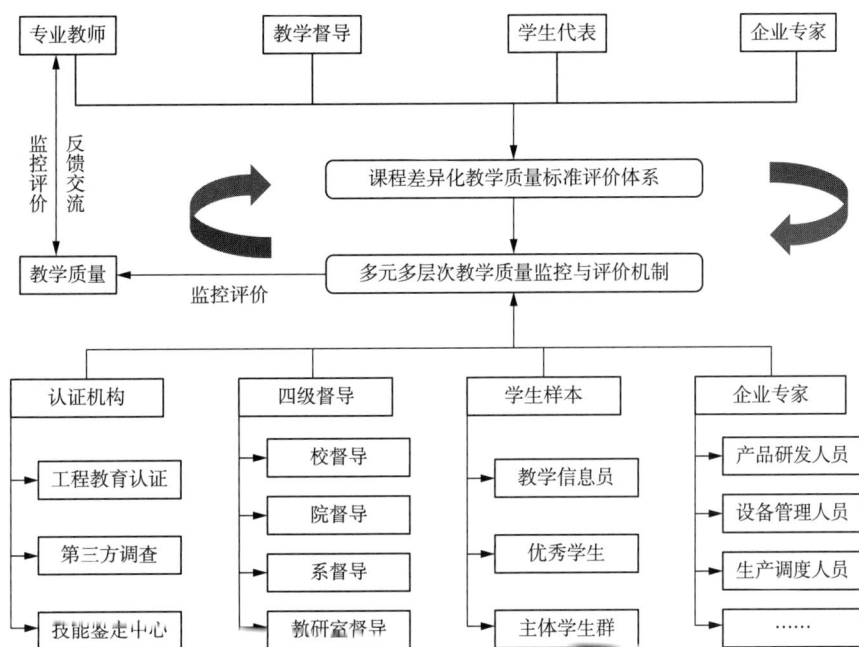

图 7　多元多层次教学质量监控和评价体系

3　成果的创新点

3.1　对接"走出去"海外纺织企业，开展跨国现代学徒制培养

与国内"走出去"海外知名企业天虹纺织集团（越南）合作为引领推进校企合作、工学结合的人才培养模式，以推进校企合作办学、合作育人、合作就业、合作发展，即与国内"走出去"海外知名企业天虹纺织集团（越南）签署订单式培养，天虹纺织集团（越南）招收的员工（学生）直接到我校进行高技术、高技能的培养，培养合格后在天虹纺织集团（越南）进入毕业实习与正式工作。

与国内"走出去"海外知名企业天虹纺织集团（越南）共同制订专业人才培养方案，引入海外企业技术标准，共同开发纺织服装专业留学生教材；与国内"走出去"海外知名企业天虹纺织集团（越南）共同指导纺织专业留学生实习实训，实现人才共育、过程共管、成果共享、责任共担的紧密型校企（海外）合作机制。

3.2　贯彻"和美"理念，高质量文化教育护航国际化人才培养

大力倡导"以文化人、和适管理、文质兼美"的"和美"教育理念，将中华传统文化、地域特色文化等融入汉语言教学，有计划地在文化教育的濡染过程中传递中国社会主流价值观，让每一次教学活动都在来华留学生心中烙上中国文化的印记，增进其跨文化适应能力。学校广泛开展各类留学生文化体验活动（图8），彰显"以美育人，以文化人"的价值取向，使来华留学生进一步了解中国，开拓视野、扩展文化知识、增加学习动力，真正成为未来搭建中外友谊桥梁的使者，推动中国文化走向世界。学校以"倡导'和美'文化理念 助推留学生教育治理创新"为题在《扬子晚报》上进行宣传报道（图9）。

4　成果的推广应用情况

（1）我校积极开展高职教育（纺织服装类）"走出去"国际化特色办学，与天虹纺织集团在校企产

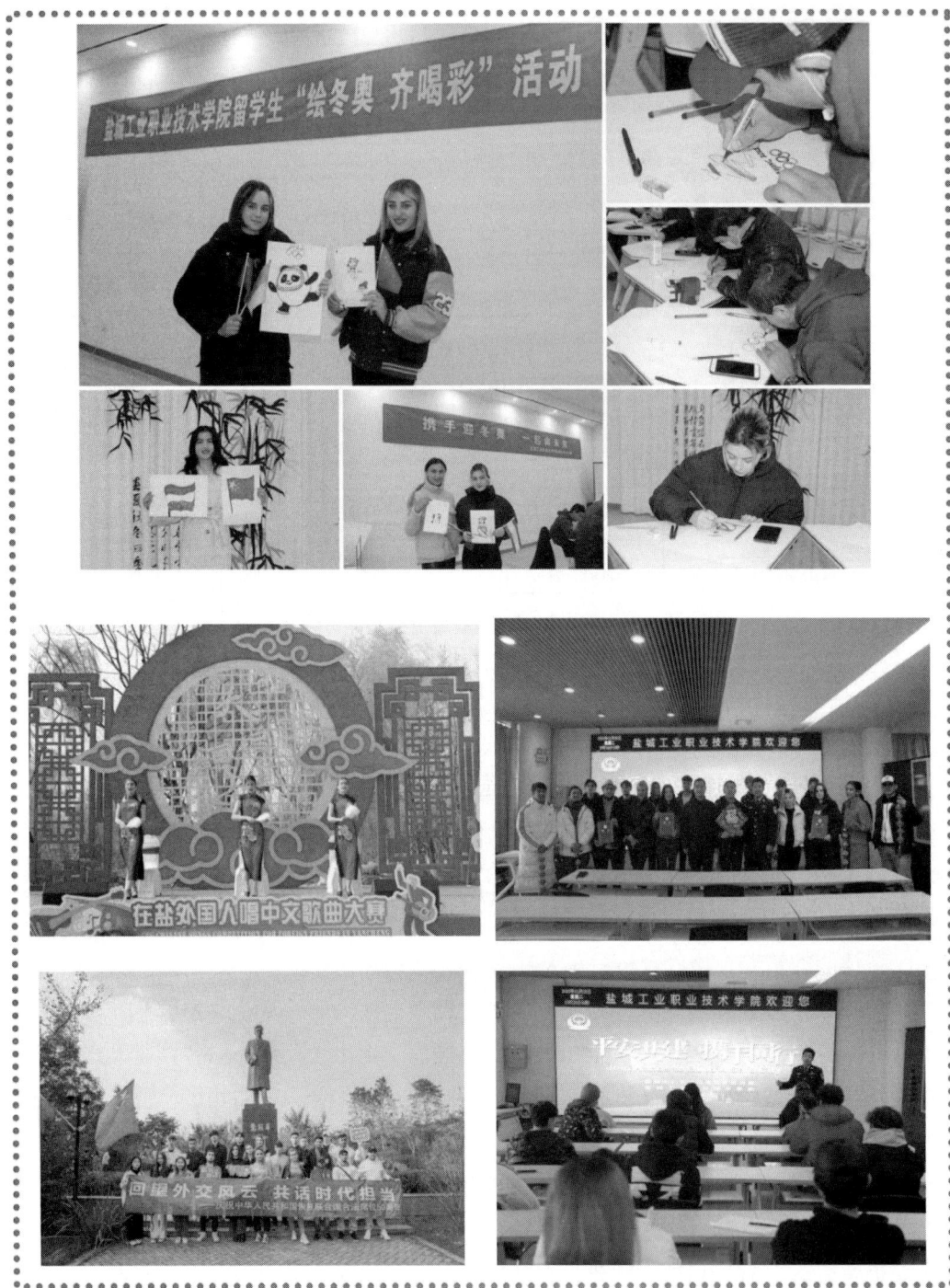

图 8　留学生文化体验活动

教深度融合（人才培养、实训基地建设等）方面合作推进，针对"走出去"纺织服装企业高技术技能型人才供不应求的现状，我校纺织服装学院可以充分发挥自身国际教育资源优势，以服务中国纺织服装类企业"走出去"为使命担当，与天虹纺织集团为典型共同制定招生标准、培养标准、人才培养方案等，共同实施教学、人员互派、设备共享，创新"招生即招工、双主体育人、毕业即就业"的跨国留学生现代学徒制运行机制，在校企（天虹纺织集团）共同培育国际高技能人才领域主动探索、寻求突破，为企业与职业教育共同"走出去"提供可借鉴的实践样本，这也是我校落实国务院《关于深化

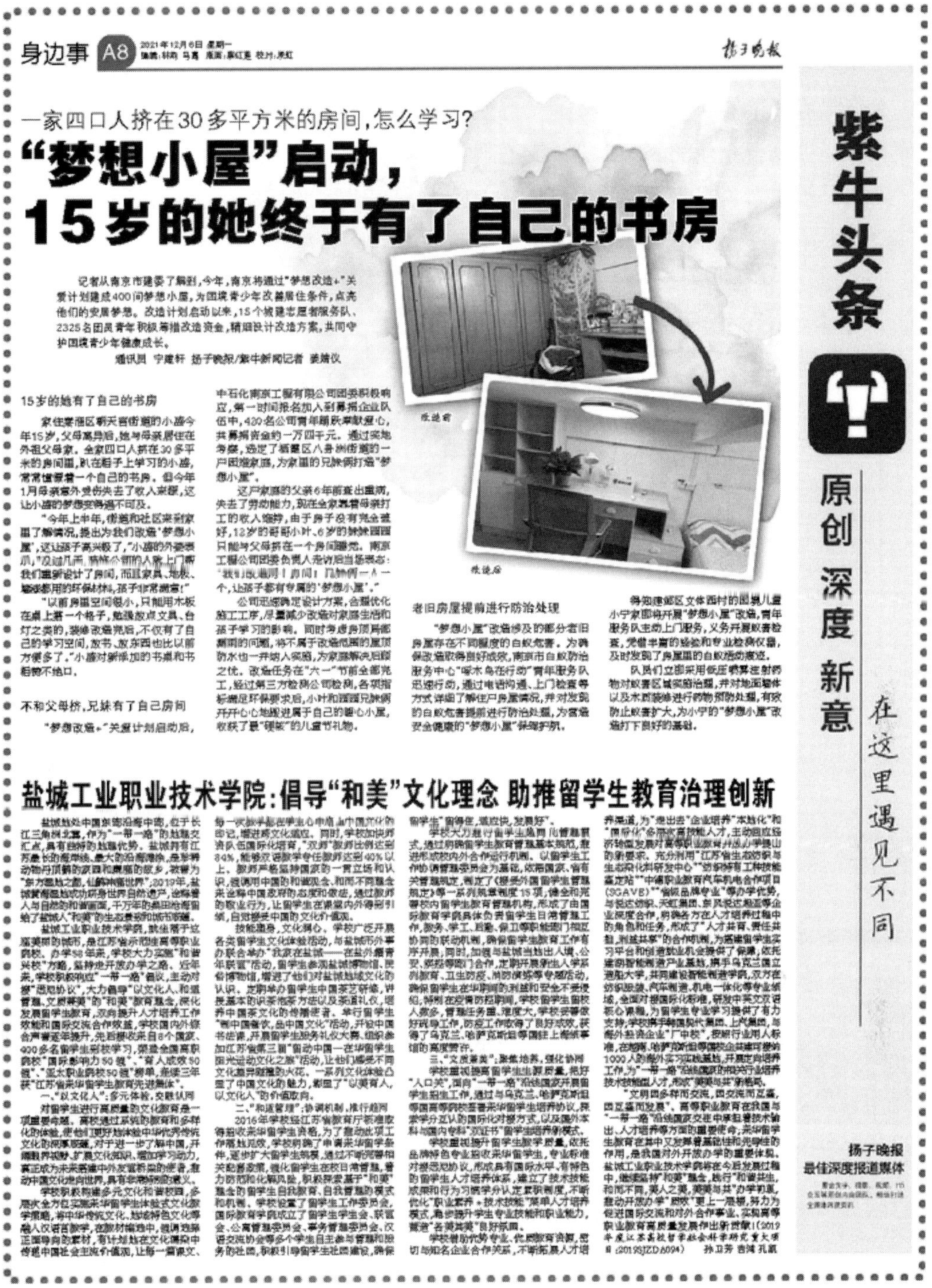

身边事 A8　2021年12月6日 星期一

紫牛头条

原创 深度 新意

在这里遇见不同

一家四口人挤在30多平方米的房间，怎么学习？

"梦想小屋"启动，15岁的她终于有了自己的书房

图9　《扬子晚报》宣传报道学校"和美"文化理念

产教融合的若干意见》精神，实现资源共享、互利共赢的重要举措，高职教育（纺织服装类）"走出去"国际化特色办学的相关做法成功入选教育部2021年产教融合校企合作典型案例（图10）。

（2）纺织服装类高职教育坚持专业办学国际化。我校与天虹纺织集团（越南）成功合作的特色办学，是学校扩大国际交流合作规模、提升服务企业能力的新举措；是学校对接国际标准提升办学水平、支持国内"走出去"企业快速发展、扩大学校国际知名度的新起点；也是国内传统产业与传统专

业转型发展、践行“一带一路”倡议、传播中国文化的新范式。副校长孙卫芳多次在全国校长教学会议上做我校纺织服装类高职教育的特色化办学的报告，深受同类院校的高度赞扬；学校与天虹纺织集团（越南）合作培养的第一届学生即将毕业，深受“走出去”纺织企业的高度认可，认为学生的中华素养和专业技能高度吻合企业的真实需求；越南留学生在江苏省教育厅举办的各类留学生文化活动中屡获奖项。助力学校获高等职业院校国际影响力50强、江苏省来华留学生教育先进集体，江苏高职院校“一带一路”人才培养合作联盟等多项荣誉（图11）。

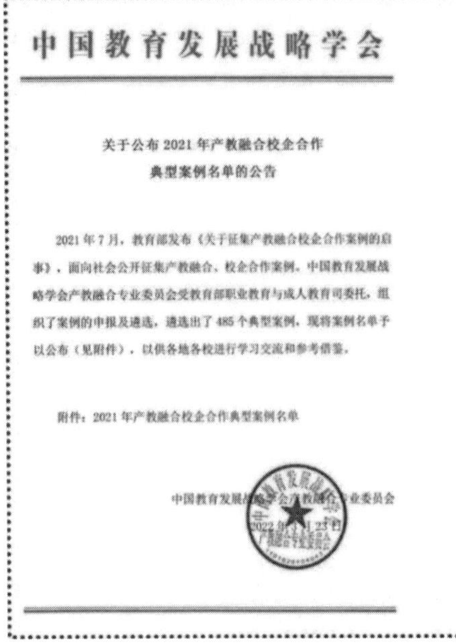

中国教育发展战略学会

关于公布2021年产教融合校企合作典型案例名单的公告

2021年7月，教育部发布《关于征集产教融合校企合作案例的启事》，面向社会公开征集产教融合、校企合作案例。中国教育发展战略学会产教融合专业委员会受教育部职业教育与成人教育司委托，组织了案例的申报及遴选，遴选出了485个典型案例，现将案例名单予以公布（见附件），以供各地各校进行学习交流和参考借鉴。

附件：2021年产教融合校企合作典型案例名单

中国教育发展战略学会产教融合专业委员会

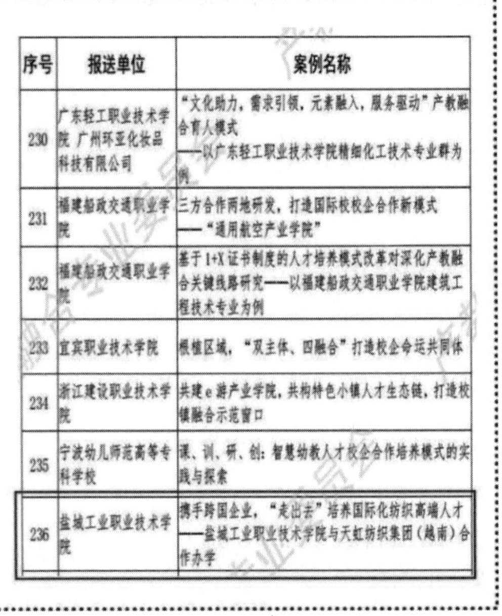

序号	报送单位	案例名称
230	广东轻工职业技术学院 广州环亚化妆品科技有限公司	“文化助力，需求引领，元素融入，服务驱动”产教融合育人模式——以广东轻工职业技术学院精细化工技术专业群为例
231	福建船政交通职业学院	三方合作两地研发，打造国际校校企合作新模式——“通用航空产业学院”
232	福建船政交通职业学院	基于1+X证书制度的人才培养模式改革对深化产教融合关键线路研究——以福建船政交通职业学院建筑工程技术专业为例
233	宜宾职业技术学院	根植区域，“双主体、四融合”打造校企命运共同体
234	浙江建设职业技术学院	共建e游产业学院，共构特色小镇人才生态链，打造校镇融合示范窗口
235	宁波幼儿师范高等专科学校	课、训、研、创：智慧幼教人才校企合作培养模式的实践与探索
236	盐城工业职业技术学院	携手跨国企业，“走出去”培养国际化纺织高端人才——盐城工业职业技术学院与天虹纺织集团（越南）合作办学

图10 教育部2021年产教融合校企合作典型案例

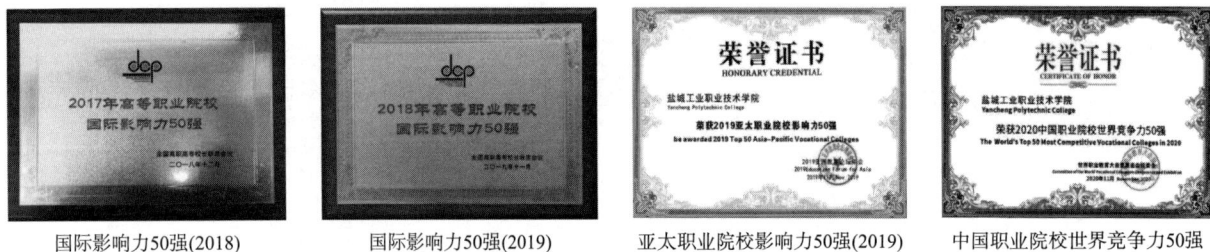

国际影响力50强(2018)

国际影响力50强(2019)

亚太职业院校影响力50强(2019)

中国职业院校世界竞争力50强

图11 学校国际化办学所获奖项

基于"双导师制"工作室集群的时尚设计类人才培养的创新与实践

无锡工艺职业技术学院

完成人及简况

姓名	性别	所在单位	党政职务	专业技术职称
吴萍	女	无锡工艺职业技术学院	无	副教授
江慧芝	女	无锡工艺职业技术学院	无	讲师
诈宵岜	男	无锡工艺职业技术学院	时尚艺术与设计学院副院长	副教授
陈珊	女	无锡工艺职业技术学院	教务处处长	教授
徐玉梅	女	无锡工艺职业技术学院	无	副教授
吴元新	男	无锡工艺职业技术学院、南通蓝印花布博物馆	南通蓝印花布博物馆馆长	研究员级高级工艺美术师、中国工艺美术大师

1　成果简介及主要解决的教学问题

1.1　成果简介

针对当前高职服装专业学生时尚设计能力薄弱、教师团队师资结构单一、创新实践教学引领不足等问题，我院服装专业以岗位胜任能力为导向，以具有"工匠精神"的高技能时尚设计类人才培养为目标，以国家职业教育改革发展对高职教师团队建设提出新的要求为契机，依托江苏省高等职业教育高水平专业建设项目和省教改课题"供给侧改革下高职艺术类专业产教融合模式实证研究"，学校、企业、行业协同搭建文化传承、技能培育、创新创业三类共18个工作室，在"产教融合，校企协同育人"理念下，构建"专业名师＋技能大师""骨干教师＋企业专家"领衔的"双导师制"工作室集群，实施"双师引领，项目驱动"工作室集群育人模式，打造"专兼结合，共生互融"的教学团队，实施教师分类提升的"双一工程"，构建课程、讲堂、专业训练、技能竞赛、成果孵化"五位一体"的课岗对接、技艺融合的工作室集群课程体系。通过"递进式"创新创业平台，致力于具有文化素养及"工匠精神"的高技能时尚设计类人才协同培养。

经过5年实践，师资团队获教学能力大赛全国二等奖1项，省级一等奖、二等奖各1项；出版教材4部，省在线开放课程1门，校级重点资源库1项；入选省"333工程""青蓝工程"4人，省部级教学名师1人，省优秀设计师2人，无锡市优秀名师工作室1个，获批产业教授2人，主持省教科研课题16项，指导学生获国家级奖5项，省级奖50余项，省大学生创新创业项目21项。近3年来，为企业培训3000余人次，横向课题36项，发表与本成果相关论文60余篇，获省部级教学成果一等奖5项，校教学成果特等奖1项。

1.2 主要解决的教学问题

（1）解决学生时尚设计能力不足、培养校企融合平台支撑不足的问题。

（2）解决师资结构单一，创新实践教学引领不足的问题。

（3）解决创新、创意、创业教育融入课程教学体系不足的问题。

2 成果解决教学问题的方法

2.1 搭建"双导师制"工作室集群，解决学生时尚设计能力培养平台支撑不足的问题

依托360° 数码印花工程中心等支撑平台，学校、企业（海澜集团、九牧王集团）、行业（中民协：蓝印花布吴元新）协同搭建文化传承、技能培育、创新创业三类共18个工作室，形成产学研创一体的"双导师制"工作室集群，实施"双师引领，项目驱动"育人模式。梁惠娥和吴元新引领"传承创新工作室"，以现代学徒制项目为驱动，对接行业提升文化素养、培养工匠精神和传承创新能力；陈珊和杨晶莹引领"技能培育工作室"，以卓越技师为项目驱动，对接职业标准、生产过程，开设专业课程、技能竞赛，开发教材，培养职业技能；许家岩和蒙辉引领"热风营销中心"，以省市创新创业项目为驱动，对接市场培养创意创业能力（图1）。

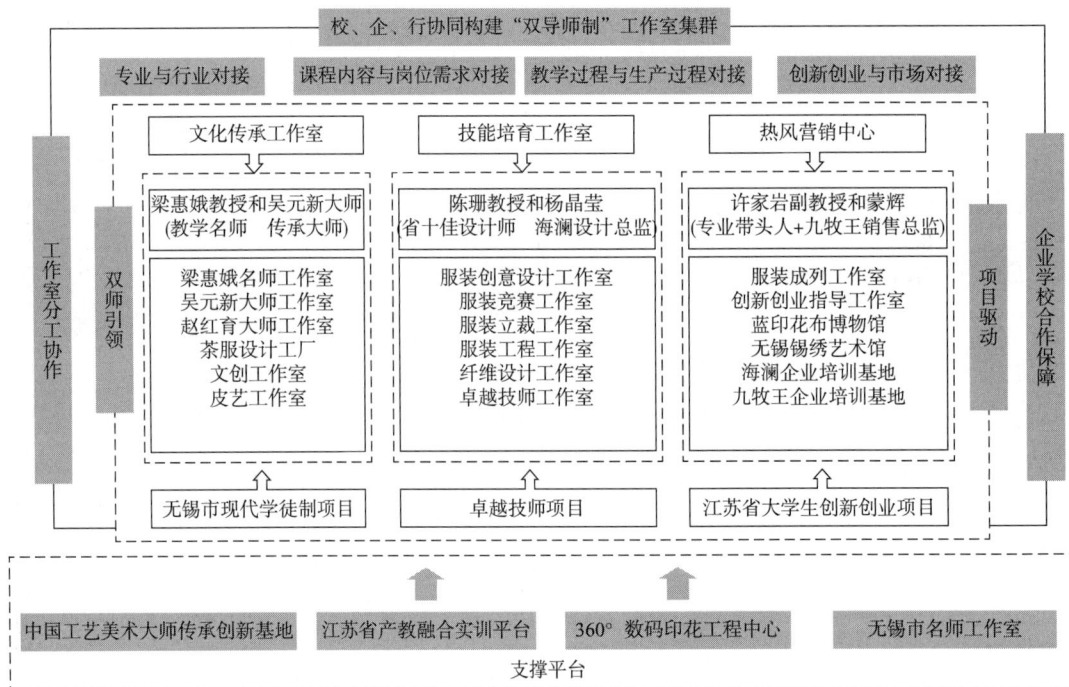

图1 "双导师制"工作室集群

2.2 构建"专兼结合，共生互融"教学团队，解决创新实践教学引领不足的问题

依托"双导师"制工作室集群，制定校企互聘机制。通过"大师进课堂+教师进企业"，构建了"专业教授+技能大师+企业专家"领衔的专兼结合、共生互融的高水平教学团队。以卓越技师、"青蓝工程"、名师工程为载体，开展教师分类提升的"双一工程"，解决教学团队创新实践教学引领不足的问题。青年教师工作室内拜师学艺，深入企业流动站挂职锻炼，提高专业技能；骨干教师合作授课、共同开发优质教学资源，建设工作室项目化课程，提高课程开发能力；专业带头人联合企业技术攻关，交流成果，提高社会服务能力，打造"双师型"师资队伍（图2）。

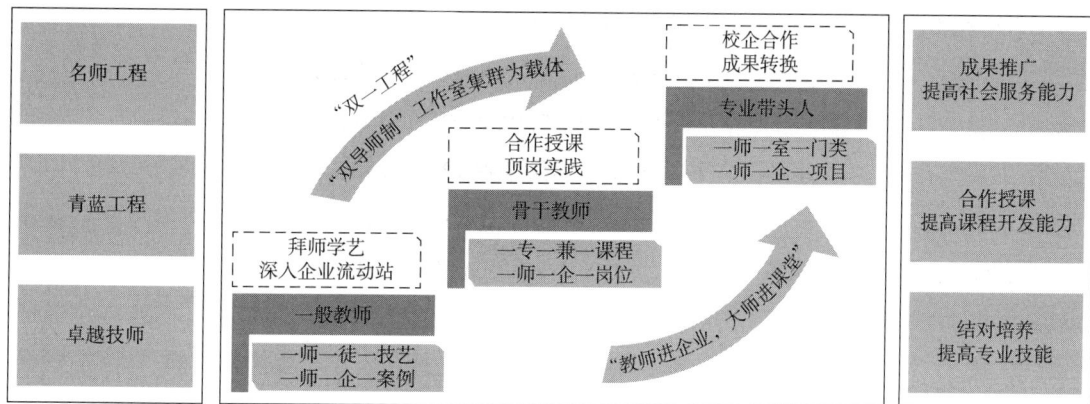

图2 教师分类提升的"双一工程"

2.3 构建"双导师制"工作室集群课程体系，解决创新、创意、创业融入课程不足问题

以"双导师制"工作室集群为载体，构建通识课程、文化讲堂、专业训练、技能竞赛、成果孵化"五位一体"的课程体系，实现"课岗对接，技艺融合"。通过通识课程、创新创业讲堂进行文化融入、素养提升和案例学习，组建社团、兴趣小组培养创新、创意、创业兴趣。对服装设计、工艺等课程开展专业训练、嵌入技能竞赛，引入企业真实项目，促进学生作品向产品转换；借助创梦广场、省创新创业项目进行"三创"体验模拟，培养创业能力。毕业设计、顶岗实习等课程为成果孵化阶段，使产品向商品转换，依托创业园、创业集市对接市场，开展创新、创意、创业实战（图3）。

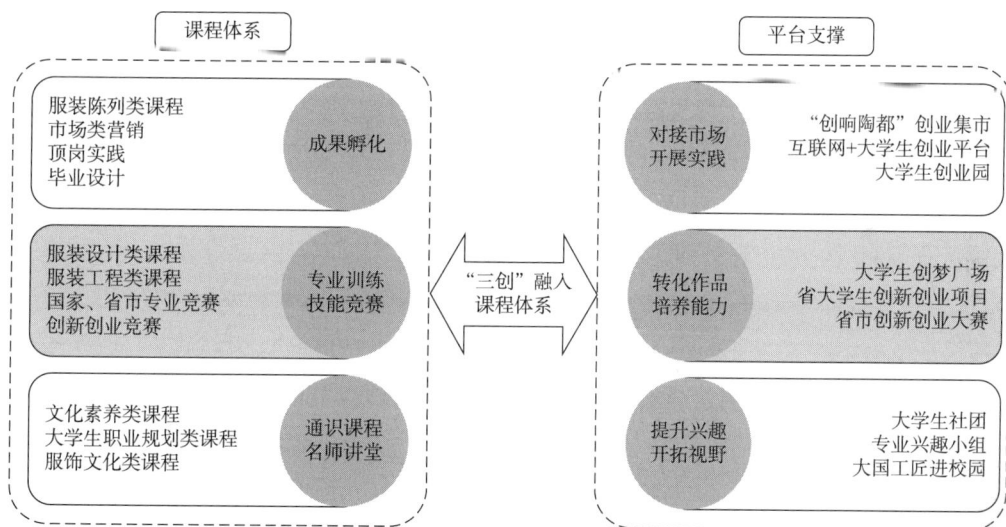

图3 "双导师制"工作室集群课程体系

3 成果的创新点

3.1 创新人才培养模式

以"产教融合，校企协同育人"为理念，搭建"双导师制"工作室集群，形成高职—行业协会—企业联动机制，实施"双师引领、项目驱动"工作室集群育人模式，打破了以往专业教学单一模式，促进专业学习、课程、教学、创新创业与行业、企业的"四对接"，推动具有文化素养、工匠精神的高技能时尚设计类人才的培养。

3.2 创新教学团队建设模式

提出"专兼结合，共生互融"教学团队建设理念。校企行协同组建由教学名师、非遗大师、产业导师领衔的专兼结合"双师"结构教学团队，专业教师与企业间双向互聘，促进教师向"双师型"转变。校企行"共生互融"，共建团队、共编教材、共育人才、成果共享，推动院校与企业、行业形成命运共同体。

3.3 创新人才培养课程体系

针对学生创新、创意、创业能力不足的问题，校企行协同重构了融入"三创"教育的"五位一体"课程体系，实现了"课岗对接，技艺融合"。搭建了以时尚设计类人才培养为目标的"递进式"创新创业平台，推动学生创新创业能力"认知—模拟—体验—实战"的递进式提升。

4 成果的推广应用情况

4.1 专业建设成效显著

经过教学团队的协同努力，专业建设成效显著。学院获评"江苏省艺术实训基地"，服装与服饰设计专业获江苏省内高水平骨干专业、无锡现代学徒制试点专业，立项无锡市课程思政示范项目1项、无锡市优秀名师工作室1项。建设省在线开放课程1门，校级服装专业重点资源库1项。"'艺技贯通、跨界合作、学创融合'民族文化传承下服装文创型人才协同培养"等相关成果获省部级教学成果奖一等奖3项、三等奖3项，获2021年江苏省教育厅教学成果奖一等奖1项。

4.2 师资团队教科研能力进一步提高

在"双师引领，项目驱动"下，师资团队建设取得明显成效，教科研能力进一步提高。近5年来，1人获"江苏省十佳服装设计师"称号、2人被评为"纺织教育先进工作者"，3人被评为江苏省"青蓝工程"中青年学术带头人，1人被评为江苏省"333工程"第三层次培养对象。产业教授2人，其中产业教授吴元新聘期考核优秀1项。教师荣获信息化教学大赛国家二等奖1项，省一等奖1项、省二等奖1项；获技能竞赛国家级优秀指导教师奖1项，省服装设计与工艺赛项优秀指导教师、省纺织服装院校服装设计大赛优秀指导教师等奖项20余项，主持"传统无锡'锡绣'艺术在360°数码印花服饰中的应用研究""非遗传承发展视域下南通沈绣'一庄'品牌建设探析""'互联网＋'视域下传统纺织创意产业路径研究——以印染技艺为例"等省级教科研课题16项。发表与本成果相关论文60余篇，出版教材4本。

实施教师分类提升的"双一工程"，青年教师与中国工艺美术大师在工作室内结对拜师学艺，成果突出。与产业教授吴元新联合设计开发的作品在首届中国民间工艺传承创新观摩大会中被评为"重点推介作品"（图4）；融传统印染、刺绣等非遗元素的产品获"广交会"同步交易展作品大赛荣获一等奖、二等奖、三等奖等诸多奖项（图5）。

图4 蓝印花布吴元新大师带徒授课

图 5 锡绣赵红育、扎染朱辛伟大师带徒授课

4.3 人才培养质量明显提升

基于"双导师制"工作室集群，双师引领、校企行协同培养，促进学生文化传承、专业技能和创新创业能力显著提高。学生参加服装与服饰设计方面技能大赛获国家一等奖1项、二等奖4项，获省、市级奖项50余项。融合刺绣、蓝印花布等非遗元素的服装设计作品获江苏省"工院杯"一等奖、三等奖、优秀工艺奖、优秀搭配奖等奖项，获第四届"James Fabric"全国服装创意大赛2021江苏省服装院校学生设计大赛银奖、铜奖等奖项。文化传承工作室指导的毕业设计获江苏省优秀毕业设计团队奖1项、江苏省优秀毕业设计二等奖1项、三等奖1项。

学生创新创业能力有效提升，建设"江浙蓝印花布纹样在360°数码印花服饰中的创新设计与应用"等省级大学生创新创业项目20余项，组建大学生创梦广场项目20余项，"天裁定制服装工作室"获10万元创业基金，依托工作室广泛开展社会实践活动，印染社会实践活动团队获无锡市优秀社会实践团队（图6、图7）。

图 6 学生参加无锡市创业大赛、创业集市

图 7 学生获"天裁定制服装工作室"10 万元创业基金

4.4 社会影响力

基于工作室集群培养的毕业生就业率高，企业工作满意度稳步提升。近 5 年来，教学团队开展境外交流 7 次。专业改革成果通过中国纺织服装大会、高职服装职业教育会议等平台多次交流，在兄弟院校中得到推广，起到了良好的示范、引领与辐射作用。成果所在时尚学院被评为"全国纺织服装教育先进集体"，部分作品被推荐为"广交会"案例库推广项目，《中国教育报》《中国青年报》等媒体以《立足特色，打造技艺传承示范高地》《传承非遗文化，赋能特色育人》《"产业教授"反哺母校》等为专题进行了多次报道，学生融入非遗元素的橱窗作品被新华视点等媒体报道（图 8）。

图 8 媒体对学生作品及"产业教授"反哺母校开展教学的报道

"校企双元、四段递进、五维育人"的高职服装类人才培养模式改革与实践

山东科技职业学院

完成人及简况

姓名	性别	所在单位	党政职务	专业技术职称
管伟丽	女	山东科技职业学院	无	副教授
徐晓雁	女	山东科技职业学院	纺织服装系主任、纺织服装系党总支副书记	教授
陈国强	男	山东科技职业学院	无	副教授
李公科	男	山东科技职业学院	纺织服装系副主任、教师党支部书记	副教授
吴玉娥	女	山东科技职业学院	服装设计与工艺专业主任	副教授
杜立新	男	鲁泰纺织股份有限公司	鲁泰工程技术研究院支部书记	高级工程师
刘蕾	男	山东科技职业学院	服装与服饰设计专业主任	副教授
苑敏	男	山东科技职业学院	纺织服装系教师党支部统战委员	副教授

1 成果简介及主要解决的教学问题

1.1 成果简介

信息技术与纺织服装行业的融合发展，促使纺织服装行业向智能化、绿色化、服务化转型，培养具有创新精神和实践能力的复合型技术技能型人才是当前服装职业教育的迫切需要。本成果是在省级教改项目"以培养工匠型人才为目标的高职教育'职场化＋信息化'教学改革与实践"的基础上，为进一步解决"服装专业学生创新能力不足，技能水平、职业素养不能满足企业需要，教学环境不能满足职场化教学需要，导致服装人才培养与行业企业需求存在差距"等问题，依托高水平专业群建设项目及服装设计国家资源库项目，立足于现代服装复合型技术技能人才培养的要求，对人才培养体系进行立体式构建，培养过程进行阶梯式设计，培养内容进行多维度挖掘，逐步形成了"校企双元、四段递进、五维育人"的人才培养模式。

1.2 主要解决的教学问题

"校企双元、四段递进、五维育人"人才培养模式经过两年探索实践，主要解决了以下三个问题。

（1）解决了校企融合深度不够，人才培养与企业需求存在差距的问题。通过构建校企命运共同体，共建专业、共建课程，实现素质教育对接职业素养、专业教学对接产业发展、课程体系对接行业技术、教学内容对接生产技术的"四对接"，深化产教融合，实现人才培养与岗位需求无缝对接。

（2）解决了人才培养个性化不足，创新能力不强的问题。基于对职场化环境的打造，"线上、线下、职场化"教学模式及"产学一体、训赛结合、育训融通"实践教学模式的有效实施，切实提升了学生的实践动手及创新创业能力。

（3）解决了人才培养方法单一，培育体系综合性不足的问题。高职院校重传输知识与实践技能培

养，但对培养学生的人文底蕴、家国情怀、职业发展、创新精神等关注不够。通过优化"五维一体"人才培养体系，提升了学生的家国情怀、工匠精神、社会责任、发展潜能等综合素养。

2　成果解决教学问题的方法

2.1　构建校企双元"命运共同体"

（1）组建省现代纺织服装专业联盟，搭建产教融合育人平台，与中国纺织服装教育学会共同牵头，成立政行企校多方联动的现代纺织服装专业联盟，搭建产教融合育人平台，深化校企产教融合。

（2）建设鲁泰产业学院，健全一体化育人长效机制；健全校企联合招生、联合培养、一体化育人长效机制，探索提高人才培养水平的途径。

（3）开展"1+X"证书试点，推动专业教学标准和职业技能等级标准有效对接，推进专业教学与获证培训有机衔接。重构学生学习和培训流程，"育训结合"提高学生的学习效率和培训质量。

（4）优质资源共建共享，实现企业与专业"四对接"素质教育对接职业素养，专业教学对接产业发展、课程体系对接行业技术、教学内容对接生产技术的四对接。引入行业标准，任务、产品、企业新技术进课堂、进教材。

2.2　构建"四段递进、四位一体"的课程体系

分解提炼形成"基础能力、核心能力、综合能力、岗位能力"四个职业能力模块，按照工学交替，四段递进组织教学，校企双元育人贯通全过程（图1）。

（1）四段递进课程教学体系：基于可持续发展和就业能力培养，遵循"平台共享、素质贯穿、能力递进、个性发展"的原则，将服装技能的培养分为基本能力、核心能力、综合能力、岗位能力四个阶段，构建"基本能力平台课程+核心能力模块课程+综合能力模块课程+岗位能力模块课程"四段式课程体系，充分赋予学生选择权，实施递进式、个性化的创新培养。

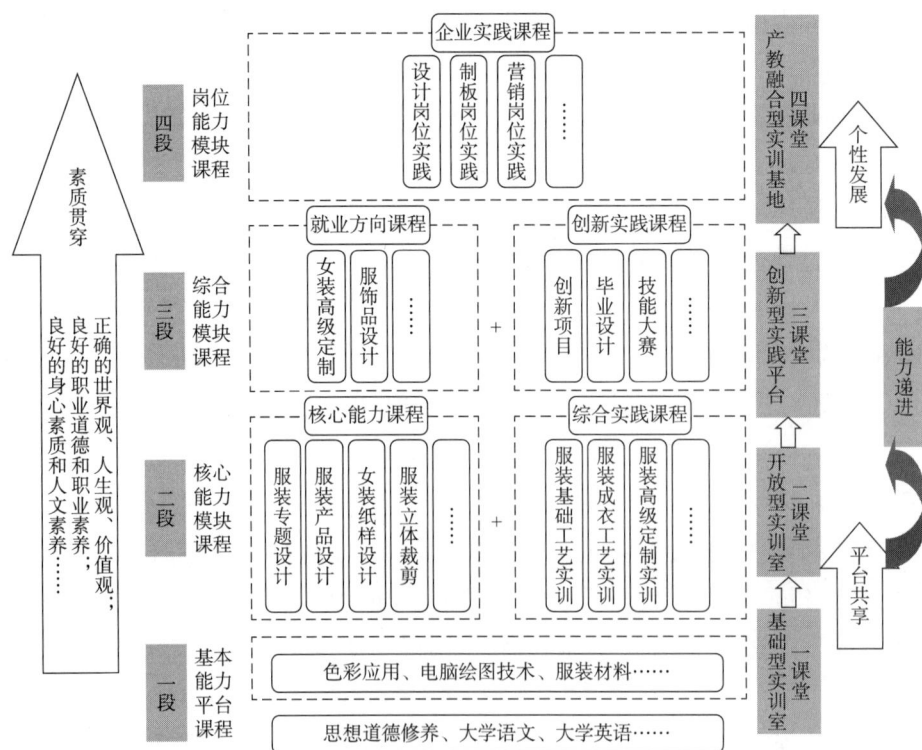

图1　"四段递进、四位一体"的课程体系

（2）四位一体职场实践体系：引企入校，与鲁泰纺织等企业构建集基础型实训室、开放型实训室、创新型实践平台和产教融合型实训基地的四位一体职场实践基地，覆盖"课内实训、综合实践、创新创业实践、岗位技能实践"4个层次的实践教学内容，全面提升学生的实践能力、创新能力和职场能力。

2.3 优化"五维一体"人才培养体系

服务人的全面发展和优质就业能力，坚持"社会主义核心价值观""校企协同育人"贯通人才培养全过程，围绕品德、知识、能力、素质、创新创业5个维度，优化知识传授、技能训练、创新实践、素质养成、价值积累的"五维一体"人才培养体系（图2）。

（1）知识传授，通过传授扎实的基础知识与专业知识，使学生具有良好的发展潜能。

（2）技能训练，通过单项训练、综合训练和顶岗实习，培养学生技艺高超的专业技能。

（3）创新实践，通过创新引导、专创融合和创业孵化，培养学生创新意识及创新创业能力。

（4）素质养成，通过培育和传承工匠精神、提升职业核心素养和人文素养、加强体育美育、强化劳动教育，提高学生综合素养。

（5）价值积累，通过全员、全过程、全方位的"三全育人"模式，坚定理想信念教育，培养学生树立正确的价值观、人生观和世界观。

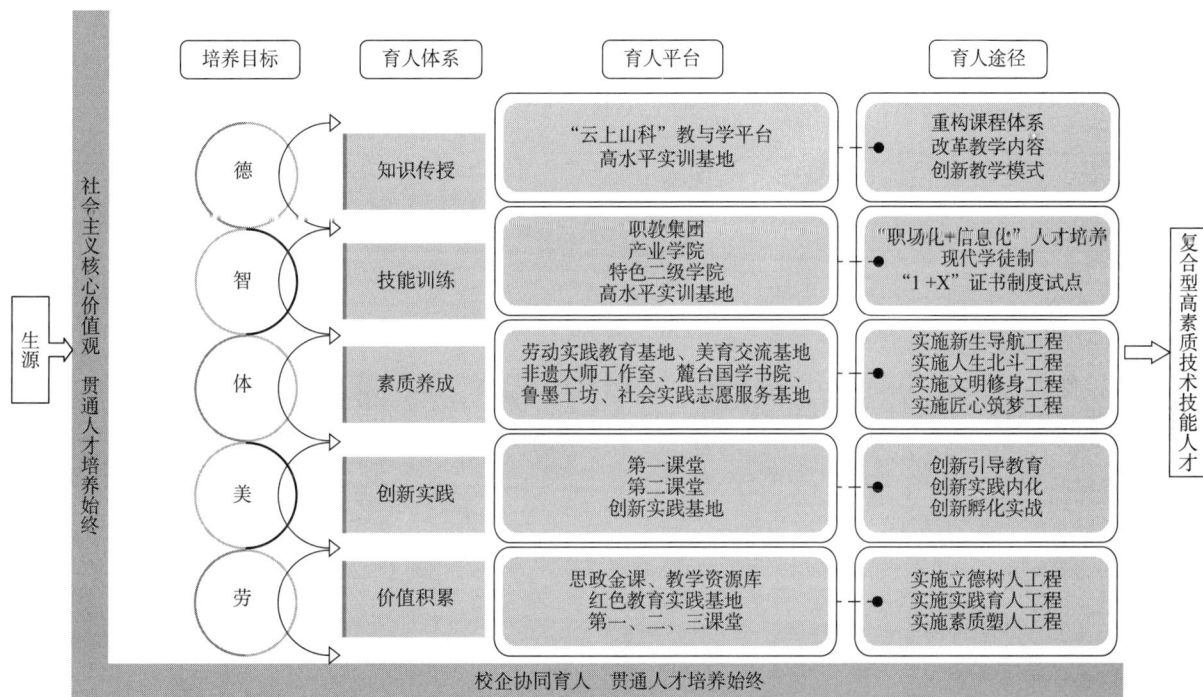

图2 "五维一体"人才培养体系

2.4 校企共建职场化实践环境，深化"线上、线下、职场化"教学模式

建设"四位一体"职场化实践基地，创新职场化实践环境。发挥校企协作优势，共同实施"线上、线下、职场化"教学，"线上"将数字化教学资源上传至平台，学生实施自主化、碎片化学习；"线下"使用校企合作开发的活页式教材，在职场化实践基地，以校企双师团队为引领，以学生为主体，开展分组讨论、项目实战、互动评价，使学生深度参与教学活动；"职场化"融入线上线下各教学环节，选取职场项目，营造企业真实工作情境，对接职场化要求与评价。全面提升学生的实践能力、创新能力和职场能力。

2.5 创新"产学一体、训赛结合、育训融通"的实践教学模式

基于"四位一体"的实践基地，强化实践教学环节和创新技能训练，充分尊重学生个性及学生自主选择发展方向，在教学工场、各类工作室参与创新项目，形成个性化的自主学习模式。推进教学与生产相结合、作品与产品相结合、实训与竞赛相结合、证书培育与实训内容相融合，形成"产学一体、训赛结合、育训融通"的实践教学模式（图3、图4）。

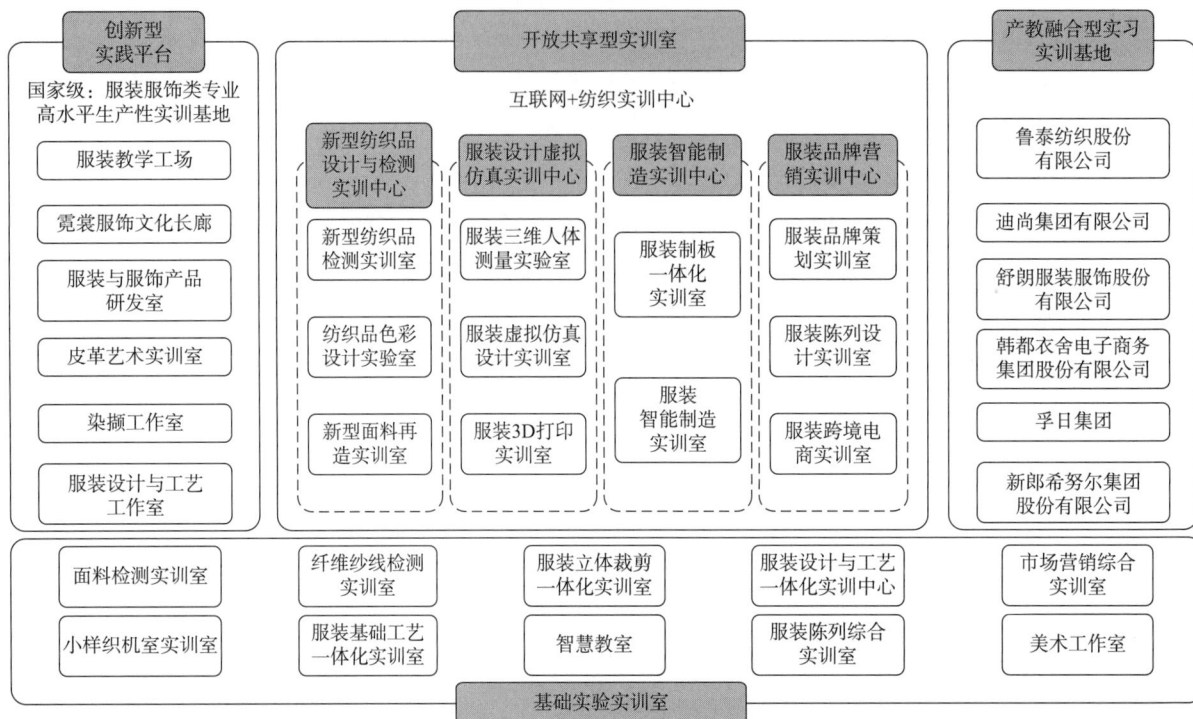

图 3 职场化的实践基地建设图

图 4 职场化的实践基地场景

3 成果的创新点

3.1 创新"校企双元、四段递进、五维育人"的人才培养模式

校企双元：校企深度合作，形成命运共同体，共同实施人才培养。共同制定专业发展规划、制订人才培养方案、建设双师团队、开发课程教材、实施双向考评。四段递进：按照"基础能力、核心能力、

综合能力、岗位能力"4个职业能力模块,采用工学交替模式,四段递进组织教学。五维育人:坚持"社会主义核心价值观""校企协同育人"贯穿人才培养全过程,围绕品德、知识、能力、素质、创新创业5个维度,优化知识传授、技能训练、创新实践、素质养成、价值积累的"五维一体"人才培养体系。

3.2 创新职场化实践环境,深化"线上、线下、职场化"教学模式

以职业岗位需求和人的全面发展为导向,建设四位一体实践基地,创新职场化的实践环境,覆盖"课内实训、综合实践、创新创业实践、岗位技能实践"4个层次的实践教学内容。同时,依托职场化环境优势,充分挖掘校企资源,建设双师团队,共同开发数字资源、活页教材,共同实施职场化教学,强化教学实训相融合,全面提升学生的实践能力、创新能力和职场能力。

3.3 创新"产学一体、训赛结合、育训融通"的实践教学模式

基于"四段递进"的实践基地建设,其集实践教学、社会培训和技术服务等多功能于一体,强化实践教学环节和创新技能训练,充分尊重学生个性,学生可自主选择发展方向,在教学工厂、各类工作室参与创新项目。推进教学与生产相结合、作品与产品相结合、实训与竞赛相结合、证书培育与实训内容相融合,形成了"产学一体、训赛结合、育训融通"的实践教学模式。

4 成果的推广应用情况

4.1 专业建设成效显著

2008年,服装设计与工艺专业入选国家示范校重点建设专业;2019年,服装设计与工艺专业入选国家"双高计划"建设A类专业群。牵头制订了山东省三年制高等职业教育服装设计与工艺专业教学指导方案,全国职业教育服装设计与工艺专业教学标准,主持全国职业院校服装设计专业教学资源库,负责建设完成8门核心课程,建设4门省级精品课;拥有山东省教学团队1个、省级教学名师2人、省青年技能名师1人、获国家级教学成果奖1项,连续2年获全国职业院校技能大赛"服装设计与工艺"国赛一等奖。

4.2 有效实施职场化教学模式,人才培养质量高

实施"线上、线下、职场化"混合式教学改革,引入企业元素建设职场化的教学资源,结合虚拟仿真技术,搭建专业教学云平台,从2016年校企共建双师型教师团队,共同开发校本活页教材20余部,包括"1+X"书证融通教材《服装陈列设计》等3部。通过有效实施职场化教学模式,人才培养质量显著提升,学生在全国性技能大赛中获一等奖5项、二等奖2项、三等奖1项,省赛一等奖4项。学生的专业技能、创新探索能力得到显著提升,毕业生受到用人单位的高度评价。调查用人单位对毕业生满意率均达98%以上,用人单位普遍认为,通过该模式培养的学生专业素养高,工作适应能力和实践动手能力强,学生具有良好的团队合作精神、开拓创新精神和解决实际问题的能力(图5、表1)。

4.3 政府充分肯定,社会广泛关注

校企双元培养复合型技术技能型人才和创新型实践平台得到各级政府部门和社会的充分认可。2014年校企共建的山东纺织中小企业服务平台、2017年校企共建的山东省时尚与智能服装工程技术研发中心、2018年校企共建的服装设计与工艺技能传承创新平台,先后获批山东省应用技术平台。2017年我校被中国纺织工业联合会评为"中国纺织行业人才建设优秀院校";2018年"以培养工匠型人才为目标的高职教育'职场化+信息化'教学改革与实践"教学成果荣获"纺织之光"中国纺织工业联合会纺织高等教育教学成果一等奖;2020年,"基于职场化+信息化高职制造类专业工匠型人才培养模

式的探索与实践"教学成果获中华人民共和国教育部二等奖。2018年10月，中国纺织联合会授予山东科技职业学院"中国纺织服装行业人才建设先进单位"（表2）。

图5　大赛获奖

表1　校企共同开发的活页教材

服装设计与工艺专业群教材建设目录				
建设年度：2020-2021年				
序号	教材主编	技术职称	对应课程	配套教材名称
1	吴玉娥	副教授	服装电脑效果图绘制	《服装电脑效果图绘制》
2	孙金平	副教授	服装CAD应用	《服装CAD应用——CAD软件操作》
3	罗佳丽	讲师	织物组织设计	《织物组织设计》
4	张白露	副教授	织物组织设计	《纺织组织设计》
5	罗佳丽	讲师	纺织面料检测	《纺织面料检测》
6	张白露	副教授	染织图案数字化设计	《染织图案数字化设计》
7	马小英	副教授	纺织服装材料检测与应用	《纺织服装材料检测与应用》
8	刘蕾	副教授	女装设计	《女装设计》
9	刘玉洁	讲师	服装市场营销	《服装市场营销》
10	管伟丽	副教授	女装纸样设计与工艺	《女装纸样设计与工艺》
11	刘云云	讲师	扎染艺术设计	《扎染艺术设计》
12	王兆红	副教授	服装立体裁剪	《服装立体裁剪》
13	李公科	副教授	服装陈列设计	《服装陈列设计》
14	刘亚楠	讲师	服装专业英语	《服装专业英语》
15	刘亚楠	讲师	形象设计与管理	《形象设计与管理》
16	田金枝	副教授	女装高级定制设计	《女装高级定制设计》
17	吕妍楠	讲师	发型设计应用	《发型设计应用》
18	李哲	讲师	化妆设计	《化妆设计》
19	葛玉珍	副教授	现代美容技术	《现代美容技术》
20	孙金平	副教授	服装工业制版	《服装工业制版》

表2 省级以上应用技术平台一览表

序号	年份	项目名称	授予部门	立项文件名称、文号
1	2017	山东省时尚与智能服装工程技术研发中心	山东省教育厅	《山东省教育厅关于公布"十三五"山东省高等学校科研创新平台立项名单的通知》（鲁教科字〔2017〕4号）
2	2018	服装设计与工艺技能传承创新平台	山东省教育厅	《山东省教育厅关于公布第二批山东省职业教育技艺技能传承创新平台名单的通知》（鲁教师函〔2018〕17号）
3	2014	山东纺织中小企业服务平台	山东省中小企业局	《关于认定第三批山东省中小企业公共服务示范平台的通知》鲁中小企业局字〔2014〕43号

4.4 成果广泛推广

"校企双元、四段递进、五维育人"的人才培养模式，在我院高水平专业群建设中得到广泛应用，同时，该模式得到山东省兄弟院校的广泛认可，青岛职业技术学院、济南职业学院、平阴县职教中心等兄弟院校多次到学院交流学习。来自全国各地的职业院校多次到学院参观职场化的实践实训基地，广泛借鉴和采纳该人才培养模式。本成果被山东教育卫视、齐鲁网等国内媒体频繁报道，该模式发展为全国典范（图6）。

图6 媒体相关报道

赛创引领、多元赋能
——工作室模式下服装与服饰设计专业拔尖人才培养实践

嘉兴职业技术学院

完成人及简况

姓名	性别	所在单位	党政职务	专业技术职称
彭颢善	男	嘉兴职业技术学院	无	副教授
赵绮	女	嘉兴职业技术学院	无	讲师
罗晓菊	女	嘉兴职业技术学院	分院副院长	副教授
刘莉	女	嘉兴职业技术学院	思政教研室主任	副教授
张利华	女	浙江雅莹服装有限公司	无	高级工程师
缪晓燕	女	嘉兴职业技术学院	实验中学主任	高级实验员
陈文	女	嘉兴职业技术学院	无	副教授
吴艳	女	嘉兴职业技术学院	无	助教

1 成果简介及主要解决的教学问题

1.1 成果简介

现今的服装行业正在快速地以加工为主转向自主经营、品牌创新，人才的需求也相应从低端向高端转变，如何培养拔尖人才，成为评价人才培养水平的关键。本成果从2013年立项的浙江省高等教育课堂教学改革项目"基于技能大赛视角的高职服装专业课程教学改革实践"课题开始，经过探索与实践，形成了"赛创引领、多元赋能"的新型工作室模式，项目以"赛创"为导向，实现了以数字化改革为重点，结合"1+1+N"（数字化实训中心＋特色资源库＋多门精品在线课程群）模式，实现工作室制度下人才培养的数字赋能；结合"赛创"思政元素，落实价值引领作用，实现思政赋能；通过构建校企双向联系的新"四共育"校企合作新模式，实现赛创项目的职业赋能。在服装行业转型升级的背景下，有效提升了服装专业拔尖人才的培养成效。

1.2 主要解决的教学问题

本成果有效解决了高职服装专业在培养拔尖学生的过程中出现的四个问题。

（1）"赛创"过程中，学生对老师的依赖性强，缺乏自主思考和探索精神的问题。

（2）在"赛创"集训手段上，方法陈旧、成效偏低的问题。

（3）在"赛创"能力培养上，与地方服装产业脱离，对当地服装行业发展助推效应不足的问题。

（4）在"赛创"技能培养与德育培养上，彼此脱离，忽视价值引领的问题。

2 成果解决教学问题的方法

2.1 提升多元育人主体的数字化协同，与地方龙头企业共同构建线上线下"赛创融合"新模式

以"赛创"为导向，以新"四共育"机制为依托通过"校企线上线下联动、产学研数字化共通、虚拟实训资源互享"的校企合作数字化新模式，实现技能竞赛训练团队和教学项目团队的线上线下双融合，在原"四共育"机制中增加"校企共育数字空间、共育在线团队、共育虚拟仿真资源、共育线上创业能力"，形成新"四共育"合作机制，共同构建"立体化、常态化、多层次、全覆盖"的"赛创融合"教学新模式。

2.2 采用"1+1+N"模式搭建赛创"云"集训空间，实现专业人才培养的数字赋能

"1+1+N"模式是以"虚拟仿真实训软件+地方特色资源库+精品在线专业课程群"方式构建"云"实训空间。其中，服装专业在线课程群是数字化赋能的基础；虚拟仿真实训软件是数字化赋能的核心动力，能实现实训结果的快速仿真模拟；地方特色资源库实现校企对接，提供数字化赋能的内生动力。

2.3 在数字赋能基础上，结合思政赋能、职业赋能，实现多元、交融、立体化赋能体系

思政赋能主要通过跨界引入优秀的思政教师，提炼出"专心致志、精益求精、实事求是、百折不挠、团队合作、推陈致新"6个"赛创"思政核心元素，培养教师优秀的意志品质，形成团队文化，实现思政教育的价值引领作用（图1）。

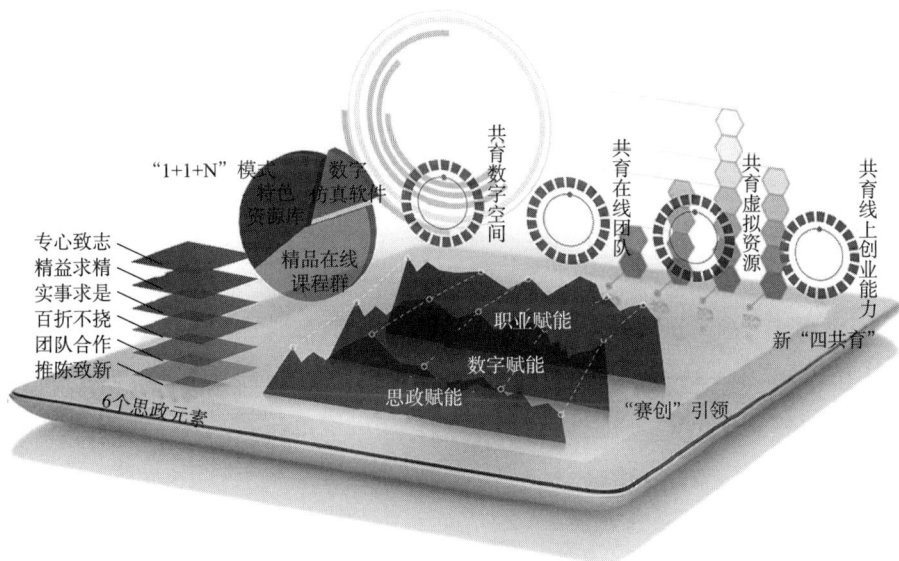

图1 "赛创引领、多元赋能"新型工作室模式

职业赋能主要以"赛创"为载体，通过新"四共育"合作机制，构建企校生之间的紧密联系，提升学生的职业能力，构筑学生的职业情感，培养学生的就业意愿，提升企生之间的双向认同感，最终实现企校生的三方共赢。

3 成果的创新点

3.1 采用数字赋能新模式实现服装"赛创"拔尖人才培养方法的跃迁提升

成果创新通过构架"1+1+N"数字化"云"集训空间，以校企线上线下"赛创融合"新模式为依

托，实现赛创"云"集训空间的有机更新；通过多角度、多环节满足"赛创"学生自主学习需求的同时，凭借数字仿真技术极大提升了集训成效，创新实现"以学生为中心"的"赛创"人才高效培养新模式；大大激发了学生自主学习探究的能力，强化了专业学习的主动性，有效推动了服装专业拔尖人才的培养。

3.2 通过多元赋能，创新实现服装"赛创"人才显性技能培养和隐形素质培育的协同推进

创新通过服装教师、企业教师和思政教师三方跨界协同育人，专业技能、职业素养、就业理念三元融合，引入思政元素、职业元素、创新构建新的"赛创"行为规范，有效促进了学生职业素养和思政素养的显著提升。此外，培养专业能力的同时，有效激发了学生"投身地方行业"的意愿。

4 成果的推广应用情况

4.1 培养出一批专业素质优，能力突出的优秀人才，"赛创"累积丰硕成果

近几年，学生获得各类"赛创"奖项丰硕，如全国职业院校挑战杯大赛特等奖、一等奖各1项；全国职业院校服装设计与工艺技能大赛一等奖、三等奖各1项；浙江省职业院校挑战杯大赛特等奖、一等奖各1项，浙江省职业院校技能大赛一等奖3项，浙江省大学生服装服饰创意设计大赛一等奖2项，全国行业指导委员会竞赛一等奖13项，其他等级赛项100余项；获得浙江省大学生新苗计划12项，学生授权专利200余项，获奖数量和奖项等级在浙江省高职院校服装专业位居前列。

4.2 涌现出一批具有代表性的创新创业能力强、服务地方的服装专业拔尖人才，汇聚了培养赛创人才的校内外重量级名师

"赛创"工作室培养的一批以刘旋旋、吴杰等为代表的优秀人才，一毕业就成为该领域企业争相聘请的高端人才。刘旋旋工作后担任嘉兴丽豪制衣有限公司设计总经理一职，成为公司的骨干人才。吴杰毕业后创业成立嘉兴三素服装设计有限公司，注册资本500万元，从事服装高级成衣定制业务，开创了自己的一片天地。这些人才都成为地方企业骨干人才，在各自的领域独当一面。

工作室汇聚了一批校内外名师，如嘉兴职业技术学院服装与服饰设计专业副教授彭颖善，作为工作室团队的校内名师代表荣获国家级指导学生技能大赛先进工作者称号；嘉兴职业技术学院马克思主义学院副教授刘莉，作为工作室团队的校内思政名师是全国模范教师，获得首届全国高校思想政治理论课教学展示活动一等奖荣誉；浙江雅莹集团有限公司研发技术部张利华经理作为工作室团队的企业名师代表，是全国"五一劳动奖章"获得者，他们所产生的凝聚力不断吸引着更多优秀的教师加入工作室团队中。

4.3 提升了各级政府领导、国内外不同院校对于专业的关注度、美誉度

随着人才培养水平和质量的不断提高，服装专业作为学校特色专业多次接待教育部、省教育厅领导莅临指导以及同行院校参观交流。2018年10月，孟加拉国代表团来校参观服装与服饰设计专业数字化实训场地，使用和体验了虚拟仿真试衣镜等数字化设备，了解学习服装专业学习相关数字化建设经验；2019年9月，加拿大西三一大学副校长来服装专业参观毕业设计展厅，了解服装专业校企合作情况，并参观了优秀毕业设计作品；2019年11月，英国剑桥大学地区学院国际部主任丹妮来校进行参观交流，和服装专业教师一起探讨了国际合作等相关问题。2019年9月，省委主题教育第四巡回指导组、省委组织部人才调研员许春良来校指导工作，了解服装专业高技能人才培养模式和校企合作情况，对专业建设情况给予了肯定。2019年12月，嘉兴市委常委、组织部部长龚和艳来校指导工作，亲切慰问

服装专业一线教师，并了解了服装专业工作室技能竞赛备赛情况。2020年5月，接待安庆职业教育集团到访人员参观时装展厅、皮革展示厅和毛衫特色展厅。2021年6月，接待湖州职业技术学院进行考察交流就服装专业对接地方产业、工作室教学改革等内容进行了交流。

4.4 毕业设计作品影响力不断扩大，优秀的设计、工艺人才受到企业认可

专业的毕业生设计的作品发布会等成果会受到《浙江日报》《浙江教育报》、浙江教育网、浙江在线等主流媒体广泛关注，专业社会知名度、影响力在省内高职院校位列前茅，以2020年6月的学生时装设计作品发布会为例，中青在线·中国青年报客户端、中国青年网·教育资讯、中国高校之窗、浙江新闻客户端、凤凰网浙江频道、浙江之声等名端大网以图文并茂的形式进行了报道，读嘉·视频、禾点点以视频新闻的形式动态展示了学子们的时装秀，其中禾点点的视频直播在当天点击浏览量达13.1万人次。毕业走秀邀请到的服装企业数量逐年增加，优秀的毕业设计作品凭借其市场价值受到了企业认可，设计人才被各企业争相招募。

4.5 新理念推进服装专业校企合作走到前列，形成地方产业化特色

在原有基础上，进一步扩宽合作范围，专业紧密围绕区域服装特色产业（丝绸、毛衫和皮革）与龙头企业，分别与浙江嘉欣丝绸股份有限公司、浙江雅莹服装有限公司、浙江海涛创意服装设计有限公司等企业开展校企合作，组建了产学研共同体丝绸学院、时装设计学院、中缅服装学院，引入了张利华技能大师工作室，共建省级濮院针织产业产教融合示范基地、海宁皮革产业学院等合作平台。其中"濮院针织产业产教融合示范基地"入围2019~2020年度浙江省产教融合示范基地创建名单。

依托这些深度改革，服装专业的校企合作逐渐形成鲜明的符合时代发展具有现今性的校企合作模式，即通过整合优化专业资源、紧密对接产业链，立足嘉兴，服务浙江，面向长三角。与一批地区行业龙头企业和产业园区形成深度合作，努力将服装与服饰设计高水平专业群建设成为支撑区域纺织服装产业高质量发展的示范地，服务嘉兴打造"世界级现代纺织先进制造业集群"，为嘉兴市建设"五彩嘉兴"，打造"重要窗口"中最精彩板块，实现跨越式发展。

4.6 专业建设水平实现蝶变跃升，社会服务能力不断增强

开创了"走出去"的新局面，受到教育部中外人文交流中心领导的肯定。成为继国家创新行动计划骨干专业、中央财政支持建设专业、教育部现代学徒制试点专业和省级特色专业、中央财政支持专业、浙江省"十三五"优势专业之后，2019年服装与服饰设计专业成功申报浙江省双高专业群核心专业，为学生的专业成长翻开新的一页，办学成果受到高度肯定，专业建设水平得到跃升式发展。

在社会服务方面，2016~2019年承办了包括地方、行业到省级、国家级各类服装技能竞赛8项；依托纺织服装行业职业技能鉴定中心的优势，以省示范性实训基地（创意设计）为基础，积极开展职业技能培训和鉴定工作，几年来累积为企业、学校鉴定考评服装制板师（中、高）级2000人次，社会服务能力飞速发展。

专业积极响应东西协作战略，依托区域时尚产业集群和学校纺织服装专业优势特色，将服装专业相关在线课程通过网络输送到新疆塔里木职业技术学院。团队成员陈文副教授，作为嘉兴职业技术学院援疆代表，与校内团队成员实现跨地域东西大连线，两地通过在线沟通探讨专业课程的数字化建设，实现东西教育大协作，把嘉兴职业技术学院服装与服饰设计专业工作室团队的优良传统、先进教学理念和教学方法带到新疆，为新疆的职业教育事业及民族团结进步做出积极贡献。

全面响应长三角一体化国家战略和"一带一路"建设，与嘉欣丝绸集团共建中缅服装学院积极协

作，推动学校教师"走出去"，服务企业，赴国（境）外进行指导、培训和技术服务。建立了纺织服装（丝绸）行业中外人文交流研究院，围绕纺织服装行业"走出去"的需要，搭建与纺织服装行业企业需求有效对接的新平台，同时针对纺织服装行业企业开展中外人文交流的特点进行研究，促进整合校内外资源，增强服务社会的针对性、实效性，推动创造新动能，带来新发展。

教育部中外人文交流中心主任杜柯伟认为，研究院的成立，对于实现纺织服装行业企业与嘉兴职业技术学院协同发展，更好地服务纺织服装行业企业"走出去"和"一带一路"建设具有重要意义。

"织物结构与设计"国家精品资源共享课程——"岗课赛证"融通的探索与实践

安徽职业技术学院

完成人及简况

姓名	性别	所在单位	党政职务	专业技术职称
瞿永	女	安徽职业技术学院	无	二级教授
李桢	女	安徽职业技术学院	无	副教授
张文徽	女	安徽职业技术学院	纺织服装学院副院长	副教授
张勇	男	安徽职业技术学院	纺织教研室主任	主任
张莉	女	安徽职业技术学院	无	副教授
武松梅	女	安徽职业技术学院	无	副教授
余琴	女	安徽职业技术学院	无	讲师

1 成果简介及主要解决的教学问题

1.1 成果简介

本成果基于2016年教育部评定的国家精品资源共享课"织物结构与设计"建设项目，依托安徽省"现代纺织技术开放实训基地"、安徽省"中央财政支持的服装纺织实训基地""国家职业技能鉴定中心"的优势资源，将教学、岗位、大赛、职业技能互联互通作为课程改革目标，创新了教学"内容模块化、方法多元化、考核过程化、资源数字化"课程教学的"四化"改革，构建了包括"课程学习、岗位能力、技能竞赛、'1+X'证书"四项指标的"岗课赛证"融通评价体系，取得了丰硕的教学成果。

1.2 主要解决的教学问题

（1）以岗位工作内容倒推课程内容。课程设置内容瞄准岗位需求，对接职业标准和工作过程，吸收行业发展的新知识、新技术、新工艺、新方法，解决了课程内容与工作岗位职业能力不匹配的问题。

（2）竞赛项目与教学内容融合，竞赛资源与教学资源共享，竞赛过程与教学过程同步，竞赛评价与课程标准统一，解决了技能竞赛体系与课程教学体系不融合的问题。人才培养质量标准与职业标准的对接。

（3）将纺织面料开发"1+X"职业技能等级证书所体现的先进职业标准融入课程标准，学生在学完课程时通过考核获取纺织面料开发"1+X"职业技能等级证书，提高了学生的职业能力和就业竞争力。

（4）构建了包括"课程学习、岗位能力、技能竞赛、'1+X'证书"四个指标的"岗课赛证"融通的评价体系。将技能考核和知识考核、团队考核和个人考核、过程性考核和终结性考核"三结合"，解决了教学重知识技能培养、轻方法能力和社会能力培养的问题，创新了全员、全方位、全过程的学生综合能力培养新途径。

（5）建立了"平台＋资源＋学习"在线学习资源，优化和整合了有利于学生织物设计核心能力培养的课程资源，为"岗课赛证"融通的顺利实施提供了保障。

（6）将敬业、精益、专注、创新为基本内涵的"工匠精神"与教学相融合，解决了学生职业认同感不够、目标不清晰等问题，有利于培养适应纺织行业的"有匠心、高素质、上手快、可持续"的工匠型高端技能人才。

2 成果解决教学问题的方法

2.1 以岗位工作内容倒推课程内容，保证课程"落点"在培养学生职业能力上

根据人才培养方案，结合纺织行业企业对创新型、技能型人才的需求，明确企业对人才规格的要求，了解企业相关工作岗位设置、流程及内容，分析典型工作任务，确定工作岗位、任务及其对应的基本工作内容，以培养学生织物设计职业核心能力为目标，以典型工作任务分析为导向，对接职业标准和工作过程，搭建"教学＋岗位实践"的纺织专业平台，使课程内容与职业技能证书考核内容相融合，形成以织物设计能力为重点的项目化课程体系。

围绕学生毕业后在纺织行业从事纺织品开发、纺织品检验、纺织品贸易等工作需求，按生产实际和岗位需求设计开发课程和教材，及时将新技术、新工艺、新材料、新规范、典型生产案例等纳入教学内容；推广项目教学、仿真教学，开发模块化、系统化的实训课程体系，努力提升学生职业技能，有助于学生参加技能大赛和获得职业资格证书。

2.2 技能竞赛体系与课程教学体系融合互联

职业技能大赛是课程体系的有机组成部分，将"全国纺织服装类职业院校学生纺织面料设计技能大赛"等高水平学科竞赛的比赛内容提炼转化为课程教学项目，优化专业课程体系，使技能竞赛与课程内容实现融合互联，寓赛于教，赛教融合。依据技能大赛的考核标准，将课程教学内容单元化、模块化，强化高素质技能培养，实现以赛促学、以赛促训、以赛促用。将课程实践教学内容分为认识性实验、设计性试验和综合性实训三个层次。通过制定分层次教学目标，筛选分层内容，设计分层问题，进行不同层次的教学和辅导，组织不同层次的检测，使各专业学生得到充分的发展。通过竞赛项目与教学内容相融合、竞赛资源与教学资源共享、竞赛过程与教学过程同步、竞赛评价与课程标准统一，实现了技能竞赛体系与课程教学体系的融合、人才培养质量标准与职业标准的对接。

2.3 把纺织面料开发"1+X"职业技能等级证书所体现的先进职业标准融入课程标准

在项目引领下的学训结合、学赛结合、产教结合、工学结合的良性发展中，将纺织面料开发"1+X"职业技能等级证书考核内容与专业课程教学相衔接，实现岗、课、证相融合。学生在获得纺织面料开发"1+X"职业技能等级证书培训师证书、考评员证书的"双师型"教师指导下，在学完课程时即可通过考核获得纺织面料开发"1+X"职业技能等级证书，提高学生的职业能力和就业竞争力。

2.4 构建包括"课程学习、岗位能力、技能竞赛、'1+X'证书"四个指标的"岗课赛证"融通评价体系

重构了技能考核和知识考核、团队考核和个人考核、过程性考核和终结性考核"三结合"的考核

方法。通过课堂过程评价专业知识技能素养、课程单元评价简单工作任务完成能力、课程结果评价工作领域任务完成能力、职业技能等级证书获取情况评价岗位能力，提升企业用人满意度评价人才培养质量，使人才培养评价标准与行业企业用人标准无缝对接。

2.5　建设丰富的"平台＋资源＋学习"的自主学习型课程资源

丰富的"平台＋资源＋学习"的自主学习型课程资源为课程"岗课赛证"融通的顺利实施提供了保障。以"织物小样设计"为载体，以"试织"为实践项目，与企业共同优化和整合了与职业能力学习相匹配的丰富的课程资源。每年向"爱课程"网提交的课程资源更新比例都超过15%。

2.6　培养学生精益求精、追求卓越、不断创新的"工匠精神"

充分挖掘"工匠精神"与课程的融入点和结合点，将敬业、精益、专注、创新为基本内涵的"工匠精神"与教学相融合。通过纺织行业调研参观，成功案例讲解，聘请名师传承精工技艺，学生深入生产第一线零距离接触专业岗位，赛训过程按照工匠、大师标准苦练严训，培养学生的"专职、专长和专心"，促成学生"工匠精神"的养成。

2.7　强化"双师型"师资队伍的力量，建设培养高水平"双师型"师资队伍

课程"岗课赛证"融通的实现离不开一支高水平的"双师型"师资队伍。一方面采用"校本＋实训"的培养模式，教师在校内实训基地进行专业技能实践，采取"以老带新""一帮一"等策略，提升"双师型"教师的教学能力；另一方面，通过企业实践，有计划地聘请行业专家及能工巧匠到校进行专业指导与培训，加强教师与行业专家间的交流与合作，提升教师队伍的整体专业化素养。

3　成果的创新点

（1）以岗位工作内容倒推确定课程内容。课程设置内容瞄准岗位需求，对接职业标准和工作过程，吸收行业发展的新知识、新技术、新工艺、新方法。

（2）通过竞赛项目与教学内容的融合、竞赛资源与教学资源的共享、竞赛过程与教学过程的同步、竞赛评价与课程标准的统一，实现了技能竞赛体系与课程教学体系的融合及人才培养质量标准与职业标准的对接。

（3）将纺织面料开发"1+X"职业技能等级证书所体现的先进职业标准融入课程标准，使课程内容与职业技能证书考核内容相融合。

（4）构建了包括"课程学习、岗位能力、技能竞赛、'1+X'证书"四项指标的"岗课赛证"融通评价体系，重构了技能考核和知识考核、团队考核和个人考核、过程性考核和终结性考核"三结合"的考核方法。

（5）优化和整合了与职业能力学习匹配的"平台＋资源＋学习"在线学习资源，拓展了教学空间，为"岗课赛证"融通的顺利实施提供了保障。

（6）积极探索"工匠精神"优良品质与教学相结合的教育路径，将职业素养教育、行为养成教育、时代精神教育与课程建设标准进行有机结合，凸显"工匠精神"的价值引领功能。

4　成果的推广应用情况

本成果具有较好的前期研究实践基础，依托国家精品资源共享课程、安徽省"现代纺织技术开放实训基地"、安徽省"中央财政支持的服装纺织实训基地""国家职业技能鉴定中心"的优势资源，在

纺织品设计、现代纺织技术、纺织品检测与贸易、服装营销等专业实施教学改革，取得了显著效果，得到了广泛应用。

4.1　学科竞赛成果丰硕

"岗课赛证"融通的教学改革在纺织品设计、现代纺织技术、纺织品检测与贸易、现代染整技术等专业实施，学生在全国纺织面料设计技能大赛等比赛中取得优异成绩。近年来，学生获得省级以上比赛一等奖15项、二等奖28项、三等奖25项。其中2020年学生在第十二届全国职业院校面料设计技能大赛中获得第一名，荣获大赛"全国纺织服装专业学生职业技能标兵"称号；2019年学生获第十二届中国高校纺织品设计大赛一等奖3项，获首届上海合作组织国家技能大赛金奖；2018年学生获全国大学生纺织类"非物质文化遗产"设计大赛一等奖、三等奖；2021年学生在安徽省"互联网+"大学生创新创业大赛获得金奖1项、铜奖1项。教学团队教师指导学生获奖名次及获奖数量名列前茅。

4.2　"工匠精神"的价值引领功能凸显

在实现课程知识传授、能力培养等基本功能的基础上，充分挖掘"工匠精神"与课程的融入点和结合点，使显性教育和隐性教育相结合，让学生在学习知识的同时树立正确的人生观和价值观。将纺织产业背景及行业发展现状贯穿整个课程讲授过程中，同时通过纺织行业的调研、参观、成功案例讲解等手段引导学生用所学专业知识解决实际生产中遇到的专业技术问题，并从中获得成就感与自豪感，增强了学生的专业自信心。学生深入生产第一线，通过参与具体的岗位实践工作，零距离接触专业岗位，了解工匠在工作过程中精益求精的精神，强化学生对"工匠精神"的认同度，为塑造"敬业、专注"打下基础。

聘请名师传承精工技艺进行"工匠精神"熏陶。邀请技能大师、非遗大师、企业技术人员担任实践课程，传授工匠技艺，讲述工匠故事、工匠文化等，激发学生学习"工匠精神"的主动性，促使学生毕业后以追求"工匠精神"为奋斗目标。

赛训过程严格要求，精益求精，按照工匠、大师的标准苦练严训。教学评价除了从专业知识、专业技能、实践动手能力、团队协作能力等方面对学生进行评价外，还将体现敬业、精益、专注、创新为基本内涵的"工匠精神"纳入评价体系对学生进行全面考核，培养了学生的"专职、专长和专心"，形成"崇尚匠人匠心、抛弃浮躁功利"的良好氛围。

全国纺织面料设计技能大赛是一项能充分体现学生精益、专注和创新的大赛，教学团队在以往已取得优异成绩的基础上，2020年指导学生在第十二届全国职业院校面料设计技能大赛中获得大赛第一名，荣获大赛"全国纺织服装专业学生职业技能标兵"称号。这不仅是对学生具备面料设计技能的肯定，更坚定了他们未来从事面料设计岗位的信心，也让同专业的其他同学见贤思齐，逐步提高精益求精和创新精神，从而将"工匠精神"很好地融入专业技能培养过程中。

2021年学校2019级纺织品设计专业40名学生全部参加了"1+X"纺织面料开发职业技能等级证书（中级）考试，并顺利通过理论知识考核和实操考核，职业技能证书通过率100%。

4.3　建成高水平的"双师型"师资队伍

教学团队有国家教学名师1人、全国优秀教师1人、全国"三八"红旗手1人、安徽省"新时代教书育人楷模"1人、安徽省高校优秀共产党员1人、安徽省三八红旗手标兵1人、安徽省师德医德标兵1人、安徽省教学名师1人、省级"教坛新秀"1人、"双师型"教师6人，省级大师工作室1个，打造了一支具有精湛技艺的"工匠型、大师型"教师团队。课程团队所在的纺织工程系被教育部等国家六部委表彰为"全国职教先进单位"。

近年来，课程团队主持国家级教科研项目2项；主持省级教科研项目18项；参建国家教学资源库3项；教科研成果获省部级以上一等奖4次、二等奖12次、三等奖28次；公开发表论文40余篇（EI收录4篇，SCI收录2篇）；国家授权专利54项；主编、参编教材8部，主审国家规划教材1部。主编《织物结构与设计》教材得到了师生的一致好评。校企共同编写的《织物小样设计实训指导书》《织物设计实训内容》等具有工学结合特色的教材用于企业员工培训。近年来为安徽华茂集团有限公司、安徽华润经济发展公司等企业提供面料分析设计、织物打样、纹样设计、纺织品检测等技术服务达3700余人次。

4.4　教学改革成果引起了社会媒体的高度关注

近年来，安徽新闻联播、安徽之声、安徽日报、安徽青年报、安徽商报、中安在线等众多媒体多次报道了课程在"岗课赛证"融通探索与实践中取得的丰硕成果，得到了社会的广泛关注，取得了很好的社会效果。

国家精品在线开放课程——"服装色彩搭配"混合式课程的开发与实践

青岛职业技术学院

完成人及简况

姓名	性别	所在单位	党政职务	专业技术职称
乔璐	女	青岛职业技术学院	副院长	教授
刘晓音	女	青岛职业技术学院	无	讲师
张金花	女	青岛职业技术学院	无	讲师
周珣	女	青岛职业技术学院	无	讲师
高晶鑫	女	青岛职业技术学院	无	讲师
李金柱	男	青岛酷特智能股份有限公司	书记、总经理	中级职称
江世祥	男	青岛庄正职业服装有限公司	党支部书记	数学与应用数学

1 成果简介及主要解决的教学问题

1.1 成果简介

随着互联网、大数据等新兴技术的高速发展，高校教育信息化建设体现出数字化、信息化等特征。2022年3月29日全球课程规模最大的教育平台——国家智慧教育平台正式上线，共有311所高职院校的1945门优质课程入选，我校"服装彩色搭配"课程累计在线学习人数超过45万，位居全国高职院校课程榜首。

"服装彩色搭配"课程团队依托互联网和信息技术积极开展智慧教育创新研究和示范，推动新技术支持下教育模式变革和生态重构，紧密围绕"三教"改革，把与时尚色彩创意设计相关的教育教学资源融入教育教学，不断丰富线上线下课程资源，改革教学内容，完善教学方法。课程先后被评为国家级精品在线课程、省级精品资源共享课程、省级成人高等教育数字化精品课程。

1.2 主要解决的教学问题

（1）解决了高等职业教育地区、院校、服装专业、服装色彩课程教学之间发展不平衡，教师之间知识、素质和能力存在差距；服装优质的教学资源不平衡，职业教育教学水平和教学质量不高的问题。

（2）改革教学方法的传统、单一性，解决传统的教学模式以教师为中心向以学生为中心的课堂变革，转变教与学的方式。

（3）改变课程过于注重知识传授的倾向，促使传统学习方式"被动性、依赖性、统一性、虚拟性、认同性"向现代学习方式的"主动性、独立性、独特性、体验性与问题性"转变。

2 成果解决教学问题的方法

2.1 转变传统教学模式

（1）更新教与学的观念，改变传统教学的思路与理念。转变学生的认知模式、学习方式以及教师的教学模式、教学策略和角色。强调学生积极主动的学习态度，获得基础知识与技能，同时教师也由原来的课堂主宰者和知识传授者转变为教学过程中的组织者和指导者。

（2）优化教学过程、重构课程设计。针对课前、课中和课后三个教学阶段，合理分配线上线下教学内容和学时，优化课程教学设计和方式，突出项目式、研讨式、探究式的特点，注重培养学生的创新思维和批判性思维。

2.2 创新线上+线下混合式教学方法

（1）线上+线下混合式教学方式的创新。采用线上自主学习24学时+线下见面课8学时的混合式课程设计，线上教学内容以基础知识和基本理论为主，线下课程则以专题和答疑为主的教学方式（图1）。

图1 部分线上教学资源+线下专题见面课程教学资源

（2）构建线上、线下相结合的评价体系。构建了线上平时成绩+章节测试成绩+期末测试成绩与线下见面课成绩相结合的评价体系，对学生线上学习效果以及线下课堂的参与度、任务完成质量等进行全面的评价和诊断（图2）。

图2 线上+线下结合的评价体系

2.3 运用多元混合式智慧教学模式，突出因材施教

依托智慧树MOOC（慕课）平台+学习通+色彩搭配实训，构建多维虚实空间、多元教学方法、多样教学关系、多重考核模式、理论和实践融合的多元混合式智慧教学模式。采用线上线下混合式教学，提升学生的学习兴趣，并通过递进式OPPOs混合式教学法，即每个OPPO教学单元含线上课前预习与预习测验、参与式学习以及线上课后测验及复习，通过阶段性单元小任务、章节大任务、主题研讨等难度进阶的课程任务，提升学生解决复杂问题的高阶能力。

3 成果的创新点

3.1 拓展终身教育资源、推动学习型社会建设

在该课程建设的基础上拓展了国家教学资源库服装设计专业"服装色彩应用"课程建设、纺织服装类部分专业企业生产实际教学案例建设，评为省级成人高等教育数字化精品课程，课程内容和教育资源为社会培训提供服务，为社会上的色彩搭配师、服装设计师、服装买手，甚至是普通的大众市民提供学习色彩搭配、提高审美素养，以及提供资源和服务，增强职业教育社会服务能力，形成灵活开放的终身教育体系，有利推动了学习型社会建设。

3.2 教学内容融入课程思政，实现美育教育的同频共振

"服装色彩搭配"课程教学内容设计中注重引导学生立足时代、扎根人民、深入生活，树立正确的艺术观和审美观。坚持以美育人、以美化人，积极弘扬中华美育精神，引导学生自觉传承和弘扬中华优秀传统文化，尤其是中国传统色的传承和创新，提高学生的审美和人文素养，增强其文化自信。在美育教学中提升学生审美素养、陶冶情操、温润心灵、激发创造创新活力。

4 成果的推广应用情况

4.1 辐射带动全国累计584所高校，选课人数达45.46万

"服装色彩搭配"课程经过20年的建设和改革，已经成为一门课程师资团队教学经验丰富、课程内容与实际企业岗位能力衔接、教学方式新颖独特的课程。该课程2016年在全国正式上线运行，截至目前已在线运行13学期，累计辐射带动全国584余所高校，选课人数达45.46万，在线互动350万余条，该课程在智慧树平台运行，被评为"国家金课"，多次被评为智慧树网通识课人气课程、40万+课程、智慧树高职高专课程TOP100，深受学生的欢迎和认可（图3~图5）。

4.2 积极开展师资培训和社会培训，推广混合式课程建设经验

"服装色彩搭配"课程在成为首批国家级精品在线课程后，不断总结建设运行经验，并将国家级精品在线开放课程建设总结提炼为国家级、省级、市级教师教学能力和信息化水平提升等方面的师资培训课程，先后为广东、甘肃、山西、安徽等近10个省及烟台大学、上海工艺美术职业学院等近百所本科、职业院校的千余名教师开展了国家级精品在线开放课程的建设培训。

课程培训和内容资源为社会培训提供服务。为青岛市妇联、市工会、青岛市女书画家协会等社会组织和色彩搭配师、服装设计师、服装买手，甚至是普通的大众市民提供学习色彩搭配、提高审美素养提供资源和服务，增强职业教育社会服务能力。在山东省成人教育线上平台建课，推动形成灵活开放的终身教育体系，实现服务社会、培养技能型人才的职能，为促进学习型社会建设提供了条件和保障。

图 3 课程在线运行统计

图 4 智慧树平台"国家金课"

图 5 国家智慧教育公共服务平台国家级精品课

4.3 辐射带动其他课程的教学方法改革

在"服装色彩搭配"课程的带动引领下，2018年我校"看美剧学口语"被选为国家精品在线开放课程，"影视后期特效制作"等5门课程被评为山东省精品资源共享课，另外还有其他9门课程被选为校级精品资源共享课。我校75门课程入选国家智慧教育公共服务平台，位列全国职业院校首位（图6）。

排序	学校名称	总计	其中：一流课程	省份	双高计划
\multicolumn{6}{c}{"国家高等教育智慧教育平台"首批上线课程统计(高职)}
1	青岛职业技术学院	75	2	山东	高水平专业群B档
2	宁波城市职业技术学院	56	6	浙江	
3	黑龙江农业工程职业学院	52		黑龙江	高水平专业群B档
4	湖南铁道职业技术学院	41	1	湖南	高水平学校C档
5	杨凌职业技术学院	41		陕西	高水平学校B档
6	陕西国防工业职业技术学院	35		陕西	高水平专业群B档
7	金华职业技术学院	31	1	浙江	高水平学校A档
8	长沙民政职业技术学院	30	4	湖南	高水平学校B档
9	长沙航空职业技术学院	30		湖南	高水平专业群B档
10	北京信息职业技术学院	28		北京	高水平专业群A档

图6 国家智慧教育公共服务平台高职首批上线课程统计

4.4 服装专业成为国家"双高计划"国际时尚专业群牵头专业

"服装色彩搭配"在线开放精品课程的建设进一步提升了教学信息化水平，使课程建设的"三教"改革真正落地，提高了高职教育人才培养质量和社会服务能力。课程改革随着"互联网+职业教育"的理念，推动了由新技术支撑的"三教"改革，实现了教师运用现代信息技术更新教学内容、改进教学方法。服装与服饰设计专业人才培养质量和办学质量不断提高，成为国家"双高计划"国际时尚专业群牵头专业。

"三教"改革背景下服装设计与工艺专业课程 "企业课堂式"教学改革与实践

山东科技职业学院

完成人及简况

姓名	性别	所在单位	党政职务	专业技术职称
孙金平	女	山东科技职业学院	无	副教授
杨晓丽	女	山东科技职业学院	无	副教授
李公科	男	山东科技职业学院	纺织服装系副主任	副教授
吴玉娥	女	山东科技职业学院	无	副教授
刘蕾	女	山东科技职业学院	专业负责人	副教授
申文卿	女	山东科技职业学院	教学科研科科长	助教
田金枝	女	山东科技职业学院	无	副教授
于秀丽	女	潍坊尚德服饰有限公司	无	服装制板师

1 成果简介及主要解决的教学问题

1.1 成果简介

服装设计与工艺专业作为国家"双高计划"A类专业群的核心专业,针对专业课程教学实效性不强、知行分离等问题,依托校级精品课、省级精品共享课、国家教学资源库标准化课程和两项省教改项目开展课程改革研究,提出了以学生发展为中心的"四位一体"课程建设理念;面向山东地区服装企业发展需求,量身定制设项目;实施了真项目、实境化的"企业课堂式"教学模式,实境真做塑能力;校企双向兼职组建了结构化教学团队;构建了多元化考核评价体系,注重学生成长发展过程,关注学生的个性化发展。

经过6年的实践,学生职业综合能力显著提升,获国赛一等奖3项、省赛一等奖5项。建成8门国家教学资源库标准化课程、3门省精品资源共享课程,获全国信息化教学设计大赛一等奖。教学团队快速发展,由2名省教学名师、3名首席技师、5名高级技师,牵头修订国家教学标准、省教学指导方案,主持建成国家级教学资源库和教学案例库,参与修订国家标准1项,主持行业团体标准4项。

8门课程被8所国家示范校、3所国家骨干校、9所省优质校引用,选课人数达2856人;课标向乌干达输出。成果先后十余次被媒体报道。

1.2 主要解决的教学问题

(1)教什么,教学内容不适用,与现今产业脱节的问题。

（2）怎么教，教学模式不适学，知与行分离的问题。

（3）谁来教，团队结构不合理，协同性缺失的问题。

（4）怎样考，考核评价不全面，考核内卷化的问题。

2　成果解决教学问题的方法

（1）提出"模块化教学内容、项目化教学模式、结构化教学团队、多元化教学评价"的"四位一体"课程建设理念。以学生发展为中心，从教学内容、教学模式、教学团队、教学评价四个维度实施课程改革。

（2）量身定制，对接行业发展需求重构具有地域特点的教学内容。以胜任服装制板师、设计师岗位为目标，以岗位能力为主线，对接服装行业数字化发展需求，充分考虑高职学生特点和认知规律，整合服装理论知识、数字技术和智能生产等内容，面向山东地区服装生产型企业发展需求，量身设计教学模块；以服装品类为载体开发学习项目，基于工作过程设计工作任务，校企共同开发企业生产教学案例，并根据产业动态和市场新趋势实时更新。

（3）实境真做，实施项目化教学模式。依托校内"教学工厂"（潍坊尚德服饰有限公司），搭建"企业课堂"，教学工厂的板房、设计中心即学生学习的课堂，在职场环境中，基于企业真实订单项目，以学生为中心，量身定制设计学习路径，借助国家教学资源库平台，组织实施教学。按照服装产品生产过程，对接企业生产标准进行实境化学习，引导学生协作探究，通过任务实施实现从单项技能到综合职业能力的递进。

（4）校企双向兼职，共同组建了结构化教学团队。以优化存量结构、强化增量结构为着力点，由不同专业教学方向的"双师型"教师和"教学工厂"的企业技术骨干组建"来源结构化、专长结构化、分工结构化"的课程团队。依托校内"教学工厂"实行双向兼职，结合专兼教师专长分工不分家、分时不分事，共同开发工单式活页教材，实施模块化教学，驱动服装专业技能人才的培养。

（5）基于发展性理念，构建了多元化考核评价体系。考核标准与生产标准对接，采用知识考核、实战考核等形式，从素质、知识和技能多个维度考核学生的职业素养和职业能力；终结性评价与形成性评价相结合，注重学生成长发展过程；借助课程平台量化学生个体的进步幅度，增强获得感和成就感，关注学生的个性化发展。

3　成果的创新点

3.1　重构了"岗位任务引领、职业能力递进"的模块化教学内容

对接山东地域服装企业发展需求，度身设计的教学模块，与服装制板师、设计师岗位能力的培养目标相对应，递进式的模块体现认知规律；以服装品类为载体的学习项目贯通各岗位任务，课程内容与企业生产内容对接，教学过程与生产过程对接；通过贯通性、综合性、实战性项目的训练，培养学生综合职业能力。

3.2　创新了"真项目、实境化、协作式"项目化教学模式

项目化教学模式置于企业环境、始于真实任务、成于综合实践、精于产出成效。引企入校，将课堂设在校内"教学工厂"（潍坊尚德服饰有限公司）设计中心、板房中心和生产中心，充分利用企业人员、技术和设备资源，搭建"企业课堂"；以企业真实项目为引领实施实境化教学，让学生在工作情境

中体验任务逻辑，建构完整的职业知识框架，培养学生适应企业需求的综合职业能力。

3.3 创新了"名师引领"校企双向兼职的结构化教学团队

由2名省级名师引领，由不同专业方向的"双师型"教师组建专任教师团队，实现存量教师结构优化；聘请"教学工厂"技术骨干组建兼职教师团队，以其前瞻性的技术技能带动存量教师实施教学，开展技术服务，实现增量教师结构多元化。依托校内教学工厂，以双向兼职的方式，实现教师与企业技术骨干的真正合一，专兼结合形成协作教研共同体，共同开发工单式活页教材，实施模块化教学，优势互补，发挥"1+1>2"的群体协同效能，实现精准化人才培养。

4 成果的推广应用情况

4.1 应用效果

（1）学生职业价值感提升。学生参加全国服装技能大赛成绩斐然，获国赛一等奖3项、省赛一等奖5项；服装制板师职业资格证书和服装陈列师考取率达94.5%，学生职业价值感得到有效提升。

（2）学生职业综合能力提升。学生服装专业技能得到大幅度提升，所具有的设计、制板等方面能力与用人单位需求相一致，基本实现服装制板岗位"零培训"上岗，对口就业率达85%以上，企业满意率达98%。

（3）教师职业能力提升。获得全国信息化教学大赛一等奖1项、三等奖1项；课程团队相关教学改革研究获得全国教学成果奖二等奖1项、省教学成果奖特等奖1项，获得全国纺织教学成果奖一等奖1项、二等奖4项、三等奖1项；主持省教改项目3项；主持建成国家教学资源库、国家生产实际教学案例库；主持建成了国家级服装制板技术协同创新中心等省级以上平台4个。

（4）课程团队快速发展。建成了名师引领、专兼结合、在职教领域和行业有影响力的优秀课程团队，课程教师2名获省级教学名师，3名获省纺织工业首席技师，5名高级技师，6名省教学团队和省黄大年教师团队骨干教师；牵头修订国家教学标准、省教学指导方案；参与修订校服国家标准，主持制订团体标准4项。

（5）助力教学工厂数智化转型。助推教学工厂通过国家高新技术企业认定，被授予山东"专精特新"企业、瞪羚企业，协同建成市厅级以上科研平台7个，立项科研项目10项，获科学技术奖8项，设计大赛获省级二等奖以上8项。

4.2 推广情况

（1）带动了学校54门课程的开发与建设。本成果在我院课程建设中发挥了引领带动作用，带动了本专业课程及相近专业54门课程的建设与改革，受益学生2178人。

（2）获得兄弟院校、企业和行业的认可。8门课程作为国家教学资源库标准化课程，面向全国推广，被8所国家示范校、3所国家骨干校、9所省优质校引用，选课人数达2856人；课程建设作为典型案例在中国纺织服装教育理事会上展示，依托国家级资源库、国培、省培项目以及省纺织服装教指委平台广泛推广成果做法22次，辐射100多所中高职院校；1门课程被高等纺织服装院校课程思政联盟征集为"课程思政"教学设计案例，并在联盟成立大会上推广；5门专业核心课程标准向乌干达输出；3门课程被鲁泰集团等企业选用进行职工在线培训，为纺织服装企业培训学员年均600余人次。

（3）成果先后十余次被搜狐网、《山东教育报》、山东教育云服务平台、大众网、百度网等媒体专题报道，受到了社会各界广泛赞誉。

非遗联动、跨界突破、多元协同、因材施教的复合型
纺织创新人才培养模式的构筑与实践

江苏工程职业技术学院

完成人及简况

姓名	性别	所在单位	党政职务	专业技术职称
季媛	女	江苏工程职业技术学院	染织非遗传承与创新中心执行主任	讲师
张蕾	女	江苏工程职业技术学院	无	研究员级高级工艺美术师
马昀	男	江苏工程职业技术学院	教务处处长	教授
尹桂波	男	江苏工程职业技术学院	纺织服装学院院长	教授
张炜栋	男	江苏工程职业技术学院	染整教研室主任	副教授
高月梅	女	江苏工程职业技术学院	无	副教授
佟昀	男	江苏工程职业技术学院	无	教授
龚蕴玉	女	江苏工程职业技术学院	实训中心主任	副教授
潘云芳	女	江苏工程职业技术学院	无	教授
黄雪红	女	江苏工程职业技术学院	无	教授
邵改芹	女	江苏工程职业技术学院	无	副教授
季莉	女	江苏工程职业技术学院	无	副教授

1 成果简介及主要解决的教学问题

1.1 成果简介

根据学校自身所在区域特性、教育特点、办学特色，以南通地区国家非遗染织绣技艺为代表，通过传承人、技能大师的引聘和校企多元化合作，基本建成一支师德高尚、技艺精湛、专兼结合、充满活力的高素质"双师型"教师队伍。在"共育、共创、共享、共管"的紧密型校企合作模式下，经过跨学科、多角度的探索和研究，构建了具有非遗基因的复合型高素质技术技能人才培养模式。

1.2 主要解决的教学问题

（1）对接产业链设置"双师"型跨学科教学团队，积极推行现代学徒制，解决了教学团队来源单一的问题。发挥学校特色专业优势，对接南通纺织产业集群，设置"非遗传承人+企业高技能人才+专任教师"的教学团队，优化"双师"结构，满足高质量复合型技术技能人才培养的需求。

（2）深化产教融合（共促教师发展）形成多元培训格局，解决了教师双师素质单一的问题。通过加强校企深入合作，打通校企人员双向流动，实现了企业员工、师生双栖发展，帮助"双师型"教师个体成长，解决非遗传承人不懂理论、企业大师不懂教学、专业教师缺乏技能的问题，培养同时具备

理论教学和实践教学能力的"双师型"教师。

（3）通过跨界突破，融合创新，建设社群型产教深度融合平台，解决了教学与产业升级脱节的问题。中国品牌的发展，需要"国潮"新引擎，非遗和纺织产业的转型升级需要融合创新以及多元化的复合型人才。通过跨学科、多角度的探索和研究，与企业共建课程、共同育人、共享师资、共享基地，提高了人才培养质量，提升了师资团队教学和社会服务能力。在保持优秀传统的基础上，探索了手工技艺与现代科技、工艺装备的有机融合，加强了成果转化，推动了专业集群发展，推进了非遗文化的高质量发展，扩大了职业教育社会服务的影响力。

（4）制定个性化人才培养机制，解决了人才培养同质化、技术技能单一的问题。以学生兴趣为导向，以工坊、工作室为平台，组建跨单位、跨专业、跨师生的混搭式非遗技艺发展专业团队。配套相关政策，健全德技并修、工学结合的育人机制，培养具有德、技、艺、创的复合型人才，为纺织非遗产业高质量发展输送人才梯队。

2 成果解决教学问题的方法

（1）依据产业发展需求设置教学团队，组建"国家工匠之师"引领的高层次人才队伍。围绕非遗产业发展需求，以南通地区国家非遗染织绣技艺为代表，立足现代纺织技术高水平专业群建设，与大师工作室、非遗工艺企业建立联盟，正式引进了国家非遗项目沈绣第三代传承人张蕾老师，柔性引进了国家刺绣大师黄培忠、缂丝百年老字号曹裕兴第五代传人江荣、南通缂丝复原者及代表性传承人王玉祥、中国工艺美术大师及江苏省非遗"南通扎染技艺"代表性传承人焦宝林、江苏华艺时装集团教授级高级工程师顾鸣、南通艾蓝传承人王浩然等非遗传承人，组建了一支由专业教师、设计师、传承人、工艺美术师、工匠等构建的"双师型"教师团队，满足高质量复合型纺织非遗技术技能型人才培养需求。

（2）编织产学研协作纽带，打造产业、专业互哺循环，助力"双师型"教师个体成长。与龙头企业、老字号企业、非遗传承人合作，建设设计师工作室、校内工坊、大师工作室，形成非遗联盟，开展社群型校企合作，为企业提供人才智库及产品研发，为师生提供实践平台与科研方向。通过产教融合平台，教师向非遗传承人、技能大师学习非遗技艺，传承人向教师、设计师学习提升设计理念。通过专业实践、研培、企业挂职、校企合作项目等方式，实现企业员工、师生双栖发展。

（3）通过产业融合、跨界突破、科技创新，推进产教融合平台建设，为染织绣非遗技艺及专业建设赋新能。开展"四创"工程，在原有国家级、省级品牌专业以及高水平专业群建设的基础上，整合染、织、绣、服装等专业，搭建集实践教学、技术服务、创新创业、产业培育于一体的"艺、技、商、创"产教融合互动平台，与企业共建课程、共同育人、共享师资、共享基地，探索手工技艺与现代科技、工艺装备的有机融合，服务纺织、家纺、服装企业，加强师生创新创意转型成果转化，与高端品牌赋能形成非遗良好的文化产业链，合力打造产业转型升级，推动专业集群发展。

（4）开展因材施教，从工坊到工厂零距离的现代学徒制，培养"四有"复合型创新人才。学生根据个人兴趣，通过学生社团、工坊学徒、工作室研学课程等途径，选择工坊、工作室、导师，建立由企业能工巧匠，非物质文化遗产传承人，以及来自纺织、服装、艺术、染整等专业的教师，不同专业的学生组成的团队，运用双导师制、学分制、走班制等形式，开展师生共学、共研、共创、共长的现代学徒制，实现校厂融合、师生融合、专业融合、学创融合，实现非遗"活态传承、活力再现、活性发展"三段式可持续发展生态圈，通过引入企业项目，全面带动省大学生创新训练计划，"互联网＋"创新创业大赛、技能大赛等双创活动，为纺织非遗产业高质量发展输送人才梯队。

3 成果的创新点

3.1 以非遗、跨界、创新为方向，促进教育链、人才链与产业链、创新链有效衔接

对接南通纺织产业集群，发挥学校特色专业的优势。依托文博馆、省级大师传承人工作室、省级非遗传承基地、时尚创意空间、染织非遗传承与创新中心、国家级家纺设计师职业资格培训中心、先进纺织工程中心、南通市生态染整重点实验室、南通市纺织服装公共实训基地构建社群型非遗产教融合互动平台等，从教育普及、保护传承、创新发展、传播交流等方面协同开展传统文化研究，探索传统文化融入高校教育的创新形式与方法，用产业融合、跨界突破、科技创新给染织绣非遗技艺及专业建设赋新能，全面带动校企双向流动，实现企业员工师生双栖发展。通过引入企业项目与人员、资金和设备实施，将创新元素项目转化为师生共同体项目，提升师生的创新能力，为纺织非遗的高质量发展提供人力资源建设。注重师生创新创意转型成果的转化，服务纺织、家纺、服装企业，与高端品牌赋能形成非遗的良好的文化产业链，合力打造产业转型升级，形成产业、专业互哺循环。

3.2 创新现代职教理念，打破传统学科限制，探索复合型高素质人才培养模式

组建跨单位、跨专业、跨师生的混搭式非遗技艺发展专业团队，师生共学、共研、共创、共长。通过相互学习，非遗传承人提高艺术修养，不同专业的教师相互启发。师生共同拜师学习非遗技艺，"老师既是徒弟又是师傅，同学既是学徒又是学生"。学生在兴趣和双师的引导下，通过企业项目的锻炼，"以匠立艺、以匠立心、以工致用、以技创新"，实现个性化及从工坊到工厂零距离的现代职业教育人才培养模式，培养"懂文创发展趋势、明创意思维方式、辨艺术设计创作规律、知技能传承价值"的非遗文创复合型创新人才，建设非遗技艺发展专业团队。

3.3 非遗产教融合平台采用多维度融合创新模式，集实践教学、技术服务、创新创业、产业培育于一体

平台开展了"科技融合创新、产业融合创新、市场融合创新、学徒模式融合创新"的"四创"工程。

（1）科技融合创新是将传统染织绣技艺与现代科技相结合，通过技术融合，推动传统染织绣技艺走向市场，实现从设计到商品的全流程创新转化，提高现代非遗产业化的专业性与艺术性。

（2）产业融合创新。是与时尚品牌合作，提升传统染织绣技艺的活力，赋予当今时尚更深远的文化内涵。

（3）市场融合创新，是通过跨界融合，打造以纺织非遗为主题的新产业、新业态、新模式的综合运营平台。

（4）学徒模式融合创新，是利用工坊、工作室为师生提供研学平台，开展现代学徒制研学。通过融合创新，非遗产教融合平台既是非遗人才培育平台、社会服务平台，又是文化消费平台和人才交流平台。

4 成果的推广应用情况

4.1 以非遗、跨界、创新为方向，促进教育链、人才链与产业链、创新链有效衔接

6年来，先后培养了4200余名具有创新理念的技术技能型人才，学生主持省大学生实践创新项目62项，32人次获得全国技能大赛一等奖，学生获得授权专利21项，发表论文18篇，6名学生获全国纺

织行业技能大赛标兵称号，6名学生获中国纺织工业联合会"纺织之光"奖，27人次获得省高校优秀毕业设计奖及优秀团队奖。获得全国发明杯等省级以上创新创业大奖18项。就业率连年保持在100%，供需比为1∶6，近百名学生先后创业开办了公司、实体店或网店等，得到了政府、纺织行业、企业一致好评，其中，1名学生留校担任助教。

4.2　教师团队的"双师"素质得到提升

依托本校师资力量，与大师工作室、非遗工艺企业建立联盟，组建了一支以教师、设计师、传承人、工艺美术师、工匠等专业技术过硬，既具备实际操作经验又有理论研究与设计能力的人才队伍，企业人员比例达30%以上，双师素质教师比例达100%。建设完成了包括教育部"百工录 非遗传承与创新"高职教学资源库建设子项目"蓝印花布印染技艺"和"云锦木机妆花技艺""中国丝绸技艺"资源库中的"丝织物染整""跟我学刺绣"等一批线上资源课程。通过跨学科整合，在产教融合平台的助力下，既使教师技能技术和社会服务能力得到提升，又使非遗传承人的综合素质能力得到提升。校企合作开发教材12部，在各类学术期刊上公开发表学术论文近344篇，中文核心期刊123篇，教师设计的纺织服饰作品将传统技艺与现代设计相融合，多次参加"中国工艺美术大师作品暨国际艺术精品博览会""中国当代工艺美术双年展""'从洛桑到北京'国际纤维艺术双年展"等多个国际、国家、省市级展览会及文化创意大赛，并多次获得金、银、铜奖。

4.3　文化交流深广，示范引领作用显著

接待国家领导人顾秀莲及省市级领导、专家和社会各界人士参观万人余，面向社会招生，协议定向培养的有32人，培养中级工艺美术师3名，为全国各地服装家纺企业累计培养3000多人。为中小学、社区、企业事业人员开设职业体验千余人。学校连续5年举办纺织、染整、服装、艺术国培师资班，为全国40多所纺织服装院校400余名教师开展培训，其中，2018年的国培项目"纺织非遗传承与服饰艺术设计"，获评江苏省优秀国培项目。为了助力新疆纺织产业的发展，开设4期纺织师资培训班，累计培训128人。融入"一带一路"建设，注重国际文化交流，牵头组建了国际纺织服装职教联盟、中国纺织服装职教联盟、国际防染艺术家联盟，为世界纺织非遗发展助力。选派80余人到发达国家进行培训，吸纳荷兰等国留学生112人来校学习手工印染、蜡染、绣花、制作旗袍等中国传统技艺，为非洲国家开展服装专业技能培训，并与多个国外院校建立合作关系，建成"中意服饰文化交流中心""ESMOD江苏培训基地"等中外合作机构，争办世界性、国际性大赛，开展国际交流项目。

4.4　社会服务深广

平台注重非遗资源转化和科技服务，累计服务江苏大生集团、江苏宝缦集团、江苏华艺时装集团、李宁、几米实业集团有限公司、一庄空间等120余家企业，到账经费300万元，获得省文化引导资金100余万元，为企业培训员工3000余人，开发非遗商品500余件，授权发明专利达50项，转让专利技术30多项，为企业新增销售收入8亿元以上，为地域文化多样性的保留和产业升级做出贡献，为非遗产业赋新能。2015年、2017年现代纺织技术专业与江苏大生集团、江苏联发集团合作获中国纺织服装产业校企合作专业优秀案例。我校2014年被授予中国纺织服装人才培养基地，2017年成为中国纺织服装职教集团理事长单位。入选"2015年全国高校就业先进典型50强"和"2016年全国高等职业院校服务贡献50强""2018年全国高等职业院校国际影响力50强"、纺染科教创新团队获2017感动南通教育提名奖，并获南通市服务地方经济贡献奖。2019年成为纺织服装职教集团理事长单位，助力学校连续9年获评省高校就业先进单位。

依托产业学院、协同区域发展　培养服装"新工匠"的探索与实践

嘉兴职业技术学院

完成人及简况

姓名	性别	所在单位	党政职务	专业技术职称
代绍庆	男	嘉兴职业技术学院	时尚设计学院院长、党总支副书记	副教授
罗晓菊	女	嘉兴职业技术学院	时尚设计学院副院长	副教授
高丽娟	女	嘉兴职业技术学院	校企合作处干事	助理研究员
蒙冉菊	女	嘉兴职业技术学院	服装与服饰设计专业教研室主任、支部书记	副教授
缪晓燕	女	嘉兴职业技术学院	无	高级实验师
翁浦莹	女	嘉兴职业技术学院	无	讲师
夏云	女	嘉兴职业技术学院	无	讲师
吴艳	女	嘉兴职业技术学院	无	助教
徐鸿	男	浙江嘉欣丝绸股份有限公司	党委书记、副董事长、总经理	高级工程师
祝鹏飞	男	浙江嘉欣丝绸股份有限公司	技术中心副主任、设计研发负责人	工程师

1　成果简介及主要解决的教学问题

1.1　成果简介

根据中共中央办公厅、国务院办公厅印发《关于推动现代化职业教育高质量发展的意见》中"构建政府统筹管理、行业企业积极举办、社会力量深度参与的多元办学格局"的指导意见，针对"校热企冷"的环境、"四新"技术融入"不及时"、人才培养与产业对接不紧密等难题，自2010年"基于区域产业集群的高职特色专业群建设探索与实践"（省教育厅，省级）等课题研究以来，依托教育部现代学徒制试点项目建设成果，嘉欣丝绸股份有限公司共建产业学院，整合"行企校"教学资源，重构优化课程体系，联合培养服装高技能人才，形成"五匠固心、四方联动、三层递进、二元同步"的育人模式，成效显著，毕业生初次就业率超98%，本地就业率为56.3%，其中70%以上进入龙头企业，学生薪酬高出全省平均水平的30%。学生获全国挑战杯、技能竞赛等奖项150余项，第一发明人授权专利186项，成果被《中国职业技术教育》等媒体专题报道50余次，并得到全国多所同类院校充分肯定和政府教育部门参考借鉴。

1.2　主要解决的教学问题

（1）区域特色产业人才供给不足，人才培养与产业对接不紧密。学校与企业合作不紧密，难以实

现专业与产业、课程与岗位、教学过程与生产过程、学历证书与职业资格的完美对接。

（2）"四新"技术融入"不及时"，课程体系与产业新技术融合度不高。企业技术需求人才能力培养课程体系不够完善，现行课程体系无法将企业的"四新"技术及时融入人才培养的过程中。

（3）企业参与不够，校企合作关系"不稳定"。企业缺乏真正参与人才培养的动力，出现"校热企冷"的现象，难以激发校企合作办学活力。

2　成果解决教学问题的方法

2.1　成立产业学院，促进校企深度融合

政府、企业、学校共同投资540万元成立产业学院，共建共享实训基地，打造"技能大师工作室"和"学生工作坊"等建设项目，形成政府统筹、分级管理、地方为主、行业指导、校企合作、社会参与的多元化合作，形成角色、制度、管理、文化"四衔接"的产业学院教学模式，提出共育时尚空间、共育项目团队、共育教学资源、共育创新能力的"四共育"人才培养理念，构建工匠精神与区域文化融合、产业需求与人才培养融合、核心岗位与课程体系融合、技术标准与教学内容融合、实训场地与实境基地融合的"五融合"校企共同育人模式，打造服装专业人才培养和社会服务的重要基地，培养区域时尚产业所需复合型高技术技能人才。

2.2　校企共育，构建服装"匠心"人才培养体系

聘请企业劳模、行业名匠担任"成长导师"，与学校教师、企业技师组建"三师"教师团队，实施"双培双导"模式；以工匠精神为引领，健全德技并修的育人机制，构建工匠精神铸匠魂、劳动教育炼匠心、校企携手强匠能、大师大家传匠艺、优秀文化树匠品的"五匠固心"人才培养体系。

2.3　整合"行企校"教学资源，课程体系与岗位需求更加吻合

政府在财政、税收等方面给予支持、鼓励，校企双方在资本、技术、设施等方面深层次整合，聚焦核心岗位职业能力，融入"四新"技术，构建"基础共享、核心分设、拓展互选"的"三层递进"课程体系，建立多维立体化共享课程资源平台，培养学生多岗位职业迁移的能力，解决学生技能与产业岗位契合度不高的问题。

3　成果的创新点

3.1　创新以高吻合区域产业的人才培养模式

产业学院搭建了稳固的高技能岗位培养实践平台，建成省、市级产教融合实习实训基地和产教融合协同育人项目，构建"五融合"的"五匠固心"人才培养体系，重构"三层递进"课程体系，实现了"入学即入职、学习即上岗、毕业即就业、就业即能手"，达成了人才培养与区域产业需求的"零距离"目标。

3.2　建立整合企业和学校资源的新平台

企业和学校依托产业学院整合双方优势资源，有效实现了技术、人才、信息和资源的共享，优化创新了资源配置模式，解决了企业参与度不够及校企合作关系"不稳定"的问题。通过参与产业学院的建设，进一步丰富了高职院校匹配产业发展需求，精准培养高吻合度人才的理念，同时，产业学院的排他性合作模式有效保护了企业的技能投资产权，满足了企业获得技术技能人才的优先权，保证了技能人才供应的稳定性，有效解决了企业的人力资源供应链管理问题，毕业生本地就业率提高了

17.3%，骨干企业的高端岗位就业人数进一步增加，学生薪酬高出全省平均水平的30%。

4 成果的推广应用情况

4.1 人才培养质量获社会认可，学生发展前景良好

基于"嘉欣丝绸产业学院"，依托"产教融合 校企共育"创新人才培养改革，学生创新创业能力大幅提高，在各级各类创新创业大赛和职业技能大赛中取得了优异成绩，近5年，获全国职业技能大赛特等奖、一等奖等各类奖项177项，第一发明人授权专利609项。大部分毕业生进入服装类龙头企业就业，2017届毕业生刘旋旋就业创业典型案例被人民日报、光明日报等主流媒体报道。此外，在人才培养服务于地方经济方面也是成绩显著，近期的人才培养报道中显示，培养的毕业生本地就业率达到56.3%，且受到了用人单位一致好评，服装与服饰设计专业毕业生的平均工资收入水平、专业就业相关度均高于全省同专业的平均水平。

4.2 产教融合不断深化，培养模式成为典型

政校企共出资，建立以资产为纽带的"嘉欣丝绸产业学院"，双方在基地共建、人才共育、课程开发、标准共研等方面积极开展更深层次的合作。合作企业嘉欣丝绸集团股份有限公司被评为浙江省首批产教融合型企业，并推荐申报国家产教融合型企业；"濮院特色时尚产业基地""时尚产业人才培养产教融合基地"被评为浙江省高等学校省级产教融合示范基地；"基于工作室共同体的现代学徒制专业人才培养模式的探索与实践——以服装与服饰设计专业为例"成为教育部现代学徒制试点项目的典型案例。

4.3 专业教师服务产业能力不断提升，广受行业企业好评

通过产业学院的建设，教师一方面将企业一线实践经验应用到学校课堂教学中，将产业文化、制度文化引进校园，引入课堂；另一方面积极承担政府部门、行业协会及学会、企业委托的标准和规程制定等业务。缪晓燕老师的"功能性服装研发与新工艺研究技术"与海盐凯达针织服饰有限公司的产品开发契合，双方达成技术转让协议；张青夏老师参与嘉兴市时尚产业协会的"嘉兴市服装行业人才需求与培养的调研报告"获嘉兴市副市长批示；2016~2018年，杨隽颖、张青夏、廖丽芳等老师兼职于"校中厂"——元谱服装品牌研发中心，从事款式开发、样板设计和工艺开发工作，共计开发60余款，为企业创造1000多万元收益。

4.4 服务"一带一路"建设，省内外示范推广效应显著

在产业学院建立的基础上，教育部中外人文交流中心与嘉兴职业技术学院共建纺织服装（丝绸）行业中外人文交流研究院，服务中国纺织服装（丝绸）行业企业参与"一带一路"建设，有效支持地方经济社会发展。嘉兴职业技术学院与嘉欣丝绸股份有限公司共同创建嘉兴中缅服装学院，成为"一带一路"沿线国家服装生产高技能人才培养基地，为企业员工提供基础缝纫、技术工种和规范化管理操作等方面的系统培训500人次，输出纺织服装产业职业教育标准，提高当地纺织服装产业层次。

基于手工技艺传承的高职特教"一主线、四平台"育人模式探索与实践

山东特殊教育职业学院

完成人及简况

姓名	性别	所在单位	党政职务	专业技术职称
宋泮涛	男	山东特殊教育职业学院	服装艺术系主任	副教授
陈桂林	男	广东省职业教育研究院	院长	教授
刘芳	女	山东特殊教育职业学院	服装艺术系党支部纪律委员	讲师
冲娟	女	山东特殊教育职业学院	服装艺术系党支部组织委员	讲师
王秀娟	女	山东特殊教育职业学院	无	副教授
杨海宁	女	山东特殊教育职业学院	无	讲师
刘鲤	女	山东特殊教育职业学院	服装艺术系党支部宣传委员	讲师
沈玉迎	女	山东特殊教育职业学院	无	讲师
车荣晓	男	山东特殊教育职业学院	学校办公室主任	副教授
李玲	女	山东特殊教育职业学院	艺术设计系党支部书记	副教授
张睿	男	山东特殊教育职业学院	党支部书记、思政部主任	教授
张莉	女	山东特殊教育职业学院	无	教授
王培万	男	鸿华（山东）信息科技有限公司	无	教授
姜秀溪	男	山东特殊教育职业学院	无	高级工程师

1 成果简介及主要解决的教学问题

1.1 成果简介

党中央、国务院高度重视残疾人职业教育，山东特殊教育职业学院作为全国残联系统开办最早的残疾人职业教育学校，已有30多年的办学历史。在听障学生的培养中发现，学生毕业后就业岗位单一，创业意识薄弱、社会融入度低，且学生受听障限制对传统文化了解较少；但听障学生对艺术的感悟力和动手能力显著优于健听学生。因此，2014年，学院依托"基于'一主线、四平台'的听障学生传统技艺传承人才培养模式创新"等六个课题开展理论研究，至2017年形成高职听障学生"一主线、四平台"手工技艺传承培养模式，历经4年实践，培养了"厚德育、精技能、善创新、回主流"的高职听障技能人才，开创了听障学生职业教育新模式。

成果包括：

（1）提出"巧手匠心 德技并修"的育人理念。

（2）构建听障学生手工技艺传承与专业协同发展新机制。

（3）形成"一主线、四平台（即以技艺传承创新为主线，搭建大师工作室平台、手工技艺传承创新平台、民艺研学实践平台、名品资源转化平台）"的人才培养模式。

（4）构建"四元、三维、一核心"的评价体系。

1.2　主要解决的教学问题

（1）听障学生对传统文化了解较少，影响非遗技艺传承纵深发展的问题。

（2）非遗技艺传承与专业建设发展的契合度不高的问题。

（3）听障学生就业创业意识薄弱，社会融入度低的问题。

2　成果解决教学问题的方法

2.1　提出"巧手匠心、德技并修"的育人理念

构建基于听障学生缺陷补偿与潜能开发的育人模式，引导学生弘扬手工技艺，实现以德树人、以技立身，学院团队主讲的《匠心无声——巧手传承旗袍之美》获省教学能力大赛一等奖，增强了学生非遗传承的自信。

2.2　构建听障学生手工技艺传承与专业协同发展机制

开发非遗课程融入专业课程，创新"三大课堂"（非遗课程为第一课堂，非遗社团为第二课堂，民艺研学平台等为第三课堂），构建以影像等为表现手段的"活态"传承体系，开发系统性的教学资源。

2.3　形成"一主线、四平台"的人才培养模式

以技艺传承创新为主线，成立非遗大师工作室平台，通过"传统师徒制＋师生共育制"，实现"校内外结合，线上线下联动"，培养其工匠精神；打造"墩绣""玉雕"技艺技能传承平台，以非遗技艺代际传承为目标，通过学分置换、技能比拼等提高听障学生技能；将非遗种植印染基地等作为民艺研学平台，通过假期研学、非遗实践等拓展听障学生视野；依托残疾人文创产业基地、校企共建"手工技艺＋产业"的名品资源转化平台，建立"三大融合"运行机制（校企融合开发产品；结合济南民俗，校城融合打造泉城非遗文创品牌；服务乡村民宿，校地融合开拓应用渠道），助力听障学生就业创业。

2.4　构建"四元、三维、一核心"的评价体系

构建以激发听障学生自信心为核心，以教师、生生、校企导师、非遗大师为评价主体，围绕熟练度、创新度、精美度进行评价的多元评价体系，助推听障学生技能提升。

3　成果的创新点

3.1　创新"一主线、四平台"人才培养模式

以技艺传承创新为主线，通过大师工作室、手工技艺传承创新、民艺研学实践、名品资源转化"四大平台"，整合非遗课程教学内容、创新手工技艺传承方法、挖掘非遗教学资源，立足"全面复兴中华优秀传统文化"的时代背景，培养技能复合型能工巧匠，拓宽听障学生就业创业渠道。

3.2　创新手工技艺传承与专业协同发展机制

以全国残疾人文创产业基地、全国职业院校传统技艺传承示范基地、艺术设计与工艺高水平专业

群建设为依托，充分发挥听障学生技能优势，深挖非遗技能传承要素，将手工技艺与相关专业相融合，形成发展新机制，推动非遗技艺的传承创新。

3.3 创新实施"四元、三维、一核心"评价体系

根据听障学生普遍缺乏自信心的特点，构建以激发听障学生自信心为核心，教师、生生、校企导师、非遗大师为评价主体，围绕熟练度、创新度、精美度进行评价，实现评价主体、评价方法、评价内容、评价目标的多元化，关注听障学生的成长过程。

4 成果的推广应用情况

4.1 学生综合素养显著提高，专业竞争力空前增强

通过构建"一主线、四平台"的"非遗创新"人才培养新模式，听障学生的综合素养得到显著提升。听障学生的扎染、刺绣、剪纸等特色鲜明的非遗作品在第一届、第二届全国"黄炎培"中华职业教育杯非遗创新大赛，以及省级工艺美术博览会等国家级、省级各项赛事中获奖达40余人次，听障学生实现非遗手工艺就业200余人次，创业率达17%。

4.2 核心教师团队快速成长，专业研创力全面提升

传统手工技艺教师队伍素质结构进一步优化，开发以传统非遗技艺为主的校本教材7本、出版教材6本，修订非遗课程教学标准3门、发表论文27篇、立项课题12项、实用新型专利8项、发明专利1项，非遗技艺有关软著8项、山东省技艺技能创新平台3项。开创听障学生职业教育新模式。研究成果《传统手工技艺传承培养教学体系及方法》（专利号：ZL202210030451.4），获国家知识产权局发明专利受理。

4.3 非遗教学资源积累融聚，行业影响力步步攀升

牵头成立"全国非遗职业教育集团""山东省中华职业教育社非遗职业教育委员会""山东省中华职业教育社残疾人理论研究与实践中心""山东新时代残疾人教育研究院"，获批"全国残疾人文化创意产业基地"，多项研究获中华职业教育社优秀成果奖。

4.4 校企地三方共建共赢，学生创业能力大幅跃升

依托学院大学生创新创业孵化基地，听障学生研发的传统盘扣、扎染服饰、蓝印家纺等多个文化创意项目入驻基地，走出了一条传统手工艺作品商品化的创新就业之路。同时，听障学生作品在助力残障群体精准扶贫等方面也发挥了重要作用，为更多残障人士提供了创业就业平台。

4.5 媒体深度聚焦报道，社会影响力逐步扩大

2020年12月，项目负责人宋泮涛以"变'特殊'为'特色'——山东特殊教育职业学院现代非遗手艺传承与人才培养模式探索"为题，在首届全国职业院校非遗技艺传承与发展研讨会上作典型发言，向全国110余所职业院校推广经验。在2022年北京冬残奥会开幕式和闭幕式上，我院53名听障学生参演了《义勇军进行曲》《圆舞曲》《爱的感召》等节目，同学们以饱满的热情和精彩的表演，展示了我院听障学子自强不息、青春向上的风采。光明日报、中国教育报、山东电视台、齐鲁壹点等主流媒体深入报道了学院在非遗手艺传承与人才培养方面的特色做法，引起社会广泛关注。

优化专业育人生态，培养服装专业工匠型人才的模式探索与实践

扬州市职业大学

完成人及简况

姓名	性别	所在单位	党政职务	专业技术职称
徐继红	女	扬州市职业大学	纺织服装学院院长	教授
刘荣平	男	扬州市职业大学	纺织服装学院综合办公室主任	讲师
陈亮	男	扬州市职业大学	纺织服装学院副院长	副教授
戴孝林	男	扬州市职业大学	纺织服装学院协同创新中心主任	副教授
周军	男	扬州市职业大学	纺织服装学院副院长	副教授
戎丹云	女	扬州市职业大学	纺织服装学院副院长	副教授
朱家峰	男	扬州久程户外用品有限公司	总经理	高级工程师

1 成果简介及主要解决的教学问题

1.1 成果简介

我校服装专业勇于追赶服装产业发展的个性化、品位化、智能化潮流，践行"职业教育是培养高素质技术技能人才、能工巧匠、大国工匠的基础性工程"的职业教育发展理念，坚持"立德树人、知行合一"的根本宗旨，全面推进服装专业育人生态建设，使专业建设、教育教学、校企合作等步入相辅相成、良性发展的均衡佳境，打通人才培养供给侧与产业需求侧的通道。2011年10月，"校政企联动、双主体培养工匠型人才"被遴选为教育部"支持高等职业学校提升专业服务能力"项目，经过2年的探索研究，于2013年11月通过了省教育厅和教育部的验收。

在此后的实践检验过程中，以2012年省实训基地、2016年省产教融合实训平台以及2017年的省高水平骨干专业项目建设为依托，进行动态化专业建设；从人才培养、产教融合、课程体系、三教改革、服务社会能力建设等方面进行完善提升，围绕工匠型人才培养目标，持续进行专业育人生态优化探索与实践，完成教改项目59项，发表教研论文20篇，形成系列成果。

1.2 主要解决的教学问题

（1）单一化。人才培养模式千篇一律，服务产业发展不同步的问题。

（2）单个化。人才培养途径一成不变，产教深度融合不全面的问题。

（3）单调化。人才培养手段循规蹈矩，工匠型人才能力不突出的问题。

2 成果解决教学问题的方法

2.1 服务产业发展需求,以"多层化"方法构建工匠型育人生态模式

在以学徒工为起点,以技术员为基础,以设计师、工艺师为提升的"多层化"人才培养过程中,将立德树人贯穿始终,培养具有社会主义核心价值观、精益求精的质量意识的职业素养三层次工匠型人才(图1)。

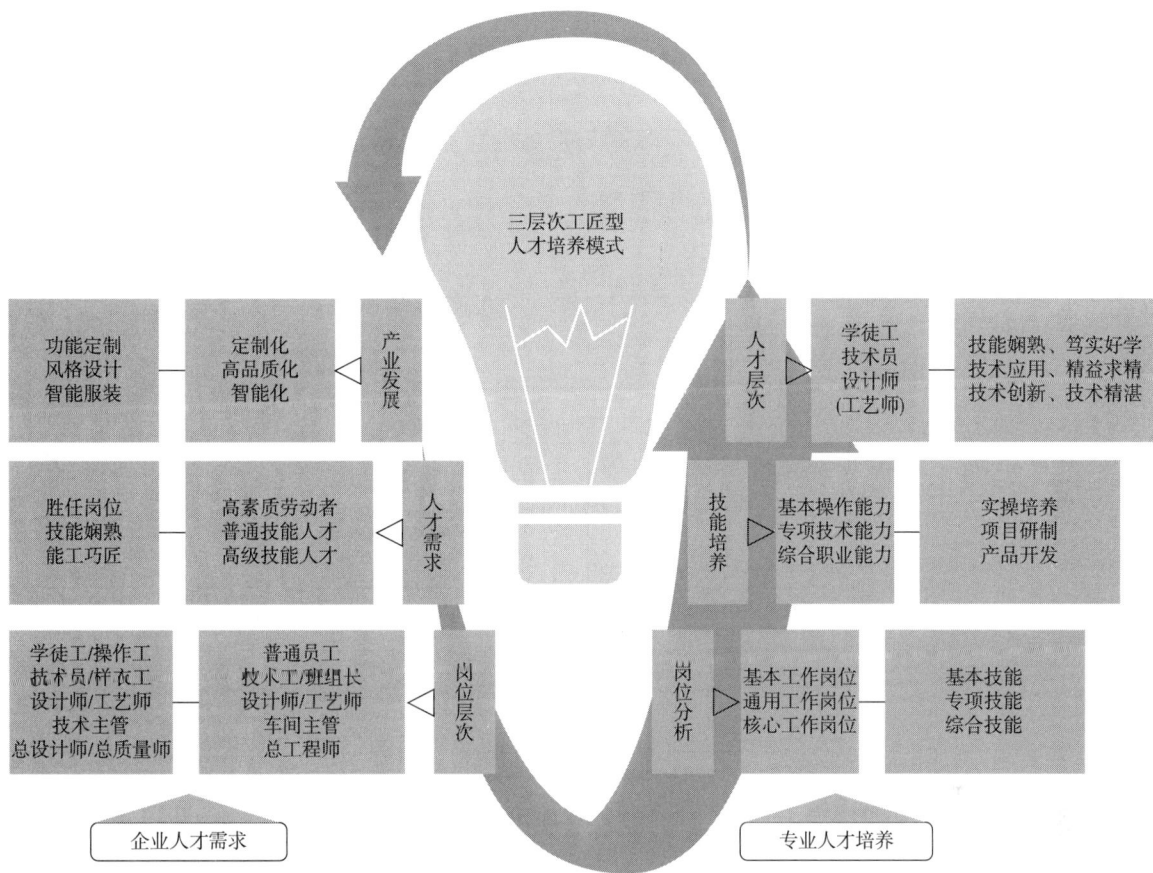

图1 三层次工匠型人才培养模式

2.2 开展浸润式产学研,以"多样化"模式拓宽校企双元育人生态平台

引企驻校,搭建"多样化"合作模式的"校企育人平台",拓宽校企双元育人渠道(图2)。发挥"平台"的双元功能,使用真实生产线开展浸润式实景、实操和实地教学,参与企业技术设计、工艺生产,锤炼学生的职业素养、企业精神;同时,积极锻造学生参加各类技能竞赛、技术攻关、产品研发等硬核能力,为晋升设计师、工艺师打下基础。

2.3 围绕人才培养目标,以"多重化"手段建设技能项目式课程育人生态体系

基于工匠型人才培养目标,课程设置从岗位知识与技能角度出发,分别以岗位基本技能需求、岗位中级技能标准、岗位高级技能目标构建"三级技能项目"课程体系(图3)。以"三教"改革为课程体系建设的切入点,紧扣"立德树人、知行合一"的根本宗旨,将课程思政、核心素养、合作共赢及工匠精神贯穿每级技能项目课程体系中,构建"初、中、高三级技能项目"课程育人生态体系。

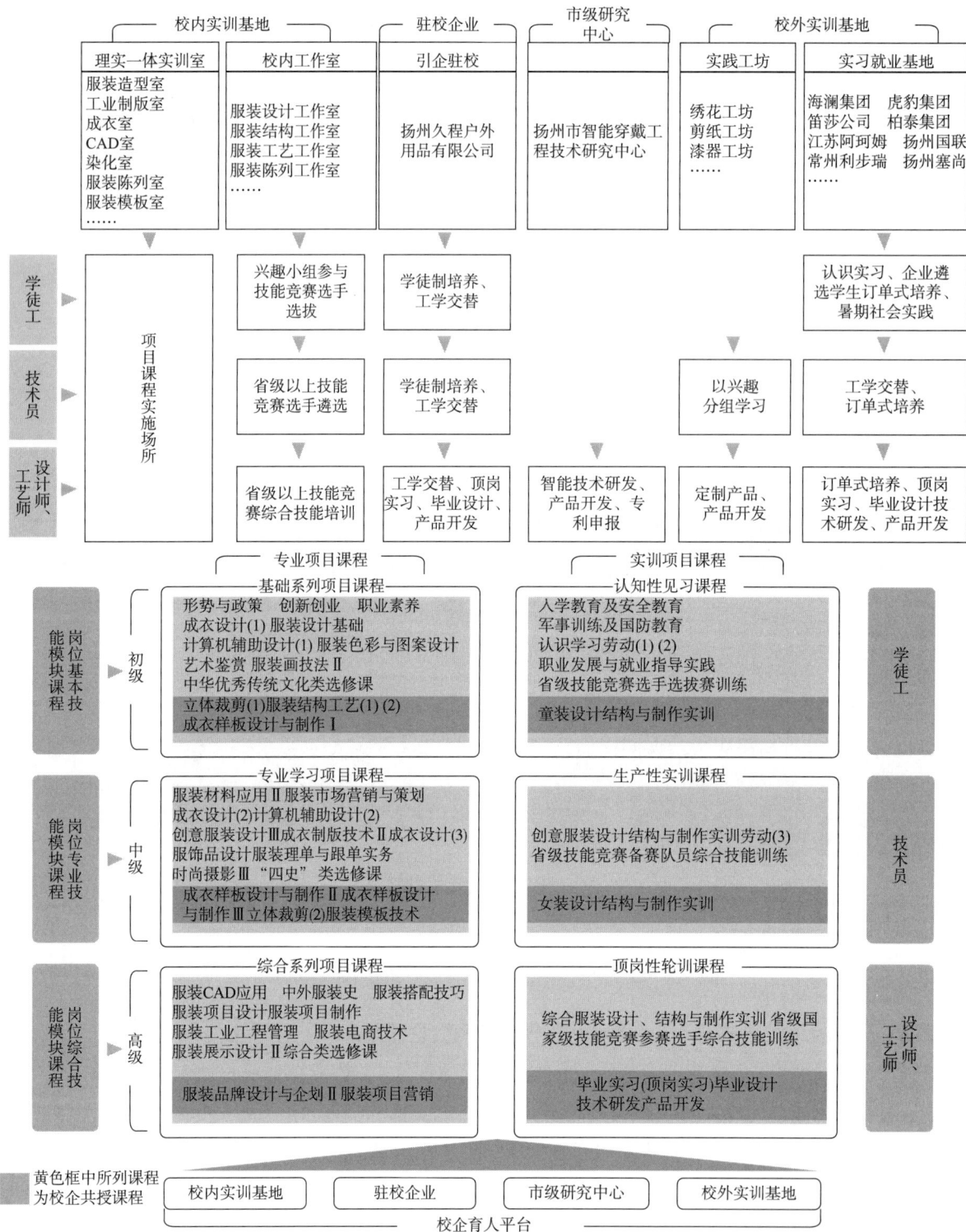

图2 校企育人平台

2.4 推进"岗课训赛证"有机融合，以"多元化"途径践行过程生态育人观

坚持岗位与课程有机衔接，探索并实践"岗课训赛证"在育人过程中的相互关系和不同作用，以"多元化"的人才培养途径，实现全过程生态育人。

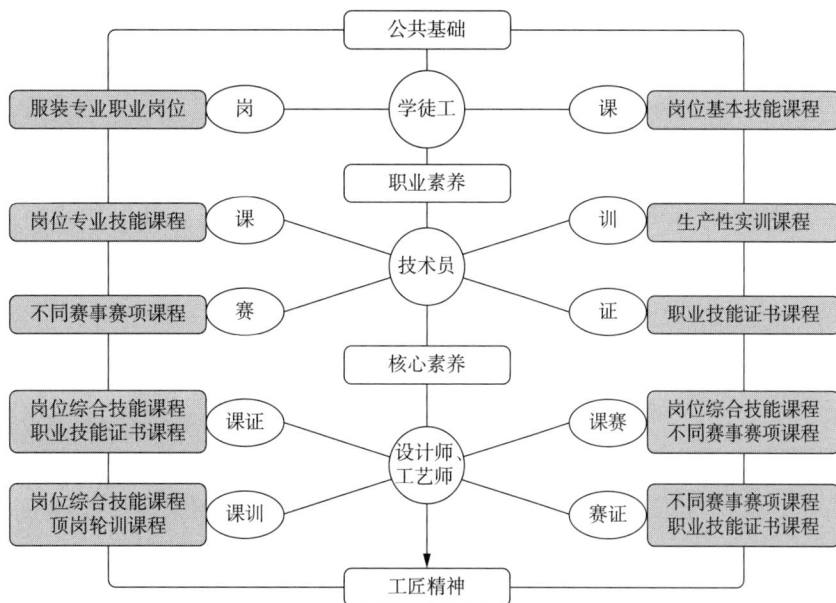

图 3 课程思政、核心素养、合作共赢及工匠精神等贯穿的技能项目课程体系

3 成果的创新点

3.1 多方联动，创建"以德为先"的德育育人生态体系

一是构建文化多元共融的育人有机体；二是践行立德树人、知行合一的育人理念；三是践行课程思政，促进各类课程与思想政治课同向而行，实现一体化协同育人；四是坚持把德、智、体、美、劳教育融入学生成长的过程中。以德为先，引导师生以德立身、以德立学、以德施教、以德树形，建立全过程德育育人生态体系。

3.2 校企协同，创立"四链衔接"的实践育人生态体系

深化校企合作，搭建多功能育人平台，实现校企协同育人。创设浸润式学习情境，让学生真刀实枪地实践历练。拓展"平台"协同育人空间和功能，将教育链、人才链、创新链与企业产业链在实践教学中充分融合、有机衔接，增强校企协同下的实践育人生态体系效应。

3.3 岗课融合，创设"岗课训赛证"相互关联的课程育人生态体系

坚持岗位与课程衔接相对应，探索并实践"岗课与课训"相互关系，"课证与课赛"融通渠道，"训赛与赛证"结合方法，构建课程育人生态体系。

4 成果的推广应用情况

4.1 成果实践检验应用效果显著

在7年多的成果实践检验期间，学生参加技能竞赛荣获国赛一等奖3项、二等奖4项，3名学生被中国纺织工业联合会授予"全国纺织服装专业学生职业技能标兵"荣誉称号；获得省技能竞赛一等奖8项、二等奖8项、三等奖1项，其他类型省级技能竞赛三等奖以上11项。完成国家级大创项目4项、省级大创项目24项。

学生毕业设计参与企业产品设计、真题实做，毕业设计（论文）在江苏省普通高等学校本、专科

优秀毕业设计评比中，获得一等奖2项、二等奖2项、三等奖5项、团队奖4项。7年多来，培养3200余名工匠型人才，毕业生一次性就业率均在99%以上，受到用人单位的一致好评。

依托省级优秀教学团队，近年来培养省级高层次人才3名（省"333工程"和"青蓝工程"），市级高层次人才4名。获得省教学大赛二等奖4项、三等奖4项，教师技能竞赛金奖1项、银奖3项、铜奖3项。省在线开放课程1门，国家级规划教材1本，部委级规划教材10本。完成项目85项，到账资金1400余万元。获得发明专利1项、实用新型专利21项。为企业培训职工28场、2780人次。2016年专业团队被评选为"全国纺织服装教育先进集体"。

4.2 成果实践检验推广示范效应凸显

《中国教育报》于2017年和2018年分别以《知行合一、培养服装业现代工匠》《精准供给大国服装"匠才"——扬州市职业大学纺服学院创新高端技术技能人才培养纪略》为题详细报道专业推进校企合作、产教融合、创新培养高端技术技能型人才的做法和经验。2019年12月24日，《中国教育报》以《党建引领聚合力，教学相长育新人》为题，对学院在专业建设中将党小组建在团队上进行了专题报道，江苏省教育厅网站予以转载。在2020年2月新冠肺炎病毒大流行防控的紧要关头，本专业全体教职工主动上门为合作企业扬州久程户外用品有限公司生产防疫用品提供"点对点"服务，党员教师利用专业知识帮助企业改良医用防护服结构与工艺，提高生产效率。《扬子晚报》、中国江苏网以及扬州电视台分别进行了跟踪采访报道。《现代快报》多媒体数字版、江苏省教育厅网站、《扬州晚报》等主流媒体多次以《长三角高职院校为企业复工复产赋能》《人工智能+服装设计：这个高校让衣服更智能》为题，报道了我校服装专业建设成效。

在我校担任"全国纺织服装职业教育教学指导委员会服装专业教学指导委员会"主任委员单位期间（2013年至今），为全国高职院校服装专业开展教学研究、咨询、指导、评估和服务等工作，服装专业成为全国高职院校中同类专业的领头羊。2014年以来，以"扬州市职业教育集团——纺织服装专业中心"主任委员单位，为扬州市中高职院校提供了教学研究、指导和服务，全面提升了扬州市服装专业整体建设水平。期间，组织培训全国服装专业教师9场，计420人次，经验交流会12场。宁夏职业技术学院、儋州中等职业技术学院、无锡工艺职业技术学院等兄弟院校，以及省市政协、省市工信等部门领导同志多次莅临考察、指导与交流，建设成果得到省内外兄弟院校、行业专家和领导同志的肯定。

"平台互动、科创结合"——培养纺织复合型创新型技能人才的探索与实践

浙江纺织服装职业技术学院

完成人及简况

姓名	性别	所在单位	党政职务	专业技术职称
朱远胜	男	浙江纺织服装职业技术学院	纺织学院院长	教授
郑志荣	男	浙江纺织服装职业技术学院	纺织学院副院长	副教授
胡秋儿	女	浙江纺织服装职业技术学院	纺织学院党委书记、纺织学院副院长	副研究员
李祎茹	女	浙江纺织服装职业技术学院	纺织学院教务办主任	讲师
刘敏	女	浙江纺织服装职业技术学院	计划财务处会计	会计师
罗炳金	男	浙江纺织服装职业技术学院	纺织品设计专业带头人	教授
袁利华	女	浙江纺织服装职业技术学院	现代纺织技术专业教师	副教授
季荣	女	浙江纺织服装职业技术学院	纺织品检验与贸易专业带头人	副教授

1 成果简介及主要解决的教学问题

1.1 成果简介

中国纺织产业是中国最具全球竞争力的产业，现阶段在技术创新与文化赋能双重驱动下，围绕"科技、时尚、绿色"的新定位，向创新驱动的科技产业、文化引领的时尚产业和责任导向的绿色产业转型升级。转型升级的新形势下，产教融合、校企合作，培养出适合产业需要的复合型创新型技能人才，是实现纺织产业高质量、高水平发展的关键。

针对新时代纺织复合型创新型技能人才培养问题，学校在产教融合协同育人大环境下，将人才培养模式总结为"平台互动、科创结合"，即"科技创新平台"培养学生的创新能力，"教师工作室"培养学生的创意能力，"产业学院"培养学生的岗位适应和迁移能力。在此模式引领下，聚焦立德树人，坚持"五育并举"，探索"三课堂、三融合、三衔接"的全过程育人新模式；将复合型、创新型要求导入学习领域，构建"底层共享、中层互融、高层互选"的课程体系；建立校企紧密合作的"产学研创"四位一体数字化纺织技术产教融合中心，为培养具有创新能力、创意能力、岗位适应能力、岗位迁移能力的技术技能型人才提供环境支持。

本项目是基于宁波市首家高职院校（2004年）设立在宁波市高职院校的市级重点实验室形成的多个科创平台，后于2010年成立由纺织龙头企业、科研院所及高校等组成的宁波市纺织服装产学研技术创新平台，同年启动省示范院校现代纺织技术专业群建设，初步建立"平台互动、科创结合"的人才

培养模式，于2016年验收通过。本项目历经2017年省优质校时尚纺织专业群建设、2020年省"双高"建设A类专业群建设的实践检验，极大地提高了人才的适应性。

1.2 主要解决的教学问题

（1）解决了人才培养机制与纺织产业复合型创新型技能人才特质契合度不高的问题。

（2）解决了人才培养平台与企业融合度不深的问题。

（3）解决了人才培养模式与新时代需要的全方位发展的技术技能人才不匹配问题。

2 成果解决教学问题的方法

2.1 构建对接产业需求的专业群，实现人才培养"教育供给侧和产业需求侧"相融合

对接纺织品设计、生产、服务、贸易等各关键环节，覆盖数字化纺织品设计、智能化纺织制造、数字化纺织品检测等领域，建立了以纺织品设计专业为龙头、现代纺织技术和数字化染整技术专业为主体、纺织品检验与贸易专业为服务的专业群，实现了面向产业链的专业集聚。

2.2 适应纺织转型升级人才需要，构建"底层共享、中层互融、高层互选"课程体系

依据纺织产业核心岗位的能力需求，强化学生应用和创新能力培养，确定专业群各专业的课程架构与教学内容，构建与"平台互动、科创结合"人才培养模式相适应的专业群课程体系。设置8个模块的"通识教育课程"和7门"专业群平台课程"，采用项目或模块化的组合形式开展专业群平台课程教学，实现基础课程的"底层共享"，培养学生必备的基本知识和能力；着眼于专业群岗位基础能力融合培养，根据各专业能力培养交叉配置要求，设置8个模块化课程，并对接X证书的能力培养标准，实现专业课程的"中层互融"，培养学生融合的职业能力；在岗位核心能力的培养上，设置"高层互选"模块，培养学生专业拓展能力（图1）。

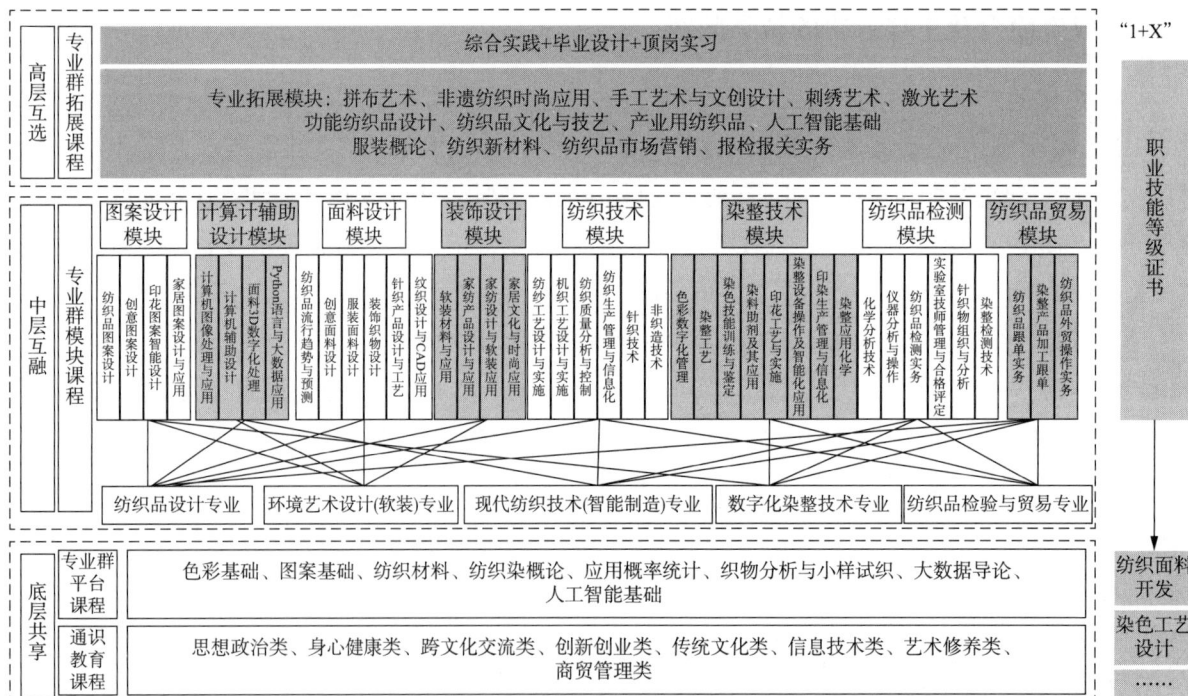

图1 专业群课程体系

2.3 建设人才培养创新需要的教学环境，搭建符合"平台互动，科创结合"人才培养模式需要的平台

围绕纺织产业"科技、时尚、绿色"新发展理念，助力纺织企业数字化转型，满足"平台互动、科创结合"复合型创新型技能人才培养模式的需要，汇聚政府、企业、行业、科研院所、学校优质资源，覆盖"纺织产品设计、纺织生产制造、纺织服务贸易"三个领域，建立由科技创新平台、教师工作室、产业学院组成的产教融合平台，培养具有创新能力、创意能力、岗位适应和迁移能力的学生，使他们具有开展数字化面料设计、家纺设计、纺织加工、印染加工、产品检测以及生物可降解材料和绿色纤维应用、纺织绿色加工等方面的技术研发、科学研究和生产服务的能力，从而为培养纺织复合型创新型技能人才提供必要的环境支持（图2）。

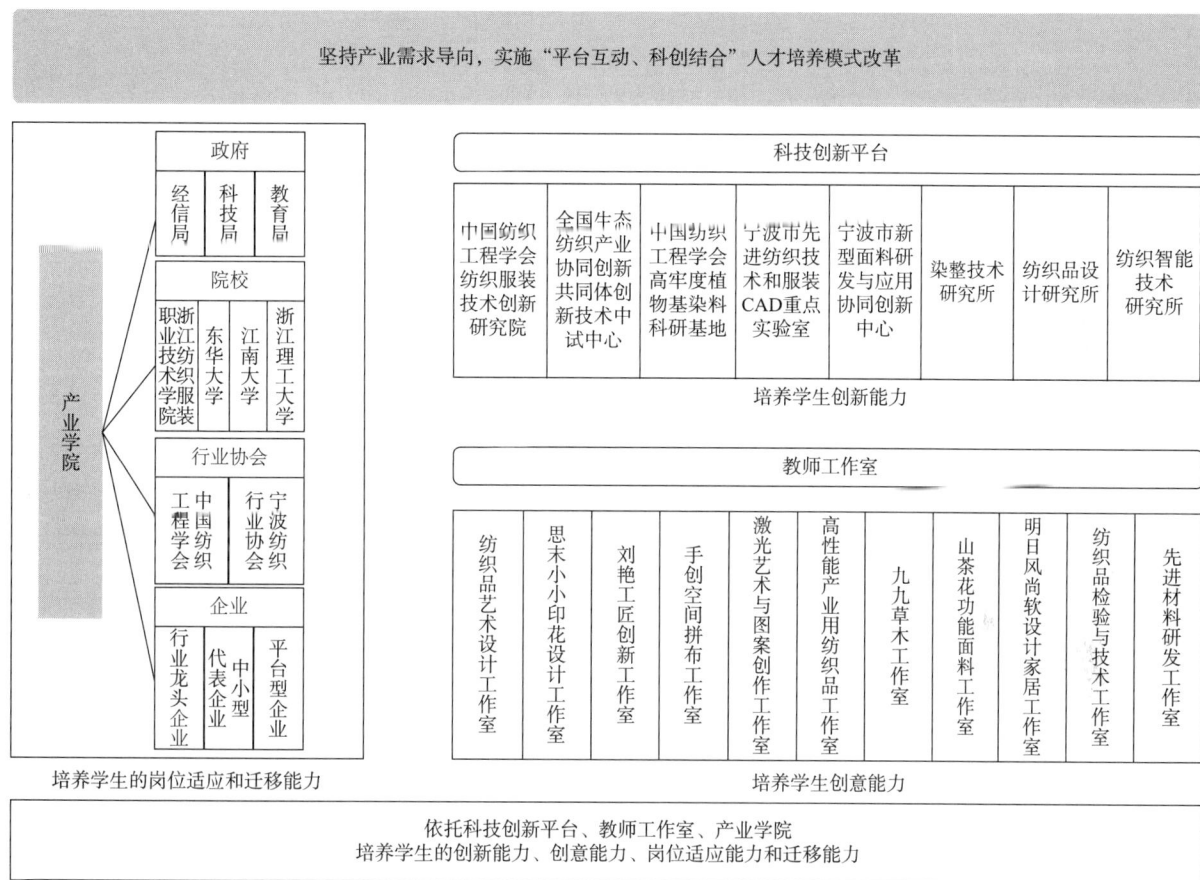

图 2 搭建符合"平台互动，科创结合"人才培养模式的平台

2.4 聚焦立德树人根本任务，探索"三课堂、三融合、三衔接"的思政育人新模式

构建"思政课、通识课、专业课"的课内思政"三课堂"协同机制，实现思政课程和其他课程的"同频共振"；建立"思政基地、思政项目、思政评价"的课外思政"三融合"范式，实现思政育人的"横向贯通"；共筑"内容接轨、导师接力、管理接续"的校企育人"三衔接"模式，促进学生思政教育的"纵向连接"。通过实施"三课堂、三融合、三衔接"的纺织高素质育人新模式，深化"三全育人"改革，培养适应新时代需要的全方位发展的技术技能人才（图3）。

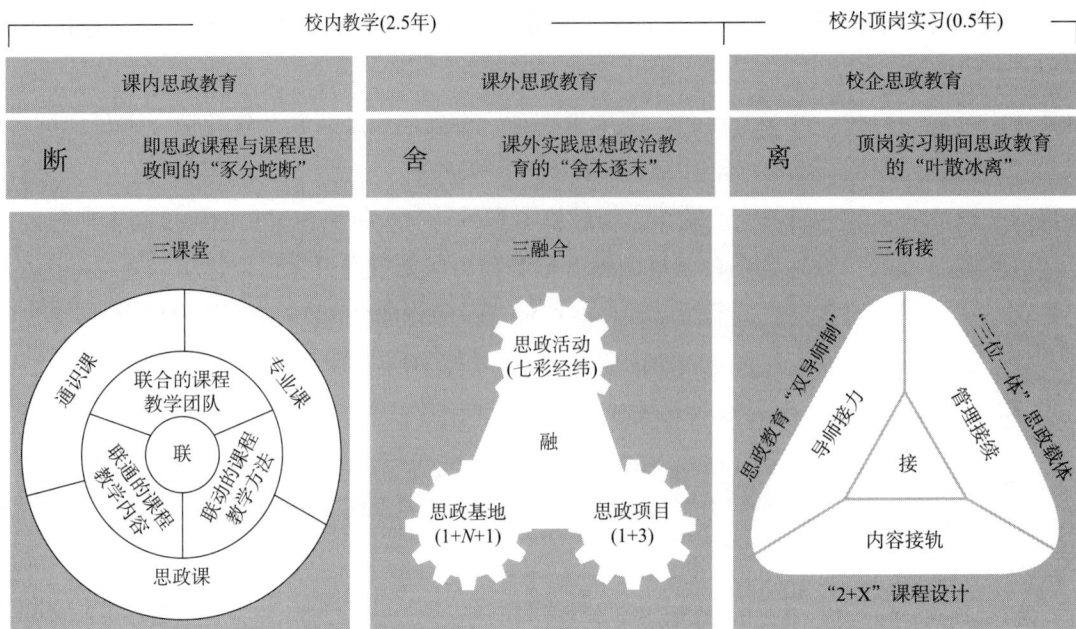

图 3 "三全育人"的纺织高素质育人模式

3 成果的创新点

3.1 创新人才培养模式，构建具有"创新能力、创意能力、岗位适应和迁移能力"的培养体系

面对纺织发展新要求，将纺织中下游产业的目标岗位和技术要求融入专业群人才培养方案；强调产业核心岗位技术技能培养，强化工程应用和创新能力的培养，构建"底层共享、中层互融、高层互选"课程体系；在教学中实施建立"科技创新平台、教师工作室、产业学院"平台，分类培养学生的"创新能力、创意能力、岗位适应和迁移能力"。

3.2 创新人才培养环境，建立"科技创新平台、教师工作室、产业学院"产教融合平台

通过"科技创新平台"，瞄准企业发展中技术缺乏、人才缺乏等现实问题，师生共同协助中小企业开展技术开发、技术转化等，培养学生的创新能力；结合企业产品研发，与企业联合建设"教师工作室"，将企业真实项目融入课堂教学，师生共同开展创意设计、新产品发布等，培养学生的创意能力；通过政府搭台，行业、院校、企业共同组建"产业学院"，开展行业发展研究、行业标准制定等，培养学生的岗位适应性和迁移能力。

3.3 创新思政育人新模式，实现"全课程、全方位、全过程"育人

以立德树人为使命，培养德才兼备的纺织复合型创新型技能人才尤为重要。因此专业群建立了"三课堂、三融合、三衔接"的育人新模式，实现"全课程、全方位、全过程"育人。通过联合的课程教学团队、联通的课程教学内容以及联动的课程教学方法，创新形成了"三联式"的思政课和课程思政协同教学机制。搭建思政基地、思政项目和思政评价等载体或体系，重构思政教育与课外实践教学融合的范式，优化了全方位思政育人。针对高职院校工学结合的培养特点以及顶岗实习期间思政教育的"空白"现状，创设校企间协同育人新模式：在内容上融入企业文化和职业规范；通过"双导师制"，培养学生兼具技能和品性的"修炼"；实施网络平台、流动支部和思政工作室"三位一体"的管理模式，实现思政教育"一个都不能少，一刻都不能停"的目标。

4　成果的推广应用情况

（1）育人质量显著提升，毕业生广受企业欢迎。据浙江省教育评估院统计，近3年，毕业生就业率超过98%；其中2018届毕业生对母校的总体满意度为99%；历届纺织专场大型招聘会，供需比达到1∶5；用人单位对毕业生的职业特质的满意度均超过95%。博洋集团、维科集团、百隆集团等纺织企业60%以上技术骨干和45%以上的管理骨干均毕业于学校纺织类专业。学生在各类创新创业竞赛中获得包括"挑战杯"全国职业学校创新创效创业大赛特等奖在内的省级以上荣誉109项。

（2）教学改革成效明显。成为国家职业教育数字化染整技术、纺织品设计专业教学标准制定牵头单位，以及国家职业教育纺织品设计专业教学资源库主持单位；先后成为教育部高职高专纺织服装教指委现代纺织技术专指委主任单位、数字化染整技术专指委主任单位，中国纺织工程学会染整专业委员会副主任单位，全国家用纺织品设计专业教学指导委员会副主任单位。学校在轻工纺织大类位列全国高职院校第一（武书连2019年排行榜），纺织品设计专业连续2年位列全国高职专业排行榜第一（金平果排行榜）。本成果建成国家精品资源共享课程3门、国家级规划教材4部，纺织服装高等教育"十四五"部委级规划教材19部。

（3）辐射示范引领。以纺织品设计专业为龙头的专业群列入浙江省高职"双高"建设A类专业群，学校成为"全国纺织行业人才建设示范院校"，连续12年发布《宁波纺织产业发展报告》。本模式培养直接受益学生5000余名，同时该模式推广应用至校内其他6个专业群，间接受益学生超4万人。本成果为传统纺织专业的改造升级及其人才培养探索了新路径，在教育部纺织服装职业教学指导委员会中进行交流和推广，受到广东职业技术学院、常州纺织服装职业技术学院等同类院校的高度评价，认为该模式目标明确、针对性强，起到了示范引领作用。相关成果在中国新闻网（2019年5月）、中国青年报（2020年6月）、浙江教育报（2021年5月）等主流新媒体报道新闻35篇。

协同地方产业同步发展的电子商务专业群建设的探索与实践

广东职业技术学院

完成人及简况

姓名	性别	所在单位	党政职务	专业技术职称
李集城	男	广东职业技术学院	商学院院长	副教授
章洁	女	广东职业技术学院	商学院副院长	副教授
霍谷正	男	广东职业技术学院	商学院实训中心主任	计算机科学与技术实验师
许四化	男	广东职业技术学院	商学院党支部组织委员	副教授
谢婷	女	广东职业技术学院	电子商务专业群教研室主任	讲师
蔡春红	女	广东职业技术学院	无	副教授
梁娟娟	女	广东职业技术学院	无	副教授
傅小龙	女	广东职业技术学院	教工党支部支委	高级人力资源管理师
陈纪光	男	广东职业技术学院	无	讲师、会计师
秦建玲	女	广东职业技术学院	商学院第一教工党支部支委	讲师
周佳	女	广东职业技术学院	电子商务专业群副主任	讲师
赖路燕	女	广东职业技术学院	无	副教授
王慧	女	广东职业技术学院	商学院教工第一党支部书记	副教授

1 成果简介及主要解决的教学问题

1.1 成果简介

为对接数字技术驱动的新零售业态，赋能佛山市泛家居万亿产业集群商务服务转型升级对复合型人才的需求，适应新经济带来的市场变化需求、新技术带来的行业升级挑战、新职业带来的岗位供需变化，依托多项国家级、省级项目展开研究，逐步完善形成"七融入五链通"为特征的电子商务专业群协同地方产业同步发展机制。

成果主要内容：

构建联动机制驱动、多方主体参与、技术标准同步、人培动态改进的专业群协同地方产业发展运行机制，依托产教融合平台，重构专业群课程体系、课程思政体系、虚实结合实训基地，探索"七融入"人才培养路径，即将产业升级融入专业建设、岗位要求融入专业标准、赛证标准融入课程体系、虚拟资源融入基地建设、技术变革融入团队建设、思政元素融入项目内容、产业文化融入基地文化，全面促进"产业链、专业链、人才链、价值链、制度链"五链同频共振，培养适应数字技术变革和泛家居产业转型升级的"有素养、懂数据、能营销、善运营、会管理、可创业"的复合型人才。

经过4年多的检验，专业群适应地方产业人才需求效应呈现，获国家级成果14项，省级一等奖50余项，专业群各专业对口率从2018年的82.71%上升到2021年的98.76%，雇主满意度均超过86.26%；学生参加全国职业技能竞赛省赛一等奖获奖数量从0个增加到13个，行业技能竞赛国家二等奖以上获奖数量从0到个增加到8个，学生"互联网＋"创业大赛国家级铜奖1项、省级银奖2项、铜奖3项，实现国家级奖项零的突破；获挑战杯省级特等奖1项、一等奖1项、铜奖2项，省级特等奖实现零的突破；社会服务横向课题收入从0元增加至100余万元，成果成效增值显著。人民网、网易、腾讯网、广东省教育厅网站、佛山电视台等多家媒体进行了报道，学生为第四届中国农民丰收节佛山主会场进行了直播。本成果在全国同类院校相关专业群产生了较大影响力，发挥了示范和引领作用，帮扶和指导校内外5个专业群成功申报广东省第二批高水平专业群（图1）。

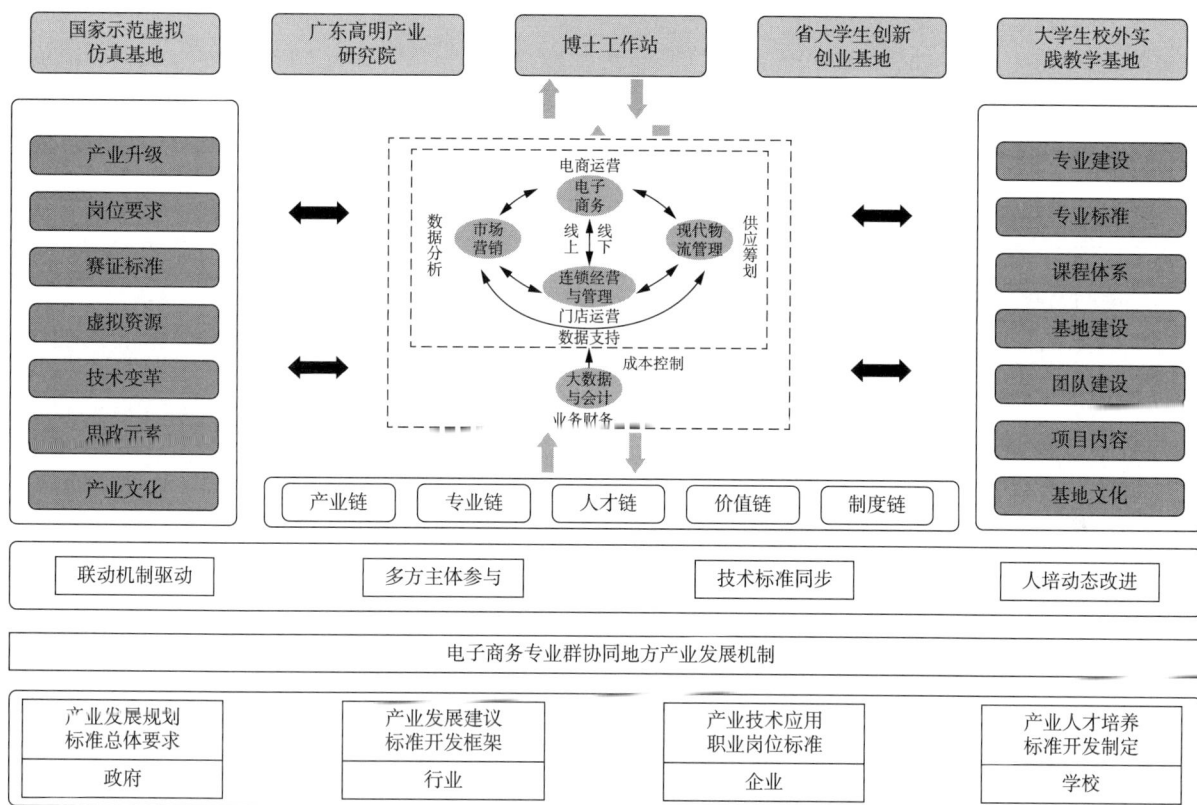

图1　电子商务专业群协同地方产业同步发展机制

1.2　主要解决的教学问题

（1）解决了专业群建设与产业转型升级未能同步的问题。

（2）解决了学习内容与岗位技能要求不匹配的问题。

（3）解决了实训育人环境与工作环境不吻合的问题。

2　成果解决教学问题的方法

2.1　构建校政企行合作平台与联动发展机制，解决专业群建设与产业转型升级同步的问题

围绕新零售业态赋能泛家居产业转型升级这条主线，构建校政企行合作平台，制定校政企行联席会议制度，每年定期召开研讨会议，学校建立产教融合制度、师资建设制度、课程建设制度，形成制度链。政府实施产业发展规划和标准总体要求，行业实施产业发展建议和标准开发框架，企业实施产业技术应用和职业岗位标准，学校实施标准开发制定和产业人才培养。依托国家职教示范性虚拟仿真实训基地，广东省佛山市软件园大学生创新创业基地、高明产业研究院、博士工作站等国家级、省市级产教科创融合平台，实现产业链、专业链、人才链、价值链、制度链"五链"同频共振，形成多元

主体参与，联动机制驱动，技术标准同步，人才培养动态改进的良好机制（图2）。

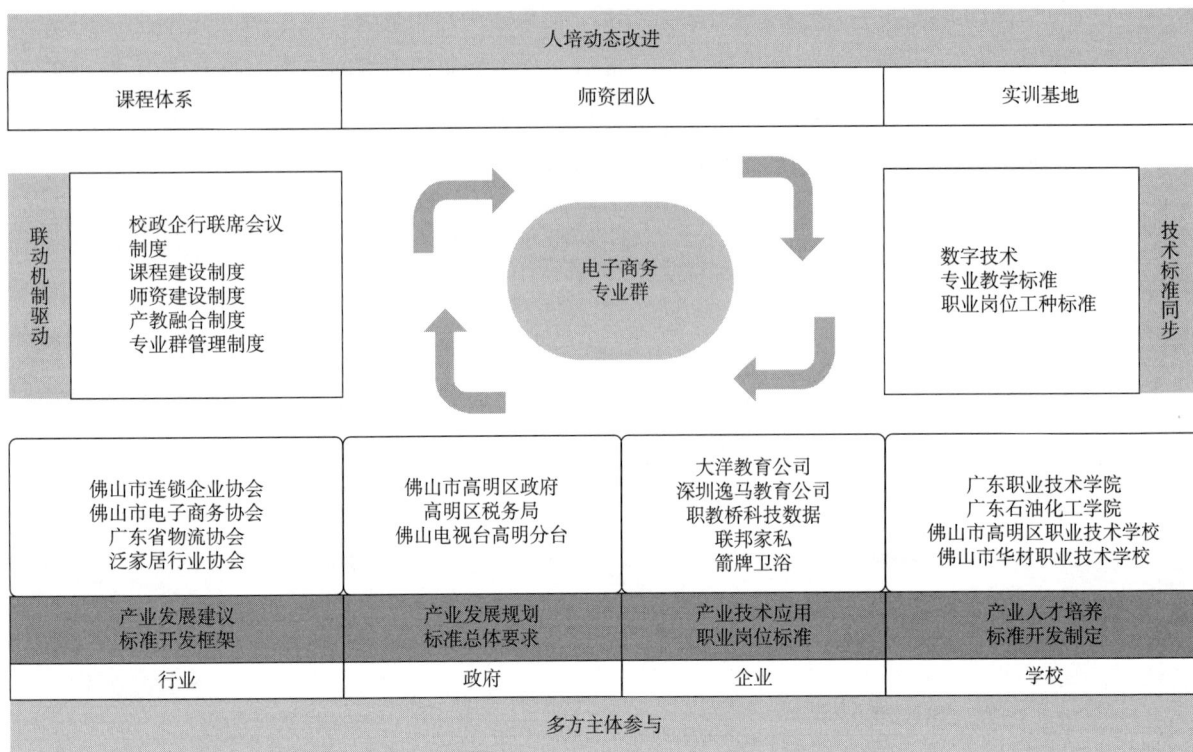

图2　电子商务专业群协同地方产业同步发展机制运行图

2.2　构建专业群课程体系与建设优质教学资源，解决学习内容与岗位技能要求不匹配问题

对接职业标准、技能竞赛标准、"1+X"证书标准，重新梳理岗位关键技术，围绕新零售业态价值链增值全过程，引入企业真实项目，将岗位要求融入专业标准、赛证标准融入课程体系、思政元素融入项目内容，按专业大类系统设计课程思政，将"为学以诚，为商以信"融入职业群的职业道德规范、法律法规要求，结合佛山泛家居产业文化，按专业弘扬"数字中国、品牌中国、创新中国、物流中国、法治中国"，树立制度自信和文化自信。构建"宽基础、精专业、强素养"的专业群课程体系，多元协同建设专业群教学资源库、精品在线开放课程、岗课赛证模块化课程，以及活页式新型教材，实现学习内容与岗位技能要求无缝对接（表1、图3、图4）。

表1　岗课赛对应表

岗	课程	赛	证
岗位群	课程	技能竞赛赛项	试点"1+X"证书
数据分析类	数据分析	商务数据分析技能、市场营销技能	电子商务数据分析
数据分析类	数据分析	商务数据分析技能、"互联网+"国际贸易技能	跨境电商B2B数据分析
管理会计类	企业经营与财务	会计技能	财务共享服务
线下运营类	智慧门店运营、智慧仓储与配送、数据分析	智慧零售技能	特许连锁经营管理
线上运营类	数据分析、新媒体营销、市场营销	市场营销技能、直播技能竞赛、电子商务技能竞赛、创新创业技能	新媒体营销

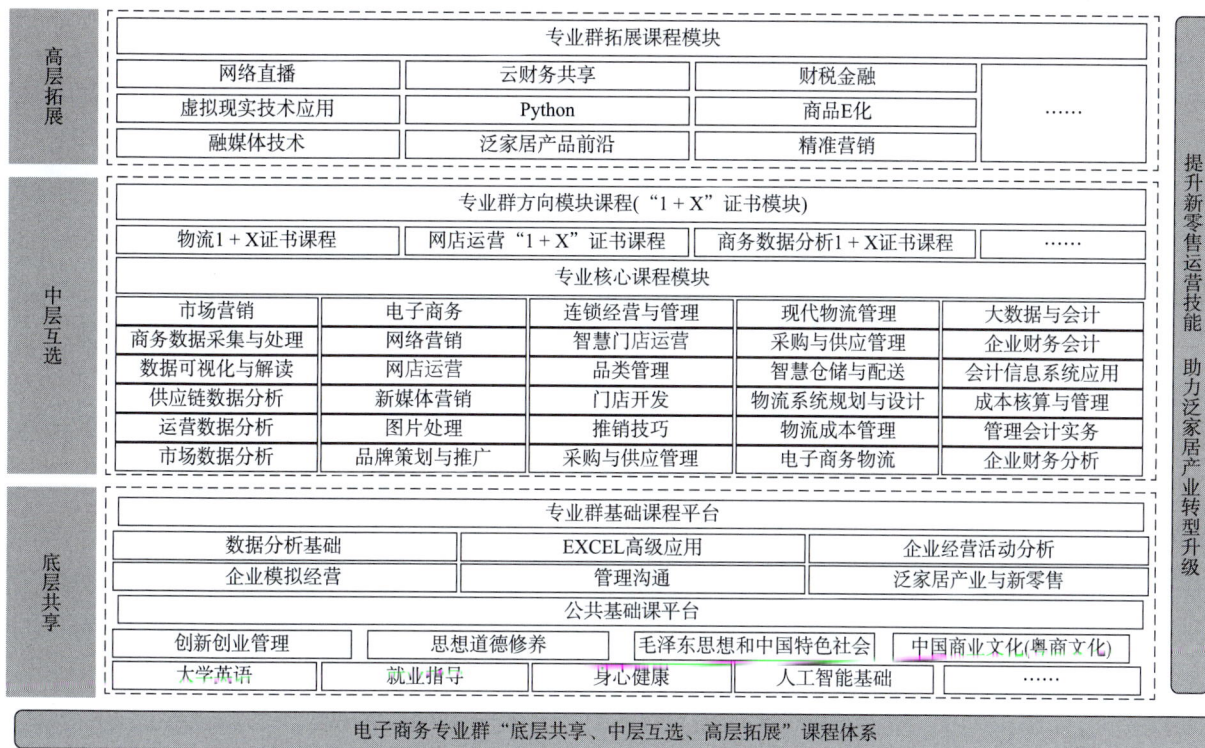

高层拓展	专业群拓展课程模块			提升新零售运营技能 助力泛家居产业转型升级
	网络直播	云财务共享	财税金融	
	虚拟现实技术应用	Python	商品E化	……
	融媒体技术	泛家居产品前沿	精准营销	

专业群方向模块课程("1+X"证书模块)

中层互选	物流1+X证书课程	网店运营"1+X"证书课程	商务数据分析1+X证书课程	……

专业核心课程模块

市场营销	电子商务	连锁经营与管理	现代物流管理	大数据与会计
商务数据采集与处理	网络营销	智慧门店运营	采购与供应管理	企业财务会计
数据可视化与解读	网店运营	品类管理	智慧仓储与配送	会计信息系统应用
供应链数据分析	新媒体营销	门店开发	物流系统规划与设计	成本核算与管理
运营数据分析	图片处理	推销技巧	物流成本管理	管理会计实务
市场数据分析	品牌策划与推广	采购与供应管理	电子商务物流	企业财务分析

专业群基础课程平台

底层共享	数据分析基础	EXCEL高级应用	企业经营活动分析
	企业模拟经营	管理沟通	泛家居产业与新零售

公共基础课平台

创新创业管理	思想道德修养	毛泽东思想和中国特色社会	中国商业文化(粤商文化)
大学英语	就业指导	身心健康	人工智能基础 ……

电子商务专业群"底层共享、中层互选、高层拓展"课程体系

图3 电子商务专业群"宽基础，精专业，强素养"课程体系

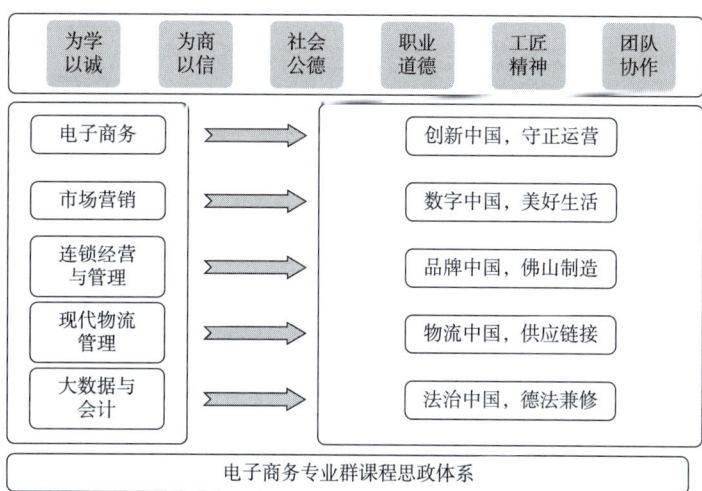

为学以诚	为商以信	社会公德	职业道德	工匠精神	团队协作

电子商务 →	创新中国，守正运营
市场营销 →	数字中国，美好生活
连锁经营与管理 →	品牌中国，佛山制造
现代物流管理 →	物流中国，供应链接
大数据与会计 →	法治中国，德法兼修

电子商务专业群课程思政体系

图4 电子商务专业群课程思政体系

2.3 共建"一云、两端、三中心"虚实结合产教融合实训基地，解决实训育人环境与工作环境不吻合问题

使用云服务构建线上线下两端共享平台环境，将职业教育实训"三高三难"转化为虚拟环境和资源融入基地建设，建设实践教学中心、技能鉴定中心、实战创新中心，形成"教与学—考与评—用与创"闭环。以"三中心"贯穿职业认知文化、职业认同文化、技术变革文化、技能社会文化、美学美育文化、产业品牌文化，巩固学生职业认知和职业认同、熟悉产业背景，营造人人持证、技能社会的氛围。以真实工作任务为驱动，以真实项目为载体，在实训基地进行教师教学生学、学生考社会评、

用技能做三创，反复锤炼职业岗位工作任务，掌握职业岗位核心技能，实现实训育人环境与工作环境相吻合（图5）。

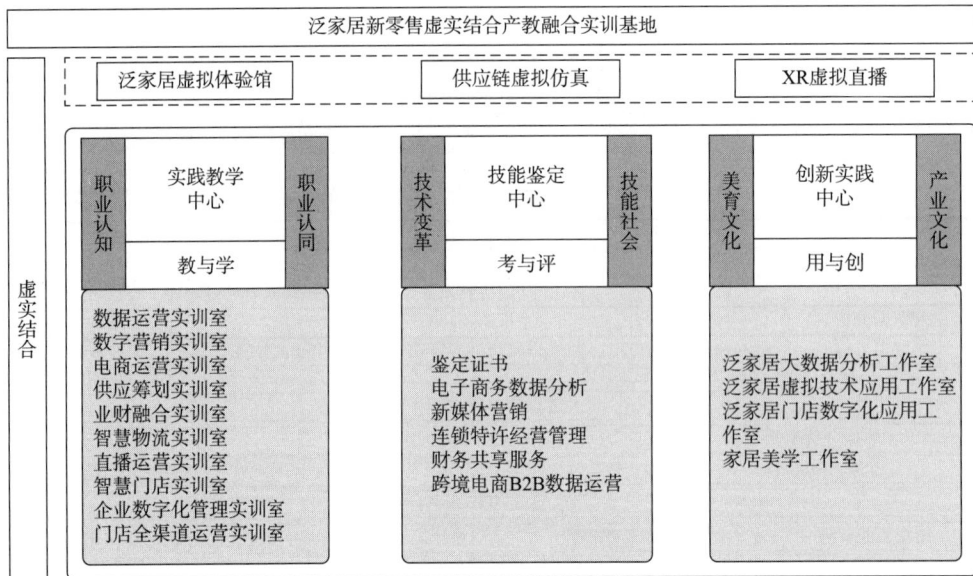

图 5　泛家居新零售虚实结合 + 文化育人产教融合实训基地

3　成果的创新点

3.1　机制创新——系统建立专业群协同地方产业同步发展机制

以新零售业态价值链增值、泛家居产业链转型升级、专业群专业链融合、人才链培养需求、制度链同频共振，将产业升级融入专业建设、岗位要求融入专业标准、赛证标准融入课程体系、虚拟资源融入基地建设、技术变革融入团队建设、思政元素融入项目内容、产业文化融入基地文化，形成多元主体参与、联动机制驱动、技术标准同步、人才培养动态改进的"七融入五链通"专业群协同地方产业同步发展机制。

3.2　体系创新——系统设计实施课程思政+育人环境+能力递进的专业群课程体系

按专业大类系统设计课程思政，将"为学以诚，为商以信"融入职业群的职业道德规范、法律法规要求，结合佛山泛家居产业文化，按专业弘扬"数字中国、品牌中国、创新中国、物流中国、法治中国"，树立制度自信和文化自信，建成集"教与学、考与评、用与创"于一体的实训基地，贯穿职业认知文化、职业认同文化、技术变革文化、技能社会文化、美学美育文化、产业品牌文化，形成系统的"思政+产业+文化+技能"的育人环境。

3.3　实践创新——打造产教科虚实融合的复合型人才培养生态

建成国家职教示范性虚拟仿真实训基地、广东省软件园大学生创新创业基地、省级大学生校外实践教学基地、省社科联科普基地等6个平台；"1+X"证书考点6个；专业群教学资源库、省级重点专业、课程、教材等一批优质教学资源；一支集全国优秀教师、南粤优秀教师、广东省优秀青年教师培养对象、广东省"千百十"工程培养对象和技能大师的结构化教学创新团队，强力支撑"七融入五链通"的复合型人才培养机制。

4 成果的推广应用情况

4.1 人才培养质量成效显著

与广东石油化工学院联合开展高本衔接、与佛山市高明区职业技术学校等开展中高衔接，形成中、高、本一体化人才培养体系；与佛山鸿远电子商务有限公司、深圳光艺人家居有限公司开展学徒制培养，为企业创造效益超过200万元。近5年，专业第一志愿报到率均超85%，初次就业率均超97.57%，对口率均从2018年的82.71%上升到2021年的98.76%，雇主满意度均超86.26%；学生参加全国职业技能竞赛、省赛一等奖获奖数量从0个增加到13个，行业技能竞赛国家二等奖以上获奖数量从0个增加到8个；学生"互联网+"创业大赛国家级铜奖1项，省级银奖2项、铜奖3项，实现国家级奖项零的突破；挑战杯省级特等奖1项、一等奖1项、铜奖2项。

4.2 专业群建设改革成果丰硕

建成国家级职业教育示范性虚拟仿真基地1个，省级重点专业1个，省级课程2门，省级基地4个，校级精品在线开发课程8门，"十三五"规划教材1本，2本教材获省教育厅送评国家"十四五"职业教育规划教材；获评全国优秀教师1人、南粤优秀教师2人、省高校优青培养对象2人，教师教学能力比赛获国家级二等奖1个、省级7个；第一执笔人完成国家专业教学标准调研报告1份、国家专业教学标准1份，研制核心组成员3人，参与7个地方标准研制（1个获批，6个已完成申报资料），主持省级教改项目25项、省部级科研项目20项，社会服务到款额从0元增长至100余万元，电子商务专业群获广东省首批高水平专业群立项。

4.3 校内外应用推广

成果在校内2个专业群推广使用，工商企业管理专业群、应用英语专业群在2021年广东省第二批高水平专业群申报中借鉴了该成果，2个专业群获得省级立项。对口帮扶阳江职业技术学院市场营销专业群、罗定职业技术学院学前教育专业群获省级立项，指导江门职业技术学院市场营销专业群申报获省级立项。接待佛山职业技术学院、东莞职业技术学院、广东女子职业技术学院、浙江纺织服装职业技术学院、毕节职业技术学院前来学习交流专业群建设经验。人民网、网易、腾讯网、广东省教育厅网站、佛山电视台等多家媒体进行了报道。

"深植区域、形以臻技、道以化人"——纺织类专业基于传统纺织文化的育人实践

山东轻工职业学院

完成人及简况

姓名	性别	所在单位	党政职务	专业技术职称
杨公德	男	山东轻工职业学院	发展规划与质量管理办公室副主任	讲师
燕锋	男	山东轻工职业学院	教师	讲师
王守波	女	山东轻工职业学院	教师	讲师
韩冰洁	女	山东轻工职业学院	教师	讲师
陈爱香	女	山东轻工职业学院	纺织工程系主任	副教授
齐元章	男	鲁泰纺织股份有限公司	鲁丰染整有限公司开发部经理	正高级工程师
周延亮	男	周村古商城周家老染坊	淄博蓝印花布第四代传承人	无

1 成果简介及主要解决的教学问题

1.1 成果简介

中华优秀传统文化承载着丰富的育人资源，对于增加学生文化底色、厚植文化底蕴、增强文化自信具有重要作用。2011年4月，学校印发了《人才培养指导方案》，要求各专业"建立专业教学、品质养成、文化润育三个相互影响、相互贯通的人才培养渠道"，强调纺织服装类专业课程"要突显民族性，彰显中华民族的文化特色"。成果以此为指导，立足学校区位优势和历史特色，聚焦丝绸、齐缣、鲁绣、草木染、蓝印花布等传统纺织文化，充分利用、积极融入其物质文化（形），通过进课程、进教材、进课堂，切实提升学生专业技能；深入挖掘、凝练升华其精神文化（道），将蕴含于内的工匠精神、尚美追求、崇劳思想、求创意识、笃行态度等纳入素养培育，着力提升学生职业素养。成果遵循全面育人和发展育人理念，秉持形以臻技、道以化人，坚持"授技"和"传道"并重，致力于培养兼具技臻术精的专业技能和厚博致远的职业素养的高素质技术技能型人才。

成果将传统纺织文化融入人才培养，彰显了育人特色；推进教学沉浸化、作品商品化、社团特色化、实践项目化和评价综合化，强化了实践养成；从专业、师资、资源和文化4个维度夯实产教融合，实现了协同育人，达成了"德善、技精、品美、行笃"的"经纬"人才培养目标。

成果建成全国职业院校民族文化传承与创新示范专业1个、省级技艺传承创新平台2个及中华优秀传统文化传承基地1个；学生在全国高职高专院校面料设计与花样设计大赛等赛事中获得一等奖30余项，参与制作了毛主席纪念堂大型绒绣壁挂《祖国大地》等优秀作品；接待天津科技大学、山东青年政治学院等10所省内外院校的1500余名学生开展实习和毕业设计，带领越南、印度等200余名留学生进行刺绣、扎染等项目的文化体验，受到教育部原副部长鲁昕的充分认可和积极评价。

1.2 主要解决的教学问题

（1）解决了纺织类专业育人重技能轻素养，目标偏失低端的问题。

（2）解决了内容同质明显，缺少自身特色的问题。

（3）解决了措施强调理论传授，缺乏实践养成的问题。

（4）解决了主体限于教育领域，未能跨界协同的问题。

2　成果解决教学问题的方法

2.1　培养"经纬"人才，解决育人目标偏失低端的问题

确立专业技能和职业素养融合交织的"经纬"人才标准，即"德善、技精、品美、行笃"，实现培养目标从偏重专业技能的"I"型人才向专业技能和综合素质并重的"T"形人才的提升。一是重构课程体系，开设美育、劳育、创新创业、实践等课程；二是优化课程标准，明确课程目标和核心素养，将蕴含于传统纺织文化的工匠精神、尚美追求、崇劳思想、求创意识、笃行态度等职业素养融入人才培养全过程，坚持"授技"和"传道"的有机结合，培养道技合一、知行合一的"经纬"人才，解决重技能轻素养这一育人目标偏失低端的问题。

2.2　实施"三进"工程，解决育人内容同质明显的问题

一是进课程，将"丝绸文化"或"中国丝绸技艺"二选一作为专业基础课程开设，将"齐缬"或"鲁绣赏析"二选一作为美育课程开设，将"草木染""蓝印花布"作为公选课程开设。二是进教材，开发编写《丝绸技艺》《机织物样品分析与设计》《染整基础项目习训》《纺织品印花》等教材，将丝绸、齐缬、鲁绣、草木染、蓝印花布等传统纺织文化纳入其中。三是进课堂，课堂教学中，通过课程思政建设，授课内容充分体现了传统纺织文化元素。

2.3　推进"五化"建设，解决育人措施实践弱化的问题

一是教学沉浸化，充分利用"园、馆、坊、中心、基地"等平台和现代信息技术，开展沉浸式教学，丰富学习体验。二是作品商品化，与企业合作，择优将学生设计、制作的作品商品化，实现"技术、艺术、商业"的递进提升。三是社团特色化，组建齐缬社团、霓裳羽衣汉服社、民族艺术社、扎染社团等具有传统纺织文化特色的社团。四是实践项目化，开展丝绸文化艺术节、毕业设计展、年度技能大赛、创新创业大赛等系列项目，锻炼、检验、提升学生的动手能力和实践水平。五是评价综合化，实施综合素质测评，从学业成绩、美育活动、劳动项目、社团实践、技能大赛、创新创业等方面对学生进行综合评价。

2.4　夯实"四维"融合，解决育人主体产教分离的问题

从专业、师资、资源和文化4个维度，推进产教融合，实施协同育人。联合鲁泰纺织股份有限公司成立鲁泰产业学院，共建纺织品设计和现代纺织技术专业；与大染坊共建数字化染整技术专业等，开展订单培养和学徒培养。聘请齐鲁首席技师齐元章、省级非物质文化遗产项目传承人卜范增和张义、周村蓝印花布第四代传承人周延亮等能工巧匠、技艺大师、非遗传承人等参与教学，授技传道。依托淄博市纺织服装职业教育集团、淄博市纺织服装专业公共实训基地等平台资源，充分利用企业生产条件和文化资源，开展实践教学。常态化开展"企业文化进校园"活动，促进学校与企业、教育与产业两种异质文化共融共生，打破产教界限，实施协同育人。

3　成果的创新点

3.1　创新了"一轴、二经、N纬"的纺织类专业育人模式

"一轴"指以彰显地域特色的传统纺织文化为主轴；"二经"指基于传统纺织文化的物质文化（形）

和精神文化（道），分别从专业技能和职业素养 2 个经度育人；"N 纬"分别指丝绸、齐缬、鲁绣、草木染、蓝印花布等 N 种地域纺织文化和蕴含其中的工匠精神、尚美追求、崇劳思想、求创意识、笃行态度等 N 种优秀素养。通过实施"三进"工程，推进"五化"建设，夯实"四维"融合，培养"德善、技精、品美、行笃"的"经纬"人才。

3.2 创新了"四结合"的纺织类专业学生评价模式

一是评价主体教师、学生相结合，既有教师评价，也有学生互评。二是评价内容专业技能和职业素养相结合，既立足专业课评价专业技能，也依托美育、劳育、创新创业课程及第二课堂等评价工匠精神、尚美追求、崇劳思想、求创意识、笃行态度等职业素养。三是评价指标理论和实践相结合，不仅评价理论知识掌握的程度，更评价将理论知识运用于实践操作的成效。四是评价方式过程性和终结性相结合，理论知识掌握侧重于终结性评价，实践养成侧重于过程性评价。

3.3 实现了新时代传统纺织文化的传承创新

在全面、立体挖掘、利用传统纺织文化育人资源，培养技臻术精的高素质技术技能型人才的同时，从理论研究、纵向传承、教育普及、创新发展、对外传播 5 个维度，对丝绸、齐缬、鲁绣、草木染、蓝印花布等进行全方位的传承创新，促进了传统纺织文化的创造性转化和创新性发展，实现了优秀传统文化和专业育人的彼此支撑、良性循环。

4 成果的推广应用情况

4.1 学生技能和素养双提升

学生在全国高职高专院校面料设计与花样设计大赛等赛事中获得一等奖 30 余项，王海迪、朱林林被评为"全国纺织服装类专业学生职业技能标兵"；在第三届山东省黄炎培职业教育创新创业大赛中获得一等奖 2 项。近 5 年，学生正式就业率达 94% 以上，企业满意度达 97% 以上，企业普遍反映学生技能精良、品德优秀、作风扎实、吃苦耐劳、忠诚度高，具有较强的职业迁移和后续发展能力。

4.2 内涵建设成果广泛丰硕

建成中央财政支持专业 2 个、全国职业院校民族文化传承与创新示范专业 1 个、省级技艺传承创新平台 2 个、中华优秀传统文化传承基地 1 个；省级精品课程 5 门；获得省级教学成果奖一等奖 1 项、二等奖 1 项；获评省级教学名师 2 人；立项省级教改课题 3 项，其他各类课题 10 余项；发表论文近 20 篇。

4.3 社会影响示范辐射显著

2013 年，参与制作了毛主席纪念堂大型绒绣壁挂《祖国大地》。2020 年 10 月，《中国教育报》刊发了《以时尚创意为引领 推动学校特色发展》为题的文章，突出强调了丝绸文化的育人特色。2020 年 12 月，教育部原副部长鲁昕到校考察"十二工坊"文化传承项目，给予了积极评价。2021 年，草木染技艺亮相第二届中国国际文化旅游博览会，受到广泛关注和一致好评。先后接待天津科技大学、山东青年政治学院等 10 所省内外院校的 800 余名学生来"1960 丝绸文化创意园"、染缬基地、"十二工坊"等开展实习和毕业设计创作，带领巴基斯坦、越南、印度等近 200 名留学生进行刺绣、扎染等项目的文化体验。联合鲁泰纺织股份有限公司设立柬埔寨鲁泰海外人才培养基地、孟加拉国东南大学海外人才培养基地，共计培训当地纺织产业工人 10000 余人次，积极对外传播我国传统纺织文化。

"四联驱动、思创并举、专创融合"——服装智慧营销创新创业人才培养模式改革与实践

杭州职业技术学院

完成人及简况

姓名	性别	所在单位	党政职务	专业技术职称
张虹	女	杭州职业技术学院	党支部书记	教授
楼韵佳	女	杭州职业技术学院	无	讲师
杨龙女	女	杭州职业技术学院	达利女装学院工会主席	讲师
潘承恩	男	杭川职业技术学院	无	讲师
柳霆钧	男	杭州职业技术学院	团总支副书记、党支部书记	讲师
拜云莹	女	杭州职业技术学院	无	副教授

1 成果简介及主要解决的教学问题

1.1 成果简介

基于纺织服装营销数字化转型的产业背景，我校依托政校行企联动作用，近年来培养服装直播营销人才成效显著，2020年6月，杭州职业技术学院（以下简称"杭职院"）院达利女装学院（服装智慧营销专业）被共青团杭州市委授予"中国（杭州）青年电商主播培训基地"，被列为双高院校"创新创业教育改革试点专业"建设项目，2021年通过验收。近年，通过深化教学改革，创新人才培养，以赛促教，指导学生多次获奖，提升学生创新创业实践能力，凝练形成了"四联驱动、思创并举、专创融合"服装智慧营销创新创业人才培养模式（图1）。

本成果适应纺织服装营销数字化转型，深化政校行企合作，与国内知名服装企业合作双创孵化基地，共建大学生众

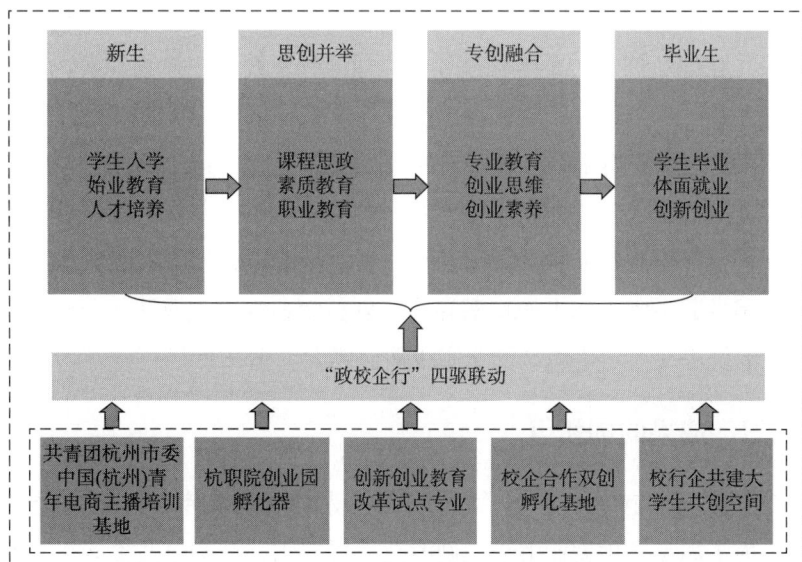

图 1 "四联驱动、思创并举、专创融合"服装智慧营销创新创业人才培养模式

创空间，启动创新创业实践项目，深入体验创新商业模式。通过服装智慧营销专业创新创业人才模式改革与实践，使得高职大学生的创新创业能力有了很大提升，毕业生在省内服装零售行业具有良好声誉，一次就业签约率达98%以上，2021届毕业生签约率达100%，连续四届毕业生自主创业平均占比近10%，指导多名学生创业项目注册营业。本成果经过近五年实践检验证明：服装智慧营销专业创新创业人才培养成效显著，"四联驱动、思创并举、专创融合"服装智慧营销创新创业人才培养模式产生了一定的影响与示范效应。

1.2 主要解决的教学问题

（1）破解专业技能教育与双创教育"各自为营"的问题。专业技能教育与双创教育往往"各自为营"，通常在大学生入学或毕业前开设创新创业基础课程。针对专业技能教育和双创教育断裂这一问题，本成果解决了"各自为营"的"两张皮"问题，在专业技能教育各个环节融入了创业教育。

（2）解决高职双创教育与思政教育融合不足的问题。就现状而言，高职双创教育与思政教育融合尚不足，不利于全员育人、全程育人、全方位育人的"三全育人"要求的贯彻，本成果解决了在创新创业教育过程中贯通思想政治教育的问题。

（3）解决大学生创新创业实践平台建设不够，师资力量薄弱的问题。高职大学生创新创业实践平台建设不够，师资力量较为薄弱，导致学生入驻双创孵化基地的机会较少，创业项目落地扶植力度不够，这是急需搭建政校行企联动平台解决的主要问题。

2 成果解决教学问题的方法

2.1 设计"专创融合"服装智慧营销人才培养方案，为学生双创发展提供可行路径

针对专业技能教育和双创教育断裂这一问题，本成果在人才培养方案设计上注重双创教育的连贯性，在专业技能教育、认知实习、专业实习和顶岗实习各个环节加大劳动教育、创业教育和创新精神等的融入，有效破解了专业技能教育与双创教育"各自为营"的"两张皮"问题，为学生创新创业发展提供了可行性路径。

2.2 构建"思创并举"特色鲜明的双创课程体系，为"三全育人"提供实施思路

针对高职双创教育与思政教育融合尚不足的现状，本成果构建"思创并举"特色鲜明的双创课程体系，在创新创业人才培养过程中增加课程思政、职业素养等内容，提升全员育人、全程育人、全方位育人的"三全育人"要求在双创教育领域的实现。

2.3 搭建"四联驱动"政校行企联动平台，为实施双创人才培养提供有效保障

针对高职大学生创新创业实践平台建设不够、师资力量较为薄弱的现状，通过在政校行企联动的作用下，合作共建大学生众创空间、双创孵化基地，聘请企业专家指导，派专业教师定期下企业轮训，逐步建设起一支高水平的"双导师"创新创业教育师资队伍，形成一个有效的配套管理激励机制，立足专业优势使大学生创新创业实践平台更大、更完善。

3 成果的创新点

3.1 观点创新：提出"思创并举"人才培养举措，贯彻"三全育人"要求

为了满足学生创业诉求、新时代发展要求、社会进步需求的目标，双创培养过程中最大限度地发挥学生的特长，坚持立德树人，规划从大学生入学到毕业前贯通创新创业教育过程，有针对性地进行

大学生思想政治教育。"思创并举"人才培养举措的创新观点有效贯彻落实了党中央"三全育人"的要求。

3.2 模式创新：设计"专创融合"人才培养方案，强化双创思维

搭建专业基础及创新创业基础课，培养服装智慧营销基础技能；设置专业核心课及实践环节，培养岗位专业技能；开设专业拓展课及创新创业实践课，培养学生创业素养、创业精神。创新设计"专创融合"人才培养方案，强化了学生的创业思维，激发了学生的创新思路。

3.3 机制创新：搭建"四联驱动"政校企行联动平台，发挥各方优势

机制创新即组织为了优化各组成部分之间、各要素之间的组合，提高效率，增强整个组织的竞争能力而在各种运作机制方面进行的创新活动。搭建"四联驱动"平台管理机制，正是为了充分发挥政校行企各方优势、联动作用，以有效解决高职大学生创新创业实践平台建设不够、师资力量较为薄弱等问题。

4 成果的推广应用情况

4.1 以赛促教，指导大学生参赛，提升学生创新创业实践能力

双创教师团队指导学生参加"新苗杯""挑战杯""互联网+"大学生创新创业大赛等各项大赛，以赛促教提升高职大学生的创新创业能力，效果显著。近年指导学生获得第十一届全国职业院校学生制板与工艺技能大赛一等奖；2021年全国职业院校技能大赛高职组服装设计与工艺赛项一等奖；浙江省第十二届"挑战杯"大学生创业计划竞赛一等奖；第五届浙江省"互联网+"大学生创新创业大赛铜奖；浙江省高职高专院校技能大赛"电子商务技能"竞赛暨全国职业院校技能大赛选拔赛三等奖1项；浙江省电子商务大赛二等奖3项、二等奖2项；杭州市大学生创新创业大赛二等奖1项、三等奖1项；第五届杭州市大学生科技创新大赛科技创新发明二等奖。

4.2 "专创融合"培养大学生自主创业，成功案例具有典型性

本成果应用使高职大学生的创新创业能力有了很大提升，毕业生在省内服装零售行业具有良好声誉，一次就业签约率达98%以上，2021届毕业生签约率达100%，连续四届毕业生自主创业平均占比近10%，指导多名学生创业项目注册营业。创新创业人才培养模式产生一定的影响与示范效应，创业成功的典型案例如下。

创业典型案例1：2020届毕业生王婷婷，大三期间在创业导师指导下完成"汉裳梦汉服工作室"商业计划，并于2020年初在杭州市注册营业执照，初创投入资金20万元，经营运转状况优良，同年4月在淘宝网开设线上店铺，经营运转状况优良，已获评星级销售，该项目参加第六届中国"互联网+"大学生创新创业大赛选拔赛。

创业典型案例2：2021届应届毕业生孙豪杰，接受服装智慧营销创新创业人才培养，在校期间由创业导师指导创业注册了"余姚浅析服装店"，从事线上线下服装销售，经过半年多的运营，目前月销售额30余万元，并且正在稳步增长。

4.3 校企合作个性化双创人才培养，受到用人单位一致肯定

服装智慧营销专业与企业合作个性化双创人才培养，由企业主导，制定任务、要求与标准，通过"职场化实战演练+创新创业实践环节"将"服装商品企划""服装陈列""服装营销策划""服装店铺管理"等专业核心课程相互衔接，递进式开展学期实践项目，学生经过3~6个月校企合作的个性化双

创人才培养，企业用人满意，创新成果显著。

典型案例1：2018届毕业生堵依利，大二期间参与校企合作双创孵化项目，注册一家营销童装等商品的网店，经营一年达成三钻石优质网店，月利润近万元，因具备网络营销管理经验，直接进入知名企业储备店长培养计划，学生在短短两个月的实习期就成功晋升为达利丝绸店长，出色的创新管理能力得到企业的高度赞许，目前在绍兴负责管理一家国际知名的奢侈品服饰店。

典型案例2：2021届应届毕业生王放豪、茅正豪、叶浩杰、张婧婧，大二期间参与校企合作双创孵化项目，在项目实训中学习新媒体知识与技术，创建自己的账号并发布内容精彩的短视频，进行时装直播运营创新创业实践。这四位应届毕业生还在大三实习期就被同一家电子商务有限公司签约，目前从事场控、中控及短视频编辑工作，成为企业新媒体运营的中坚力量。

4.4　校企合作共建创新创业实践基地，人才培养具有社会影响力

服装智慧营销专业与杭州铸青春新青年发展中心合作建设"铸青春全媒体运营创新创业实践基地"，为学生提供了实践场所，满足学生"线上、线下"全媒体运营实训所需。依托实践基地实施项目化教学，提高学生动手实践能力，促进学生后续的自主创业，提升了学生团队合作、创新创业的职业素养。基于服装智慧营销专业近年来培养服装直播营销人才的成效，2020年6月，杭职院达利女装学院（服装智慧营销专业）被共青团杭州市委授予"中国（杭州）青年电商主播培训基地"。在"政校行企"四方联动平台，分批为在杭大学生及创业青年培训，也为企业培养了许多电商主播、直播运营、后台数据等能人，创新创业人才培养成效显著，被杭州网及多家媒体报道，产生一定的社会影响力。

本教学成果推广应用效果表明："四联驱动、思创并举、专创融合"服装智慧营销创新创业人才培养模式的应用，深化教学改革，创新人才培养，以赛促教，指导学生多次获奖，提升了学生创新创业实践能力，杭职院达利学院（服装智慧营销专业）被列为双高院校"创新创业教育改革试点专业"建设项目，取得优秀的教学成果，被共青团杭州市委授予"中国（杭州）青年电商主播培训基地"，双创人才培养成效显著。

"岗课赛证四位一体，政行校企评五元协同"——纺织类专业人才培养模式创新与实践

安徽职业技术学院

完成人及简况

姓名	性别	所在单位	党政职务	专业技术职称
张勇	男	安徽职业技术学院	教研室主任、支部书记	教授
张文徽	女	安徽职业技术学院	纺织学院副院长（主持工作）	副教授
余琴	女	安徽职业技术学院	支部委员	讲师
瞿永	女	安徽职业技术学院	无	讲师
许平山	男	安徽职业技术学院	无	教授
陈秀芳	女	安徽职业技术学院	无	教授
宿伟	女	安徽职业技术学院	教研室主任、支部书记	副教授
李桢	女	安徽职业技术学院	无	副教授
武松梅	女	安徽职业技术学院	无	副教授
张德成	男	安徽职业技术学院	支部委员	讲师

1 成果简介及主要解决的教学问题

1.1 成果简介

本成果是在省级专业综合改革试点——现代纺织技术专业（2016zy074），国家级精品资源共享课"织物结构与设计"（教高厅函〔2016〕54号），省级大规模在线开放课程（MOOC）示范项目"纺织品设计"课程（2017MOOC207），省级教学研究重点项目"'1+X'证书制度下的现代纺织技术专业人才培养模式改革探索研究"（2020jyxm0990），安徽省职业与成人教育学会教研规划重点课题"'1+X'证书制度下的现代纺织技术专业课程体系重构探索研究"（azcg 38）、"'岗课赛证融通'的纺织品设计专业技能性人才培养模式研究与实践"（Azcj2021032）等一系列教学研究课程建设项目基础上形成的。现代纺织技术专业和纺织品设计专业是安徽职业技术学院开设最早的一批专业，2008年成为国家示范重点建设专业，并在示范建设期启动专业改革，实施"跟班、顶岗渐进提升"人才培养模式，构建以现代纺织主要岗位的关键技能为核心的课程体系。分析纺织企业工作岗位，每一个主要岗位又有若干主要工作任务，要完成工作任务需要若干关键知识与技能，围绕这些关键知识与技能进行课程体系构建。在示范专业建设的基础上，2016年现代纺织技术专业成为专业综合改革试点。依据职业标准，分析职业岗位需求、典型工作任务和核心技能，进一步深化"工学结合、顶岗实习"的人才培养模式，

实施"校企合作、依托企业、紧跟行业技术进步，服务企业、培养行业技能人才"的职业化人才培养模式改革，突出人才培养模式特色；围绕市场对现代纺织技术技能人才的需求和企业对现代纺织人才典型工作任务的要求，参照职业资格标准，突出职业能力和职业素质培养，构建"工作过程导向"的现代纺织技术专业全新的课程体系。这些专业改革建设中紧密地将职业标准、工作岗位的关键技能与课程体系联系起来。依据纺织面料设计师、家用纺织品设计师、纤维验配工、细纱工、织布工等纺织职业标准进行课程建设开发。2016年以来建设完成国家级精品资源共享课"织物结构与设计"，安徽省级大规模在线开放课程（MOOC）示范项目"纺织品设计"等一批专业课程。并将行业组织大赛考核内容融入课程内容中。2019年国家在职业院校、应用型本科高校启动"学历证书+若干职业技能等级证书"制度试点工作，安徽职业技术学院属于第一批试点院校，在物流管理、建筑工程等专业进行"1+X"证书制度试点。现代纺织技术专业和纺织品设计也在"1+X"证书制度下积极进行专业改革探索实践，2020年以来申报省级教学研究重点项目"'1+X'证书制度下的现代纺织技术专业人才培养模式改革探索研究""'1+X'证书制度下的现代纺织技术专业课程体系重构探索研究""'岗课赛证融通'的纺织品设计专业技能性人才培养模式研究与实践"等一系列教学研究项目并取得相关研究成果。在国家和安徽省政策的支持下，在纺织行业协会与纺织服装教育学会的指导下，专业教师积极参与纺织行业"1+X"职业技能等级证书开发工作和相关学术研讨会议。同时校企深度合作，开发课程与相关教材，将"1+X"职业技能等级证书考核内容融合到课程设置和课程内容中，构建"以职业岗位能力培养为核心，课证融合，课赛融通，能力递进提升，具备可持续发展能力的四大平台"课程体系，并在第三方评价机构的积极参与下，完成纺织面料开发"1+X"职业技能等级证书师资队伍培训和第一批学生培训考证工作，通过率达100%。自2016年以来，学生参加全国和省级比赛取得优异成绩，取得了显著的效果，提高了人才培养质量。

纺织类专业一系列的改革建设，最终形成"岗课赛证四位一体，政行校企评五元协同"纺织类专业人才培养模式（图1），即以纺织岗位能力为本位、以技能大赛为引领、融入纺织行业职业标准、将职业资格证书与课程内容相融合的四位一体，政、行、校、企、评五方相互合作的五元协同育人的人才培养模式。其中政府主要负责宏观政策的制定；行业协会能够发挥资源优势，在人才规格制定、培养方案调整方面提出有效建议；学校负责公共基础课和专业基础课的教学，同时与行业协会和合作企业共同制订和修改人才培养方案，进行课程开发；企业为人才培养提供技能锻炼和拓展的空间和资源；第三方社会评价机构承担标准的制定、职业评价标准的统一、技能培训设备和场地的支持及证书的管理任务。

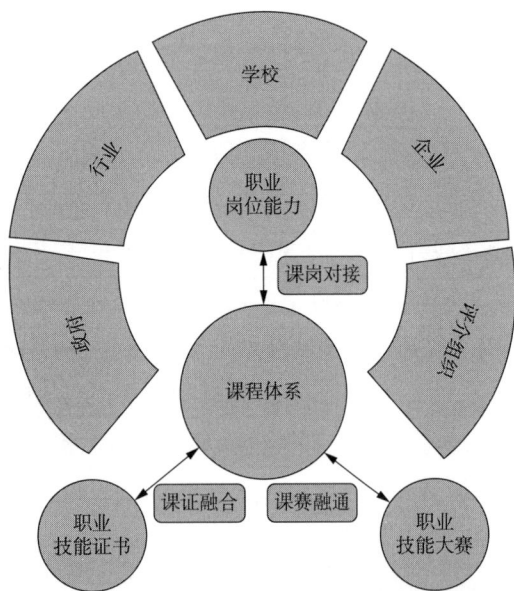

图1 人才培养模式图

1.2 主要解决的教学问题

（1）解决课程体系设置与企业岗位能力不匹配

的问题。纺织行业技术发展迅速，新工艺、新技术等行业知识不断涌现，岗位职业能力要求也在不断提高，纺织类专业人才培养方案中需及时融入纺织行业的新技术、新技能、新应用，这导致原先的人才培养目标定位对接纺织行业企业不精准，致使课程体系设置与纺织行业企业对岗位的能力要求不匹配，与实际需求存在脱节的问题。

（2）解决职业技能证书与课程体系融合程度低的问题。纺织类专业的课程体系设置虽然也融入了织布工等考核内容，但没有与时俱进，对学生职业素养、技术技能的培养力度还不够。《国家职业教育改革实施方案》中已经明确规定，鼓励学生在获得学历证书的同时，积极考取相关职业技能等级证书。但纺织类专业没有将"1+X"纺织面料开发职业技能证书考核内容融入课程体系。

（3）解决人才实践能力脱离企业实际要求的问题。纺织类专业注重实践能力的培养，对学生的实际动手能力要求较高。为了加强学生的专业知识和技能培养，学院建立了一批实训室、实训基地，并拥有一定的规模。但是学生的训练仅限于各种课程中，课外实践锻炼较少。此外，校外实践基地的建设中，存在管理不完善的问题，学校和企业方沟通不畅，导致学生在具体实践中难以把握实践侧重点，达到较好的实践效果。

（4）解决"双师"教师队伍建设的问题。新的人才培养模式的改革对专业教师来说是新挑战，要求本专业教师定期到合作企业学习锻炼，深入企业实际工作中，了解岗位需求的专业知识和能力，将理论与实践结合，重组专业教学内容，提升个人专业核心技能和实践经验。培养一批师德高尚、专业技术水平高的应用创新型"双师型"青年教师，提高专业实践教学水平。

（5）解决校企合作深度融合的问题。职业教育中校企合作、产教融合是关键问题。但学校和企业不同的价值倾向和利益诉求，致使企业仍徘徊于教育主体之外，真正意义上的互补融合型双主体并没有建立起来。这就需要政府、行业、企业、学校、评价组织都参与进来，搭建良好的沟通平台，五方各负其责，相互协调，为校企之间的深度合作交流提供支撑。

2 成果解决教学问题的方法

2.1 构建校企深度合作，"政行校企评"共同参与协同育人机制

构建了校企深度合作，"政行校企评"共同参与的协同育人机制。教育过程的践行主体包括政府、行业协会、学校、企业和X证书第三方考评机构，各个参与主体需要明确分工，相互配合。政府主要负责宏观政策的制定，定期邀请主管部门领导举行学术政策讲座，让学生了解行业发展数据、政府宏观经济政策变化情况，有利于学生树立清晰的职业规划，为服务地方经济打下基础。要求学院专业教师掌握基本的教育理论和经验，不仅要熟练掌握专业基础理论，还要能够指导学生的专业基础实践，具备双师素养。校企双方共同商讨制定纺织专业人才培养目标和人才培养方案；根据产业发展和企业的需求共建课程体系、教学内容；共建校内外实习实训基地，共同合作开发教学资源库；实行"双导师"制度，聘请企业兼职导师承担课程教学工作，企业导师是所在岗位的行家，具有丰富的工作经验；组织学生到企业进行认知学习、顶岗实习等；共同制定人才评价标准和考核体系。行业协会掌握大量行业发展和人才需求数据，在资源协调、信息共享方面具有不可替代的优势，对职业教育具有宏观指导作用。行业协会专家不仅参与纺织专业人才培养方案的制订，更要参与专业基础课程的传授，帮助学生拓展行业眼界。"1+X"证书第三方考评机构更要参与到人才培养中，协助高校和企业进行课证融通工作，真正提高人才培养的规范性。

2.2 形成"岗课赛证四位一体，政行校企评五元协同"的人才培养模式

通过构建校企深度合作、"政行校企评"共同参与的协同育人机制，在纺织专业建设和人才培养过程中引入合作企业优质资源、领先技术和先进企业文化，构建纺织专业"岗课赛证四位一体，政行校企评五元协同"人才培养新模式。参照职业标准，共同确定岗位职业能力、明确岗位工作内容、搭建课程体系。通过课岗对接，课证融合，课赛融通的模式，把工匠精神和职业素养贯穿于人才培养全过程。使学生通过技能学习、岗位实习锻炼，真正成为企业需要的高素质技术技能型人才。

2.3 构建"以职业岗位能力培养为核心，课证融合，课赛融通，能力递进提升，具备可持续发展能力的四大平台"课程体系，提升学生核心竞争力，提高人才培养质量

从企业岗位、职业资格证书、技能大赛三个方面的能力入手，校企深度合作，构建"以职业岗位能力培养为核心，课证融合，课赛融通，能力递进提升，具备可持续发展能力的四大平台"课程体系。构建职业文化素质课平台、行业通用课平台、职业核心课平台、职业拓展课平台四大平台，建立与职业标准对接的课程体系，将纺织行业的新知识、新技能纳入教学内容，强化实习实训。将织布工、纺织面料开发"1+X"技能等级证书的职业资格标准融入课程教学内容，增强学生学习课程的成就感和积极性，实现课程与职业资格证书融通；将纺织生产操作、工艺、管理、检验和纺织品设计等职业岗位能力要求融入课程教学全过程，实现课程与岗位融通；将全国纺织服装类职业院校学生技能大赛、安徽省纺织服装创意大赛等技能竞赛关键知识点融入课程，有效激发学生的学习兴趣，提高其学习效率，激发学生的创新意识，提高学生的创新能力，实现课程与大赛的融合。通过构建"以职业岗位能力培养为核心，课证融合，课赛融通，能力递进提升，具备可持续发展能力的四大平台"课程体系，提升学生核心竞争力，提高人才培养质量（图2）。

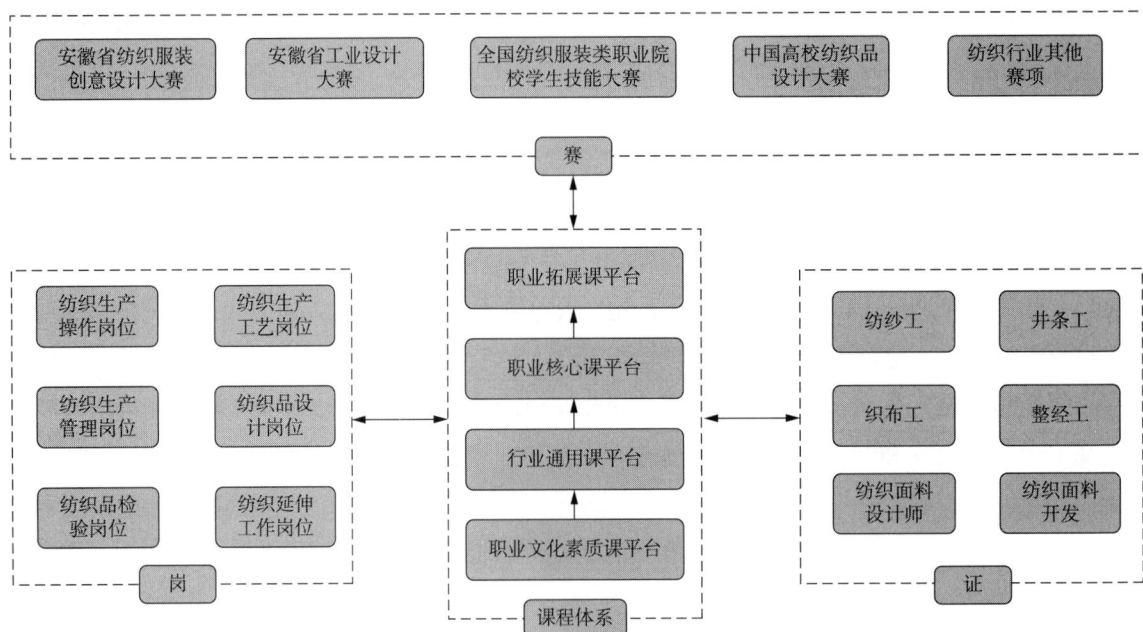

图2　课程体系图

2.4 搭建背影交叉师资队伍，打造"双师型"教学团队

新时代教师队伍建设的核心任务是提升教师的"双师素质"和打造创新型教学团队。教师队伍建设，以校企合作为切入点，通过企业实践、挂职锻炼或顶岗实习等方式，鼓励教师到合作纺织企业一

线进行实践，丰富教师的实践经验，促进教师技能提升。以学校和企业教师共同开展教育教学活动为支撑点，聘请合作企业的专家直接参与学校的教学工作，承担部分实践类课程，丰富企业专家的教学经验，提升其教学能力。以校企合作开发课程为着力点，校企教师共同开发高水平特色校本教材，共同建设教学资源库。以校企合作开展科研为创新点，校企教师共同开展纺织领域的科学研究和技术应用研究，共同开展与职业教育相关的教学改革研究，共同申请教学科研课题，提升教师的教学和科研水平。校内教师向企业兼职教师传授教学经验、教学技巧，提高企业教师教学能力和教学水平；企业教师向校内教师传授实操经验，帮助校内教师提高实践动手能力，最终实现专兼结合、优势互补。

2.5 校企深度合作，搭建实战应用型教学体系，提升人才的实践创新能力

围绕人才培养，从专业论证、方案制订、教学环节、课程开发、实验实训等多个环节与对接企业进行深度合作。通过"学生即员工、教师即经理、座位即岗位、学业即就业"等方式，引入"知行合一、六化双主体互动式"实战应用型教学模式，即在教学实践中实现"六化"——"教学设计情境化、情境创设主题化、主题实现项目化、项目实施责任化、责任落实成果化、成果评价民主化"下的双主体互动式教学体系，使学生在获得专业技能、职业素质和行业知识的同时，还能熟练技能和获得国家相关部门认可的职业证书。近午学校先后与20多家纺织服装企业签订了实习实训基地协议书，通过校企就业基地与教学实践基地一体化合作、校企合作专业联合培养、校企合作科研和创新项目等多种形式，建立交互式多导师机制，对参与实践环节的学生进行多导师、跨界联合指导，建立起了理论实践紧密结合、校内校外交互配合的指导机制。学生毕业设计由纺织行业校外专家和校内教师共同评价给分，逐步实现了教学实践与学生就业的零对接。

3 成果的创新点

3.1 人才培养模式富有特色

首次提出了纺织专业"岗课赛证四位一体，政行校企评五元协同"人才培养新模式。即以纺织岗位能力为本位、以技能大赛为引领、融入纺织行业职业标准、将职业资格证书与课程内容相融合的四位一体，同时政、行、校、企、评五方相互合作、共同参与的五元协同育人的人才培养模式。

3.2 课程体系符合职业教育发展规律，课程体系富有创新

构建"以职业岗位能力培养为核心，课证融合，课赛融通，能力递进提升，具备可持续发展能力的四大平台"课程体系。该课程体系以职业岗位能力培养为核心，实现课程体系与职业岗位能力对接、课程教学内容与职业技能等级证书考核内容融合、课程内容与技能大赛考核点融通。

3.3 成功践行校企联动、产教联合的办学新机制，校企合作深度广度得到高效拓展

校企合作一直是高等职业教育的痛点和关键点。在政府、行业、评价组织的多方参与下，校企合作深度广度得到高效拓展。从专业论证、人才培养方案制订、教学环节、课程开发、实验实训等多个环节与对接企业进行全领域合作。合作企业全面参与人才培养的各个环节，其深度广度得到高效拓展。在此基础上形成了政府、行业、学校、企业、评价组织五方跨界协同育人的聚合力，实现了人才培养的高质量，使高职人才培养的职业性和发展性得到有机融合。

教学团队建设机制富有创新。搭建背景交叉型师资队伍，打造双师型教学团队。采取"引、派、送、培、聘、赛、研、带"和专任教师与纺织服装企业技术专家"互兼互聘、双向交流"等措施，不断完善引才、留才、用才的良好工作机制，着力营造事业留人、待遇留人、感情留人、制度留人的工

作环境，用好现有人才，培养关键人才，引进急需人才，储备未来人才，从而达到"双轨并进，横向融合"。在青年教师中培育了教坛新秀，在中级职称教师中培育了优秀教师，在高级职称教师中培育了教学名师，打造了一支具有国际化视野、多种能力兼备的以"专业带头人+骨干教师+行业专家"为主体的，能满足纺织专业人才培养需求的背景交叉型高绩效教学团队。

4 成果的推广应用情况

4.1 专业建设改革效果显著

2016年现代纺织技术专业成为省级综合改革试点专业。和华润纺织（合肥）有限公司等多家公司联合建设省级实践教育基地，成立省级创客实验室。2017年设立经纬纺织品设计工作室、纺织产品时尚创意工作室等大师工作室。2019年省级技术技能型大师工作室立项建设。2020年省级技术技能创新服务平台立项建设。2021年纺织品设计教学团队成为省级教学团队（图3）。

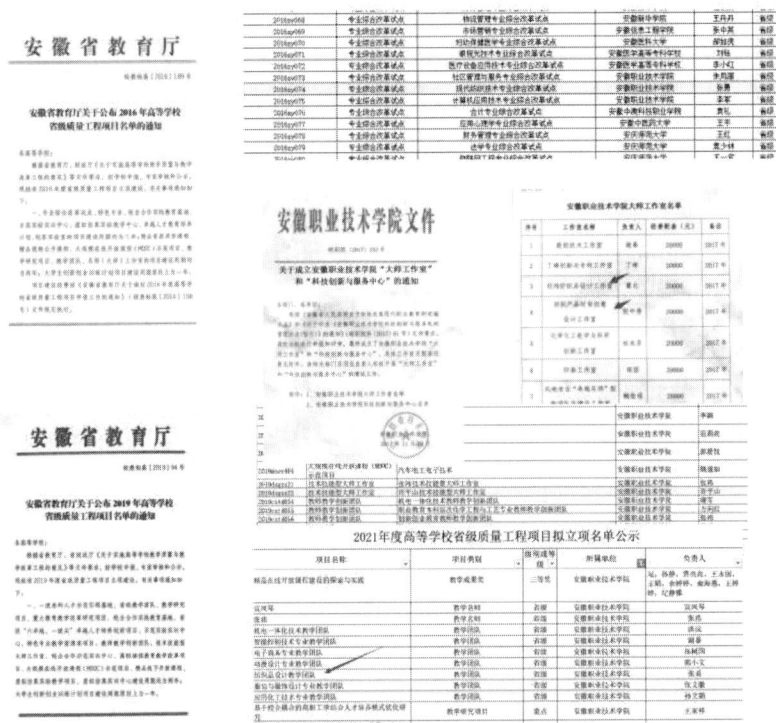

图3 专业建设项目部分立项文件

4.2 课程教材建设成果丰硕

建设完成国家精品资源共享课"织物结构与设计"。建设完成省级大规模在线开放课程（MOOC）6门（图4）、省级精品开放课程2门、省级智慧课堂试点1项、校级精品开放课程2门，省级教材建设2门。

4.3 学生参赛成绩斐然

2020年胡莉霞获全国纺织服装类职业院校学生纺织面料设计技能大赛一等奖，同时荣获"全国纺织服装专业学生职业技能标兵"荣誉称号。2016年以来学生参加全国纺织服装类职业院校学生纺织面料设计技能大赛、中国高校纺织品设计大赛、安徽省大学生纺织服装创意设计大赛、安徽省工业设计大赛等各类纺织面料设计大赛，获一等奖9项、二等奖10项、三等奖16项、铜奖1项、最佳色彩奖1项。提升了纺织专业人才培养质量，提高了毕业生就业竞争力（图5）。

图4 部分课程上线截图和立项文件

图5 部分学生参赛获奖证书和文件

4.4 人才培养质量优异

近几年，通过人才培养模式专业改革建设，学生的职业素质和岗位能力得到了很大提高，90%的毕业生实现了零距离上岗和工作的无缝对接，所培养的学生供不应求，深受企业的欢迎和好评。根据对毕业生进行社会需求与培养质量跟踪调查显示，纺织专业学生就业率连续3年达到98%，毕业生对母校的满意度达96%，专业对口率达80%以上。毕业生综合素质高、业务能力强，将具体学习内容联系到企业的实际工作任务中，学生的实践能力大大增强，学生到岗后上手快，很快就能为企业创造效益，教学模式具有良好的应用效果和社会影响，值得推广与实践。2018届毕业学生在广东溢达纺织有限公司被评为优秀员工，2019届毕业生进入安徽华茂集团有限公司经过2年的成长，已被视为重点培养对象（图6）。

图6　企业对我校毕业生的认可

4.5　师资队伍建设卓有成效

教师教科研课题、论文、专利成果累累。自2016年以来共取得省级自然科学研究项目7项，其中重大项目2项、重点项目5项；省级人文社会科学研究项目5项，其中重大项目2项、重点项目3项；省部级教学研究项目14项，省级重大研究项目1项，省级重点研究项目5项，省部级教学研究项目8项（图7、图8）。教学团队成员发表论文60余篇，期中一类论文4篇，二类以及三类论文43篇；国家授权专利77项，其中国家发明专利7项，实用新型专利58项，外观设计专利12项（图9、图10）。

4.6　教学团队教师教学水平高超，荣获多项荣誉和教学成果

整个教学团队教师双师率达到100%，其中高级双师4人、中级4人、初级2人。多位教师在企业担任生产技术顾问，为企业解决实际生产问题，承担新产品研发任务。此外教学团队所有教师都指导学生参加纺织专业各类比赛，取得优异成绩，其中先后有9位教师获得大赛优秀指导教师。获省级教

图7　部分教学研究项目立项文件之一

图 8 部分教学研究项目立项文件之二

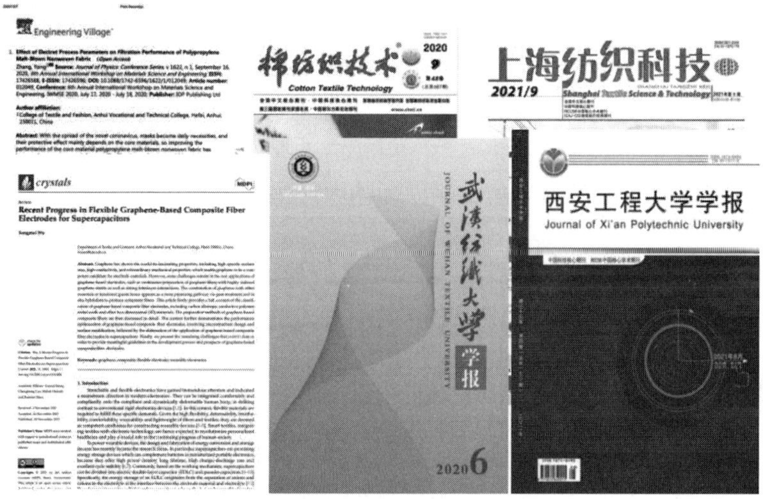

图 9 部分发表论文内容和期刊封面

图 10 部分授权专利证书

学成果一等奖1项、二等奖1项，纺织职业教育教学成果奖一等奖1项。在教学团队中，瞿永教授教学水平高超，指导学生比赛屡获佳绩，2019年荣获"全国优秀教师"称号，2020年荣获"全国三八红旗手"称号，2021年荣获"安徽省高校优秀共产党员"和"安徽省新时代教书育人楷模"称号；张勇教授科研能力突出，发表论文20余篇，2021年成为省级教学团队带头人；青年教师余琴2016年先后获得安徽省信息化教学设计大赛一等奖和全国职业院校信息化教学设计一等奖，2019年获安徽省教坛新秀称号（图11、图12）。

图11　教师社会服务部分材料

图12　部分教学成果奖、优秀指导教师、荣誉证书

"一模式四体系一机制"——纺织品检验与贸易专业人才培养体系探索与实践

常州纺织服装职业技术学院

完成人及简况

姓名	性别	所在单位	党政职务	专业技术职称
杨静芳	女	常州纺织服装职业技术学院	无	讲师
赵为陶	女	常州纺织服装职业技术学院	无	讲师
张春花	女	常州纺织服装职业技术学院	无	讲师
邵东锋	男	常州纺织服装职业技术学院	无	副教授
陶丽珍	女	常州纺织服装职业技术学院	无	教授
高妍	女	常州纺织服装职业技术学院	纺织学院党总支书记	讲师
曹红梅	女	常州纺织服装职业技术学院	纺织学院 副院长	副教授

1 成果简介及主要解决的教学问题

1.1 成果简介

纺织品检验与贸易专业是"十二五"江苏省现代纺织贸易专业群重点专业之一，专业秉承"专业成才、精神成人"的育人工作目标，培养贯穿纺织服装全产业链的"懂技术、能操作、会管理"的高素质复合型技术技能人才。

2014年《国务院关于加快发展现代职业教育的决定》一文提出高等职业院校要密切产学研合作，培养服务区域发展的技术技能人才，要健全"文化素质+职业技能"，完善职业教育人才多样化成长渠道。为贯彻落实文件精神，纺织品检验与贸易专业设计了"一模式四体系一机制"的人才培养体系，并在7年实践中不断完善，形成了岗课赛证思创六维融合的人才培养体系（图1）。

（1）构建了"一点两线、三大课堂、全流程跟踪"的教育模式。

（2）构建了教学标准、教学课程、条件能力和评价管理四个体系。

（3）构建了"市场主体+校企合作企业+顶岗实习企业"多元参与的运行机制。

1.2 主要解决的教学问题

（1）学生培养与市场脱节的问题：学生培养与产业结合不紧密，教学内容与企业实际生产脱节。

（2）各类资源未形成合力的问题：紧密对接企业，解决联合培养中学生兴趣不高、参与度停留在表层的状况。

（3）学生就业和企业招聘"两难"的问题：解决学生实习难、就业难、企业招人难的现状。

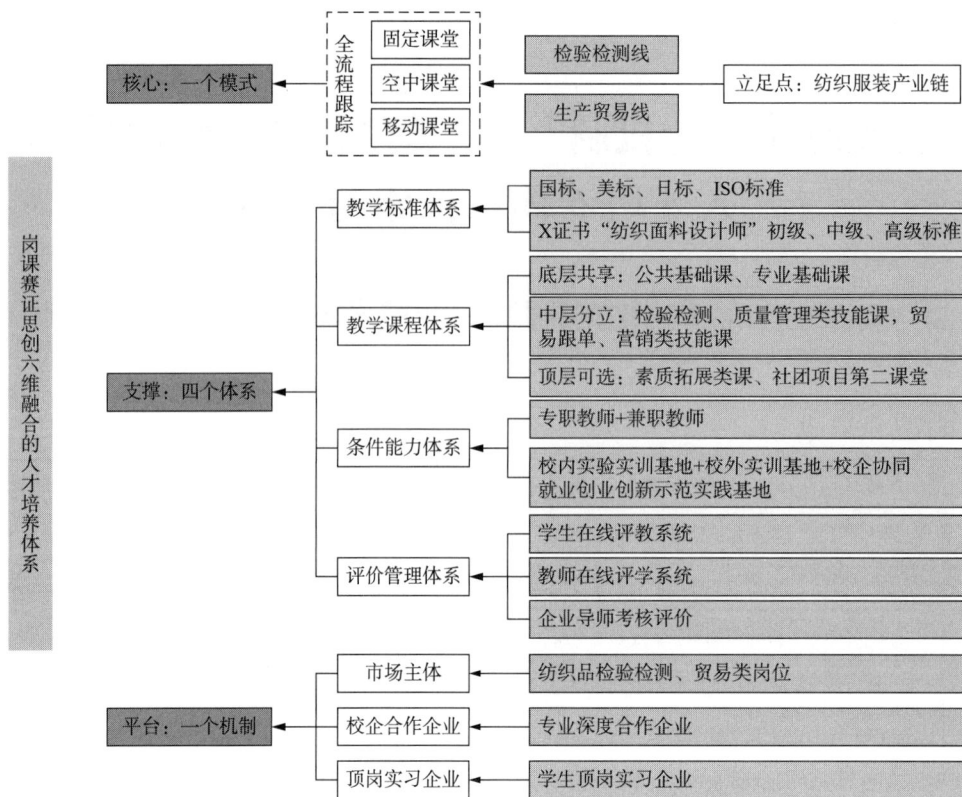

图1 人才培养体系

2 成果解决教学问题的方法

2.1 重构课程体系，实现人才培养与企业需求精准对接

对接纺织服装生产、检验与贸易职业岗位，校企共同开发专业课程，设置人才培养所需的知识、技能和素质、情感目标，针对纺织品检验与贸易专业生源多样化的特点，构建底层共享、中层分立、顶层可选的分层递进的知识、技能课程体系（图2）。

2.2 对接知识技能标准，完善课程内容和评价体系

（1）将最新标准融入课程：对接最新的国标、日标、美标和国际标准，将纺织品检验法律法规和纺织品检验检测新技术，开发进活页式教材，动态更新纺织品检验系列课程的内容。

（2）将大赛内容融入课程：对纺织面料检测技能大赛进行教学化改造，把大赛涉及的知识点、技能点和考核标准碎片化，形成基于大赛的若干项目，融入"纺织品检验实践"课程。

（3）将X证书融入课程：以"织物结构与分析""机织物设计与打样"等课程紧密对接职业标准，深度融合纺织面料设计师X证书，通过课程的学习与考核，同步完成职业技能等级证书考核内容的学习，避免为考证而考前刷题的情况。

（4）将基于职业岗位的思政元素融入课程：针对纺织品检验与贸易专业就业岗位的特点，充分挖掘不同岗位的思政元素，为专业课程思政教学实施提供具体可操作的方案。

2.3 校企深入合作，实现双主体育人

与中检邦迪（北京）智能科技有限公司共建"纺织品检验检测产业学院"，与通标标准技术服务

互选平台 | 顶层可选课程群

素质拓展类课程(创新创业、社团、项目)

创新创业类课程、创新创业类项目、职业技能大赛、就业教育、诚信学分、劳动教育与社会实践、教师项目研究、企业课题等

分立平台 | 中层分立课程群

检验检测/质量管理类技能(职业技能课)

纺纱工艺与质量控制、机织工艺与质量控制、针织加工与质量控制、染整加工与质量控制、服装加工与质量检验、纺织品检验项目课程I、纺织品检验项目课程n、纺织品检验实践

贸易跟单/营销类技能(职业技能课)

机织物设计与打样、针织物分析与设计、纺织服装商品学、对色与染色打样、纺织品跟单、外贸英语函电、纺织外贸单证制作、报关业务

共享平台 | 底层共享课程群

公共基础课(职业基础课)

入学教育、专业教育、公共必修基础课、公共选修基础课

专业基础课(职业技能基础课)

必修:国际贸易实务、纺织英语、纺织材料基础、纺织应用化学、机织物机构与分析
选修:纺织图案数字化设计、智能纺织漫谈、纺织品生态功能改性技术

平台递进 因材施教 价值塑造 知识传授 能力培养 融会贯通

诚实守信 客观公正 规范严谨 精准高效　　　　耐心细致 精益求精 协调应变 团队合作

职业岗位分析

检验检测类岗位群

检验员、实验员、客服专员、报告编制员、检测业务员、验货员、电商检测服务等

质量管理类岗位群

质检员、品管员、生产管理、生产调度员、质量主管、车间管理等

贸易跟单类岗位群

业务开发、业务员、业务助理、跟单员、报关员、报检员、产品采购、纺织贸易业务经理等

贸易营销类岗位群

纺织品市场营销/新媒体营销、纺织品电商销售、纺织品检测耗材、仪器设备销售等

国家《关于推动现代职业教育高质量发展的意见》 | 高等职业院校纺织品检验与贸易专业教学标准 | 长三角区域纺织服装类人才需求 | 纺织品检验与贸易专业人才培养目标

设置依据

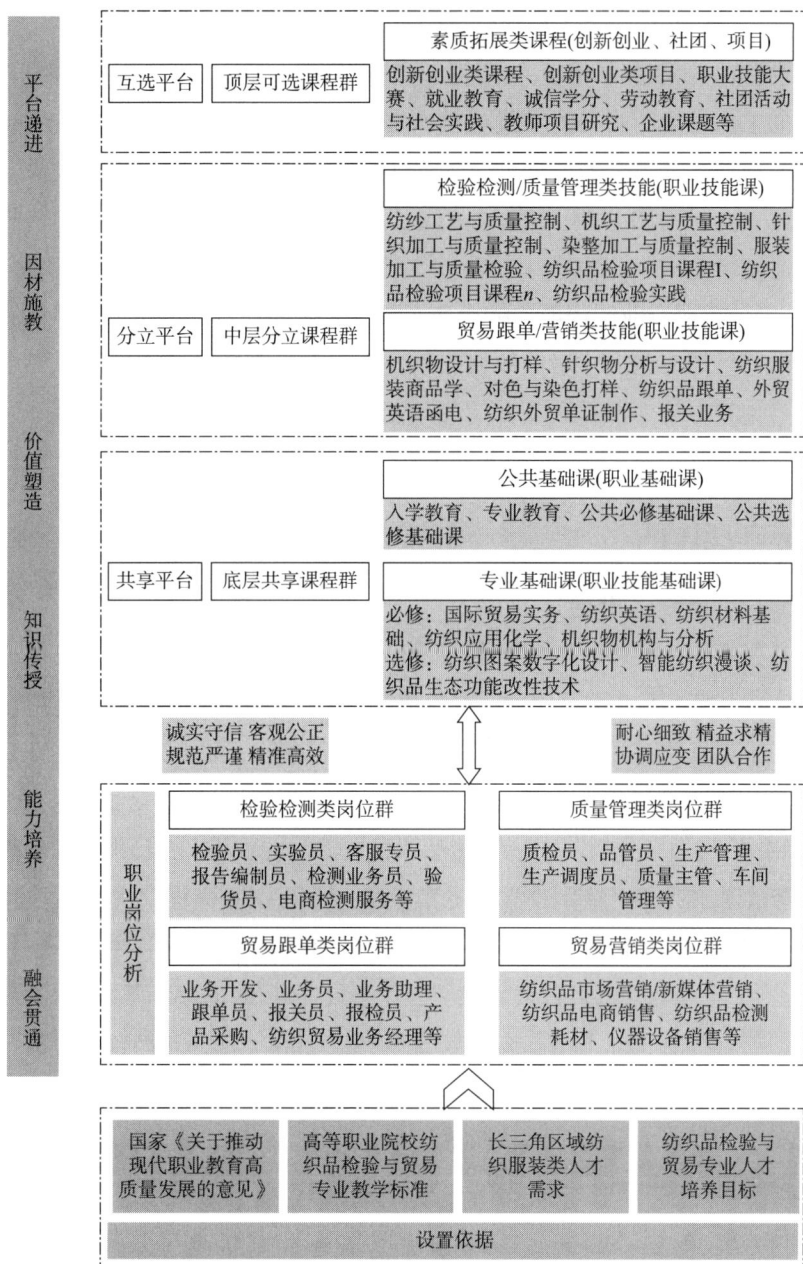

图2 纺织品检验与贸易专业课程体系

（常州）有限公司等签订"现代学徒制"合作协议，大二上学期的"纺织品检验实践"课程于企业实践四周，企业技术人员以生产项目进行教学，校企共同教学管理，学生提前熟悉企业的工作环境，毕业后能快速适应工作岗位；同时企业进行了企业文化、工作岗位的宣传，为后续招聘奠定了基础，学生熟悉工作内容后可顶岗工作，降低了企业人工成本，最终形成了"双赢"的良好局面。

3 成果的创新点

3.1 紧密对接岗位的课程体系，保障了人才培养质量

校企共同对标岗位群的实际需求，重构了纺织品检验与贸易专业的课程体系，专业核心课程紧密对接纺织服装行业的最新标准和法律法规，动态调整课程内容，确保职业人才培养紧密对接市场和产

业需求。

3.2 现代学徒制教学，改变了传统的虚拟仿真实训模式

通过企业真实的工作情境、真实的实践项目、真实的工作过程，提升学生技能，培育学生职业素养，提高人才培养与产业人才需求的契合度，以最小代价到岗课融通的最佳效果。紧密合作企业中通标标准技术服务（常州）有限公司（SGS）入选江苏省第四批产教融合型试点企业，并被纳入江苏省产教融合型企业建设培训库。

3.3 结合职业岗位挖掘专业课程蕴含的思政元素，实现知识传播与价值引领的有机统一

结合纺织品检验与贸易专业人才培养的特点以及学生未来所从事工作的职业要求，从职业素养养成的角度，有针对性地挖掘专业课程所蕴含的思政元素，增强课程育人的针对性和实效性，提升学生的职业发展能力。

4 成果的推广应用情况

4.1 团队教师教科研能力不断提升

教学成果的形成过程中，教师也组成了团队，形成了良好的教科研氛围，取得了一定的成果。近5年来，团队主持完成省市级科研项目5项；第一作者或独著发表在核心期刊以上论文10篇，其中SCI7篇；主持和参与申请发明专利13项，获得授权10项，受理3项，授权实用新型4项。

2020年团队教师主持中纺联教学成果获得二等奖2项、三等奖1项；近五年主持省部级教改课题6项，2人参与"纤维化学与面料分析"国家级精品课程资源库的建设；2人获江苏省教学能力大赛二等奖，4人获得江苏省微课比赛和信息化教学比赛二等奖；专业核心课程"纺织品检验项目课程Ⅰ"建成在线开放课程，开课四学期点击量达483148次，2021年获得首批校级"金课"建设项目和校级课程思政示范课程立项，"手工编织"获得首批校级"专创融合"课程和校级课程思政示范培育课程立项。

团队教师主编江苏省重点教材《纤维鉴别与面料分析》，参编江苏省高校重点教材《纺织面料性能与检测技术》、X证书《纺织面料设计师（针织方向）》教材和题库，主编校级项目化教材《针织技术》。

2021年纺织品检验与贸易专业教学团队获得江苏省高校"青蓝工程"优秀教学团队立项。

4.2 社会服务能力逐年增强

团队教师主动服务行业产业和兄弟院校，2021年承担江苏省技能人才评价技术资源第一批重点开发项目《纺织面料设计师》教材、题库和考核内容的编写，2020年承担苏州市吴江区滨湖职业培训学校"纺织面料设计技术开发"系列课程开发；2016年承办首届全国纺织服装信息化教学大赛"纤维定性鉴别"和"织物组织"赛项；近5年组织承办4次常州市纺织企业职工"纤维分析工""纺织面料分析"赛项的培训及比赛，参与企业员工培训7项，举办"纤维鉴别和面料分析"专题培训班2期。

4.3 校企合作卓有成效

近5年紧密合作企业，开展技术服务，签订横向课题12项，其中2020年教学团队教师曹红梅与常州旭荣印染有限公司合作的"低能耗冷转移印花深度开发关键技术及其产业化"获江苏省科技进步奖三等奖。

近5年与世界知名检测机构紧密合作，共建校外实训基地，实施现代学徒制项目教学，2022年合作企业通标标准技术服务（常州）有限公司（SGS）入选江苏省第四批产教融合型试点企业，并被纳入江苏省产教融合型企业建设培训库。

4.4 学生培养初显成效

经过几年的教学改革实践，学生培养取得一定的成效，受到社会的认可。近5年的招生数据显示，我校纺织品检验与贸易专业招生人数位列全省7所学校同类专业之首；就业数据显示，就业率均为100%，专业对口率在85%以上。

学生在校期间通过自身努力和参与教师课题也取得了一定的成绩。2021年4名学生通过专转本升入常州大学等本科院校；2020年张茜茜等同学"一种真丝织物预处理及用天然植物染料印花的方法"获全国职业院校"发明杯"大学生创新创业大赛一等奖；近5年7名学生毕业论文获江苏省优秀毕业论文；到2021年底，在举办的8届全国高职高专院校纺织面料检测学生技能大赛中，纺检专业学生连续8次获得一等奖，在全国同类院校中处于领头地位；近5年学生主持完成江苏省大学生创新研究项目12项，以第一作者发表论文6篇。

校企深度融合：培养适应高质量发展、高水平自立自强的纺织服装类专业人才

江苏工程职业技术学院

完成人及简况

姓名	性别	所在单位	党政职务	专业技术职称
马顺彬	男	江苏工程职业技术学院	纺织服装学院教师	副教授
尹桂波	男	江苏工程职业技术学院	纺织服装学院院长	教授
蔡永东	男	江苏工程职业技术学院	教师	三级教授
王军	男	江苏工程职业技术学院	教师	讲师
陈晨	男	江苏工程职业技术学院	教师	讲师
陆艳	女	江苏工程职业技术学院	教师	讲师
周祥	男	江苏工程职业技术学院	纺织教研室主任	副教授
张炜栋	男	江苏工程职业技术学院	染整教研室主任	副教授

1 成果简介及主要解决的教学问题

1.1 成果简介

针对当前高职人才培养目标与高质量发展不相适应的现状，以教育评价改革为牵引，统筹推进产教深度融合育人平台，以思政课程、资源库、品牌专业、科技创新团队、重点实验室、教学团队、教师项目、教师（教授）工作室、江苏省大学生创新创业训练计划项目、技能大赛等为载体，将管理体制改革、育人方式改革与高质量发展、高水平自立自强的纺织服装类专业人才培养等有机融合、协同发展，探索出了培养适应高质量发展、高水平自立自强的纺织服装类专业人才的新路，得到政府、纺织行业、企业的一致好评。

1.2 主要解决的教学问题

当前高职人才培养目标与高质量发展不相适应的问题。

（1）通过以科技创新团队、重点实验室、教师项目、教师（教授）工作室、江苏省大学生创新创业训练计划项目、技能大赛、企业实践等为载体，优化顶层设计，全面提升学生适应高质量发展、高水平自立自强的能力，主动适应高质量发展的要求，积极转变服务观念，为人才培养提供智力支持和资源保障，推动高职教育发展。

（2）以思政课程、资源库、品牌专业、教学团队等为载体，以立德树人为根本任务，明确人才培养目标、强化课程思政、规范课程设置、强化实践环节、促进课证融通，培养学生适应高质量发展、

高水平自立自强的能力。

（3）通过产教深度融合平台，推进产教协同育人，促进教育链、人才链与产业链、创新链有机衔接，提升学生适应高质量发展、高水平自立自强的能力。

（4）通过教育评价改革，使其与技术发挥关键性作用，增强教育评价的专业性、独立性和权威性，通过教育评价造就更多具有家国情怀和适应高质量发展、高水平自立自强的纺织服装类专业人才。

2 成果解决教学问题的方法

（1）加强思政课程建设，充分发挥教师队伍"主力军"、课程建设"主战场"、课堂教学"主渠道"作用，构建全员、全程、全方位育人大格局。《机织工艺设计与实施》入选教育部课程思政示范课程，蔡永东、马昀、马顺彬、周祥、尹桂波、夏爱萍、佟昀、瞿建新8位教师入选课程思政教学名师和教学团队，马顺彬、张蕾、姜冬莲3位教师入选教育部技术技能大师。

（2）以资源库、品牌专业、教学团队、科技创新团队、重点实验室、教师项目、教师（教授）工作室、江苏省大学生创新创业训练计划项目、技能大赛、企业实践等载体，提升了学生的服务创新发展能力，指导学生发表论文26篇，授权专利17件，其中发明专利4件，累计获奖55项，其中一等奖23项，二等奖14项，三等奖10项，其中，全国技能标兵5人，全国职业院校技能大赛一等奖2人，江苏省职业院校技能大赛一等奖3人，第10、11届全国"发明杯"大学生创新创业大赛二等奖2项，江苏省"挑战杯"大学生创新创业大赛二等奖1项，"互联网+"创新创业大赛二等奖1项，江苏省职业院校创新创业大赛二等奖1项，江苏省普通高等学校本专科优秀毕业设计团队1个，完成江苏省大学生创新创业训练计划项目38项。

（3）通过产教深度融合，联合企业进行教学资源开发与更新，将教师的研究成果与企业的实际生产案例编入教材，完成国家级规划教材2部、省部级规划教材3部；完成国家级职业教育现代纺织技术专业教学资源库、江苏高校品牌专业现代纺织技术专业建设，积极推进中国特色高水平专业群建设，切实将学习任务实际化、可行化、标准化，由教师指导学生开展科教结合实践训练，再以教师（教授）工作室为辅，加强适应高质量发展、高水平自立自强的纺织服装类专业人才培养。

3 成果的创新点

（1）加强思政课程建设，充分发挥教师队伍"主力军"、课程建设"主战场"、课堂教学"主渠道"作用，构建全员、全程、全方位育人大格局。优化国家级"机织工艺设计与实施"思政示范课程考核方法，提炼更多的思政育人元素；依托"现代机织技术"国际精品资源共享课程，发挥示范辐射作用。

（2）以资源库、品牌专业、教学团队、科技创新团队、重点实验室、教师项目、教师（教授）工作室、江苏省大学生创新创业训练计划项目、技能大赛、企业实践等为载体，提升学生适应高质量发展、高水平自立自强的能力。

（3）通过产教深度融合，联合企业进行教学资源开发与更新，将教师的研究成果与企业的实际生产案例编入教材，完成国家级规划教材2部、省部级规划教材3部；完成国家级职业教育现代纺织技术专业教学资源库、江苏高校品牌专业现代纺织技术专业、中国特色高水平专业群建设，切实将学习任务实际化、可行化、标准化，由教师指导学生开展科教结合实践训练，再以教师（教授）工作室为辅，加强适应高质量发展、高水平自立自强的纺织服装类专业人才的培养。

4 成果的推广应用情况

4.1 校内应用

加强思政课程建设，充分发挥教师队伍"主力军"、课程建设"主战场"、课堂教学"主渠道"作用，构建全员、全程、全方位育人大格局，提升学生适应高质量发展、高水平自立自强的能力。指导学生发表论文26篇，其中中文核心期刊9篇；授权专利17件，其中发明专利4件；累计获奖55项，其中一等奖23项，二等奖14项，三等奖10项，其中，全国技能标兵5人，全国职业院校技能大赛一等奖2人，江苏省职业院校技能大赛一等奖3人，第10、第11届全国"发明杯"大学生创新创业大赛二等奖2项，江苏省"挑战杯"大学生创新创业大赛二等奖1项，"互联网+"创新创业大赛二等奖1项，江苏省职业院校创新创业大赛二等奖1项，江苏省普通高等学校本专科优秀毕业设计团队1个；完成江苏省大学生创新创业训练计划项目38项。团队教师获全国职业院校信息化教学大赛一等奖2项。

4.2 校外应用

改革成果有效辐射，在国内外产生重要影响。我校为中国纺织服装职教集团理事长单位，依托行业协会、教指委把教学成果经验推向全球。2019年5月，牵头组建了国际纺织服装职教联盟，为纺织服装的职业院校、行业领军企业、教育协会组织搭建了一个国际职业教育的交流平台，2020年9月，我校牵头建设的纺织服装职教集团入选国家示范性职业教育集团（联盟）培育单位。积极推广课程思政建设经验，如马昀、蔡永东受邀参加由天津职业大学主办的职业教育课程思政集体备课活动，马昀处长在会上做了主旨发言。

4.3 社会影响

产教深度融合成绩显著，备受行业及各级政府的重视和奖励，2013年被中国纺织工业联合会授予全国纺织行业技能人才培育突出贡献奖，2014年被中国纺织工业联合会授予中国纺织服装人才培养基地，2015年获批国家级职业教育现代纺织技术专业教学资源库，2015年现代纺织技术专业获批江苏省高校品牌专业建设工程一期A类项目。8位教师入选课程思政教学名师和教学团队。2019年现代纺织技术专业入选中国特色高水平专业群建设单位。2次被授予南通市职业教育服务经济贡献奖。我校被授予全国高职院校服务贡献50强、国际影响力50强、育人成效50强称号。2020年12月，《新华日报》以《党建引领，产教融合创新育人路径》为题，报道了我校办学成就。

基于传统服饰技艺的"承创结合、寓思于教"的高职服装专业课程思政教育探索

浙江艺术职业学院

完成人及简况

姓名	性别	所在单位	党政职务	专业技术职称
项敢	女	浙江艺术职业学院	设计学院省级专业带头人	副教授
巴蕾	女	浙江艺术职业学院	设计学院教工第一党支部书记	副教授
李昌国	男	浙江艺术职业学院	浙江艺术职业学院设计学院常务副院长	教授
李雪芬	女	浙江艺术职业学院	设计学院专业带头人	副教授
茅彦旻	女	浙江艺术职业学院	无	讲师
王艺璇	女	浙江艺术职业学院	无	讲师

1　成果简介及主要解决的教学问题

1.1　成果简介

该成果是浙江艺术职业学院服装与服饰设计专业重点教学改革项目的实践成果。该项目依托 1 个国家级"双高"专业群、1 个全国高等艺术职业院校骨干专业、1 个教育部校企共建生产性实训基地、一个乡村文旅融合研究中心、2 个大师工作室，以传承中国传统服饰文化为引领，以技艺交融、承创结合、工匠精神与当代职场敬业精神并存为理念，是在服装专业课程思政教育改革中的效果呈现。同时，通过两项浙江省高校课程思政教学研究项目"文化自信背景下优秀传统服饰技艺融入高校设计专业课程思政教学的研究""非遗技艺与工匠精神在服装工艺课程中的激活与应用"来深化教学改革，使这种"承创结合、寓思于教"的模式既可以帮助学生深入了解中国传统服饰技艺，提高他们的服装设计技能，同时也可以指导学生树立正确的社会主义核心价值观和职业道德，实现以美立德、实现以美储善、以美育人的目标，并最终达到培养出有理想有道德的高素质技术型设计人才的目的。

1.2　主要解决的教学问题

（1）引入非遗技艺大师或传统服饰技艺匠人入课堂，让学生在课堂内、外接受系统化、立体化、全方位的课程思政教育。

（2）专业课程思政教学常态化实施，以课程项目化实践+课外综合实践项目+"双创"实践项目，传承文化、树立文化自信，将工匠精神、专业素养转化为育人育德资源，将思政教育"无痕"地融入专业课创新实践教学中。

（3）校外师资队伍建设和长期稳定的合作，满足了传统服饰技艺的师资需求。

2 成果解决教学问题的方法

通过课程思政教学改革研究，总结方法及与教学内容融合，使学生能更加清晰地感受到中华传统服饰技艺及文化的博大精深和魅力，从而在专业教学中逐步树立"文化自信"，并对"工匠精神"有更加深刻的认识，课程思政春风化雨般地将传统文化素养和新时代对工匠的要求融合到专业教学中。

2.1 将优秀传统服饰技艺项目转化为思政元素融入专业课程教学，提出"承创结合"的教学理念及教学设计

浙江省是传统服饰技艺很发达的地区，如杭罗织造、余杭清水丝绵制作等技艺数不胜数，宣扬传统服饰技艺的线上平台——"东家守艺人""一条"都落户在杭州，这些条件为项目的实施提供了良好的基础。依托这些优秀的传统服饰技艺，进一步深化融合其内容到专业课程的思政教学内容中，建立"承创结合、寓思于教"的课程思政教育研究及方法（图1）。

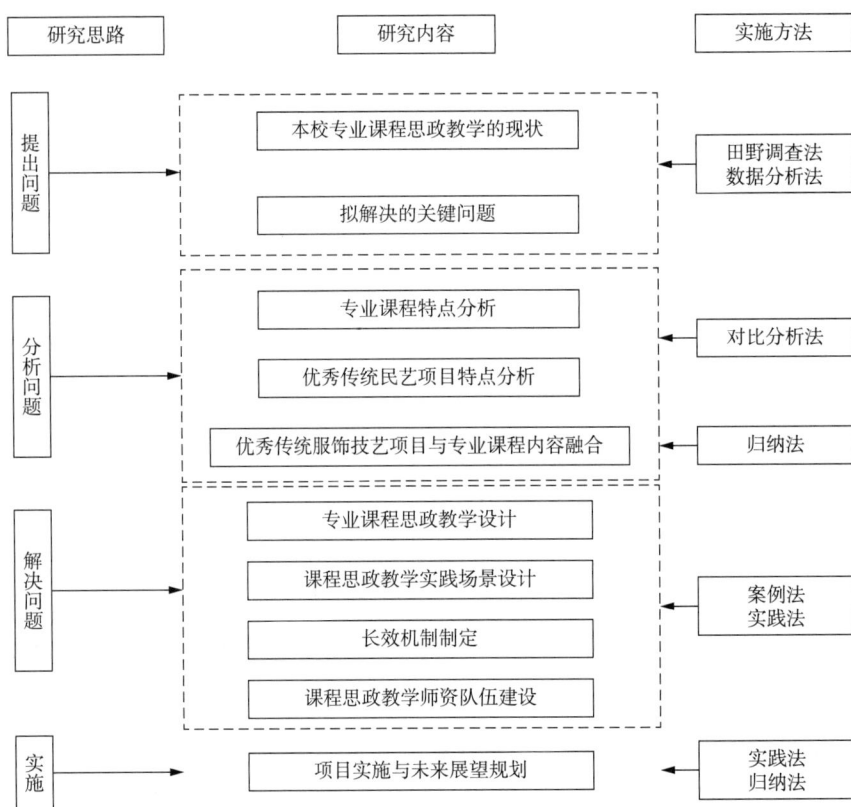

图1 课程思政教育研究及方法

2.2 课内、课外相融合的动手、动脑、动情"三结合"的课程思政教学模式

成果提出专业课程思政教学课内、课外相结合的系统化立体化动手、动脑、动情"三结合"的教学模式。专业课程上以项目化教学为主，教师引导学生通过"动手"学习传统服饰技艺、专业技能；通过"动脑"构思创意，将传统服饰技艺的东方审美、现代设计技术融入主题教学项目实践中；通过主题项目实践，使学生掌握运用设计技术来发扬中华服饰文化、传播核心价值观的基本方法，最终使学生自己在实践中树立起工匠精神与现代敬业精神并存的"动情"（图2）。

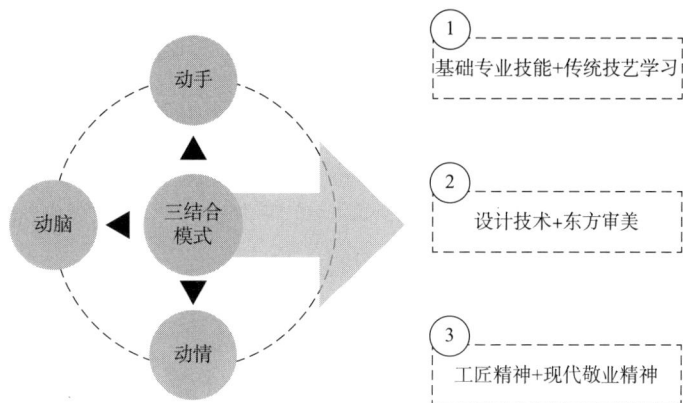

图 2 "三结合"课程思政教学模式

2.3 "寓思于教"的专业课程思政教学场景的构建

我国传统的美育、礼仪教育都非常强调境教的功能，强调潜移默化的作用。成果提出东方智慧造境，深植爱国情怀、工匠精神，利用校内工作室、校外传统服饰技艺工作室的岗位情景，以开放式的工作场景替代原来的封闭式课堂，实现课程思政教育潜移默化的育人效果。

2.4 校内专业教师、校外技艺匠人的名师相结合的课程思政教学专业师资队伍

高职服装专业课程思政教学需要更多样化的师资队伍。培养师资队伍比较合适的方式是通过传统服饰技艺工作室项目于校内、外同时培养。发挥传统服饰技艺匠人在行业中的专家优势，同时可以对校内教师进行形式多样的培训、技术指导、研发指导等，进而提高其教学能力，以此来培养具有理论教学能力、实训指导能力、设计开发服务能力等多能力素质的教师队伍。

3 成果的创新点

3.1 创新"技艺传承"到"审美传承"再到"文化传承"的递进式课程思政教学设计

通过递进式课程思政教学实践，能使学生了解并掌握传统服饰技艺，并学会运用中式设计元素和东方审美来表达、传播核心价值观的基本方法，最终使学生自己在学习实践中树立正确的价值观及大国工匠精神（图3）。

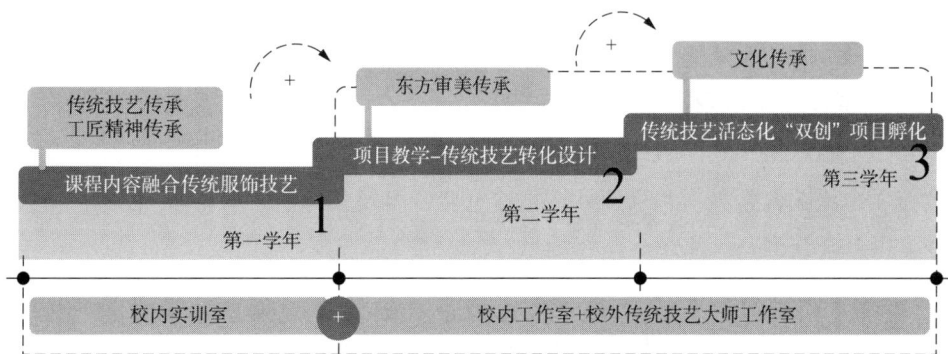

图 3 递进式课程思政教学设计

3.2 依托传统服饰技艺匠人、名师工作室或项目构建"寓思于教"的教学场景

在教学实践过程中能够自然融入传统服饰技艺到专业课程思政教学的内容中，并构建立体化的校

内工作室、校外传统服饰技艺工作室的思政教学情景，强调境教的功能。

3.3 "教"走向"育"的教学升华

通过将课程思政贯穿教学全过程，转"教"为"育"，营造传统服饰技艺大师工作室的工作氛围，通过启发式、任务引领、现代学徒制等沉浸式方法形成价值引领、能力达成和知识传授有机结合的育人机制。让学生在课程项目化教学实践、"双创"项目实践中充分体验传统服饰技艺的魅力，让学生在实践中找到成就感、激发学习动力，从而达到动情的教育。

4 成果的推广应用情况

通过几年的落地实施，本院艺术类、设计类专业均获得收益。在教学效果、学生创新创业、社会服务等方面都取得了显著的效果。

4.1 "寓思"于课内外，承创结合孵化"双创"项目，提升学生综合能力

通过课内外多元化实践模式培养学生关注传统服饰技艺创新转化，培育了一批创业创新项目："'创艺'校园礼仪服饰设计与创作""舞台服饰创意设计与服务项目——以'我的灵魂永不下跪'等项目为例""兔小琪——国潮童装设计""后疫情时代智能防护校服设计"等。通过"双创"项目实践，既促进培养了应用型创新人才，又提升了学生自主创业的能力。

4.2 全院跨专业联动，多元化成果展现育人成效

推出一系列跨专业多元化教学及实践项目：如推出专业课思政公开课"服饰手工艺""服饰图案"；金课"戏剧戏曲舞台服装设计""女装设计"；跨专业任选课"创意皮饰设计""服饰设计""形象设计"；跨专业合作综合实践项目：芭蕾舞剧《幻梦敦煌》服饰创作、音乐剧《吉屋出租》服装设计、"建党百年"主题设计实践等。成果在全院范围落地实施，充分激发了学生爱国、爱民族文化、爱党的热情，同时对中国传统服饰技艺及文化有了更深入的了解，育人成效显著。

4.3 多方参与产教融合，社会服务能力逐年增强

集合联盟优势资源组建"创新联合体"，通过项目带动多方参与深度融合，服务区域战略性，深入推进校企需求对接、产教协同育人。依托学院乡村文旅融合研究中心，立足乡村旅游文化、文化浙江、诗画浙江建设需求开展多项社会服务：文旅融合非遗保护——送教下乡、阿尔山乡村墙绘艺术大赛、"'井'上添花"匠心手作＆时尚设计公益讲座、"'艺'起来画"暑期社会实践、新中式皮饰手作公益体验等活动，社会服务能力大幅度提升。

4.4 师生协同共创参展，获得社会认可与关注

师生合作实践项目取得一定的成绩，师生多项成果参展历届中国舞台美术展、2019年佛罗伦萨设计双年展、第二届全国匠人大会、北京国际文化博览会、温州文博会。取得多项发明专利、新型专利、外观专利等，获得社会认可与关注。

"前店—中校—后厂"——高职纺织服装类专业育人体系的创新与实践

江苏工程职业技术学院

完成人及简况

姓名	性别	所在单位	党政职务	专业技术职称
魏振乾	男	江苏工程职业技术学院	纺织服装学院副院长	副教授
马昀	男	江苏工程职业技术学院	教务处处长	教授
邢颖	女	江苏工程职业技术学院	服装技能大赛集训中心主任	副教授
王军	男	江苏工程职业技术学院	服装工程教研室主任	讲师
洪杰	男	江苏工程职业技术学院	纺织服装学院副院长	副教授
尹桂波	男	江苏工程职业技术学院	纺织服装学院院长	教授
陈伟伟	女	江苏工程职业技术学院	服装设计与工艺专业负责人	副教授
施静	女	江苏工程职业技术学院	服装设计教研室主任	教授
金鑫	男	南通市纺织工业协会	南通市纺织工业协会副会长	高级工程师
向中林	男	江苏联发纺织股份有限公司	江苏联发纺织股份有限公司总经理	高级工程师
葛坤锋	男	江苏华艺集团	江苏华艺集团总经理	高级工程师

1 成果简介及主要解决的教学问题

1.1 成果简介

世界10件衣服中，中国制造5件，其中就有1件江苏制造，江苏是名副其实的纺织服装强省，产业规模连续七年保持万亿元以上，居全国首位。

江苏工程职业技术学院源于近代实业家、教育家张謇1912年在"纺织之乡"南通创办的中国第一所纺织专门学校。学校传承张謇"以生计为先"等职教思想，对接纺织全产业链，构建了全国实力最强的纺织服装专业群。学校以国家示范重点专业、江苏省品牌专业、国家高水平专业群建设为契机，针对传统专业人才培养与行业发展脱节、学生职业技能和综合职业能力不强等问题，借鉴控制理论中"闭环反馈"原理，构建了"前店—中校—后厂"的育人体系。

学校充分整合行业企业资源，建设位于繁华商业区的临街店铺"时尚创意空间"（前店），接受纺织服装个性定制任务；建设省级"先进纺织工程技术中心"和"家用纺织品与服装工程技术中心"（中校），师生开展产品设计、技术研发；建设生产性实训基地"联发纺织智能制造中心"和"华艺服装智能制造中心"（后厂），完成小批量生产；产品再通过前店进行展示、陈列、销售，根据客户的反馈意见对项目各环节进行持续改进，形成闭环实训教学体系，不断获得"正反馈"效应。依托"前店—中校—后厂"实训教学体系，构建技能竞赛体系和专业融合社会服务体系，学生在完整的工作任务中不断提升自身职业能力和职业素养，成长为懂市场、精技能、能创新的复合型纺织服装人才。

通过十年的探索与实践，成果取得了显著的人才培养成效，在全国发挥了重要的示范引领作用。专业群累计培养了一万余名纺织服装技能人才，占江苏纺织服装企业管理人员和技术骨干的20%。22名学生获服装设计与工艺国赛一等奖，29名学生获全国高职高专纺织服装类技能大赛金牌，金牌总数均名列全国第一。服装设计与工艺专业成为省高校重点专业群核心专业，现代纺织技术专业入选江苏省高校品牌A类专业，"现代纺织技术"专业群入选国家双高计划。相关成果获中国纺织工业联合会教学成果一等奖10项。

1.2 主要解决的教学问题

（1）传统专业人才的培养与行业发展脱节的问题。

（2）学生职业技能和综合职业能力不强的问题。

2 成果解决教学问题的方法

2.1 构建闭环式实训教学体系，形成正向反馈机制，使学生职业能力评价与企业岗位要求全面对接

以培养适应企业岗位要求的高素质创新型人才为目标，以工作过程系统化为基本思路，将产业链中营销、研发、生产三大环节对应前店、中校、后厂，设计"闭环式"实训教学体系，形成连续封闭的反馈回路系统（图1）。以服装设计与工艺专业为例，基于"前店"开设"陈列综合项目设计"等课程，基于"中校"开设"设计研讨与创作实践"等课程，基于后厂开设"时装纸样设计与制作"等课程。结合课程，从低年级至高年级分别设置"张謇拔尖计划""时尚创意节"和"国际时装节"三个实践项目，通过项目引领，学生团队自主完成任务承接、设计、制作、展示、销售的全过程，任务承接数量、作品销售数量、营业额、客户评价意见等均可折算为学生的业绩积分，学生可申请转化为奖励学分，从而发挥"前店—中校—后厂"闭环体系的正向反馈效应，学生的学习成果受到了市场的有效检验，学生的职业能力评价与企业岗位要求直接对接，从亲手创作到成功销售的体验赋予了学生更强的学习动力。

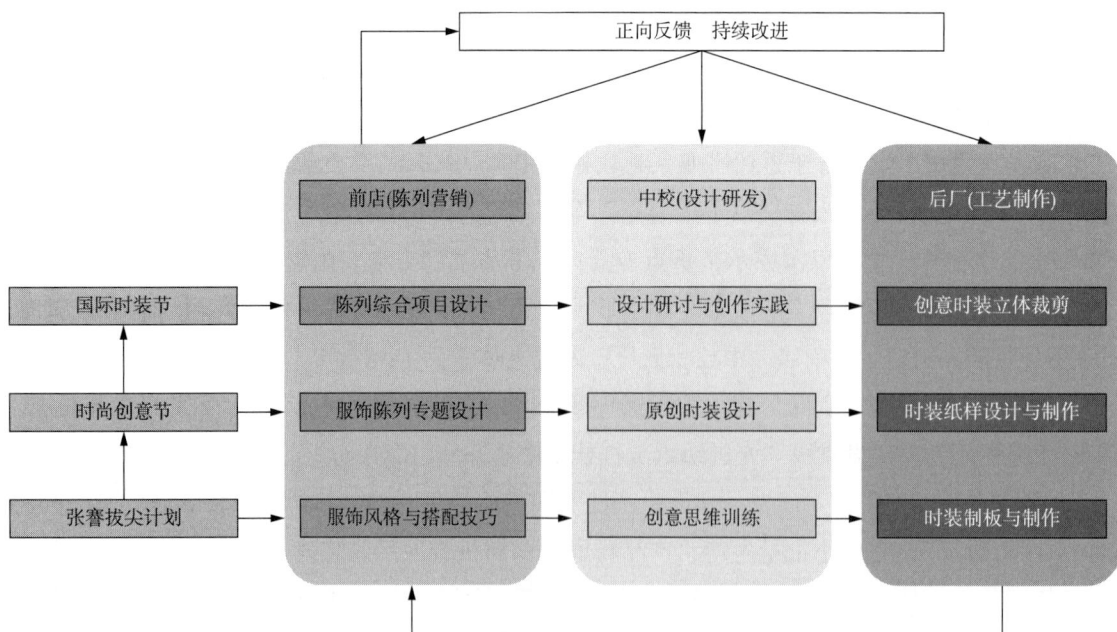

图1 服装专业闭环式实训教学体系

2.2　构建多层次、立体化的技能竞赛体系，实现"课赛融通、赛教融合"

依托"前店—中校—后厂"实训教学体系，将实践项目与竞赛项目对接，构建立体化、多层次的技能竞赛体系：与"张睿拔尖计划"对接，面向一年级学生举办校内技能大赛，为技能竞赛集训队和创新创业团队选拔人才；与"时尚创意节"对接，面向二年级学生开展技能大赛集训，结合课程教学内容对接世赛、国赛、省赛、行业时尚大赛、创新创业大赛进行重点突破；与"国际时装节"对接，面向三年级学生举办毕业设计大赛，将源自企业项目经过市场锤炼的优秀作品推向上海国际时装节、深圳国际时装节、中国国际大学生时装周的T台。通过实践项目与竞赛项目对接，实现竞赛规程与教学内容融合、竞赛资源与教学资源融合、竞赛作品培育与创新创业项目融合，形成常态化、全覆盖的技能竞赛机制（图2）。近年来，22名学生获服装设计与工艺国赛一等奖，18名学生获服装设计与工艺省赛一等奖，29名学生获全国高职高专纺织服装类技能大赛金牌，各类金牌总数均名列全国第一。

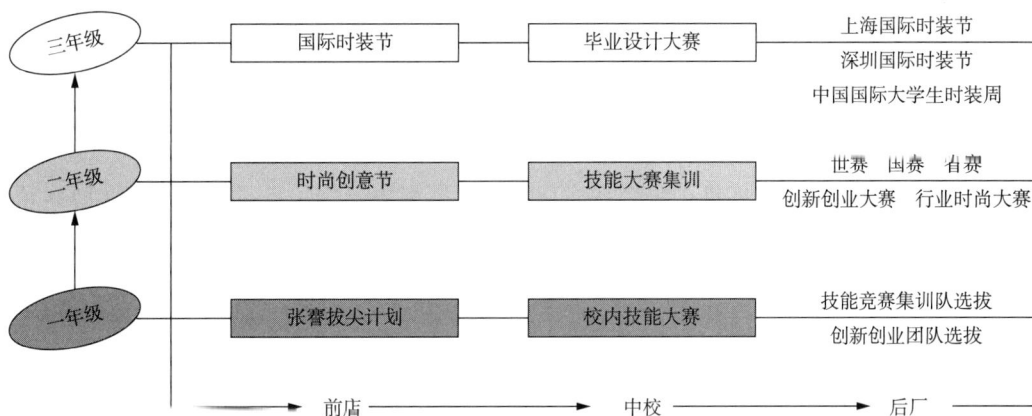

图2　多层次、立体化技能竞赛体系

2.3　构建多专业协作的社会服务体系，提高学生综合职业能力和职业素养

充分发挥纺织服装专业群的资源整合作用，以"多向参与、优势互补、共同发展"为原则，依托"前店—中校—后厂"实训体系，学生跨专业组建了14个创业团队，业务涵盖纺织服装产品设计、技术开发、个性定制、市场营销、电子商务服务等纺织服装行业各领域，为行业提供一站式服务（图3）。以"无界""互联""共享"为理念，学生团队在校企双方共同指导下，多专业联动协作，形成纺织服装产品开发、生产到贸易各个环节的有机串联，实现上下游环节数据链的衔接和共享，并根据数据的实时反馈对实训项目进行柔性调整、持续改进。学生团队每年承接企业项目600个以上，学生在实践过程中对不同岗位之间的技术衔接、协作方式产生全方位的认识，有效提升了学生的团队合作能力、创新创业能力、综合实践能力、职业技能迁移能力。

3　成果的创新点

3.1　教学评价方式创新

发挥"前店—中校—后厂"实训教学闭环体系的正向反馈效应，强化学习过程评价的引导和激励作用，由传统的一刀切式考核向满足学生个性化成长的评价转变。项目教学在计划—执行—评价—诊断—反馈—提升的全过程中，获得了市场灵敏、正确、有效的信息反馈，学生的学习成果受到了市场的有效检验，学生的职业能力评价与企业岗位要求直接对接，形成了教学质量持续改进机制，教学质量在循环积累中不断提高。

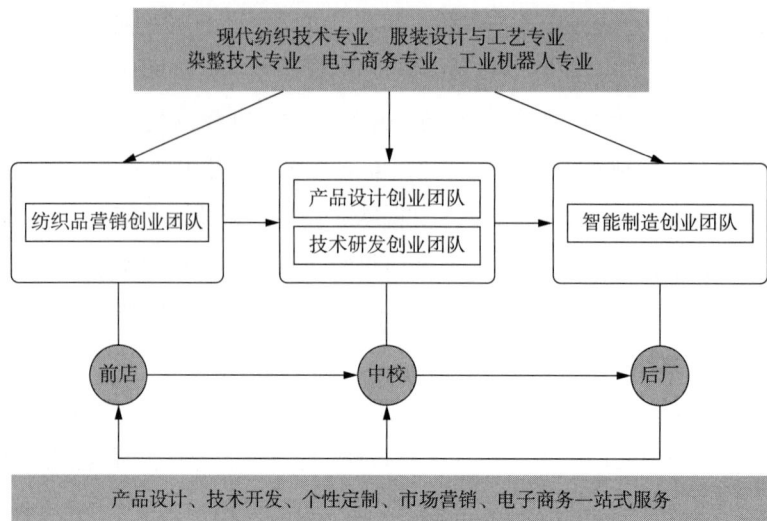

图3 多专业协作的社会服务体系

3.2 赛教融通模式创新

依托"前店—中校—后厂"实训教学体系，以世赛、国赛为引领，与"张謇拔尖计划""时尚创意节""国际时装节"实践项目有效对接，构建了立体化、多层次的技能竞赛体系和常态化、全覆盖的竞赛机制，实现了技能竞赛训练团队和教学项目团队的融合、竞赛项目与教学内容的融合、竞赛资源与教学资源的融合。

3.3 专业融合机制创新

依托"前店—中校—后厂"实训教学体系，指导学生跨专业组建创业团队，构建多专业协作的社会服务体系。学生团队在校企双方共同指导下，跨专业联动协作，为行业提供一站式服务，实现专业链、人才链、创新链与产业链的全方位对接，综合职业能力和职业素养得到有效提升。

4 成果的推广应用情况

4.1 校内推广应用

成果从纺织服装专业群推广应用到学校艺术设计、机电工程、商贸物流三个大类专业群，组建了"高端纺织专业集群"，直接受益学生达20000余人，推动了各专业人才培养模式的改革，深化了校企合作。现代纺织技术专业群入选国家双高计划，染整技术专业、服装设计与工艺专业入选江苏省高水平骨干专业，现代纺织技术专业、家用纺织品设计专业入选江苏省品牌专业一期工程项目。服装设计与工艺专业学生在全国职业院校技能大赛中获金奖22项，名列全国第一。以时尚创意空间为代表的大学生创业园成功孵化创业项目22个，涌现出张宗山、孙泽斌等36名创业学生典型，创业项目获省、市级奖项15个，专业近三届毕业生一年后创业率超过全国平均水平9.4个百分点，为大学生创业园入选省大学生创业示范基地做出了支撑性贡献。教育厅原厅长沈健、现厅长葛道凯到我校考察后，对项目建设给予了高度评价。

4.2 校外推广应用

作为中国纺织服装职教集团理事长单位、全国高职现代纺织技术专业教学指导委员会主任委员单位，学校积极将成果向同类院校推广，省内、外150多所高职院校来校交流取经。山东科技大学、盐城工业职业技术学院、浙江纺织服装职业技术学院等职业院校学习借鉴本校成果，助推了职场化、技能菜单等复合型人才培养的改革。中国纺织服装职教集团获评全国示范职教集团培育项目，成为全国高职院校纺织服装专业骨干教师国培基地，先后举办"法国时尚原创设计""纺织非遗传承与服饰艺术设计"高职骨干教师培训等20期国培、省培项目，合计培训省内外优秀骨干教师700余名。2011年以来，专业接受荷兰撒克逊应用科技大学、意大利艺术设计大学85名本科生来校研修，输出了中国优质高职教育资源，传播了中国纺织文化。2018年承办世界纺织教育大会职教论坛，2019年牵头成立国际纺织服装职业教育联盟，向一带一路沿线国家分享纺织服装职业教育的中国经验。

4.3 国内外影响

牵头起草服装与服饰设计本科专业简介、纺织面料开发"1+X"证书标准，牵头开展纺织服装类职业教育本科专业设置调研，牵头制定了全国《高职轻工纺织大类专业教学标准开发规程》《家用纺织品设计专业教学标准》《教育部纺织类专业顶岗实习标准》《全国家用纺织品设计专业顶岗实习标准》，牵头建设了江苏省高校协同创新中心——江苏省先进纺织工程技术中心。中国家纺协会在我校授权建立了全国第一个家纺设计师培训基地，牵头开发了家纺设计师职业资格标准和《家纺设计师培训教材》初级、中级及高级3部，牵头建设全国家纺设计师职业技能鉴定试题库，先后培训并鉴定来自全国名地的设计人员2800余人。

4.4 服务产业

近五年来取得授权发明专利200余件，已有118项科技成果在产业"生根开花"，为企业产生经济效益12.8亿元。两个案例入选中国高校产学研合作人才培养十大推荐案例和优秀案例；举办"敦煌国际家纺服饰产业论坛会议"3次，在"新加坡—中国江苏高职教育合作论坛"和全国纺织服装职教联盟活动中做了典型经验交流。参加国务院侨办主办的"2013中华文化大乐园—美国旧金山营"活动以及法国巴黎南通非物质文化遗产展，多次开展家纺与纺染创意国际工作坊，形成了纺织家纺非遗文化传承与推广的国际影响力。

平台支撑、课岗融通、共生发展：国际视野下纺机制造类人才培养模式的创新实践

盐城工业职业技术学院

完成人及简况

姓名	性别	所在单位	党政职务	专业技术职称
朱璟	男	盐城工业职业技术学院	无	副教授、高级工程师
王元生	男	盐城工业职业技术学院	农工党盐城工业职业技术学院支部主任	副教授、高级工程师
王其松	男	盐城工业职业技术学院	机械制造与自动化教研室主任	副教授、高级工程师
陈中玉	男	盐城工业职业技术学院	无	副教授
祁淼	男	盐城工业职业技术学院	教务处实践教育科科长	讲师
杨书根	男	盐城工业职业技术学院	无	研究员级高级工程师
李明亮	男	盐城工业职业技术学院	汽车与交通学院副院长	副教授
陈安柱	男	盐城工业职业技术学院	汽车与交通学院副院长	副教授
王音音	女	盐城工业职业技术学院	无	讲师

1 成果简介及主要解决的教学问题

1.1 成果简介

随着"一带一路"倡议、中国制造2025等国家战略的实施，纺织机械制造产业蓬勃发展，盐城及周边地区发达的外向型经济对具有国际视野的高素质技术技能纺机制造类人才需求旺盛。我校现有在校生10000余人，外国留学生376人，本成果在国内大循环为主体、国内国际双循环相互促进的新发展格局下，针对纺机制造人才培养存在的四个"不匹配"问题，以《悉尼协议》标准为指引，依托以盐城市人民政府为主导、多方共建的政行校企"共同体"——盐城市装备制造职业教育联盟，开展纺机制造类专业国际化育人平台的建设与实践。

成果包括：产教深度融合，构建政、行、校、外资企业"共同体"并进行人才培养模式创新和探索；围绕国际化纺机制造人才需求标准，引入国外高校及外企先进专业课程资源，实施"本土化"应用，建立课证融通的"四层递进技能菜单式"国际化专业课程体系；发挥共同体作用，实现国际化师资交流互通，构筑校企师资互动共享，打造具有国际视野的专兼结合、双师双语型高水平师资队伍；依托校企双方深度融合，共建共享具有国际化、特色化和社会化的校内外实验实训基地，实现高职生毕业及就业的"无缝对接"；通过开展技术培训、开展境内外合作办学等拓展社会服务功能，有效提升学校国际知名度和影响力。

1.2 主要解决的教学问题

成果主要解决纺机制造专业群人才培养过程中存在的四个"不匹配"问题。

（1）传统人才培养模式与国际化育人需求的不匹配。

（2）课程内容与外企实际岗位内容需求的不匹配。

（3）师资队伍与纺机制造高水平人才教学要求的不匹配。

（4）学校实验实训条件与国际化外企真实场景的不匹配。

2 成果解决教学问题的方法

2.1 打造政行校企四方合作"共同体"，匹配职教国际化育人需求

联合共建的政、行、校、外资企业"共同体"——盐城市装备制造职业教育联盟，实行理事会制，制定联盟发展规划，搭建信息共享平台，共建实训基地，开展校企人才互聘，加强产品研发，推动校企、校与校之间的紧密交流与合作。在强调企业主体地位的同时发挥学校主导作用，实现了合作双方真正意义上的共建共管、资源共享、风险共担、互利共赢（图1）。

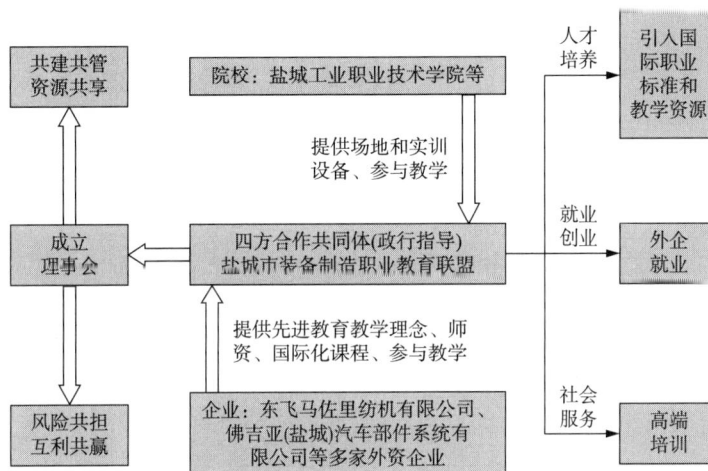

图1 四方合作"共同体"人才培养功能框图

2.2 制造国际资源本土应用"变频器"，匹配企业实际岗位需求

校企双方建设包含专业信息、课程教学、行业资源、国际交流等动态更新的资源库，调研外企实际岗位工作任务，充分借鉴和利用国内外慕课、微课等网站学习资源。按照"需求导向、多元合作、碎片化资源、结构化课程、系统化设计"的建设思路，强调课程与职位的对接、认证与教学的对接、专业与产业对接。专业核心课程嵌入国际通用认证标准，通过直接引进、"本土化"开发和融合提炼，构建适合国内纺机制造职业教育的"双语+职业技能"课程（表1），实现国际先进资源"本土化变频"对接。

表1 课程资源本土化建设内容

序号	课程资源名称	合作单位	建设手段
1	3D制造创新（3D Manufacturing Innovation）	佛罗里达理工学院（FIT） 江苏高和智能装备股份有限公司	引进融合
2	云设计与云制造（Cloud-Based Design and Manufacturing）		引进融合

序号	课程资源名称	合作单位	建设手段
3	典型零件有限元分析（Finite Element Analysis for Typical Parts）	密西西比州立大学（MSU） 盐城秦川华兴机床有限公司	引进融合
4	机器人技术（Robotics）		引进融合
5	基于MATLAB的虚拟现实与动画 （Virtual Reality and Animation for MATLAB）	加拿大北大西洋学院（CNA） 东飞马佐里纺机有限公司	引进融合
6	数控编程与加工技术（Programming and Machining of CNC）	东风悦达起亚汽车有限公司	开发
7	机械行业交际英语双语课程	佛吉亚（盐城）汽车部件系统 有限公司	开发

2.3 构筑双元混编师资共享"蓄水池"，匹配师资队伍建设需求

发挥"江苏高职院校'一带一路'培养合作联盟"和"江苏德国高职教育合作联盟"成员单位优势，积极参与国际合作，通过职教联盟实现校企间师资的交流互动、共享互聘。"共同体"广泛吸纳了一批具有国际视野、较高培训水平和技术技能的国际型人才加盟教学团队（图2），形成集聚高端人才的载体和平台，也成为学校师资共享的"蓄水池"。

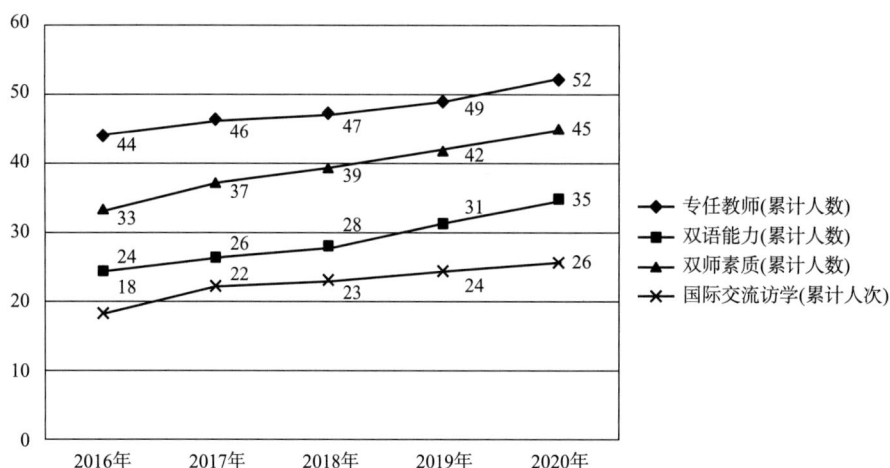

图2　纺机制造类专业双师双语国际化教学团队建设情况

2.4 开设跨境企业实训就业"直通车"，匹配行企引才用人需求

按照跨境企业真实环境，引入企业设计项目，校企共建共享与合作开放具有国际化、特色化和社会化的校内外实验实训基地（表2），拓宽了与国际企业、行业、院校的交流路径。通过交流合作，加强了学生外语应用能力、国际竞争与国际合作意识等方面的培养，提升了毕业生外企市场就业竞争力，实现高职生毕业及就业的"无缝对接"，实现国内学生及留学生就业"直通车"模式。

表2　校内外创新型国际化实验实训基地

序号	平台类型	拟建实训室	合作企业
1	创新创业中心	机械创新设计实训室	佛吉亚（盐城）汽车部件系统有限公司（美资控股）
2	智能装备研发中心	工业机器人应用实训室	东风悦达起亚汽车有限公司（韩资控股）
3		精密测量实训室	盐城秦川华兴机床有限公司

序号	平台类型	拟建实训室	合作企业
4	国际能力训练与拓展中心	国际认证模拟训练中心	东飞马佐里纺机有限公司（意资控股）

3 成果的创新点

3.1 依托四方合作"共同体"，建立纺机制造高职国际化人才培养新机制

按照《悉尼协议》认证标准开展教学活动，以"盐城市装备制造职教联盟"为合作载体，构建了基于共同体模式的技术技能型人才培养体系，形成"成果导向、学生中心、持续改进"的良性循环，保障纺机制造专业群的国际化人才培养的可持续发展（图3）。

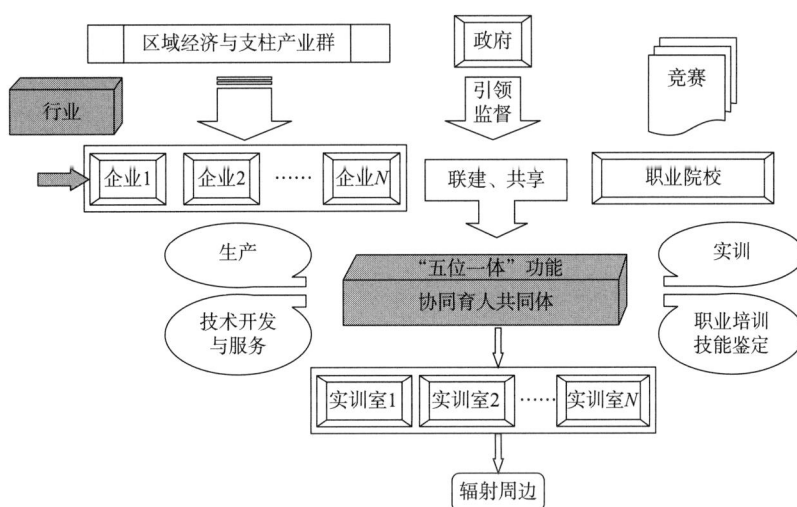

图3 纺机制造高职国际化人才培养新机制

3.2 对接外企岗位需求，构建"四层递进技能菜单式"国际化专业课程体系

基于工作过程系统化的课程改革理念，瞄准和分析国际制造业态主流发展对高端技能型人才的需求，创新以技能菜单培养为课程体系主线，将敬业、精益、专注、创新的"匠心精神"融入课程设计的每一个环节，加强职业通用能力、特定能力、核心能力和拓展能力"四层技能菜单"建设，形成由浅至深、由演练到实战的"递进式"国际化专业课程体系（图4）。

3.3 基于"蓄水池"和"直通车"模式，创建国际化师资培养和学生就业新路径

通过职教联盟的优势形成了集聚高端人才的"蓄水池"，实现了校企双方教学资源的共享互派，也使学院教师在家门口即可接受高水平国际化的能力培养，提升了教学团队的专业技能、教学管理能力、双语教学和创新研发能力。

引入校企就业"直通"理念，根据跨境制造业企业的真实环境规划布局，校企共同构建集教学、竞赛、技能鉴定、社会培训及服务于一体的"五位一体"国际化生产性实训基地，让学生切实感受、领悟先进的生产模式和工匠精神结合的纺机制造企业实景。

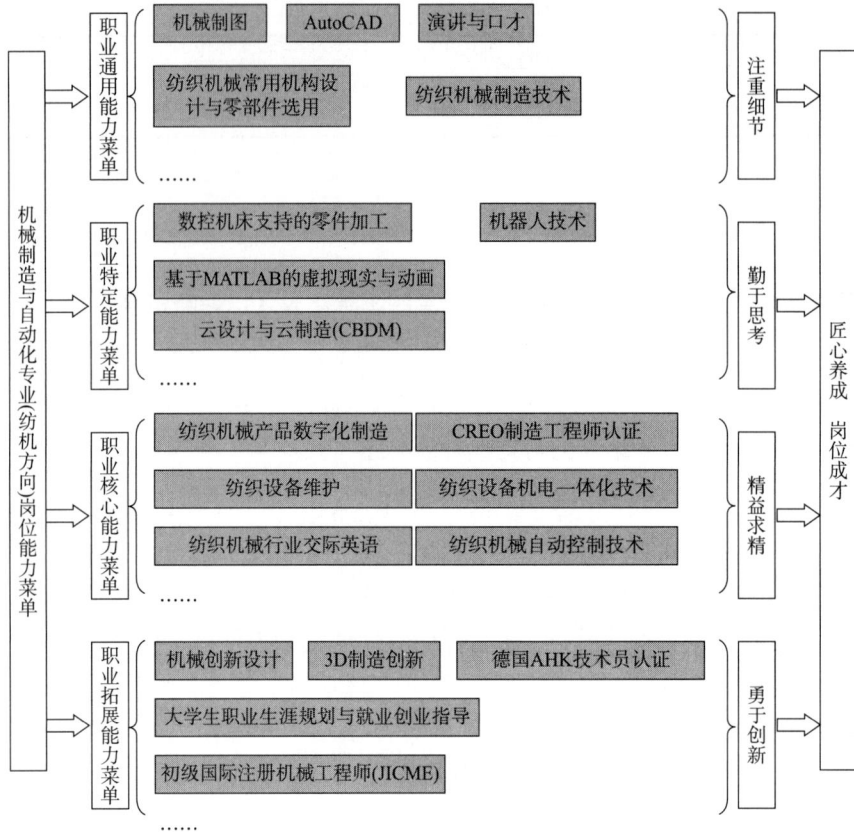

图4　"四层递进技能菜单式"课程体系

4　成果的推广应用情况

4.1　国际化教学团队建设成效显著

（1）团队中双师素质教师达45人，占专任教师的86.5%；具有双语教学能力教师达35人，占专任教师的67.3%。

（2）团队中具有企业实践工作经历教师48人，占专任教师的92.3%。

（3）团队中具有境外留学、访问或交流经历教师26人，占专任教师的50%。

（4）团队中省"青蓝工程"优秀青年骨干教师3名、省"333工程"人才培养对象1名、全国机械职业院校实践教学能手2名、全国机械职业院校技能大赛技术专家3名、盐城市技术能手2名、盐城市五一劳动奖章获得者3名。

（5）团队中全国职业院校现代制造及自动化技术教师大赛一等奖获得者1人；获江苏省教师现代教育技术应用作品大赛一等奖1次、二等奖3次，省信息化教学大赛三等奖1次，盐城市科学技术进步二等奖1次。

（6）团队成员在重点研究方向上建设了3个市级工程技术研究中心，主持、参与研究省市级教科研课题50余项，编写出版教材4部，共发表中文核心论文30余篇。教师承担企业横向课题30余项，资金到账339.1万元。

（7）团队成员PCT发明专利授权1项，发明专利授权15项，授权实用新型专利98项。

4.2 人才培养质量得到境内外的高度认可

（1）专业在全国开设装备制造大类的625所高职高专院校中排名第24位并获A$^+$等级。

（2）学生国际化通用职业（专业）技能证书获取率高。多年来学生"双证书"获取率达99.3%。

（3）学生获首届上海合作组织国家技能大赛二等奖1次，获江苏省技能大赛一等奖2次、二等奖6次、三等奖4次。

（4）学生获得省级创新创业大赛二等奖4项、三等奖2项，盐城市科技创业大赛大学生组一等奖3次、二等奖2次。

（5）学生获得江苏省普通高校本专科优秀毕业设计（论文）一等奖2项、二等奖1项、三等奖1项、团队优秀毕业设计2项。

（6）近5年新生报到率均在98%以上，毕业生初次就业率在93.57%以上，专业对口就业率达96%以上，外企就业率在32.9%以上，用人单位满意率在95%以上。

（7）近5年纺机制造类专业群共招留学生17名，22人次中国学生赴乌克兰、新加坡、韩国、哈萨克斯坦、越南等境外校企交流访学或就业。

4.3 国际视野教学资源成果丰硕

（1）校企双方联合开发国际培训课程6门、双语教学课程8门，其中全英文授课课程2门。

（2）课程"Programming and Machining of CNC"被评为江苏省高校留学生英语授课培育课程。

（3）引进斯普林格制造类原版英文教材121本，引进总页数达54774页；引进美国佛罗里达理工学院教学资源10套。

（4）制定的制造类专业磨工国家职业技能标准，在人力资源和社会保障部的组织下在全国近300多所主要工程类高职院校进行了推广应用。

4.4 示范辐射效应海内外彰显

（1）获校外专家评价好。江苏省高校机械类专业教指委副主任委员、盐城市机械工程学会副理事长刘德仿对团队能够针对江浙地区发达的外向型经济的发展趋势、准确把握人才培养改革的方向、创新性地建立纺机制造类专业国际化育人平台给予高度肯定。

（2）国外专家评价高。2018年10月，乌克兰基辅塔拉斯·舍甫琴科国立大学捷斯利亚·尤里教授一行对我校纺机制造实训工场的企业化环境赞不绝口。

（3）毕业生及企业对学校的教育培训做出肯定和满意回答。机械制造与自动化专业1731班顾佳伟同学在校期间曾获得首届上海合作组织国家职业技能大赛CAD机械设计赛项二等奖，毕业后在台资企业盐城金大纺织机械制造有限公司工作，技能超群，表现突出，已经成为公司技术骨干。该公司总经理林燕保对学校评价时说，专业建设服从于企业生产的需求，能够从实际生产中选择典型工作任务作为载体，实施项目课程教学，学生学到了技能，增强了质量意识，还养成了良好的职业素养，而企业就需要这样的人才。

机械制造与自动化专业1511班胡师同学曾获得2018年江苏省高职院校技能大赛工业产品数字化设计与制造赛项三等奖，现在于德资企业特吕茨施勒纺织机械（上海）有限公司工作，他说："学校将课程理论与实际操作相结合，使我们不仅仅掌握了专业技能，还养成了良好的工作态度，学会了做事、做人和解决问题的能力。"

（4）媒体的报道。中国教育报、光明日报、人民论坛网、扬子晚报、现代快报、江苏教育、盐阜大众报、盐城电视台等主流媒体多次报道并给予充分肯定。

基于纺织智能实训中心"师生共长、四位一体"育人模式的探索与实践

江苏工程职业技术学院

完成人及简况

姓名	性别	所在单位	党政职务	专业技术职称
陆艳	女	江苏工程职业技术学院	无	讲师
隋全侠	女	江苏工程职业技术学院	无	教授
马顺彬	男	江苏工程职业技术学院	无	副教授
洪杰	男	江苏工程职业技术学院	纺织服装学院副院长	副教授
龚蕴玉	女	江苏工程职业技术学院	无	副教授
陈桂香	女	江苏工程职业技术学院	无	副教授
李朝晖	男	江苏工程职业技术学院	无	副教授
瞿建新	男	江苏工程职业技术学院	无	副教授
刘梅城	男	江苏工程职业技术学院	无	副教授
周媛	女	江苏工程职业技术学院	无	副教授

1 成果简介及主要解决的教学问题

1.1 成果简介

本成果依托"现代纺织技术"中国特色高水平专业群建设，分析工业4.0时代制造业转型期对高等技能人才需求的趋势，融合"CDIO"工程理念，创新性地提出"多元智能实训"理念，其核心是通过信息化支持、一体化服务、智能化管理，构建"互联网+"教育时代背景下的纺织智能实训中心，推动高素质、专业化、创新型"双师"队伍建设和提高具有劳模精神、工匠技艺的纺织技术技能人才的培养质量。

本成果构建了"师生共长、四位一体"育人模式：利用现代信息技术，辅助教师提高教学能力，帮助学生锻造专业核心技能；以科研指引教学，提升教师专业能力，提高拔尖人才培育高度；利用专业特色与优势，为"双创"活动提供强有力的条件保障，强化学生知识运用能力；提供形式多样的社会服务，促进产教深度融合，提高双师型教师培养质量。

1.2 主要解决的教学问题

本成果主要解决了学生技能训练效率低和"双师型"教师培养质量差的问题。通过信息化支持、一体化服务、智能化管理，革除了传统实训中心实践教学改革不彻底、开放共享力度小、产教融合不

深入的弊端，同时扩大专业学科研究与社会经济服务的影响范围，促进师生共同成长，让人才培养与社会发展所需形成一个闭环空间（图1）。

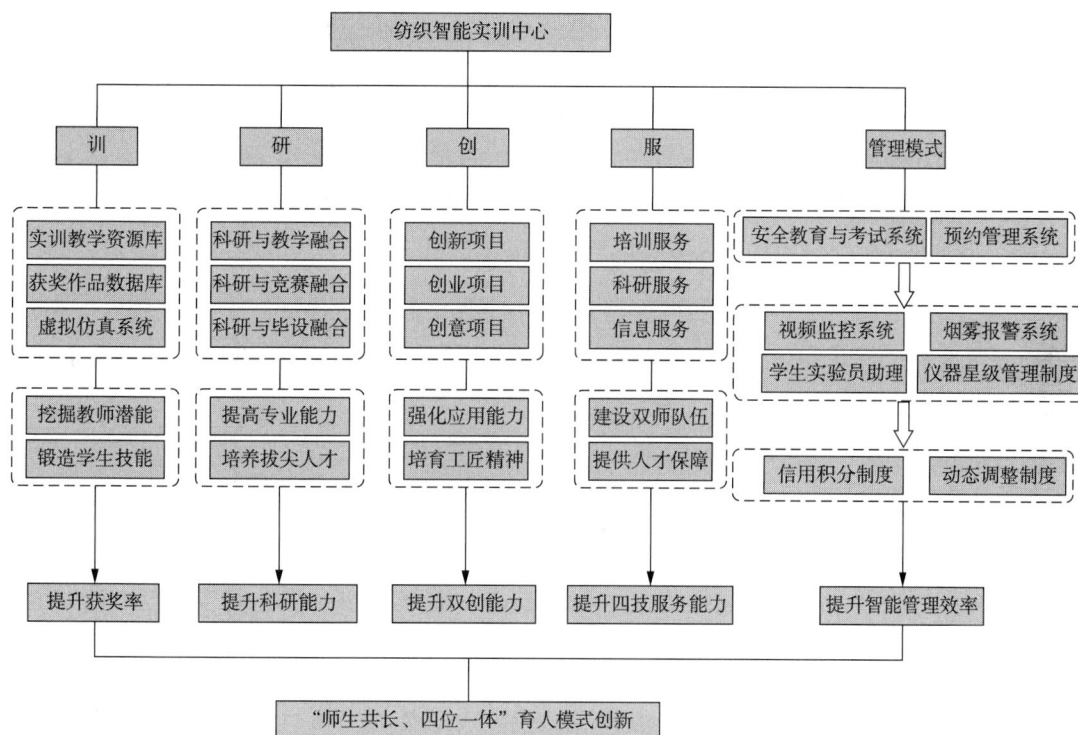

图1 纺织智能实训中心育人模式

2 成果解决教学问题的方法

2.1 以智能化协助教学，解决了专业技能训练效率低的问题

基于实验资源库及虚拟仿真系统开展线上＋线下混合式教学；利用智能化设施解决教师信息化教学能力比赛和资源库建设需求；打造技能大赛特训室，配套获奖作品数据库、工艺数据库、模拟训练平台，帮助学生迅速挖掘创新元素，捕捉精准工艺，实现模拟再实操，节省人力和物力消耗，提高训练效率和获奖率。

2.2 以科研反哺教学，解决了教学和科研发展不平衡的问题

通过仪器设备精细化管理、学生实验员助理模式实施、视频监控系统安装等举措实现开放共享，协助教师教学之余的科学研究工作，提升教师专业水平和综合素质，同时在科研中指导学生专业发展和创新，激发学生学习和科研兴趣，满足拔尖人才培养需求。

2.3 以双创驱动教学，解决了知识运用能力不强的问题

一方面，在场地、设备等硬件环境方面予以支持，通过架设创新创业平台来实现不同资源信息的交流沟通，以保障创新创业项目的成功孵化；另一方面，在实训课程中引入创新创业项目，使学生从了解知识到掌握知识，到最后能灵活运用知识，提升专业教学的有效性。

2.4 以社会服务促进教学，解决了"双师型"教师培养质量差的问题

构建公共实训中心、企业、科研院所和其他资源要素相融合的多元化职业教育共同体。不断深化人才"共育"、师资"共享"、中心"共建"理念，按照"依托中心、借力项目、加强培训"的思路，

深入实施"双师型"教师培养计划，不断提升教师专业教学能力和实践能力。

3 成果的创新点

3.1 构建理念创新："多元智能实训"理念

多元增益，通过信息化支持、一体化服务、智能化管理，打造以学习者为中心的智能教育平台，实现实践教学与职业素质训导、创新创业项目孵化、职业技能培训及鉴定、生产研发及技术推广等多项功能复合叠加的教育培训理念。

3.2 育人模式创新："师生共长育、四位一体"模式

集"训、研、创、服"于一体，四方面育人，训：创新技能训练形式，提高训练效率和获奖率；研：助力项目研究和产品开发，提升拔尖人才培育高度；创：承载双创项目孵化，培养创新精神与创造能力；服：拓展社会服务途径，促进产教深度融合。

3.3 管理方式创新："智能化、精细化、规范化"管理方式

通过实验室安全教育与考试系统、预约管理系统，保证安全准入考核的便捷性与开放后的计划性。利用门禁管理、视频监控、烟雾报警等系统进行智能监控，另有学生实验员助理进行行为监督与辅助配合，执行"8S"管理标准和仪器设备星级管理制度，确保开放过程中的人身安全与财产安全。按照信用积分制度，建立动态调整制度。

4 成果的推广应用情况

4.1 校内实践

建有国内一流水平的实训中心。校内实训中心面积12000余平方米，各类仪器设备总值达5000余万元，包括4个融教学、科研、技术服务与培训、职业技能鉴定等多功能于一体的教学工厂，建有"时尚创意空间"，为学生创业团队提供平台与服务。建成了纺织文博馆、现代纺织工厂、纺织科技馆三个虚拟仿真项目；构建了纺织面料设计大赛作品库、纺织面料检测大赛、染色打样大赛、服装制板与工艺大赛工艺库。近5年来，学生获得创新创业大奖25项，在各类技能大赛中摘金夺银60余个，30名同学获得中纺联合会"纺织之光"奖，获奖成绩在全国处于领先地位。麦可思数据显示，近5年企业满意度增长17.8%，专业对口率提高12.3%，就业率连年保持100%，供需比1：6。团队成员中有1人获全国"纺织之光"教师奖，1人获全国信息化教学大赛一等奖，4人获江苏省信息化教学大赛三等奖，3人获江苏省微课大赛一等奖。成果被推广到纺织、染整、服装、艺术设计四大专业群，受益学生达5000余人。

4.2 校外推广

积极支持援非职业教育项目，与中国航空技术国际控股有限公司共同承担中国援非职业教育任务，支持肯尼亚职业学校实训中心建设及师资培训项目。携手南通中和纺织服装有限公司等加快"走出去"步伐，积极开展国际社会服务项目。成为全国高职纺织专业骨干教师国培中心、新疆纺织师资培训中心，先后举办"纺织新技术""纺织非遗传承与服饰艺术设计"等15期国培、省培项目，培训骨干教师800余名。先后牵头制定了纺织面料设计师、纺织工艺师、纺织品检测师、染色打样师、服装制板师五个职业资格标准，规范了高职纺织人才培养。

4.3 服务产业

成果转化:学生参与教师科研团队授权专利12项,发表相关论文14篇,学生参与教师科研团队授权专利12项,专利转让累计到账8万元。技术骨干:学生锻炼了扎实的专业基本功,经过层层选拔历练的学生在企业里均是技术骨干,被企业委以重任。提供多层次、全方位的技术服务和社会培训,包括打样与测色配色、纺织品性能检测等11个技术服务项目,针纺织品检验工、仿色打样、纺织面料设计师等14个社会培训项目。累积为兄弟院校培训7000余人、为企业培训员工3000余人,制定企业标准16项。两个案例入选中国高校产学研合作人才培养十大推荐案例和优秀案例,获得"服务地方经济贡献奖",入选"2015年全国高等职业院校服务贡献50强"。

4.4 社会影响

学校知名度提升:在全国纺织院校技能大赛中,我校获奖常处于领先地位,获得众多兄弟院校的称赞和效仿。学校获得"全国纺织行业技能人才培养突出贡献奖""中国纺织服装人才培养中心"称号。我校染织非遗传承与创新中心在获评南通市中小学生职业体验中心的基础上,成功获评江苏省中小学生职业体验中心。

适应产业数字化转型的服装专业"三层对接"
教学体系构建与实践

广州南洋理工职业学院

完成人及简况

姓名	性别	所在单位	党政职务	专业技术职称
倪进方	男	广州南洋理工职业学院	数字艺术与设计学院常务副院长	服装与服饰设计副教授
刘展眉	女	广州南洋理工职业学院	教学科研部常务副部长	精细化工教授
崔树林	男	珠海百丰网络科技有限公司	董事长	无
蔡珍珍	女	广州南洋理工职业学院	无	服装与服饰设计讲师
周洪梅	女	广州南洋理工职业学院	服装与服饰设计专业带头人	服装与服饰设计副教授
黄金金	女	广州南洋理工职业学院	无	服装与服饰设计讲师
陈志军	男	广州南洋理工职业学院	服装设计与工艺专业带头人	高级工艺美术师
方彬	男	东莞金福智能制衣有限公司	董事长	无
郑辉	男	广州南洋理工职业学院	服装与服饰设计教研室主任	无
宋瑶	女	广州南洋理工职业学院	无	服装与服饰设计讲师、服装设计师

1 成果简介及主要解决的教学问题

1.1 成果简介

成果按照知识对接岗位职责、训练对接岗位任职条件、实践对接企业软件平台的"三层对接"路径，融合企业工作过程配置专业课程；全面涵盖企业数字化岗位知识技能设计项目模块，切实促进校企数字化资源成果转化建设实践平台。实现人才培养供给侧和企业需求侧高质量匹配。

成果实施以来，顶层探索了服装专业"三层对接"教学体系构建的理念，发表论文12篇，出版数字化系列教材4部；服装专业课程体系数字化课程占比达67%，成果支撑了省域高水平专业群、产教融合创新平台等重大项目的立项及建设；为30余家服装智能制造企业提供技术骨干；为20余家品牌服装公司研发产品，累计产值200余万；30余所高职院校来校学习交流，成果被13所院校借鉴应用。

1.2 主要解决的教学问题

成果解决高职服装专业人才培养定位与行业需求脱节、知识结构与任职条件脱节、胜任能力与岗位职责脱节等问题，依托2012年2月省级教改项目"创新品牌引领下的服装专业教学改革与实践"，基于"准确预测、科学定位、对接产业、有效反映行业技术革新"的理念，于2015年确定适应产业数字化转型要求的人才培养目标定位，构建并实施了高职服装专业适应产业数字化转型的"三层对接"教学体系方案，解决了人才培养定位和质量与行业要求不匹配的关键性问题。

2 成果解决教学问题的方法

2.1 针对人才培养目标定位与产业数字化技术人才需求脱节问题，确定适应产业数字化转型要求的目标定位

建立服装产业数字化技术人才需求多元回归计算模型和灰色预测模型，形成产业人才动态评测报告，确定了为产业数字化转型培养掌握数字化技术的复合型技术技能人才的目标定位，为优化人才培养方案、调整专业课程提供了理论依据。

2.2 针对知识结构与数字化技术岗位职责脱节问题，构建适应产业数字化转型要求的课程体系

聚焦服装数字化技术人才核心能力培养，围绕反映任职资格和任职条件的3个维度和18个要素，绘制服装专业数字化人才培养知识—能力—素质结构图；将专业知识对接岗位职责，构建包括数字化服装设计、工业制版CAD、3D数字化建模等以数字化技术应用为核心的课程体系。

2.3 针对胜任能力与数字化技术岗位任职条件脱节问题，建立适应产业数字化转型要求的教学模式

校企共建"校中厂"，将技能训练对接岗位任职条件，设计数字化技能训练项目模块，从3D研发全流程协同到3D时尚产业服务全过程改革课程内容，建立基于数字化技术岗位完整工作过程的教学模式。

2.4 针对校内缺乏行业前沿技术问题，建立适应产业数字化转型要求的实践平台

依托超星一平三端、3D REAL互联网平台，将岗位实践对接企业软件平台，搭建数字化专业资源库和岗位实践平台，建立包括基础技能训练、岗位技能训练、岗位实践、创新创业等满足服装数字化技术要求的立体化实践平台。

3 成果的创新点

3.1 顶层探索了高职服装专业适应产业数字化转型的教学理念

建立人才评测体系；科学绘制高职服装专业掌握数字化技术的复合型技术技能人才培养的3个维度、18个指标的知识—能力—素质结构图；发表研究论文12篇，提供了服装专业适应产业数字化转型的"三层对接"教学体系设计构建和实践的成功案例。

3.2 搭建了适应产业数字化转型的服装专业"三层对接"教学体系

专业知识对接岗位职责，配置3D服装设计到CAPP工艺设计等数字化技术专业课程中；技能训练对接岗位任职条件，设计服装产业全过程数字化技能训练项目模块；岗位实践对接企业软件平台，建立实践平台。形成具有鲜明数字化特色的"三层对接"教学体系。

3.3 实施了高职服装专业数字化"三教"建设新路径

自创公司、专兼结合建设具备数字化技术的"双师型"队伍；按企业岗位任职条件开发工作手册+数字化资源等新形态教材；按企业岗位职责开展教学改革，达成课堂教学、实践与企业运营全方位对接。

4 成果的推广应用情况

4.1 学生竞争能力增强，支撑产业发展作用凸显

2016~2020年学生参加以服装数字化技术应用为主的职业技能大赛，获国家级奖4项、省级一等奖6项；学生数字化软件应用考评通过率达92%；毕业生专业对口率由47%提高至69%，企业满意度提升18.9%，初始平均薪酬提高19.15%；服装产业C2M个性定制产教融合创新平台获得省级立项建设；为30余家服装智能制造企业培养600余名服装产业数字化技术骨干人员。

4.2 专业内涵建设水平提升，办学质量得到肯定

服装与服饰设计专业被认定为国家骨干专业，省域高水平专业群龙头专业，省二类品牌专业，"三二分段"中、高、本"一体化"省级试点专业；立项省教改项目4项，列入省教学成果奖培育项目1项；"传统服装与现代服装创意科普基地"先后获广州市科创委、广东省科普教育基地；获省级实训基地4个。

4.3 行业认可、权威人士加盟，引领兄弟院校专业改革

依托校中厂数字化实践平台，服务20余家品牌服装公司，累计产值200余万；26家服装智能制造企业与我院签订"订单班"协议；著名服装设计师何建华、李小燕、黄刚来我校开设大师工作室；成果典型案例入选省质量年报，引领国内高职院校服装专业数字化教学体系改革热潮。

4.4 省内示范、院校借鉴、国内交流、媒体报道，产生广泛影响

成果在多个国家级、省级平台做经验分享；省内外30余所中高职院校来校交流；成果形成系列教材4本、系列论文12篇；中国教育报、中国服装网等知名媒体对成果做了相关报道。

高职纺织类专业"产学研创结合、导学赛展融合"人才培养模式创新与实践

山东轻工职业学院

完成人及简况

姓名	性别	所在单位	党政职务	专业技术职称
李群英	女	山东轻工职业学院	纺织工程系党总支书记	副教授
王守波	女	山东轻工职业学院	骨干教师	讲师
杨雪	女	山东轻工职业学院	教研室主任兼党支部书记	讲师
高盛涛	男	山东轻工职业学院	骨干教师	副教授
高韬	男	山东轻工职业学院	骨干教师	讲师
刘宗君	男	淄博银仕来纺织有限公司	总经理	高级工程师
袁鹏	男	淄博理工学校	服纺系党支部书记	讲师
赵鹏	男	淄博市轻工纺织行业协会	淄博市传统产业发展中心主任	无
王红运	男	淄博周村王红运艺术培训有限公司	校外专业带头人	工艺美术师（中级）

1 成果简介及主要解决的教学问题

1.1 成果简介

随着纺织行业的转型升级，"科技、时尚、绿色"成为"新纺织"高质量发展的重要特点。学校敏锐把握"新纺织"时代企业用人需求新变化，针对"新纺织"业态下高职院校纺织类专业存在的专业办学目标不清、产教融合机制不健全等问题，依托2012年纺织品设计省级特色专业、2013年国家社会科学基金项目"中国军装在不同历史文化时期的定位与设计研究"等12项省级课题，形成本成果。

该成果厘清专业发展新定位，以OBE成果导向理念为指导，创新提出了"以导为引，以学为本，以创为魂"的教学理念；确定了"技能化+时尚化+创意化+数字化"的新纺织人才培养目标；深度融合校企合作力度，打造了"实景化"教学新平台，搭建了"产学研创结合"的办学新机制；梳理课程体系，重构教学内容，开发了"项目化、智能化、数字化"配套教学新资源；学生创造性完成企业项目化作品，通过参加各类技能大赛和不同阶段递进式展览，创设了"导学赛展融合"的育人新路径。

1.2 主要解决的教学问题

（1）解决了高职纺织类专业办学目标不清、培养规格定位不准的问题。

（2）解决了高职纺织类专业校企合作不深入、产教融合机制不健全的问题。

（3）解决了高职纺织类专业数字化、智能化教学滞后，人才培养适应性不强的问题。

2 成果解决教学问题的方法

2.1 创新教学理念，贯穿人才培养全过程

借鉴OBE成果导向"学生中心、产出导向、持续改进"的教育理念，针对"新纺织"专业特点，创新提出了"以导为引，以学为本，以创为魂"教学理念（图1）。

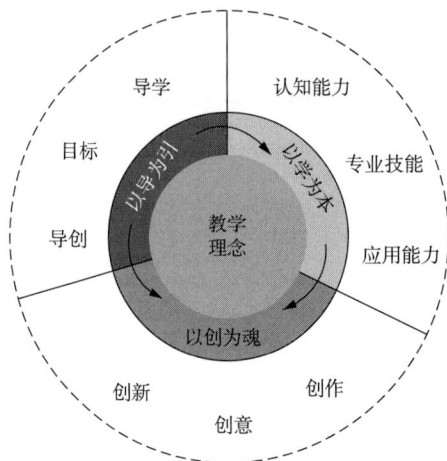

图1 "以导为引，以学为本，以创为魂"教学理念

2.2 厘清专业高水平发展新定位，确定人才培养新目标

紧密对接面料开发、图案设计、品牌形象推广等新纺织行业工作岗位，确定了"技能化+时尚化+创意化+数字化"的新纺织人才培养能力目标（图2）。

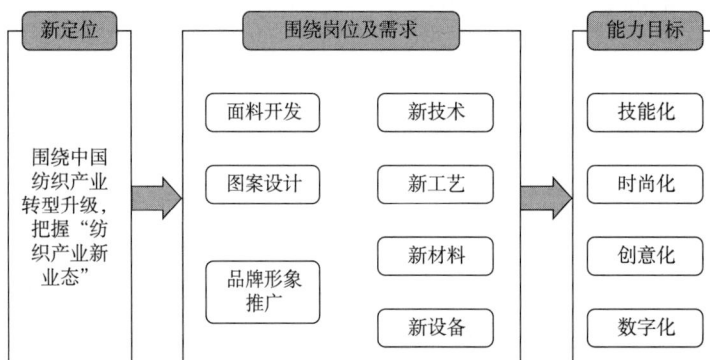

图2 人才培养目标图

2.3 深化校企合作，打造实景化教学平台，创建"产学研创结合"办学新机制

校企共同打造了"三平台、一中心、十二工坊"教学新平台，学生在真实环境中"真刀真枪"进行项目化实战，实现了学生与市场的"零对接"，把企业研发项目引入课堂教学内容中，师生创作的作品择优进入项目进行生产和孵化，建立了"产业+学校+研发+三创"的"产学研创结合"的合作办学机制，确保了专业与产业的无缝对接（图3）。

2.4 开发"项目化、智能化、数字化"配套教学新资源

将企业岗位标准融入教学标准，调整专业课程设置和内容，开发了"校本教材""精品资源课""项目资源库"等具备典型性、商业性、实时性的"项目化、智能化、数字化"配套教学新资源（图4）。

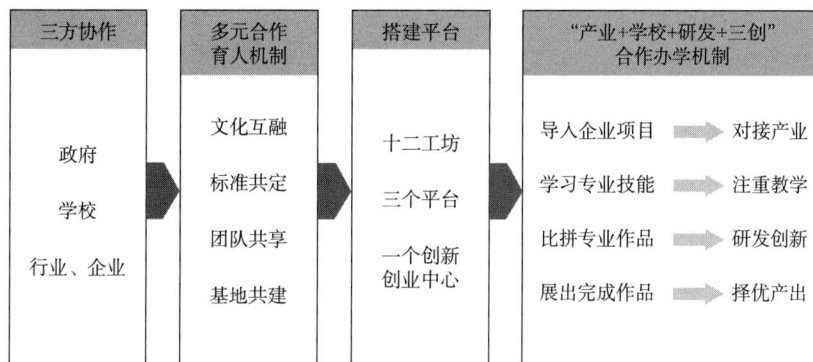

图3 深度校企合作办学新机制图

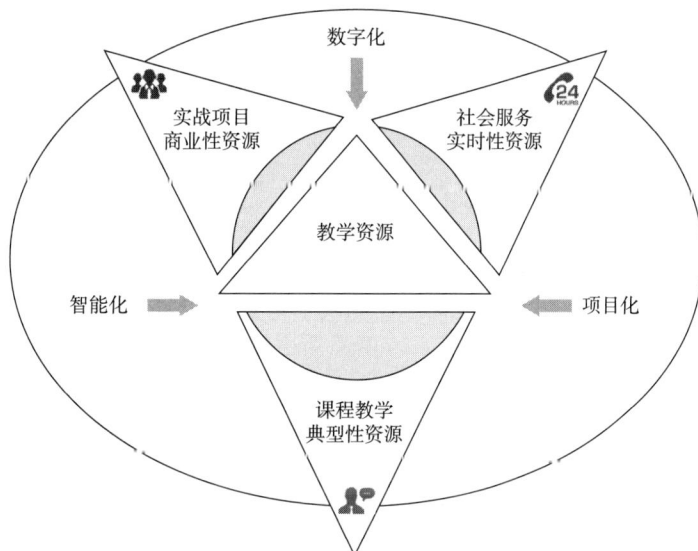

图4 开发教学配套资源

2.5 深化课堂改革，创设"导学赛展融合"育人新路径

学生在校企行专家多导师团队的指导下，创造性完成项目化作品，通过专业技能比赛和各类展览激发学生创作动力，提高了学生的职业综合能力和可持续发展能力，形成了"以导为引＋以学为本＋以赛为促＋以展为果"的课堂改革，创设了"导学赛展融合"育人新路径（图5）。

3 成果的创新点

3.1 理念创新：首提了"以导为引，以学为本，以创为魂"的教学新理念

以OBE成果导向教育理念为指导，针对"新纺织"专业特点，首提了"以导为引，以学为本，以创为魂"的教学理念（图6），构建了新型教学关系，使项目化教学成为主要课堂模式，为培养纺织类设计人才提出了切实可行的理论借鉴。

3.2 模式创新：首创了"产学研创结合、导学赛展融合"培养新模式

构建基于"产业＋学校＋研发＋三创"的"产学研创结合"和"以导为引＋以学为本＋以赛为促＋以展为果"的"导学赛展融合"育人模式，通过递进式作品展和技能大赛对学生作品进行选拔孵化，形成了"产学研创结合、导学赛展融合"培养新模式（图7）。

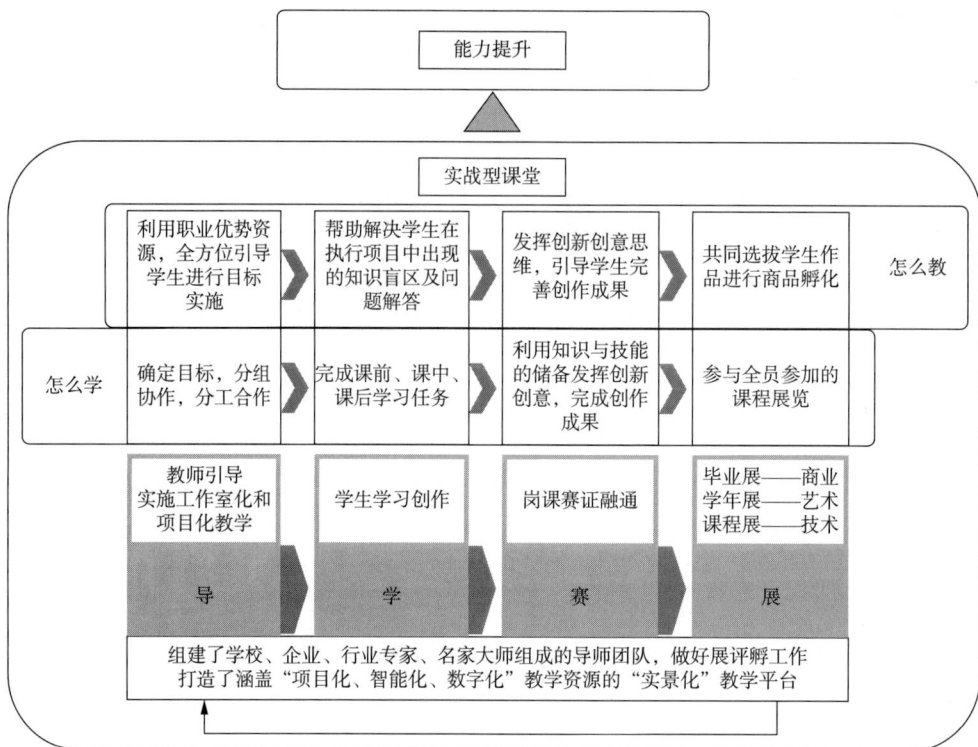

图 5 "导学赛展融合"育人新路径

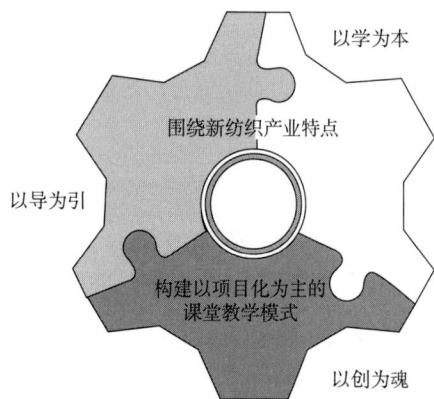

图 6 新纺织产业特点创新教学理念

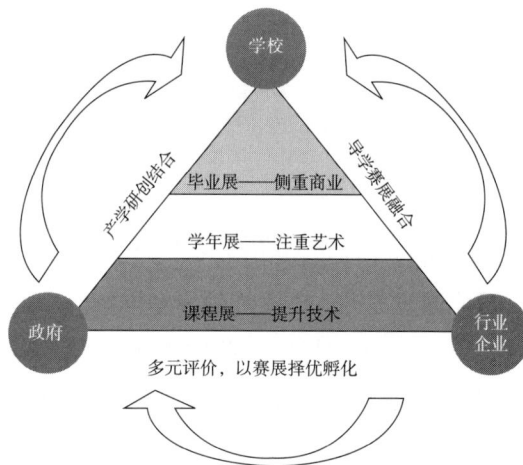

图 7 "产学研创结合、导学赛展融合"培养新模式

3.3 平台创新：创建了"三平台、一中心、十二工坊"教学新平台

校企共建共享教学平台，搭建了刺绣等"十二工坊"项目工作室，打造了"三平台、一中心"学生实战场所，学生在真实环境中"真刀真枪"进行项目化实战，实现了学生与市场的"零对接"，更好地满足了项目教学和社会服务需求（图8）。

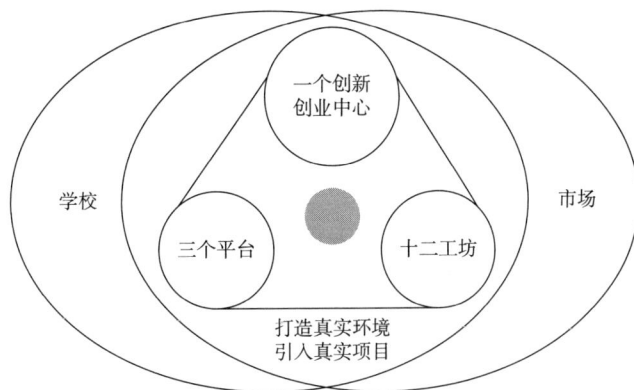

图 8　"三平台、一中心、十二工坊"教学新平台

4　成果的推广应用情况

4.1　人才培养水平得到提升

通过本成果的实施，100%的专业教师反馈学生课堂参与度、创作兴趣明显提高，学生的实战能力得到锻炼、创新创意创业水平得到提升、参加各级各类大赛获得理想成绩。近5年内，36项学生作品被纺织企业选用并用于生产。学生各类技能大赛获得国家级赛事一等奖3项、二等奖6项，省级以上一等奖35项。2名学生被评为全国大学生自强之星，毕业生丁娇的作品和事迹被央视媒体报道3次。

学生就业满意度和就业对口率逐年提升，学校纺织类专业平均对口率从90%提升到99%。通过此模式的实施，毕业的学生受到企业的好评，并在单位得到快速提升，薪资水平比其他院校的毕业生平均高出27%，创业率比往年提高20%。5年来，有186项学生作品被企业选中进行商业孵化，89项学生作品最终走向市场，经受住了市场的检验。

4.2　师资队伍水平显著提高

组建了"专业教师、企业导师、行业专家"构成的高水平多导师团队，提升了师资水平。培育出2个省级教学团队、建成2个省级名师工作室，团队教师获得省级以上技能大赛二等奖以上35项；完成《绘画技法》《机织物样品分析与设计》《素描零距离》等13部专著和教材；发表《充棉立体效果装饰织物设计》《中国旗袍造型艺术元素的审美演变及其文化传承》《鲁绣技艺在文化创意产品设计中的应用》等45篇论文；获《一种新型凹凸立体面料及其织造方法》《一种具有充棉立体效果的面料及其织造方法》《一种结合传统扎染与数码印花染印棉T恤的方法》等76项专利；师资团队成员在行业企业兼职教师48人次，担任国家级、省级赛项评委19余次。多导师教学团队荣誉情况如图9所示。

4.3　打造了优势专业，优化了办学条件

建成纺织品设计和染整技术省级特色专业3个，获批国家级人才培养培训示范基地2个。打造山东省数字创意设计协同创新中心、纤维艺术与民间染织技艺技能传承创新平台、山东省职业教育染缬技艺传承创新平台和大学生创新创业中心四个省级技能技艺平台。建成刺绣、扎染等"十二工坊"校企实景化工作室，建成3项国家教学资源库，建设26门精品资源共享课，其中168个课程章节内容被学习强国技能大课堂平台采用，已被45万人次浏览学习，极大地优化了办学条件，提升了办学水平。

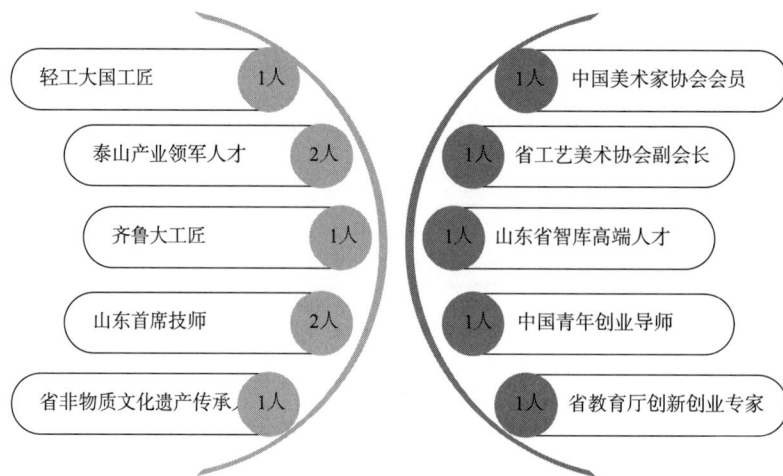

图 9　多导师教学团队荣誉情况

4.4　校内外实施及推广

本成果依托学校纺织品设计专业研究实施，在校内实施阶段，在艺术设计、动漫制作技术、服装设计与工艺等专业中逐步推行，覆盖设计类100%专业课，并在全校技术制造类专业中得到不同程度的运用，覆盖其80%以上的专业课程，在校近1万名学生受益。本成果在同类68家院校同类专业中推广应用，团队成员32次对外交流宣传本成果。项目通过5年的实施，为省内乃至全国同类院校纺织类专业教学提供借鉴，并持续扩大受益师生范围。

4.5　行业企业影响力

为合作企业提供技术服务78项，培训职工4000余人次，创收189余万元，师生作品共计164项走向市场，产生巨大的经济效益。获批2个国家级人才培养培训示范基地。《创新教学模式，助推产业升级——高职创意设计类专业"导学创展评"五位一体教学模式创新与实践》成功入选2022年职业教育产教融合优秀典型案例，《产教融合打造高水平专业群人才培养模式》入选国家级产教融合典型案例，《创新校企合作模式培养未来创意工匠》等入选省级案例。

4.6　媒体及社会评价

该模式及成果先后被新华社、中央电视台等国家主流媒体报道26次。2021年，山东教育报、齐鲁晚报、大众报业等多家媒体以《山东轻工职业学院：高职创意设计类专业"导学创展评"五位一体教学模式创新与实践》《山东轻工职业学院"导学创展评"助力创意设计专业教学改革》《山东轻工职业学院"导学创展评"五位一体打造创意设计类专业"实战型"新课堂》《山东轻工职业学院推行"导学创展评"五位一体教学模式改革，提升人才培养质量》《导学创展评！山东轻工职业学院推行五位一体教学模式改革》等标题对本成果进行了多次报道。就业典型丁姣3次登上中央电视台《新闻联播》，各大媒体持续转发，在全国疫情防控核酸检测中，丁姣设计的"辛弃疾、扁鹊、秦琼、李清照"主题核酸贴，得到市民的收藏，在各类媒体平台点击阅读量逾5亿次，赋能了全民抗疫，传播了优秀的历史文化，延伸了文创产业链条，助力和赋能了文化创意产业的发展。

在项目的推广实施中，作品对外展览中得到了社会各界的好评，吸引了国内外37所兄弟院校来校学习交流，并吸引了美国、英国和加拿大等国外专家来校参观考察，扩大了社会影响，项目成果得到社会好评。

基于产教融合的纺织服装跨境电商人才培养的创新实践

浙江纺织服装职业技术学院

完成人及简况

姓名	性别	所在单位	党政职务	专业技术职称
纪淑军	女	浙江纺织服装职业技术学院	无	副教授
黄海婷	女	浙江纺织服装职业技术学院	无	讲师
张芝萍	女	浙江纺织服装职业技术学院	商学院院长	教授
魏明	女	浙江纺织服装职业技术学院	商学院副院长	教授

1　成果简介及主要解决的教学问题

1.1　成果简介

宁波为我国外贸强市，纺织服装是其传统出口拳头商品，占比16%，其外贸新业态跨境电商发展也十分迅猛，以致跨境电商人才奇缺。我院国贸专业顺应人才市场需求，于2015年起校企合作共同开设跨境电商课程，联合行企校开发人才培养标准，构建"课堂＋基地＋公司"人才培养模式，重塑"平台＋模块＋拓展"课程体系，搭建"两中心、两基地、两联盟"产教融合平台，创建"双主体＋双课堂"双元育人机制，取得丰硕建设成果。2019年12月完成实施方案，2020年获批成为全国首批开设跨境电商专业的院校，又经过2年多的实践检验，培养成果显著，为行业输送人才700多人，为纺织服装行业开展培训达1000人次。被评为全国跨境电商专业人才培养示范校、《跨境电商平台运营》获浙江省课程思政优秀案例二等奖；《服装贸易单证实务》成为国家规划教材；国家级和省级竞赛多次获一等奖。陆续有3家境外高校和20余家兄弟院校前来学习取经，多家企业主动寻求合作，联合开展跨境电商人才培养。

1.2　主要解决的教学问题

（1）解决培养标准模糊的问题。跨境电商行业缺乏人才培养标准，导致与产业需求脱节。

（2）解决课程适应性差的问题。原课程体系零散，无法满足跨境电商人才培养需求。

（3）解决实战条件不足的问题。缺乏真实运营项目和职业场景，无法提高实战技能。

2　成果解决教学问题的方法

2.1　行企校联合开发跨境电商人才培养标准，创新"课堂＋基地＋公司"人才培养模式

联合全国电商教职委、市跨境电商协会、市服装协会、国内外相关院校以及纺织服装外贸企业中基宁波集团股份有限公司（中基集团）、浙江宁波君迁国际贸易有限公司（君迁国贸）等，共同开发跨境电商人才培养标准，构建"课堂＋基地＋公司"人才培养模式，引领跨境电商人才培养（图1）。

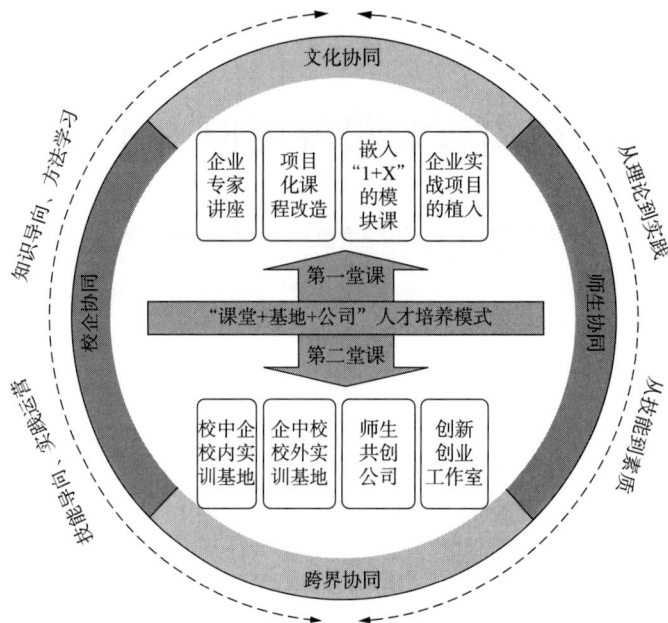

图1 "课堂＋基地＋公司"人才培育模式

2.2 重塑"平台＋模块＋拓展"的课程体系，培养纺织服装企业需要的高素质跨境电商人才

按"平台＋模块＋拓展"重塑课程体系，培养明政策、懂产品、知市场、能运营，具有国际视野的高素质技术技能型人才。"秉持商训理念"将职业素养融入平台课程，"扎根企业文化"将职业技能融入模块课程，"依托纺服行业"将特色需求融入拓展课程（图2）。

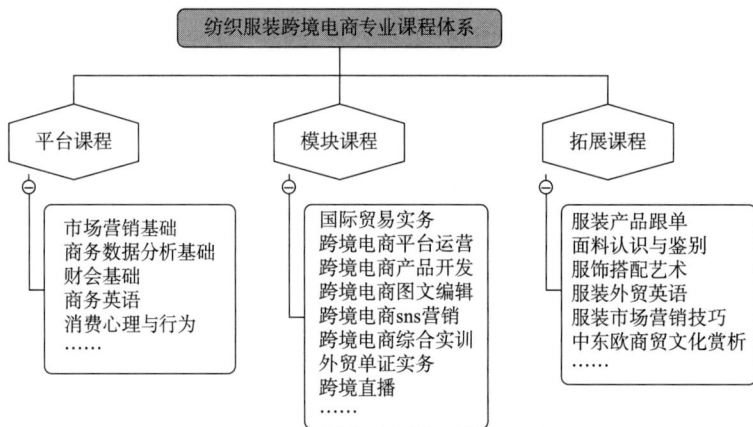

图2 纺织服装跨境电商专业课程体系

2.3 共建"基地＋公司＋园区"真实项目运营平台，磨炼跨境电商实战技能

与企业合作建立3个校内基地，累计15名企业主管指导学生日常运营操作共150人次；累计90名学生参加企业实战，强化了学生的职业能力；对接镇海和江北跨境电商园区内12家企业，企业派园区导师指导学生实习，园区企业累计接纳学生顶岗280人。

2.4 创建"双主体＋双课堂"的双元育人机制，保障校企长效合作

为了保障校、企长效合作，学校创建了"双主体＋双课堂"的双元育人机制（图3），充分发挥跨境电商、纺织服装等行业协会作用，引导合作企业积极参与学校"八共同"双主体办学，搭建校内生

产性实训课堂和校外企业实习课堂的"双课堂"平台，由企业承担40%以上总课时，2/3专业课程由校企共同评价。

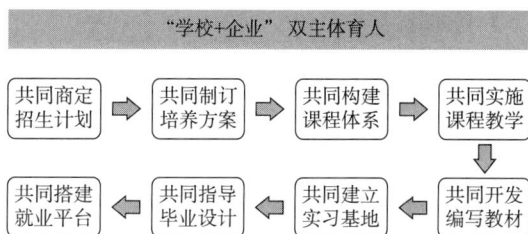

图3　双主体育人

3　成果的创新点

3.1　培养标准创新：率先践行行企校合作，开发了跨境电商人才培养标准体系

跨境电商作为一种新业态，在人才培养方面尚缺标准。通过率先与行业企业的合作，在人才培养规格、模式、课程体系、评价标准等方面进行了有效的探索和实践，取得了显著的成效。主持了教指委课题"跨境电商职业能力开发"，主要编写了高等教育出版社出版的《跨境电子商务人才培养指南》。

3.2　实践平台创新：搭建育训结合的实战平台，增强了学生的核心竞争力

通过与纺织服装外贸企业和跨境电商平台企业的合作，给每位学生提供了至少1~2次参加企业实战的机会，提前接受了企业文化的熏陶和真实岗位的锻炼，提升了学生的职业素养和核心竞争力。

3.3　合作机制创新：建立了校企双方共同管理的合作机制，推动形成校企命运共同体

校企双方共同管理，制定了课程实训、顶岗实习、经费管理等20项制度，校企合作案例多次获奖，并受到多家媒体报道。通过创新机制体制，实现了双方的合作共赢，毕业生深受企业好评。

4　成果的推广应用情况

至目前，输送跨境电商人才700余人，专业就业率99%以上。薪资水平最高比同层次院校高达44.11%。学生获第十届全国"三创赛"特等奖（省唯一高校）、第五届省"互联网+"金奖（央视科教频道专题报道半小时），学校获全国职业院校创业技能大赛突出贡献单位（图4）。

省唯一获特等奖的高校，浙纺服院在这场全国赛事中斩获佳绩

第十届全国大学生电子商务"创新、创意及创业"挑战赛经过校赛、省赛的层层选拔，于2020年8月21、22日进行为期两天的全国总决赛。

浙江纺织服装职业技术学院商学院许立、徐邵崎、胡宇杰、吾嘉成同学在邹芳燕、魏明老师的指导下，参赛的《"养鸡博士"——小立太湖鸡养成记》项目，获得全国特等奖。这是浙江省唯一一个获得特等奖的高校，并获最佳创业奖、最佳创新奖两项单项奖。

图4　部分学生获奖奖状

"集群发展、三进三合、分层分类"的纺织机电专业人才培养模式探索与实践

广东职业技术学院

完成人及简况

姓名	性别	所在单位	党政职务	专业技术职称
黄格红	男	广东职业技术学院	智能制造学院副院长	讲师
耿金良	男	广东职业技术学院	智能制造学院院长	教授
王立钢	男	广东职业技术学院	智能制造学院副院长	工程师
姜宇	男	广东职业技术学院	教务部副部长	讲师
杨昆	女	广东职业技术学院	无	讲师
梁欢欢	女	广东职业技术学院	智能制造学院党政办主任	助教
王勇	男	广东职业技术学院	智能制造学院先进制造教研室主任	高级工程师
张景生	男	广东职业技术学院	智能制造学院先进制造教研室副主任	工程师
刘优幽	女	广东职业技术学院	无	讲师
魏军	男	广东职业技术学院	无	副教授
陈铁牛	男	广东职业技术学院	无	副教授
廖洁	女	广东职业技术学院	无	副教授
向卫兵	男	广东职业技术学院	高明产业创新研究院院长	教授

1 成果简介及主要解决的教学问题

1.1 成果简介

成果基于省级教学成果奖培育项目"纺织机电专业高级应用型技术精英人才培养模式创新与实践"的延伸，面向纺织制造的智能化、数字化、网络化趋势，专业集群发展，校企协同探索分层分类培养，实施企业项目进课程、工程师进课堂、教师进企业，课堂教学与企业实践结合、专业技能与课程思政结合、线上与线下教学结合的"三进三合"模式，实现高素质技术技能人才培养，促进教育链、人才链与产业链、创新链有机衔接。

专业于2011年开始探索应用型人才培养，实践中逐渐形成校企协同专业集群发展、分层分类育人的模式。创新分类人才培养，解决生源多样与传统同质培养不适应的问题；三进三合分层教学，解决培养目标差异与传统学科式教学模式不匹配的问题；技能与思政互融相长，解决学生可持续性发展后劲不足的问题，保证了教与学的有效性。

实践检验中近3年专业获批省级品牌专业、广东省首批高职院校高水平机电一体化技术专业群、教育部中德先进职业教育合作试点专业。专业先后获批6个省级实践教学基地，学生取得53项国家和

省级荣誉，人才培养效果良好，被中国教育报等多家媒体报道，起到辐射示范作用。

1.2 主要解决的教学问题

生源多样化纺织机电人才培养供给侧和纺织行业转型升级人才需求侧不完全适应"的问题。

2 成果解决教学问题的方法

（1）创新"产教融合、分类分层、能力递进、个性发展"人才培养模式，解决生源的多样性与传统同质化人才培养方案之间不适应的问题。

强化纺织机电技术技能高端培养内涵，面向产业岗位群，坚持产教融合，开展溢达纺织订单班、康特斯织造装备企业课堂、三向智能省级学徒制等，校企协同分类培养学生，使学生能够适应智能制造产业岗位技能向高端、创新、复合转变，满足人才发展的不同需求。

（2）重构"通基础、重岗位、强拓展、融证书"的模块化课程体系，解决培养目标的差异性与传统学科式课程体系教学模式不匹配的问题。

基于纺织机电专业群按照"产业需求—能力技能要求—专业方向—课程组合支撑"的路线，进行课程体系分层模块化设计，实现底层基础课程模块通用可共享、中层专业课程模块可融合、顶层特色专业课程模块可拓展互选，以满足学生个性发展的需要，利于复合型人才的培养。

（3）实行"三进三合，促常教常新"，融入课程思政能力进阶分层教学，解决学生个性化培养不佳与可持续发展后劲不足的问题。

生源多样化，学生基础差异大，同样教学内容无法促进个性培养，影响了学生的可持续发展。通过推行项目进课程、工程师进课堂、教师讲企业的"三进"方式，保障教学紧跟行业发展，也促进学生的长远发展。坚持以生为本，以"工程案例"启智、"人物故事"感悟、"职业规范"引导为线索，遵循"思政"与"专业"相长原则，教学逐层进阶，实现能力培养、知识传授及价值塑造相互融合、同向同行。激发学生学习的热情，实施综合素质培养与评价。

3 成果的创新点

3.1 人才培养创新：推进了专业集群发展，产教融合分类培养

以专业集群发展，关注学情，推进"产教融合、分类分层、能力递进、个性发展"人才培养模式，开展订单班、学徒制、产业学院等协同育人模式，坚持培养模式灵活多元、标准不降、保障质量，推进"纺织制造"向"纺织智造"的人才培养瓶颈突破。

3.2 课程体系创新：重构了模块化、层次化的知识和技能体系

按照"产业需求—能力技能要求—专业方向—课程组合支撑"的路线进行课程体系分层模块化设计，对标行业标准重构"通基础、重岗位、强拓展、融证书"的模块化、层次化课程体系，整合校企资源，实现了教学内容与纺织装备产业人才需求的同步接轨。

3.3 教学实践创新：实施了三进三合分层教学改革促学生发展

依托校企合作，企业项目进课程、工程师进课堂、教师进企业，形成教学标准与资源。教授内容精准对接岗位技能，授课方式精确对接工作场景；技能与思政相结合、线上与线下相结合，以适应不同生源需求、不同学习方式，以生为本保障学生的可持续性发展。

4 成果的推广应用情况

4.1 清晰了学情，促进了精准育人，人才培养质量逐步提升

成果在实践过程中，针对纺织机电专业进行了持续的行业人才需求调研，针对专业集群发展、多样性生源进行学生学习起点状态分析、学生潜在状态分析、学生学习过程分析，形成了《机电一体化技术专业群学情分析报告》，为分层分类教学改革提供了充分的参考依据。校企协同，因材施教，促进学生成人成才，2021年共46人报考专升本，41人被本科录取，录取率达89.13%；就业竞争力明显提高，专业对口率从85%上升至94%，就业薪酬逐年上升，从2000元/月上升至4332元/月；团队指导学生在近年职业技能大赛中获国赛三等奖1项、省级一等奖6项（2项国赛遴选）、二等奖10项、三等奖17项，在其他类竞赛中获国奖4项，省一等奖2项、二等奖7项、三等奖6项；学生在广东省科技创新战略专项资金项目申报中立项10项，获20万元资助；学生申请专利12项，发表论文7篇。分类分层人才培养效果良好。

4.2 促进了合作，深化了产教融合，分层分类培养落地实施

成果研究促进了校企合作，深化了产教融合。成果运行促进了与广东丰凯机械股份有限公司开展"引桥式"精英班合作、与广东祥新光电科技有限公司开展混合所有制产业学院合作，推行学徒制培养。积极探索分类人才培养模式，形成了分类人才培养方案。在成果检验期，团队借鉴成果案例，先后走访调研了溢达纺织集团、福能东方、三向科技等多家企业。近3年实践中带动与海尔集团公司开展了16人的海尔智家订单班、与溢达纺织集团开展了21人的溢达学徒制订单班的联合培养模式；与福能东方、三向科技两家企业开展了共46人的省级学徒制培养工作；与东莞宝元数控等进行了19人智能数控卓越人才培养，实施了多元考核评价，探索了学分互换政策。与普拉迪数控签订了"普拉迪数控装备产业学院"协议1份，与祥新光电共建协同应用检测中心。在2021年，机电一体化技术专业与广东石油化工学院高本协同育人项目获批省级立项，开展了44人的高本协同育人班；与佛山市高明区职业技术学校、佛山市三水区理工（技工）学校等开展共170人的中高三二分段协同培养班；与佛山市南海信息技术学校开展50人的数控技术专业学院。通过模式创新，建立了纵横向分层次贯通人才培养通道，着力打造纺织机电复合型人才培养"示范专业群"。

团队的重点建设——"校企共建混合所有制光电产业学院，精准培养LED工匠型人才的创新与实践"教学成果，于2020年获评广东省省级教学成果奖二等奖，同年入选了中国高等教育博览会"校企合作 双百计划"典型案例推选活动。成果实践中两项案例入选全国机械行业职业教育产教融合校企合作典型案例（优秀案例）。

4.3 丰富了内涵，强化了社会参与，专业校企协同建设共赢

成果建设了五位一体与协同创新的校内外实践基地，成为集教学、生产、技术研发、成果孵化、培训、职业资格鉴定、社会服务于一体的全方位的综合实训基地。专业立项了校企共建的省级实验实践教学基地6项。2012年获批省级新型纺织机电技术实训基地；与ABB公司共同建设实训中心，2019年被认定为省级校内机器人技术实训基地；同年，与祥新光电共建的产业学院被认定为省级大学生校外实践基地。于省级新型纺织机电实训基地的基础上，立项了2021年省级智能制造技术产教融合实训基地，着力打造具有真实职业氛围、充分满足分类分层教学与精准育人需要的产教融合实训基地；团队服务行业职工培养，专业获批2021年省级智能制造示范性职工培训基地。基地联合广东三向智能科

技有限公司共同建设,双方联合申报了机电一体化技术专业省级学徒制,获批120人。通过基地开展"厂中教、现场做、师带徒"教学,满足学徒制企业学员的分类培养;团队立项了2021年广东省普通高校工程技术中心(广东省智能装备及机器人应用工程技术研究中心)。为师生团队培养提供了良好的教科研平台,也推进卓越学生参与科研项目的学习,通过项目实践锻炼吸收新技术、新工艺、新标准,实现卓越人才培养。近5年,团队坚持产教融合,专业推动校企合作实体化运作,校企双赢互利,行业企业积极参与专业建设,ABB公司、溢达纺织集团、宝元数控等企业支持专业建设捐赠设备及软件资源、资金超500万元。除为企业提供优质专业人才外,团队还促进广东三向智能科技有限公司、溢达纺织股份有限公司、嘉荣智能、佛大华康、TBK等企业成为广东省产教融合型企业。

4.4 提升了能力,锻炼了师资队伍,技能与思政促教学相长

通过成果建设实践,团队成员能力得到了很好提升,在专业建设、人才培养、教学模式、课程思政方面等都得到了锻炼,很好地促进了教学的提升。项目研究期间团队共发表了32篇课题相关论文,获得了省级教学能力一等奖2项、二等奖3项、三等奖2项,获得省级课堂革命案例1项、省级课程思政案例1项、2021年度校级课程思政优秀案例2项。完成省级精品资源共享课程验收。邹振兴、廖洁、姜宇3人获广东省CAD机械设计职业技能竞赛优秀指导教师,王立钢获2021年一带一路暨金砖国家技能发展与技术创新大赛国际赛优秀专家,邹振兴获聘姜大源教育名家工作室——粤港澳大湾区创新中心专家,耿金良成为中国教育国家学分银行专家、中国机电职业教育教学名师等。

4.5 提高了影响,推广了成果应用,专业集群效应辐射示范

通过成果建设实践,团队专业建设能力增强,机电一体化技术专业群于2020年立项首批省级高水平专业群(全省机电类六个之一)。借鉴学习德国职业教育经验,机电一体化技术专业于2022年获批教育部中德先进职业教育合作项目(SGAVE)(全省四个之一)。专业集群效应凸显,"产教研用"成果在行业内具有一定示范和引领作用,专业成为广东省自动化学会理事单位、广东省机器人协会教育专业委员会副主任单位、佛山市机械工程学会副理事长单位等。

专业建设期间的特色和亮点得到中国教育报、南方日报、南方都市报、佛山日报、珠江时报等媒体的报道,学生党建思政案例被学习强国平台转载。顺德职业技术学院、浙江纺织服装职业技术学院、广州科技贸易职业学院等兄弟院校前来参观与交流。

艺文并行·匠心传承·守正创新：安徽非遗融入服装教育探索与实践

安徽职业技术学院

完成人及简况

姓名	性别	所在单位	党政职务	专业技术职称
许平山	男	安徽职业技术学院	纺织服装学院	教授
张文徽	女	安徽职业技术学院	纺织服装学院院长	副教授
郝文洁	女	安徽职业技术学院	纺织服装学院服饰教研室主任	讲师
张勇	男	安徽职业技术学院	纺织服装学院服饰教研室主任	教授
张德成	女	安徽职业技术学院	纺织服装学院教学秘书	讲师
刘骏	男	安徽职业技术学院	纺织服装学院讲师	讲师

1 成果简介及主要解决的教学问题

1.1 成果简介

为落实《关于实施中华优秀传统文化传承发展工程的意见》的精神，有效地解决安徽非遗职业教育理念不明确、传承与创新发展能力不足、传承路径选择单一等问题展开教学研究。本成果依托教育部2015~2018年高等职业教育创新发展行动计划项目：与技艺大师、非物质文化遗产传承人等合作建立技能大师工作室——非遗《池州傩戏》融入艺术设计大师工作室，开展安徽非遗文化传承研究与实践，探索校内外非遗传承教育体系，构建"1131模式"的传承育人体系，并从2015年底开始实施。

（1）提出一个教育理念，即"艺文并行·匠心传承·守正创新"传承教育理念。

（2）打造一面旗帜，即打造一个产学研商一体化实体平台，助力师生创新创业，学生创办了合肥徽皖佳文化创意有限责任公司，以徽文化创意开发了系列文创产品，公司获得了安徽省互联网大赛二等奖，销售业绩逐年上升。专业教师在淘宝网上开办的维美定制，应用以徽文化为创作元素的定制模式，专门设计纺织服装及床上用品等，目前已接受国内外多个订单。

（3）开展三个层次育人协同共进，即从三个层面进行建设。以大师工作室为主导，引领教师工作室高举徽文化传承创新旗帜，带领学生进入创客空间进行学习创作，在传承与创新徽文化的道路上共同进步。将传统课程融入工作室教学中，课程成果达到"作品化，产品化，商品化"，逐步实现"一生一手艺"的培养目标。

（4）课程与教学融为一体。将安徽"非遗"融入服装专业教学体系中。促进将徽文化元素融入时尚，增强学生非遗应用能力，提升非遗生命力。成果自实施以来，线上线下累计接受非遗教育的人员

236

达100000余人；学生参与开发的创新产品多次获奖。同时开展非遗科学研究、编著非遗书籍，扩大了安徽非遗在国内外的影响力。

1.2 主要解决的教学问题

（1）解决人才培养缺乏系统性的问题。

（2）解决非遗传承创新发展力不足的问题。

（3）解决非遗培养方式单一的问题。

（4）解决非遗与现代生活脱节的问题。

2 成果解决教学问题的方法

2.1 通过构建非遗传承教育体系，高效解决人才培养缺乏系统性的问题

（1）提出"艺文并行·匠心传承·守正创新"教育理念。

（2）建立徽文化艺术研究中心、传承大师工作室及创客工坊等多功能校内外实践基地，面向学生开展非遗文化创新、实训实践活动。

（3）聘请姚家伟、余述凡、杨帆等"国家级传承人＋艺术设计专业教授＋能工巧匠"，共同组成结构优良、专兼一体的教学团队。

2.2 通过建标准、编著书籍、建课程，解决非遗传承创新发展能力不足的问题

（1）系统挖掘非遗文化与艺术设计专业相关联的美学元素，编著出版非遗艺术欣赏专著及相关校本教材。

（2）将非遗项目要素融入课程，构建服装设计等"工坊式"公共（选修）课、安徽非遗概论、产品设计制作等理实一体技能课和非遗文化产品创新开发等系列培训课。

（3）将安徽非遗融入服装、艺术设计专业教学，构建设计专业与非遗文化有机融合的文化传承创新融合课程。设置非遗服装服饰毕业设计等专业融合课，促进非遗融入时尚，增强学生非遗应用能力。

2.3 通过创新现代"师徒传习式"等教学模式，高效解决非遗教育培养方式单一的问题

（1）对服装专业学生和非遗传承人群，采用"教授＋大师"同台授课和"骨干教师＋能工巧匠"等有效的现代"师带徒传习式"教学模式。

（2）创新教学场景，创建"创客工坊"等徽文化展馆、博物馆，开展体验式教学。

（3）开展"工坊式"项目化教学。

2.4 通过构建三联驱动机制，解决非遗与现代生活脱节的问题

学校与政府、企业共创展示、交流、创新设计平台，通过"资源共享、人员互通、项目共建、人才共育"机制，三方合作以徽文化元素产品创新引领市场，融通工艺美术、服装服饰、家纺家居、装饰装潢等领域，开展多形式的教学活动，培养具有现代艺术设计素养和理念的新时代传承人才，推动企业创新徽文化元素产品，实现非遗融入时尚、融入现代生活。

3 成果的创新点

3.1 理论创新

（1）创新非遗职业教育理念、目标与模式，提出"艺文并行·匠心传承·守正创新"职业教育非遗传承理念；确立"悟文化、传非遗、精技艺、悦创新"总体教育目标；设计"一主线四针对四层次"

培养模式：针对全校师生、艺术专业学生、社会扩招学生、非遗传承人群四类对象构建不同课程体系，分类培养；实施体验式、项目化、现代"师带徒传习式"等教学模式。

（2）创新非遗职业教育育人机制。建立集设计制作、文化技艺技术研究、教学等功能于一体的"技能大师工作室"和校内外非遗基地；建设一支"教授+大师"领衔、"骨干教师+能工巧匠"为中坚的专兼一体双师非遗教学团队；构建"资源共享、人员互通、项目共建、人才共育"政校企三驱联动育人机制。

3.2 实践创新

（1）创新打造一个产学研商一体化的实体平台，助力大学生们创立自主品牌。学生创办了合肥徽皖佳文化创意有限责任公司，以徽文化创意开发了系列文创产品，销售业绩逐年上升。教师在淘宝网上开办的维美定制，应用以徽文化为创作元素的定制模式，专门设计纺织服装及床上用品等，目前已接受国内外多个订单。

（2）创新开展三个层次育人协同共进，创新解决知行合一问题。以大师工作室为主导，引领教师工作室高举徽文化传承创新旗帜，带领学生进入创客空间进行学习创作，在传承与创新徽文化的道路上共同进步。将传统课程融入工作室教学课程，课程成果达到"作品化，产品化，商品化"，逐步实现"一生一手艺"的培养目标，有效解决了知行合一问题。

3.3 课程创新

（1）立足非遗、面向社会，创新课程理念。将非遗传承与现代时尚生活结合，提出非遗"艺文并行·匠心传承·守正创新"的教育理念，改变了传统非遗传承的固态保护方式，建设了省级资源库"徽文化传承与创新"，为非遗传承创新发展提供了新路径。

（2）因材施教、传承创新，构建课堂传承体系。依托学校纺织特色与服装专业优势，确立了"悟文化、传非遗、精技艺、悦创新"的现代非遗传承人才培养目标，因材施教，创新了"一主线、四针对、四层次"培养模式。以"非遗+服饰""文化+技艺""非遗+时尚"为导向，建设助力非遗传承创新发展的系列课程，从而构建起了适合非遗、富有时代特征的非遗传承教育体系，为高等职业教育进行非遗教育提供了示范与借鉴。

4 成果的推广应用情况

（1）教育理念、教学创新得到行业和同行院校广泛认可，具有显著示范效应，产生较大社会影响。成果获兄弟职业院校广泛关注，交流学习30余次。本成果在教育部职业教育非遗研讨会等重要活动上进行了分享，在安徽非遗传承人研讨培训会上做专题讲座。"徽文化艺术研究中心"成为安徽职业教育特色项目，获得社会人士高度肯定。2020年，在教育部第二届全国职业院校传统技艺传承与发展研讨会上，本成果案例被作为典型分享，并授予全国职业院校"非遗教育传承示范基地"。2019年，学校依托安徽非遗项目研究成果成功申报了全国职业院校"一校一品"示范基地，2015~2018年创新行动计划得到教育部认定项目：与技艺大师、非物质文化遗产传承人等合作建立技能大师工作室——非遗《池州傩戏》融入艺术设计大师工作室。

（2）服装与艺术设计专业学生、非遗专业人才、非遗文化技艺备受肯定，人才培养模式已见成效。成果实施以来，累计接受非遗教育的学生达5000余人。学生、学员作品参加文博会、柬埔寨、黄山等国内国际"非遗"传承展20余次，学生参与开发创新产品获非遗大赛奖项省市级10多项、国家级

1项。通过将非遗课程植入服装专业，促进了服装专业人才培养质量的提高，毕业生就业率连续5年达到96%以上，专业对口率达到80%。学生孵化创建非遗"双创"工作站2个，获得了62件授权专利，其中，发明专利8件。组织编写非遗传承教材16本。完成了200余名国际交流学生接受中国传统文化的教育任务，完成了80余次国内、外文化交流与研讨，德国、柬埔寨等国留学生，十余所国际院校，二十余所国内高校来我校学习交流中国传统文化。

（3）加强内涵建设，突出地方性、应用型研究。凝练特色，服务地方，突出目标效益。我校培育的"汉服礼仪"项目，于2019年的世界非物质文化遗产日应合肥市文旅局邀请，在古镇长临河展演，社会效果反映强烈，群众评价极高。2020年、2021年连续二年代表合肥非遗在第14、第15届合肥国际文博会上展演，影响人群达200万人次。在教学目标效果方面，以安徽非遗为依托，激发学生创新能力；积极鼓励师生创新创业，目前，文创产品丰富，已开设网店数家。

（4）非遗融入乡村建设，助力乡村文化振兴，建立和谐社区邻里共同体。学校依托安徽文化中心，先后与合肥市文化馆、学校所在地磨店社区、宣城郎溪县梅渚镇周家村、庐江县文化馆、五河县文化馆签订合作协议，旨在协助文化传承融入乡村建设，建设美好文化生态。将当地非遗文化制作成影像、宣传册，分发给村民，让当地村民了解家乡、热爱家乡，从而更爱我们伟人的祖国，为乡村振兴而奋斗。

（5）打通大学围墙，创建全社会"开放共享"的教育资源平台。我校非遗教育突破高校和产业间的屏障，互通师资、课程、资源等教育要素。与安徽地方文化馆合作，让具有丰富实战经验的学者、非物质文化遗产传承人进入非遗教育生态圈，倡导"教授＋大师""骨干教师＋能工巧匠""课程＋非遗"概念，建立引入机制。建成了徽文化传承与创新在线教育资源库，向社会开放优质非遗教育资源。目前，共建了16门非遗资源共享课程和视频公开课程；编纂了16部校本规划教材，被推广应用到全省10多所高校与全省大部分文化馆。通过线上资源库资源，培养培训学生、非遗传承人、热爱传统文化人士10万人次。

基于工作室育人的"课工接续、岗职贯通"职业本科
人才培养模式研究与实践

河北科技工程职业技术大学

完成人及简况

姓名	性别	所在单位	党政职务	专业技术职称
王振贵	男	河北科技工程职业技术大学	服装工程系副主任	副教授
臧莉静	女	河北科技工程职业技术大学	服装工程系教研室主任	副教授
岳海莹	女	河北科技工程职业技术大学	无	讲师
孙超	男	河北科技工程职业技术大学	服装工程系教研室主任	副教授
王维君	男	河北科技工程职业技术大学	服装工程系教研室主任	讲师
孙建	男	河北科技工程职业技术大学	服装工程系实训中心主任	讲师
贡利华	女	河北科技工程职业技术大学	服装工程系实训中心主任	讲师
刘辉	女	河北科技工程职业技术大学	服装工程系专业带头人	教授
范树林	男	河北科技工程职业技术大学	服装工程系主任	教授
纪晓峰	男	中国纺织服装教育学会	副会长	高级工程师

1 成果简介及主要解决的教学问题

1.1 成果简介

成果基于国家职业本科试点项目。成果完成单位从2001~2021年的联办应用本科探索，到2019年高水平专业建设中探索职业本科教育，再到2021年转设为职业技术大学，进行了20余年的职业教育＋本科教育的实践，实施了特色鲜明的"3.5.18"项目化教学。"课工接续，岗职贯通"工作室培养模式即将课程教学和工作室任务有机衔接、岗位能力和职业素养贯通式培养，是在多年的探索中对职业本科教学的提升创新。通过实体运行类、校企融合类、赛事孵化类、创新服务类等不同类型工作室的培养，实现理实教学、创新研究、成果转化、服务输出等多重目的。

1.2 主要解决的教学问题

成果针对"过于强调本科办学层次"和"过于强调职业类型特色"等职业本科培养误区，以"一基四能"高层次技术技能人才的定位为依据，构建通识课程平台、基础课程平台、专业能力模块、个性选修模块、综合实践模块，开发"平台＋模块"的课程体系。依据能力结构和产业需求设置工作室课程，以校企融合的工作室为载体实施"课工接续，岗职贯通"的实岗培养，通过学习学分＋工作学分的置换式管理衔接课程和工作室任务；通过工作室真题真做、真题仿做等任务实施和校企教师的共

同指导，实现学生工作室岗位能力向实际工作需求的综合职业能力提升，使工作室运行成为人才培养中的"教、学、研、用共同体"和"课、工""岗、职""技、研"转换的孵化器。

2　成果解决教学问题的方法

2.1　成果研究的基本思路

以习近平新时代中国特色社会主义思想和习近平总书记关于教育的重要论述及全国教育大会精神为指导，以《国家职业教育改革实施方案》等相关文件精神为理论依据，以培养高层次技术技能人才为宗旨，根据职业本科人才培养目标定位，开发理实科学衔接、工学深度融合的，注重高技能和高技术培养、个性化培养以及创新能力培养的特色课程体系，建立学生主体、课工接续、需求导向的教学管理与运行机制，制定基于工作室育人的学分工分转换办法（图1）。

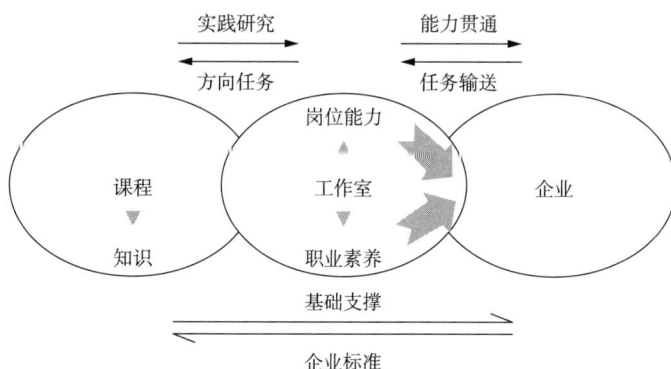

图1　"课工接续，岗职贯通"工作室培养模式示意图

2.2　成果解决教学问题的具体方法

（1）广泛开展调研。成立专业建设指导委员会，深刻分析产业需求、分析修订培养模式、凝练自身办学特色；面向国内外本、专科同类专业的典型成功做法进行分析研究，探寻适合自身发展的特色模式；以问卷调查的形式采集各服装企业对高层次技术技能人才结构的需求、职业标准要求，采集社会各界对本科职业教育的认知、认可度及需求情况。

（2）做好顶层设计。依据学校"一体两翼"职业本科专业群发展理念、"三重两化"专业建设原则以及"一基四能"的高层次技术技能人才培养定位，科学构建课程体系（图2）。

（3）制定运行细则。以专业核心课程和专业核心能力为依据设立工作室，在第5~7学期设置工作室课程，每个工作室可对应一门或多门课程，课程既可通过课堂学习获得学分，又可通过完成工作室任务获得工分，学生可通过将工分转换为学分实现该门课程的免修（图3）。

3　成果的创新点

3.1　理实科学衔接、工学深度融合的课程体系创新

在"重技术、重实践、重发展、专业教学模块化、综合项目真实化"的"三重两化"课程体系下，以专业核心课程和专业核心能力为依据设立工作室课程，工作室任务来源于企业真实任务或课程实践研究任务，使工作室成为连接校企、工学的立交桥。

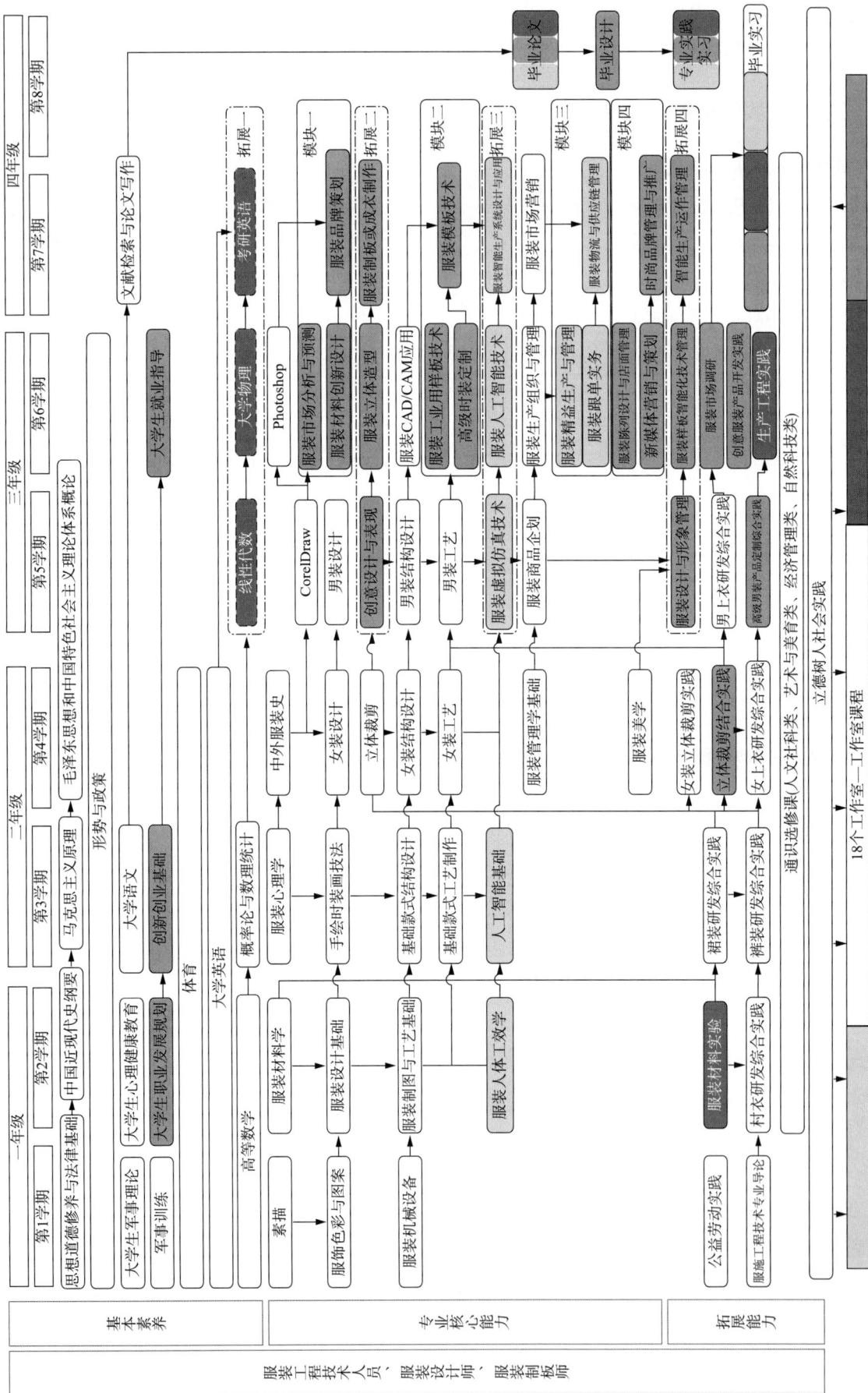

图 2 课程体系构建

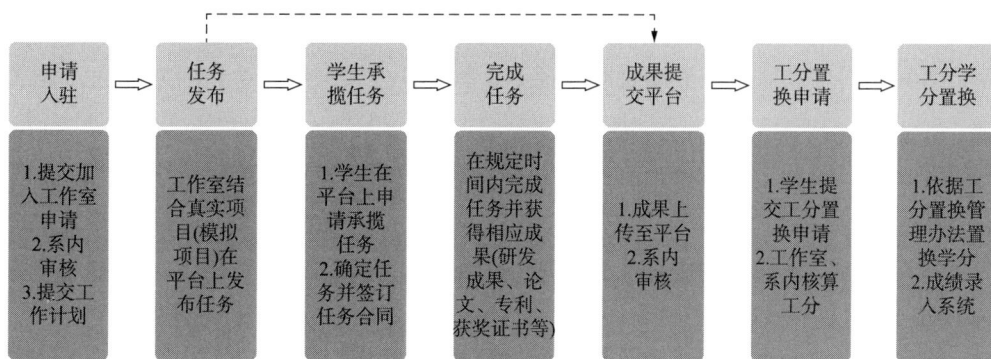

图 3　工作室教学运行流程

3.2　校企师生联动，教、学、研、服一体的运行机制创新

工作室集教学、学习、研究、服务于一体，学生根据自身兴趣特长选报相应工作室，充分发挥企业、教师和学生的联动效应，校企搭台、师生唱戏，教师充分做好教练员和陪练员，学生自主完成工作室的运营实践。

3.3　学分工分置换、理论实践互通的管理模式创新

制定《工作室教学管理办法》，学生可通过将工作室获得的工分转换为学分实现相应课程的免修，进而实现岗位能力和职业素养同企业需求的贯通衔接，实现专业基础能力、岗位认知能力、岗位能力、职业能力的循序递增。

4　成果的推广应用情况

4.1　成果的应用推广情况

基于工作室育人的"课工接续、岗职贯通"职业本科人才培养模式在河北科技工程职业技术大学服装设计与工程、服装工程技术等本科专业首先应用；同河南工程学院、河北科技大学、唐山学院等8所本科学校进行经验交流与分享；成果相关文章被中国教育报等5家主流媒体报道。

4.2　成果应用实际效果

（1）促改革，教科研成果成绩斐然。形成"基于项目的应用型本科工程教育人才培养模式"等省级以上教研课题3项，《高职应用型本科工程教育内涵、目标定位及培养途径研究》获评河北省高等教育教学成果二等奖；发表成果相关论文5篇；横向技术服务年均到款120万元；建设在线课程13门，3门课程入选省级精品在线开放课程；建成1个省级专业教学资源库。

（2）促学习，学生竞争力显著增强。学生主体、课工接续、需求导向的教学管理与运行机制使学生在主观意愿上动起来，学习目标更加明确。在校、企、师、生的联动运行下，学生的学习积极性空前高涨，"挣工分"现象成为特色风景。2019年以来，学生通过赛事工作室的集训，获得全国职业院校技能大赛一等奖1项、二等奖1项，全国职业院校学生服装制板与工艺技能大赛一等奖3项、二等奖2项、三等奖5项；依托工作室运行衍生的"太行小院""老有所衣""医着不凡""'衣'"呼百应"聚核提振"等项目分获"互联网+"创新创业大赛国赛二等奖、中国TRIZ杯大学生创新方法大赛国赛二等奖等多项骄人成绩。

（3）促融合，校企对接实现零距离。通过在工作室运行中实施引企入校、真题真做等措施，实现

了校企多个零距离对接。

教学生产零距离。生产研发任务即是教学任务，教学任务紧密结合生产研发任务，教学与学习目标更加明确。

校企标准零距离。企业标准随着企业任务引入教学内容中，专业教学标准、课程标准同企业生产标准深度融合。

能力衔接零距离。学生通过完成企业真实任务，在校企双重培育与磨炼下，其能力素质与企业需求无限接近。

人才供需零距离。学生的学习过程也是同企业互相了解与磨合的过程，实现了人才供给侧与需求侧的无缝对接。

高职服装视觉营销方向"岗课赛证融通 + 分层递进"模块化课程改革实践

青岛职业技术学院

完成人及简况

姓名	性别	所在单位	党政职务	专业技术职称
黄娜	女	青岛职业技术学院	无	副教授
乔璐	女	青岛职业技术学院	青岛职业技术学院副院长	教授
张金花	女	青岛职业技术学院	无	讲师
刘晓音	女	青岛职业技术学院	无	讲师
李晓伟	女	青岛职业技术学院	无	助教
于志云	男	青岛职业技术学院	无	教授
朱大伟	男	青岛希柏润工贸有限公司	无	无
焦体育	女	北京锦达科教开发总公司	无	培训事业部经理

1 成果简介及主要解决的教学问题

1.1 成果简介

《国家职业教育改革实施方案》指出，职业教育肩负着传承技术、技能和培养多样化人才的职能。"服装视觉营销"方向的人才需求是当今社会对服装专业人才培养的新要求，"服装视觉营销"（Fashion Visual Merchandising）方向的服装新零售、服装陈列展示、着装搭配、终端销售等相关课程内容也逐渐被纳入各院校人才培养方案。结合纺织服装领域"1+X"等级证书考核标准、职业技能大赛，探索"岗课赛证融通"综合育人，根据高职纺织服装专业学生特点实施工作过程导向的"工学一体、分层递进"模块化教学，体现了职业能力培养的系统性，有利于学生终生发展和职业岗位迁移能力的培养。该成果就"服装视觉营销方向"课程改革打出组合拳，至今已有多所兄弟院校对成果进行借鉴采纳。

1.2 主要解决的教学问题

（1）填补高职纺织服装类专业空白，搭建"服装视觉营销"方向的课程体系。

（2）通过"岗课赛证融通 + 分层递进"模块化课程改革，解决"服装视觉营销方向"人才培养过程中教学活动与职业活动吻合度不够好的问题。

（3）通过行业、企业参与完善课程的内涵建设，打造第二课堂，解决课堂难以情境化的瓶颈问题。

（4）组建专兼结合的跨专业、多领域教师团队，改善课程评价体系单一、对学生增值评价较少关注的问题。

2　成果解决教学问题的方法

2.1　搭建"服装视觉营销"方向课程体系

开展专业人才需求调研，确定职业岗位，进行职业分析，搭建"服装视觉营销"方向课程体系，清晰定义该方向各课程标准、课程建设内涵。

2.2　校企联合进行以职业活动为核心的"岗课赛证融通＋分层递进"模块化课程体系改革

（1）分析职业岗位，确定典型工作任务，将工作领域转化为课程方向。对接职业、面向岗位，将课程模块内容划分为基础层课程模块和成长层课程模块，解决了课程设置与职业岗位契合度不够高的问题。

（2）成果完善过程中，积极推进纺织服装领域服装陈列设计"1+X"职业等级证书制度试点，改革课程标准对接职业等级证书标准，根据岗位内容需求"串行"或"并行"安排相关教学模块，由简单到复杂分层递进组织课程的教学内容，解决了教学活动与职业活动吻合度不够好的问题。

2.3　行业企业合力打造第二课堂

校企合作将课程资源数字化，并应用于虚拟仿真教学及信息化教学实践中，将"第一课堂"知识延伸式纵向教学和"第二课堂"素质拓展式横向实践紧密结合，解决了"服装视觉营销"方向课堂难以情境化的瓶颈问题。

2.4　"岗课赛证融通"建立发展性课程评价体系

创新并运用发展性、增值性课程评价理念，结合职业技能大赛建立涵盖4个一级指标、21个二级指标的课程评价体系。组建专兼结合的跨专业、多领域教师团队，评价主体多元、评价方式多样、评价标准明确。关注学生增值评价，注入纺织服装职业人才终身学习的动力，改善课程评价体系单一、对学生增值评价较少关注的问题。

3　成果的创新点

3.1　创新并实施以职业活动为核心的"岗课赛证融通＋分层递进"模块化课程体系

基于职业岗位、对接"1+X"职业技能证书与职业资格证书开发课程，将课程、职业岗位、职业资格证书有机融为一体，将企业岗位工作任务及职业标准要求融入课程内容，保持课程内容的新颖性、实用性，有效推进"岗课赛证融通"综合育人。对应初级基础岗位、职业成长岗位，设置基础核心层课程模块、职业成长层课程模块，课程体系的构建方法为专业课程体系建设提供了一种参考（图1）。

3.2　创新并践行工作过程导向的"工学一体、分层递进"课程教学模式

对应初级基础岗、职业成长岗位，设置基础核心层课程模块、职业成长层课程模块，根据岗位内容需求"串行"或"并行"安排相关教学模块，由简单到复杂分层递进组织课程的教学内容，教学模式的实施为培养高素质技术技能人才探索了一条有效途径（图2）。

3.3　创新发展性、增值性课程评价体系

创新并运用发展性课程评价理念，建立由"课程开发、教学设计、课程实施、课程效果"4个一级指标、"课程目标、课程标准、教学方案、教学效果"等21个二级指标及其评价标准、评价主体、评价方式方法等构成的专业课程评价体系，为专业课程改革提供依据，助力学生终生发展和职业岗位迁移能力的培养。

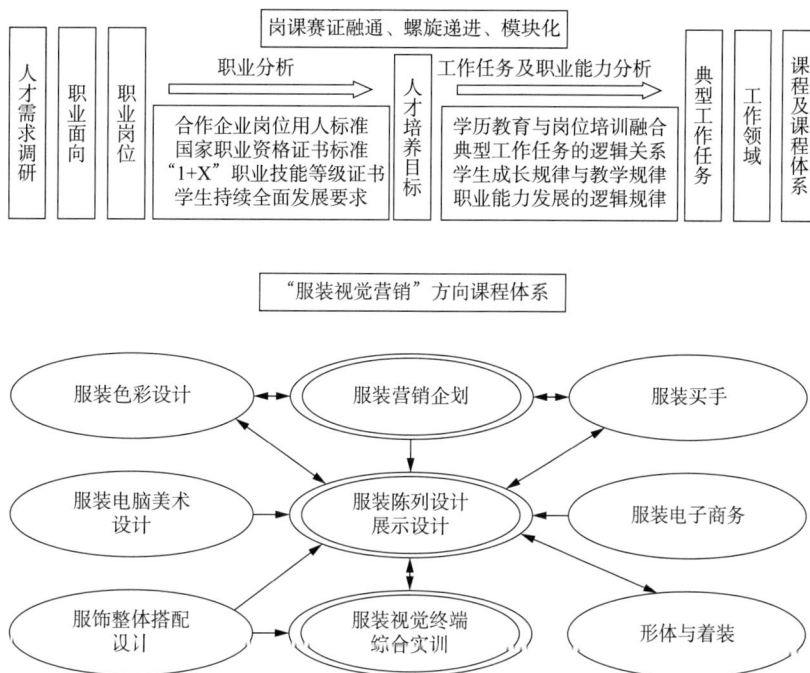

图1 模块化课程体系的构建

"服装视觉营销"方向"岗课赛证融通+分层递进"模块化课程改革				
职业成长阶段 面向职业岗位	工作领域	基础核心层课程模块	职业成长层课程模块	实施方式
初级基础岗位 | 职业成长岗位	对应课程	对应"1+X"证书职业 资格证书(中级) 考核标准	对应"1+X"证书职业 资格评书(高级) 考核标准	课程并行、串行
服装买手	时尚高级买手	"服装买手" "服装陈列设计" "服装营销企划"	流行趋势分析 数据分析 市场预测	商务谈判 财务审计管理	与"服饰整体搭配""服装营销企划"串行 与"服装陈列设计"并行
服装导购	专卖店店长	"服装店铺管理" "服装营销企划" "服装色彩搭配" "形体与着装"	消费心理 服饰搭配 话术技巧 门店营销策略	销售礼仪 门店招聘 店长培训领导力	与"服装色彩搭配""服装店铺管理""服装营销企划"串行 与"服装陈列设计""服装终端销售""形体与着装"并行
服装陈列师	陈列督导	"服装陈列设计" "服装营销企划" "服装色彩搭配" "服装电脑美术"	色彩应用 人体工学 灯光照明 卖场实操 橱窗设计	卖场规划 服装价格促销 陈列手册指引 陈列制图 VMD	与"服饰整体搭配""服装营销企划"串行 与"服装买手""服装终端销售"并行
服装搭配师	形象设计师	"服饰搭配" "服装色彩搭配" "形体与着装"	色彩原理 服装品类认知 形式美法则	服饰风格诊断与搭配 职业形象塑造	与"服饰整体搭配""服装营销企划"串行 与"服装陈列设计""形体与着装""服装色彩搭配"并行
服装市场营销专员	品牌策划师	"服装营销企划" "服饰搭配" "形体与着装"	服装市场环境分析 服装市场定位策略 服装促销组合	产品策划 服装营销审计	与"服饰整体搭配""服装营销企划"串行 与"服装陈列设计""形体与着装"并行
服装网店美工	网店视觉策划	"服装电子商务" "服装网络营销" "服装电脑美术"	服装品牌认知 网页设计 PS、AI	服装网络营销环境 产品渠道策略 电子支付	与"服装电脑美术"串行 与"服装网络营销""服装电子商务"并行

图2 "工学一体、分层递进"模块化课程改革

4 成果的推广应用情况

4.1 人才培养质量显著提升

2016年成果推广以来,在全国职业院校技能大赛高职组服装设计与工艺赛项目中获得一等奖4项、

二等奖4项、三等奖4项，毕业生就业率达98%以上，"1+X"服装陈列设计职业技能证书（中级）学生考试通过率为100%。

4.2 专业建设及课程建设成效显著

学院服装专业牵头的国际时尚专业群2017年获批山东省"优质校"专业群，2019年获批国家"双高计划"高水平专业群。

"服装色彩搭配"课程获国家级精品在线开放课程，全国高校学生累计选课人数45.46万人，584所高校350万余名学生在线互动。"形体与着装"课程获山东省2020年社区教育优秀课程，2021年上线"学习强国"平台，高达15万播放人次。"服装营销企划课程包"2019年获青岛市现代学徒制特色课程。"服装陈列设计"课程先后获教指委金教鞭说课银奖（2013年9月）、山东省微课大赛一等奖（2014年9月）、教指委教学能力大赛一等奖（2020年12月）、微课三等奖（2020年12月）、省教学能力大赛三等奖（2020年9月）。

4.3 成果在校外推广应用效果

通过国培、省培等项目，通过会议交流、接待兄弟院校来院考察学习等方式，推广该成果，得到高度评价。该成果已被上海工艺美术职业学院、南京工业职业技术学院、北京电子科技职业学院等多所兄弟职业院校借鉴应用，取得良好效果。

4.4 成果产生的社会影响

该成果相关研究课题多项，荣誉颇多，相关研究成果在《纺织服装教育》等期刊发表论文多篇。学院服装与服饰设计专业的辐射力、影响力显著提升，2020年9月27日大众网以《2020东亚海洋合作平台青岛论坛举行　青岛职院学生志愿者彰显青年青春风采》为题、2021年10月5日新华网以《非遗蜡染走秀深情演绎　惊艳沂蒙》为题报道服装与服饰设计专业学生。2021年6月28日，全国纺织服装领域"1+X"证书制度试点专家委员会及"岗课赛证"融通职教联盟在学院成立，本成果建设者受聘并担任副主任委员及委员。

"岗课贯通、学创融合、文化润教"服装专业群产教融合实践教学体系的构建与实践

无锡工艺职业技术学院

完成人及简况

姓名	性别	所在单位	党政职务	专业技术职称
潘早霞	女	无锡工艺职业技术学院	无	副教授
江慧芝	女	无锡工艺职业技术学院	无	讲师
许家岩	男	无锡工艺职业技术学院	时尚艺术与设计学院副院长	副教授
陈姗	女	无锡工艺职业技术学院	教务处处长	教授
赵红育	女	无锡工艺职业技术学院	产业助教	中国工艺美术大师、研究员级高级工艺美术师
龚慧娟	女	江苏省服装协会	江苏省服装协会常务副会长	高级工程师

1 成果简介及主要解决的教学问题

1.1 成果简介

我院服装与服饰设计专业群紧抓国家推进职业教育产教融合人才培养改革、创生中华优秀传统文化的重要契机，针对实践教学中存在的校企供需脱节、学生综合能力素质不高、实践师资能力不足、实践教学评价机制单一等问题，以深化"产教融合"为导向，依托江苏省数码印花服饰产教融合实训平台、江苏省360°数码印花服饰技术工程中心，把"岗课贯通、学创融合、文化润教"理念贯穿专业群实践教学全过程，构建共享基础实训—岗位技能实训—项目研发实训—产教融合实训"四阶递进"产教融合实践教学体系，发挥"基础技能夯实、岗位技能强化、文化传承引导、创新创业能力提升"功能，实现校企供需有机对接。

聚焦学生能力素质培养，整合共享校企教学资源，构建以知识传授、岗位实践、素质拓展、生产研发、创新创业为重点的"一库一中心""虚实结合"实践教学资源平台，提升学生综合能力素质。

聚焦实践师资能力提升，依托产教融合实践平台、大师工作室、文化讲堂，实施"教师进企业，专家进课堂"项目。通过"名师引领、匠企协同"，打造"四方协同"高水平教学团队。

聚焦实践教学评价，依托"校企合作理事会"，通过"互联网+"技术，对实践教学质量、教学设施保障及信息反馈的改进等方面进行系统化、精准化的管理、指导、评价、监控，构建"多元双化"实践教学质量监控机制。

经过5年实践，立项建设江苏省高水平专业群、无锡市职业教育现代化专业群、江苏省高水平骨干专业、江苏省360°数码印花服饰技术工程中心；建成中国工艺美术大师传承创新基地、江苏省"十二五"重点专业群、江苏省数码印花服饰产教融合实训平台。教师团队获江苏省教育厅教学成果奖

一等奖1项、国家级教学能力大赛二等奖1项、省级以上奖项30余项，立项"省哲社"重大项目1项，一般社会科学基金项目12项，出版学术专著2部，获批省级产业教授2人，教师海外学术交流6次。学生获省部级以上奖项50余项，省级大学生创新创业项目14项。人才培养质量显著提升。

1.2 主要解决的教学问题

（1）解决校企供需如何有机对接的问题。

（2）解决教学资源与学生能力素质提升不匹配的问题。

（3）解决实践师资能力不足的问题。

（4）解决实践教学评价机制单一的问题。

2 成果解决教学问题的方法

2.1 构建"四阶递进"产教融合实践教学体系，解决校企供需有机对接的问题

基于"岗课贯通、学创融合、文化润教"理念，依托江南服饰产业学院、江苏省数码印花服饰产教融合实训平台、非遗大师工作室，联动校内实训平台和校外实践基地，把企业生产研发项目、非遗传承创新项目、大赛考证项目融入专业实践教学，政行校企共同构建集共享基础实训—岗位技能实训—项目研发实训—产教融合实训的"四阶递进"产教融合实践教学体系（图1）。

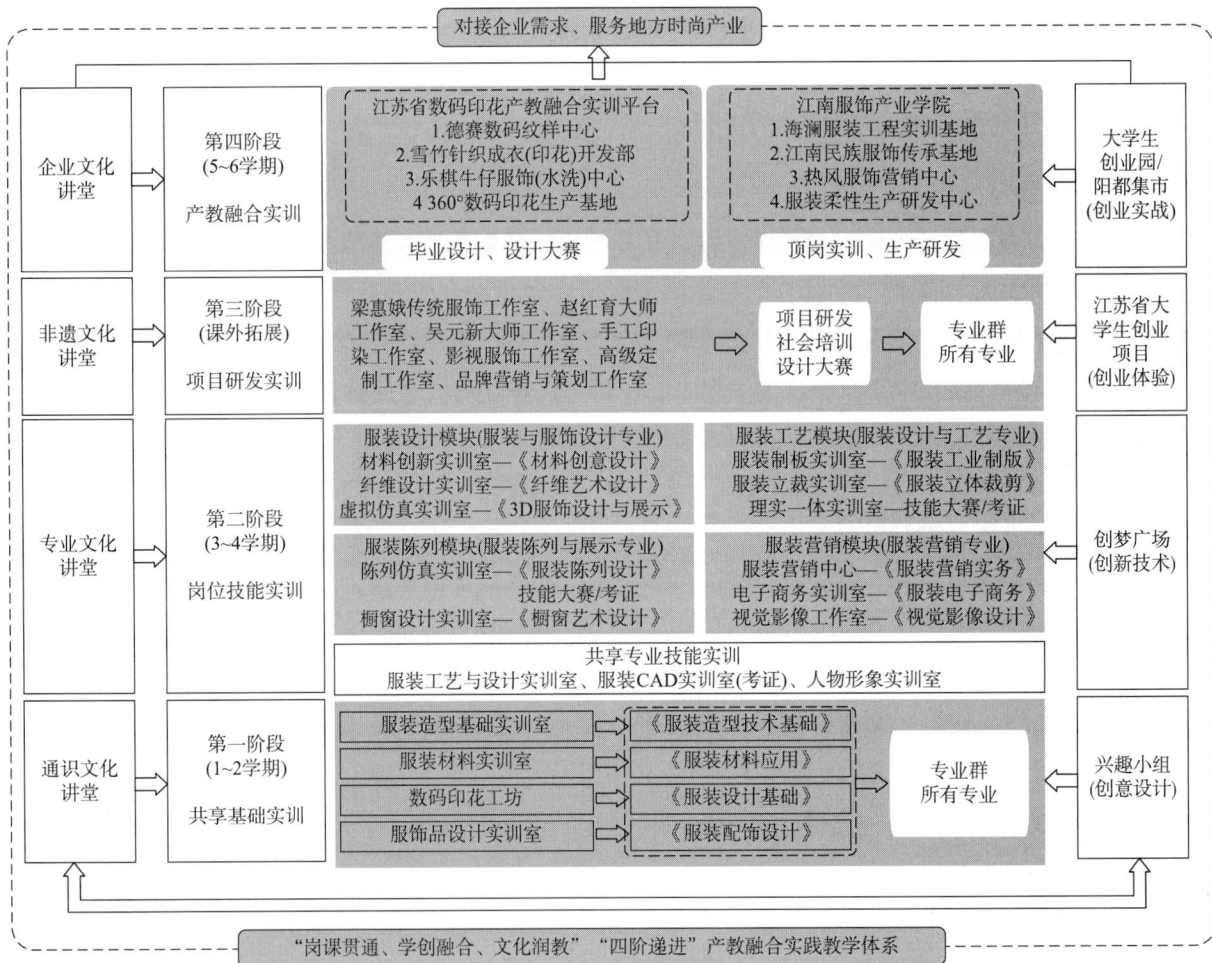

图1 "四阶递进"产教融合实践教学体系

2.2 搭建"虚实结合"实践教学资源平台，解决教学资源与学生能力素质提升不匹配的问题

对接服装产业技术转型升级，整合共享校企教学资源，引入虚拟服装设计、三维试衣、智能制造等虚拟仿真技术与人工智能技术，构建以知识传授、岗位实践、素质拓展、生产研发、创新创业为重点的"一库一中心""虚实结合"实践教学资源平台，提升学生综合能力素质（图2）。

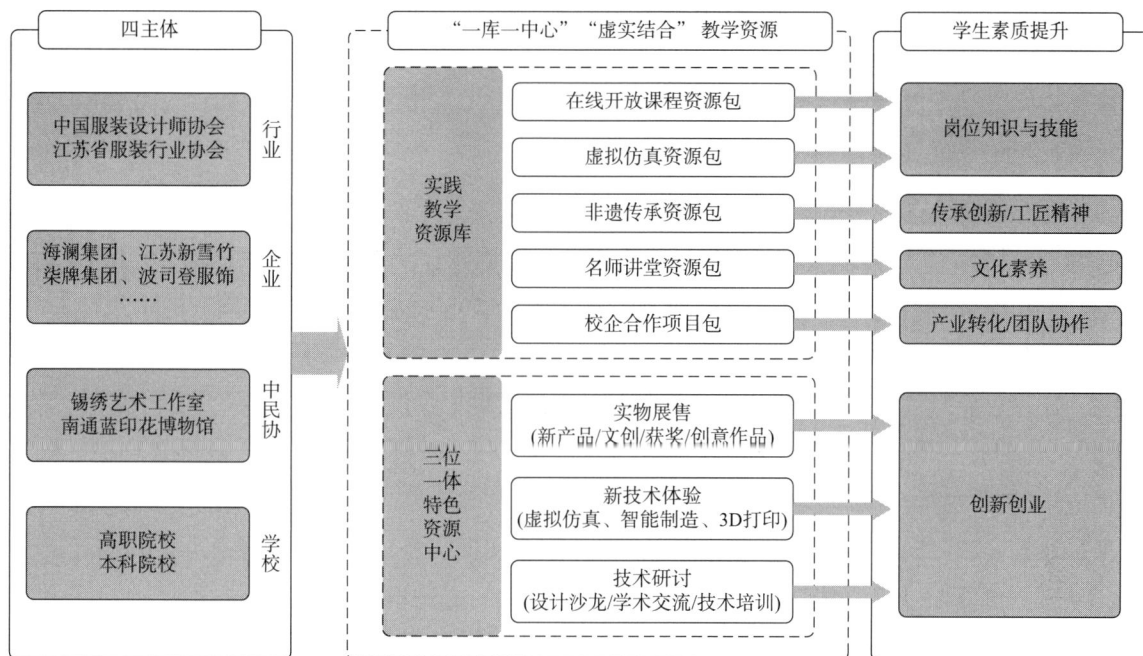

图2 "虚实结合"实践教学资源平台

2.3 打造"四方协同"实战型教师团队，解决实践师资能力不足的问题

依托江苏省数码印花服饰产教融合实训平台、江苏省360°数码印花服饰技术工程中心、中国工艺美术大师传承创新基地，采取"产教融合实训平台+大师工作室+文化讲堂"，实施"教师进企业，专家进课堂"项目。通过"名师引领、匠企协同"，打造一支教学资源共享、能力优势互补、掌握先进理论和技术、懂得行业发展的"四方协同"高水平实战型教学团队（图3）。

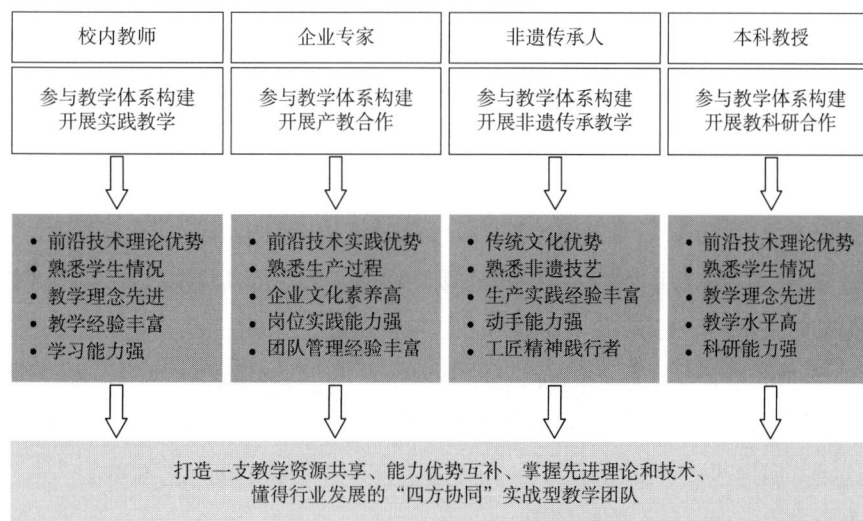

图3 "四方协同"实战型教师团队

2.4 构建"多元双化"教学质量监控机制，解决实践教学评价机制单一的问题

在地方政府、教育部门的指导下，联合行业协会、企业共同成立"校企合作理事会"，依托"互联网+"技术，采取专业评估、专项检查、专项听课等措施，对课堂教学和实训实习课程质量、教学条件设施的保障、教学建设改革的实施、学习过程与结果的关注及信息反馈的改进等方面，进行系统化、精准化的管理、指导、评价、监控，构建"多元双化"教学质量监控机制，力图实现社会、学校、教师、学生的多方对话，有力确保了高职教学质量的稳步提升。

3 成果的创新点

3.1 理念创新：提出"岗课贯通、学创融合、文化润教"理念，形成"四方协同"实践育人机制

对接产业升级、文化传承需求，提出"岗课贯通、学创融合、文化润教"的理念，引导专业教师与产业教师联合参与实践教学全过程，建立高职—本科—行业—企业"四方协同"的实践育人机制，推动校企深层次合作。

3.2 路径创新：构建"四阶递进"实践教学体系，实现校企供需有机对接

聚焦工学对接、非遗传承和学生职业素养提升，创新专业群实践教学的产教融合路径，构建了"四阶递进"的实践教学体系。"共享基础实训"夯实专业基础能力；"岗位技能实训"强化专业岗位能力；"项目研发实训"培养文化传承创新能力；"产教融合实训"提升产业实战能力。

3.3 实践创新：打造"虚实结合"实践教学资源平台，提升学生综合能力素质

引入虚拟仿真技术、人工智能技术、企业真实项目，传承地方"染绣"文化，依托"互联网+"技术，构建以知识传授、岗位实践、素质拓展、生产研发、创新创业为重点的"一库一中心""虚实结合"实践教学资源平台，实现学生综合能力素质的提升。

4 成果的推广应用情况

服装专业群经过多年探索实践，提出了"四阶递进"产教深度融合实训体系，打造了"虚实结合"的实践教学资源平台，建成了"四方协同"实践育人机制、"多元双化"实践教学质量监控机制，实现了实践教学环节的有机整合、实践教学资源的高效利用、实践教学内容的优质多元、实践教学形式的丰富多样、实践教学评价的科学规范，形成了"岗课贯通、学创融合、文化润教"的独具特色的实践教学体系，在全国同类院校的实践教学改革中的示范引领作用显著。

4.1 人才培养质量全面提升，效果显著

学生的实践能力与创新能力明显提高，在各类竞赛中成绩显著。5年来，学生在各类专业技能大赛中获国家级奖项5项、省级奖项50余项，连续3年入围教育部职业技能大赛高职组"服装设计与工艺"赛项，获得一等奖1次、二等奖2次。完成省级大学生创新项目14项，每年孵化创梦广场作品30多项，公开发表创新型论文10余篇。

社会及毕业生给予高度评价。学生综合素质不断提升，社会满意度高，用人单位满意度达90%以上。学生的实践动手能力、创新创业能力得到用人单位的广泛认可，就业率达97%以上。在对5届毕业生实践培养满意度的调查中，对口就业率在70%以上，毕业生满意度超过90%。

4.2 专业建设成效显现，行业影响提升

"服装与服饰设计专业群"被评为江苏省高等职业教育高水平专业群、无锡市职业教育现代化专业

群。服装与服饰设计专业被评为江苏省高水平骨干专业、无锡市特色专业，入选无锡市现代学徒制试点项目；服装陈列与展示设计专业主持成立全国服装陈列与展示设计教育指导委员会、江苏省纺织服装职业教育服装陈列与展示设计行指委，并作为主任单位承办全国纺织服装信息化教学大赛、首届全国职业院校服装陈列与展示设计大赛，主持制定教育部高职服装陈列与展示设计专业教学标准；服装与市场营销专业入选无锡市现代学徒制试点项目，连续7年获得江苏省高等职业院校技能大赛市场营销团体项目奖。

专业建设相关成果被江苏省教育厅评为一等奖1项，被中国轻工业联合会、中国纺织工业联合会评为教学成果一等奖4项、二等奖1项。

4.3 政行校企协同，产教融合不断深化

专业群实践教学注重政府、服装行业、高校、企业等多维度协同。2016年，与三家企业合作申报江苏省数码印花服饰产教融合实训平台；2017年，与江苏新雪竹服饰，申报建设无锡市现代学徒制试点专业，着重于旗袍传承创新、茶服设计等方面；2018年，与无锡德赛数码、江南大学数字喷墨印花工程技术研究中心等立项建设江苏省360°数码印花服饰技术工程中心；2019年，入选教育部《高等职业教育创新发展行动计划（2015—2018年）》生产性实训基地1个和协同创新中心1个；与无锡德赛数码共建德赛数码印花服饰生产基地，与江苏省服装协会建设无锡时尚创意人才服务中心，建有1条360°数码印花生产流水线；与宜兴乐祺集团孵化"熹黑"牛仔品牌，并在淘宝等线上平台销售；连续4年与波司登、阿仕顿服饰开展"康博&阿仕顿时尚零售班"等合作，为江苏柒牌服饰、江阴市利鹰服饰等企业部门提供各类培训4500人次，开展横向课题26项，社会服务到账经费110万元。

4.4 教师团队实践教学能力增强，成果丰硕

深化产教融合，打造了以"教学名师+行业大师"领衔的专业教学团队，其中教授（博导）1人、产业教授2人（中国工艺美术大师），培养省"青蓝工程"2人、省"333"工程3人、省级教学名师1人、江苏省十佳服装设计师1人。申报国家艺术基金2项、江苏省社会科学基金重大项目1项、省一般科研基金项目12项，获发明和实用新型专利18项；赴美国加州大学戴维斯分校、北卡罗来纳州立大学、路易斯安那州立大学、中国香港理工大学等院校，举办民族文化、传统技艺海内外交流推广各1次；参加各类专业技能大赛和教学能力大赛，获国家级二等奖1项，省级一、二、三等奖20余项；出版专著2部，教材8本，公开发表与本成果相关的论文50余篇，其中核心期刊10余篇。

4.5 学校引起高度关注，辐射面广

学校积极进行宣传和推广，在实践教学改革工作中，先后得到中国纺织教育学会会长倪阳生、乐祺纺织集团副总经理李敏等行业专家的肯定，以及江南大学吴志明教授、广东时尚学院院长陈桂林教授、浙江纺织服装职业技术学院服装学院院长张福良教授等同行的好评，也得到了众多毕业生及其父母对院校实践教育的高度认可。被中国纺织教育学会授予"全国纺织服装教育先进集体"称号，被江苏省教育厅、江苏省服装设计师协会颁发最佳育人奖和最佳组织奖。中国教育报、新华日报、江苏教育电视台视频新闻等媒体对学校实践育人工作、学生创新创业活动、全国纺织服装信息化教学大赛给予深度关注和广泛宣传报道。

技能人才赋能乡村振兴背景下的"1315"教学组织模式创新与实践

杭州职业技术学院

完成人及简况

姓名	性别	所在单位	党政职务	专业技术职称
白志刚	男	杭州职业技术学院	达利女装学院艺术设计（纺织装饰）专业负责人	教授
韦笑笑	女	杭州职业技术学院	达利女装学院艺术设计（纺织装饰）专业教师	讲师
王延君	女	杭州职业技术学院	达利女装学院艺术设计（纺织装饰）专业教师	讲师
程素英	女	杭州职业技术学院	达利女装学院艺术设计（纺织装饰）专业教师	讲师
梁凯	男	杭州职业技术学院	达利女装学院艺术设计（纺织装饰）专业教师	讲师
徐颖	女	杭州职业技术学院	达利女装学院艺术设计（纺织装饰）专业教师	副教授
朱焦烨南	男	杭州职业技术学院	达利女装学院艺术设计（纺织装饰）专业教师	助教
洪杉杉	女	杭州职业技术学院	达利女装学院艺术设计（纺织装饰）专业教师	助教

1 成果简介及主要解决的教学问题

1.1 成果简介

海宁市许村镇是中国最大的家纺布艺产销基地。随着互联网技术的提升和生产效率的提高，技术技能人才的培养及农民工的培训已成当务之急。浙江省海宁市许村镇人民政府、杭州职业技术学院、海宁市职业高级中学、海宁市家用纺织品行业协会四方共建杭海龙渡湖国际时尚产业学院。产业学院与当地纺织企业共建生产性实训中心，探索技能人才赋能乡村振兴背景下的"1315"教学组织模式，开展职工技能培训服务，赋能乡村振兴战略，让许村学子成为本地纺织产业聚集区企业的技术骨干、当地农民成为新型产业工人，让许村镇成为安居乐业的美丽家园，助力浙江省成为全国高质量发展建设共同富裕示范区。

1.2 主要解决的教学问题

（1）镇校会共建产业学院，解决了纺织产业聚居区技能人才需求问题。用"家家织机响，户户织布忙"来形容许村镇的产业特征最为准确，但是随着产业的发展、技术的更新，技术工人和技术管理人员面临紧缺的状态。海宁市许村镇地处杭州海宁之间，名牌高校毕业生在许村生根发展的却很少，杭海龙渡湖国际时尚产业学院从本地招生，让这些从小听着织布机长大的孩子得到技术的培养，留在许村镇，为家乡的纺织产业贡献力量。

（2）构建"1315"教学组织模式，解决了中小微企业纺织品人才需求不同的问题。学院针对许村镇中小微纺织企业多、研发力量弱等特点，与中小微企业合作成立20个产品研发工作室，学生根据个人职业发展规划与企业双向选择，建立研发团队，构建"1315"教学组织模式，即1个工作室、3个专兼结合的专业教师团队、15个学生组成一个产品研发团队。针对不同的企业人才需求，制订个性化人才培养方案，企业参与实践教学，工作室以企业岗位任务作为课堂教学内容，使培养出的学生的专业技能更加符合当地纺织企业一线的需求。

2 成果解决教学问题的方法

2.1 打破城乡教育二元格局，引入城市优质资源

为了使许村镇及周边农民转变为新型产业工人，使在岗员工技术得到提升，促进许村镇纺织产业的发展，杭州职业技术学院协同海宁市许村镇政府、海宁市家用纺织品行业协会、海宁市职业高级中学四方联动成立杭海龙渡湖国际时尚产业学院，产业学院由许村镇政府牵线组织协调，立足海宁市许村镇，依托海宁市职业高中，以盐官镇、长安镇、马桥镇等地生源为主，协同海宁家纺协会，引入国家双高校杭州职业技术学院共同搭建技能人才培养培训平台（图1），设置与当地产业链深度对接的纺织品设计、纺织服装电商等专业，与海宁市伦迪纺织有限公司、杭州新欧实业有限公司、杭州森染文化创意有限公司等20余家纺织服装企业深度合作，同时打破学科壁垒，实现教育链、产业链、创新链、人才链的深度融合，培养适应地方经济发展的高素质技能型、创新性人才。

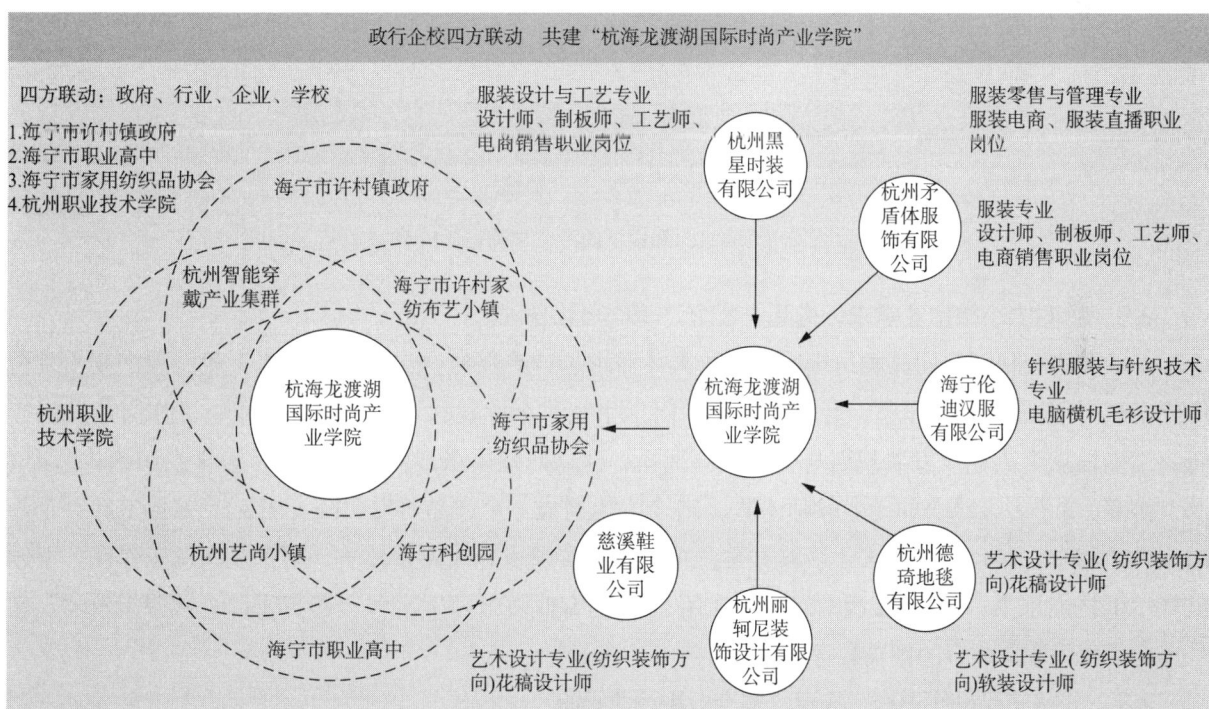

图1 政行企校四方联动 共建产业学院

2.2 构建三级组织架构，探索保障运行机制

传统的学院设置往往以专业导向为主，专业之间的校内藩篱很难被打破，在产业合作方面存在一定的弊端与界限。产业学院根据杭州区域纺织服装产业发展需求，构建了理事会、院长、教学委员会分工负责、协调运行的三级管理组织架构。以产业学院为主体，联合牵头政府部门、行业协会、企业

等成立理事会，产业学院负责人和牵头企业负责人共任理事会理事长和常务执行副理事长；实行理事会领导下的产业学院院长负责制，政府领导兼任产业学院院长，副院长分别来自学校、政府部门、企业等理事单位；领导机构下设教学指导组、工程推进组、后勤保障组三个工作机构主任。理事会是决策机构，负责审定产业学院章程、发展规划、管理架构以及引进的重大项目（团队）及相关支持政策，考核产业学院工作情况和运行绩效；院长负责拟定产业学院发展规划、运行管理制度、人才培养方案、课程建设方案、师资调配、教学资源建设等；各工作组具体负责学院的专业建设、教学、科技成果转化、行政管理、学生管理、外联服务等工作（图2）。

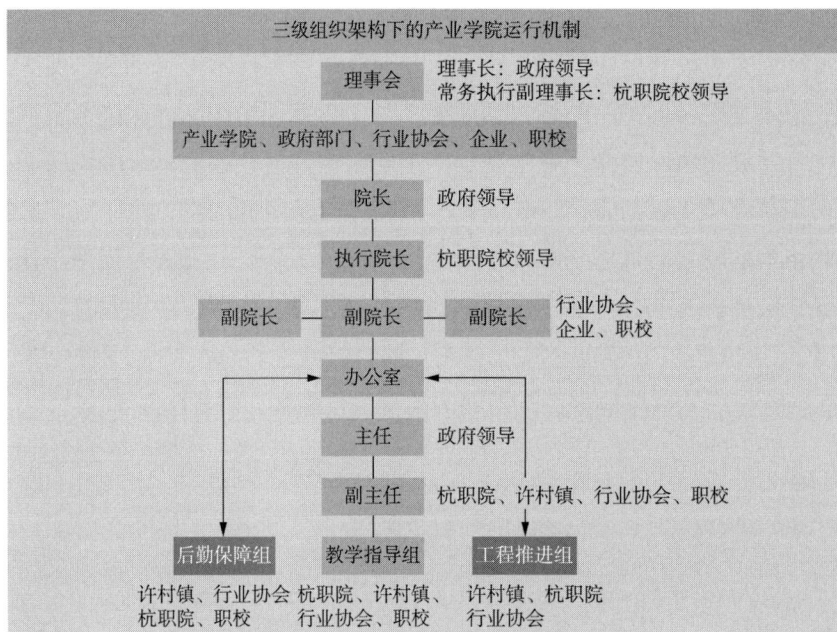

图2　三级组织架构下的产业学院运行机制

2.3　针对中小微企业需求，构建"1315"教学组织模式

由行业协会根据不同品类纺织服装企业人才需求遴选有强烈合作意向的优质企业，同产业学院合作成立20个产品研发工作室，合作企业集中向学生宣讲企业现状及未来发展方向、工作岗位发展空间，学生根据个人职业发展规划与企业双向选择，建立研发团队，构建"1315"教学组织模式，即1个工作室、3个专兼结合的专业教师团队、15个学生组成一个产品研发团队（图3）。工作室针对企业岗位人才需求，制订个性化人才培养方案，企业以真实项目导入课堂教学，用企业岗位工作任务引领提升学生技能水平。"1315"教学组织模式用1∶5的专业教师师生比和"真实项目引领课堂教学"初步实现了高等职业教育的精英教育。

2.4　分解产品设计要素，构建"多专业融合"团队

本着"率先示范、能力互融、递进指导"的原则实现企业产品的开发与教学任务的实施。即教师互融专业团队通过打破原有专业壁垒，发挥专业群复合型育人优势，进行"多专业融合"组织形态下的产业学院建设实践。围绕产业升级发展对高素质技术技能人才的需求，专业群来源于服装设计与工艺、针织服装设计与技术、服装零售与管理、纺织装饰艺术设计方向3个专业4个方向所形成的国家"双高专业建设群"，其中包括一个杭州特色专业（针织服装设计与技术）。充分发挥各方优势作用，目前，"多专业融合"组织形态下的产业学院建设方兴未艾，已成为推进专业交叉融合、深化教育教学改

革的重要着力点（图4）。

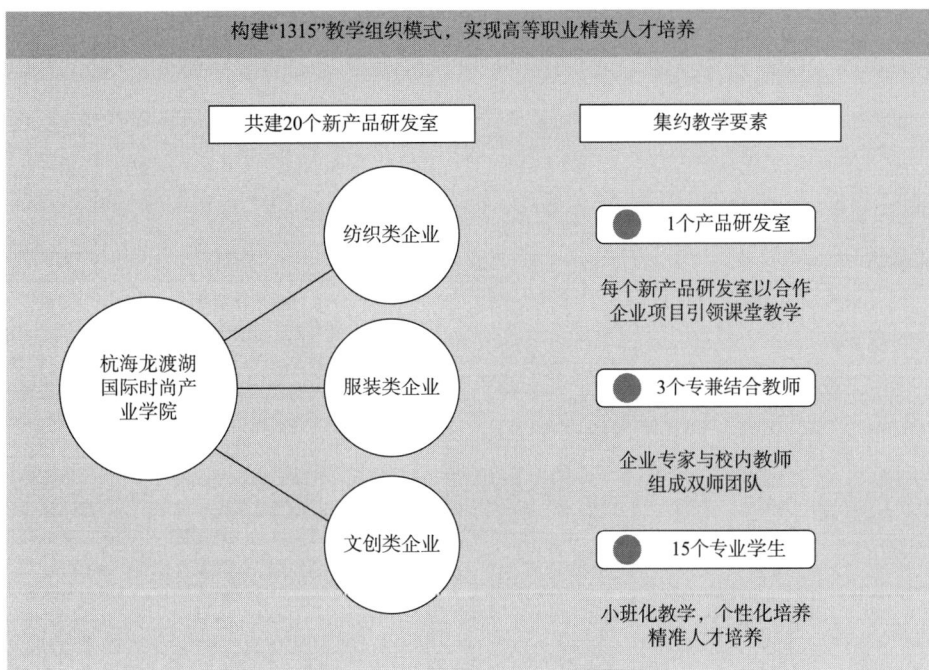

图3　"1315"教学组织模式

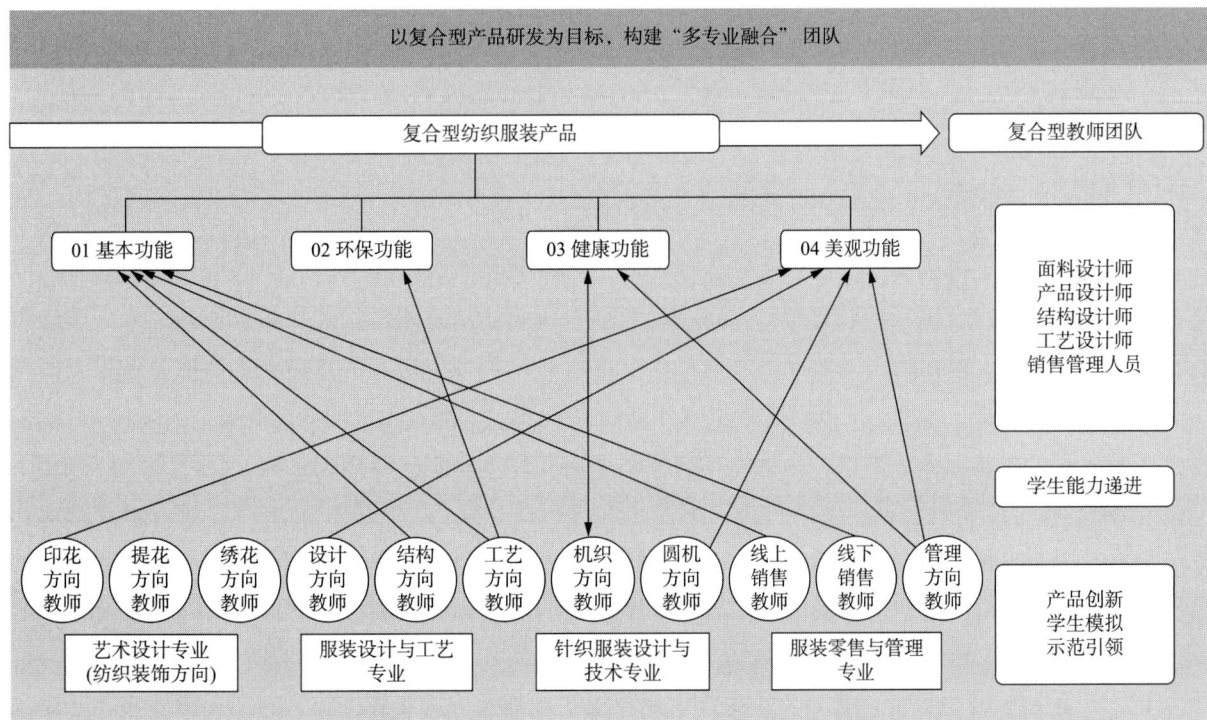

图4　"多专业融合"团队的构建

2.5　坚持两走访三论证，岗位契合5.0产业升级

针对企业产品升级、设备升级和技术升级，产业学院通过"两走访三论证"的人才培养方案修订机制，保障所培养的学生掌握技能，适应企业岗位要求，即走访不少于30家许村镇纺织服装企业，深

入调研了解企业用人现状及未来发展规划、用人规格；走访毕业3年以上的学生，了解他们在工作中的职业发展情况、对所学内容应用的有效性。听取他们的建议，汇总调研意见分解职业能力动向，及时修订人才培养方案，并通过专业组论证、企业专家论证和专业教学指导委员会论证后实施（图5）。

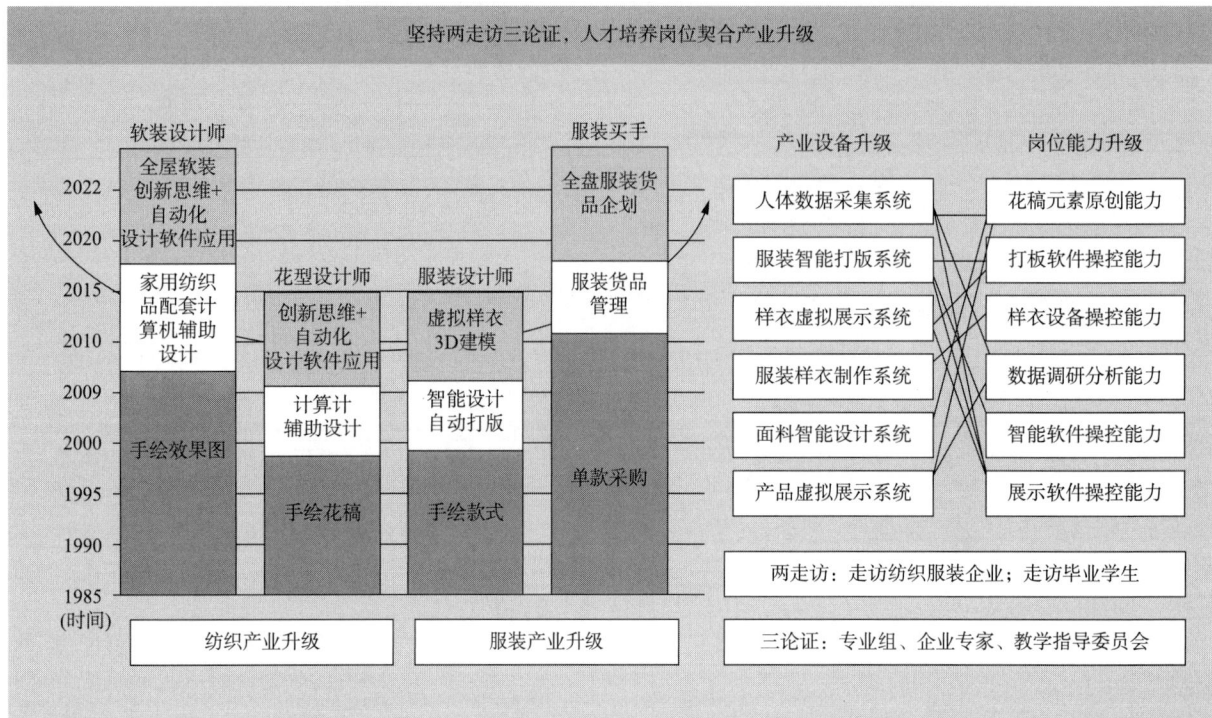

图5 契合产业升级的"两走访三论证"的人才培养方案

3 成果的创新点

（1）创新实践了对接纺织产业聚集区人才需求、打破城乡教育二元格局、引入城市优质资源、以技术人才培养赋能乡村振兴的教育理念，将国家双高校杭州职业技术学院优质教育资源引入中国纺织重镇海宁市许村镇，共建杭海龙渡湖国际时尚产业学院，从当地生源、当地培养、当地就业等方面构建四方协调保障机制，促进了地方村镇技术人才的培养，促进了地方经济的快速发展。

（2）构建"双元主体"模式，实现教育资源共享。对接地方中小微纺织企业，在产业学院共建了"双元主体"的新产品研发室，即以企业为主导，投入项目和资金，以学校为主体，投入研发场地和研发团队，构建对接企业新产品研发的人才培养课程体系，进行创新性人才培养，通过新产品研发的引领，满足技术技能人才、职业技能培训和新技术推广的需要，创新提出职业院校、行业企业共享的"双元主体、双元共享、双元管理、双元服务"的"双元模式"。

①"双元主体"：在"企业投资支撑主体、学校提供场地及人力支撑主体"的产品研发室共建模式下，校企共同构建了对接企业新产品研发的人才培养课程体系，用新产品研发带动创新性人才培养，有效解决了学校培养的学生职业能力永远滞后于企业岗位要求的现象。

②"双元共享"：在"企业统筹规划、学校管理运作、教师研发引领"的新产品研发中心的管理模式下，构建了合作企业共享产品研发成果、高职院校共享人才培养成果的共享模式，推进了产品研发中心的良性运转。

③"双元管理"：在校企共建共管新产品研发室的前提下，对课程体系进行动态管理，将下一年度企业新产品研发内容及时转化为课程内容，指导学生参与企业产品开发，有效解决了人才培养方案陈旧老化的问题。

④"双元服务"：构建了满足创新型技术技能人才培养和新技术（新工艺、新岗位）推广等需要的产品研发室社会化模式，有效解决了企业技术研发能力薄弱的难题，提高了企业的新产品研发能力。

（3）构建"1315"教学组织模式，适应了中小微纺织企业个性化技能人才需求。纺织产业产品种类众多，产品种类之间差异化比较大，从纱线的设计到纺织面料组织结构设计以及成品的款式设计和产品的推广，需要的技能型人才差异也比较大。由于许村镇纺织企业规模不大，对技能型人才的需求种类差异较大，对技能型人才种类的需求也比较多，而高校在人才培养的岗位契合度上往往不能照顾到中小微企业的岗位需求。杭海龙渡湖国际时尚产业学院立足于纺织产业聚集地，直接面对中小微企业的人才需求，与中小微企业合作建立工作室，以工作室的形式对企业的人才需求进行订单式培养，使学生在产业学院就可以学习到企业岗位的专业技能，产业学院构建的"1315"教学组织模式解决了中小微纺织企业个性化技能人才需求的难题。

4　成果的推广应用情况

4.1　立足许村镇产业聚集区产业与生源，定位培养促进乡村振兴

政府、行业、企业、学校四方合作创新办学模式，吸收当地村镇生源培养培训成为当地企业技术骨干，产业学院构建了"1315"教学组织模式，初步实现了高职技能人才培养模式，学生质量逐年提高，年均初次就业率达98%，专业对口率达85.5%，远超全省平均水平。毕业生留杭率超60%，位列在杭高校第一。毕业生就业起薪达4100元/月，基本实现体面就业。

4.2　深化产教融合，赋能村镇经济，打造共同富裕示范区

（1）许村镇投资6000余万元兴建的产业学院与许村镇纺织企业积极合作，以杭州职业技术学院为依托，投入优质教师资源，企业累计投入新产品研发1000余万元，共同成立20个产品研发室，累计为各中小微企业开发产品2000余款、针织样片2000余件、面料纹样2000余款，合计6000余款。平均占企业研发项目投入市场比重的26%，产值达3000余万元。

（2）参与主持编写教育部针织技术与针织服装专业教学标准，开发"纺织服装类产品研发课程"18门，开发了16部系列产品研发项目教材，建设了400余个教学视频。每年1500人接受了新产品研发课程的培训。

（3）参与国家重要研发项目，助力杭州纺织服装产业位于全国的领先地位。参与了G20峰会国家领导人服装面料款式设计。对接中小微企业的新产品研发室研发成果促进了许村镇家用纺织产业在新技术方面的应用与推广，促进村镇地方产业发展，助力乡村振兴实现。

对接岗位、衔接证书、链接课程：面向高端纺织"智改数转"的现代纺织技术专业教学标准研制与应用

江苏工程职业技术学院

完成人及简况

姓名	性别	所在单位	党政职务	专业技术职称
耿琴玉	女	江苏工程职业技术学院	无	教授
尹桂波	男	江苏工程职业技术学院	纺织服装学院院长	教授
吉利梅	女	江苏工程职业技术学院	国际教育交流中心主任	副教授
马昀	男	江苏工程职业技术学院	教务处长	教授
仲岑然	女	江苏工程职业技术学院	组织部部长	教授
宋波	女	江苏工程职业技术学院	无	副教授
潘云芳	女	江苏工程职业技术学院	无	教授
陈和春	男	江苏工程职业技术学院	纺织服装学院科技开发办主任	副教授
马顺彬	男	江苏工程职业技术学院	无	副教授

1 成果简介及主要解决的教学问题

1.1 成果简介

本成果基于江苏工程职业技术学院（以下简称江苏工院）2015~2018年江苏省品牌专业现代纺织技术专业建设项目、2017~2018年全国高职高专学校现代纺织技术专业教学标准制定项目、2018年江苏省高水平高职院校建设项目（专业群建设）、2019年国家双高现代纺织技术专业群建设项目。2015年起，我国纺织行业逐步推进智能化改造和数字化转型（以下简称智改数转），我校现代纺织技术专业教学团队对实施智改数转的纺织企业的岗位（群）设置与工作要求变革及其对技术技能人才提出的新要求进行跟踪调研，依据对"接岗位、衔接证书、链接课程"理念，靶向纺织"智改数转"，研制了现代纺织技术专业教学标准，并将标准应用于本校的人才培养中，提高了毕业生就业竞争力。本成果为江苏省高水平院校专业群和国家双高现代纺织技术专业群高质量建设奠定了基础，在全国同类专业建设中起到了示范引领作用，在企业培训服务中得到了很好的应用。

1.2 主要解决的教学问题

（1）解决专业培养目标定位与智改数转纺织企业岗位（群）的对接问题。原标准中，本专业人才培养目标定位主要在纺织工艺设计与实施、纺织设备维护、纺织生产管理、纺织质量控制等比较传统的技术和管理岗位（群），无法满足智改数转纺织企业对技术技能人才提出的新要求。

（2）解决职业技能证书与专业教学的衔接问题。原标准中，课程设置和内容没有与职业技能证书紧密衔接，没有真正做到"书证融通"。

（3）解决纺织智改数转与课程内容的链接问题。原标准中，缺少新一代信息技术、人工智能、跨境电商等新技术内容，主要专业课内容落后，学生学习的专业知识和技能老化严重，无法适应智能化纺织企业的要求。

（4）解决学业评价不科学方法单一的问题。原标准中，对学生的学业评价是完成教学计划规定的学分和取得规定的社会化证书就能毕业，课程合格评价大多也是以知识性考试为主，不能体现技术技能人才真正的综合职业能力。

2 成果解决教学问题的方法

2.1 解决专业培养目标定位与智改数转纺织企业岗位（群）对接问题的方法

以落实"立德树人"为根本任务，对标纺织强国战略，瞄准纺织产业高端，立足高端胜任力，现代纺织技术专业教学团队深入江苏大生集团、无锡一棉集团、江苏恒力集团等国内率先智改数转的纺织企业，调研企业智改数转后的岗位设置和工作内容变化以及对技术技能人才的新要求。智改数转纺织企业特别需要能将设计人员设计的新产品进行智能化生产实现、生产现场信息化管理、智能设备维护与维修的技术技能人才，尤其是智能设备维护人员特别紧缺，生产与贸易结合、设计与管理结合的复合型人才更为紧缺，提出了以下六个方面的技术技能新要求：综合创新创业；产品营销、开发与品质控制；智能设备的开发和利用；绿色纺织理念推广与应用；高技术原料与产品开发应用；大数据、5G等信息技术在纺织设计、生产、管理和贸易中的应用。因此，本专业教学团队对接岗位（群）工作任务与要求，重新定位人才培养目标和规格，使人才培养定位和规格符合纺织智能制造和现代服务发展的要求。

2.2 解决职业技能证书与专业教学衔接问题的方法

落实《国家职业教育改革实施方案》（以下简称"职教20条"）关于在职业院校和应用型本科高校启动"学历证书＋若干职业技能等级证书"制度试点（以下简称"1+X"证书制度试点）。将纺织面料开发职业技能证书、电子商务职业技能证书、纺纱人员、织造人员相关技能证书作为X证书纳入专业教学标准，设置相应的证书技能考核课程供学生选择，或将证书的内容融入相关理实一体课程。在课程实施过程中，通过育训结合真正实现课证融通，解决职业技能证书与专业教学的衔接不到位甚至脱节的问题。

2.3 解决纺织智改数转与课程内容链接问题的方法

以互联网、大数据、云计算、5G、人工智能等技术为代表的新一代信息技术正快速嵌入传统纺织产业，纺织企业正在加速实行智改数转，高科技纤维原料与产品开发、个性化定制与CAD设计、智能化清洁生产与信息化管理、跨境电商等技术的应用正在使纺织产业从传统劳动密集型产业逐步升级改造成智能纺织产业。本成果根据纺织产业智改数转实施与推进情况，在教学标准中，新设新一代信息技术基础、人工智能技术基础、跨境电商实务等专业基础课程，用纺织智改数转最新技术和信息化管理模式升级核心专业课，增设纺织美学、纺织非遗、纺织环保等专业拓展课程，从专业课程体系与内容的设置上，解决课程与纺织技术发展脱节的问题，实现学生毕业就能到先进纺织企业顶岗就业，大大提高毕业生的就业竞争力和就业质量。

2.4 解决学业评价不科学方法单一的问题

将综合职业能力作为学业评价的标准。根据岗位（群）的工作内容与要求，衔接职业技能证书，将综合职业能力分解到各教学环节，制定考核标准。具体要求如下：本成果提出学生必须获得至少一项职业技能等级证书方可毕业，实现毕业证书和职业技能等级证书双证制，其他本专业涉及的职业技能证书，采取老师引导学生自愿的方式考证，或者将证书知识与技能要求纳入相关课程进行综合考核，合格才能获得课程学分。考核方式有纸笔考试、口答、实操等多种。全方位考查学生的职业能力。

3 成果的创新点

3.1 理念创新

创造性地提出了"对接岗位、衔接证书、链接课程"的专业教学标准制定理念，教学团队依据这一理念研制了江苏工院现代纺织技术专业教学标准并应用于人才培养方案制订与实施，毕业生就业质量得到很大提高。

3.2 内容创新

明确了本专业面向智改数转纺织企业培养高素质复合型技术技能人才的目标，构建了"工作要求""职业能力"和"学习内容"之间直接链接的课程体系及其相应的课程内容。

3.3 评价创新

推行"书证融通"，将职业技能等级证书的获得纳入毕业要求；实行"课证融合"，将证书内容和要求与相关课程内容和考核融合，采用笔试、口试、实操、答辩等多种手段，多元化评价学生的学习质量。

4 成果的推广应用情况

4.1 校内应用

在江苏省高水平职业院校建设重点专业群和国家"双高"专业群建设中的应用。现代纺织技术专业是江苏工院的江苏省高水平职业院校建设重点专业群建设和国家"双高"专业群（图1）建设中的核心专业，在专业群建设中起着领衔作用。本成果在专业群建设方案中得到了充分应用。具体体现在以下几个方面。

（1）按照现代纺织技术专业面向"智改数转"纺织企业培养人才的目标，提升整个专业群的人才培养目标定位：专业群对接中国纺织业迈向价值链高端，培养能够胜任高端纺织产业的产品设计与开发、纺织智能制造、绿色染整生产、服装个性化定制、智能设备维护与管理、纺织现代商贸物流等职业岗位（群）工作的高素质复合型技术技能人才。

（2）参照现代纺织技术专业教学标准研制的路线，专业群对接纺织产业链上岗位（群），凝练典型产品、典型设备、典型工艺，融入产业先进元素，遵循学生认知与职业成长规律，链接职业技能证书，构建了"共享互通、理实交融、书证融合"的专业课程体系，满足了专业要求、学生个性化、多样化、复合型培养需求。

（3）将思政教育、企业文化和未来发展、纺织产业先进技术、职业技能证书融入专业课教学，优化整合专业课教学内容，将"立德树人"的人才培养任务落到实处。

（4）按照"双线融合、双制驱动"模式实施课程教学。以创新项目为载体，将"课程学习"和

"创新实践"两条主线有机融合，实施创新训练"导师制"和课程学习"走班制"人才培养模式，推动学生的学与用、知识与能力的合一，提高学生的创新能力。

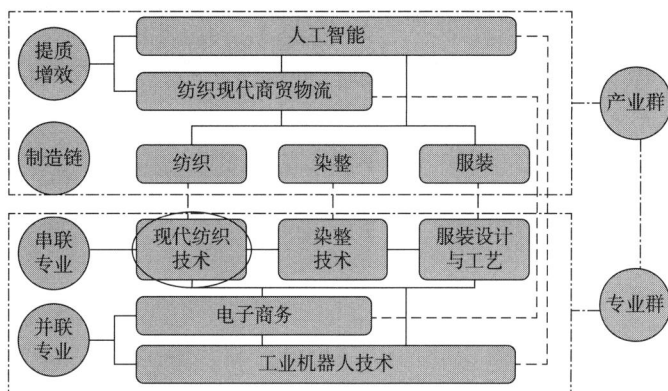

图1　国家"双高计划"现代纺织技术专业群构建

应用成效：

（1）毕业生服务高端纺织企业的能力得到进一步提高。本成果应用于教学后，学生的技术技能水平得到了提高和推展，表现在学生在各类全国性技能大赛中屡屡摘金夺银、省大创项目在同类院校名列前茅，在全国纺织染整类学生职业技能大赛中收获了近三分之一的金奖，多名学生获得中国纺织最高奖——"纺织之光"奖；企业对毕业生的满意度大幅提高，学生就业质量明显提高，部分学生进入企业两到三年后就走上了领导岗位；近年来，师生授权发明专利近百项，在全国高职院校中名列前茅；有学生参与发表的专业论文达20余篇。

（2）进一步奠定了纺织类专业建设和改革在全国的领先地位。在2019年国家"双高"建设项目申报时，现代纺织技术专业群作为"双高"专业建设群进行了申报，其组群逻辑和课程构建方法就是应用了本成果。专业群构建根据产业发展进行了适当调整，将生产链延伸到了服装，纺织品检验与贸易融入各专业，并联了跨境电商，更加合理地组建了现代纺织技术专业群。2019年，我校现代纺织技术专业群录选国家"双高"建设专业群建设项目（B类）。

（3）以现代纺织技术为龙头专业构建的纺织服装专业群，连续两届获得国家教学成果奖，在全国高职纺织教育中一直发挥示范引领作用：牵头建设了现代纺织技术专业国家教学资源库，牵头制定了《现代纺织技术专业教学标准》等4个国家专业标准，牵头成立了中国纺织服装职教集团，拥有国家精品资源共享课程4门。2018年以来，教师获中国纺织工业联合会教学成果一等奖5项，江苏省教学成果奖一等奖1项、二等奖3项。

4.2　企业推广

本成果在对企业学历班教育和企业技能培训中同样也得到了很好推广。如在江苏大生集团成教班和南通大达麻纺织有限公司的学历教育中，部分课程建设和教学就是引用了本成果，还将成果推广到了张家港金陵纺织有限公司、盛虹集团、江苏恒力集团、江苏南通市纤维检验所等企业的技能提升和职业技能证书的培训项目中。

4.3　全国推广

借鉴本成果，牵头制定了全国高职院校现代纺织技术专业教学标准，由教育部颁布在全国高职院校推行；牵头了全国高职院校现代纺织技术专业设置认证调研；牵头修订了全国高职院校现代纺织技术专业简介；本成果中的专业课程设置思想、课程名称、内容整合和教学建议得到了浙江纺织服装职业技术学院、江西工业职业技术学院等兄弟院校的借鉴；参与了学校援疆项目，帮建了新疆轻工职业技术学院的现代纺织技术专业，为该院培训师资和学生各2批次；先后为新疆维吾尔自治区职业学校培训纺织师资4批次，耿琴玉等4名教师被新疆轻工职业技术学院聘为兼职教授。

"互联网+"新业态下基于工作过程的"创新面料设计"课程立体特色资源建设与实践

浙江纺织服装职业技术学院

完成人及简况

姓名	性别	所在单位	党政职务	专业技术职称
祝永志	男	浙江纺织服装职业技术学院	教师工作部副部长	教授、高级工程师
崔玉环	女	浙江纺织服装职业技术学院	督导室专任教师	副教授
马旭红	女	浙江纺织服装职业技术学院	无	副教授
朱玉新	男	阿克苏职业技术学院	质量控制办公室主任	副教授
李国峰	男	阿克苏职业技术学院	纺织工程学院副院长	副教授
刘洋飞	男	杭州经纬计算机系统工程有限公司	总经理	高级工程师
朱全文	男	浙江洁丽雅兰家纺有限公司	工艺技术部部长	工程师
施望洲	男	浙江盛泰服装集团股份有限公司	技术部经理	工程师

1 成果简介及主要解决的教学问题

1.1 成果简介

"互联网+"新业态下基于工作过程的"创新面料设计"课程立体特色资源建设与实践，是以创新织物设计课程作为我校纺织品设计专业核心课程，是2015年"现代纺织技术专业"国家教学资源库及2019年浙江省优质校重点建设课程，也是2017年"纺织品设计专业"国家教学资源库建设创新面料设计与小样制作、数码提花织物设计与案例课程。共建设了1503个立体化特色教学资源，其中动画、视频807个。本课程2015年在"智慧职教"、2017年在"职教通"两个平台开始在线教学，两个平台学习人数累计达10674人，其中学生4613人。用户覆盖了全国22个省和18所高职院校、1个江苏省先进纺织工程技术中心、35家企业及社会人员。通过本课程的实施，激发了学生的专业创新能力，历届全国纺织服装高职高专学生面料设计大赛参加65项。指导学生完成省大创项目3项、发表论文15篇、授权专利8项、获得优秀毕业设计7篇、创业3项。

（1）成果结合织物设计岗位要求，并依据纺织行业面料设计相关岗位的需求，经分析典型工作任务，确定岗位工作任务及其对应的基本工作内容；在专业指导委员会、聘任的知名专家、专业带头人、企业高级技术人员共同研讨下，确立了对接基于面料设计工作过程：设计构想织物分析→组织设计→工艺设计→模拟设计→小样试织的教学情境资源模块织物分析→组织设计→工艺设计→模拟设计→小样试织织物分析，原料选用、纱线设计、经纬组合、组织设计、图案设计、色彩设计、规格设计、生工艺计算；将典型工作任务转换为学习领域课程内容；按照由简单到复杂的顺序，构建基于工作过程的创新织物设计项目课程框架内容体系（图1）。

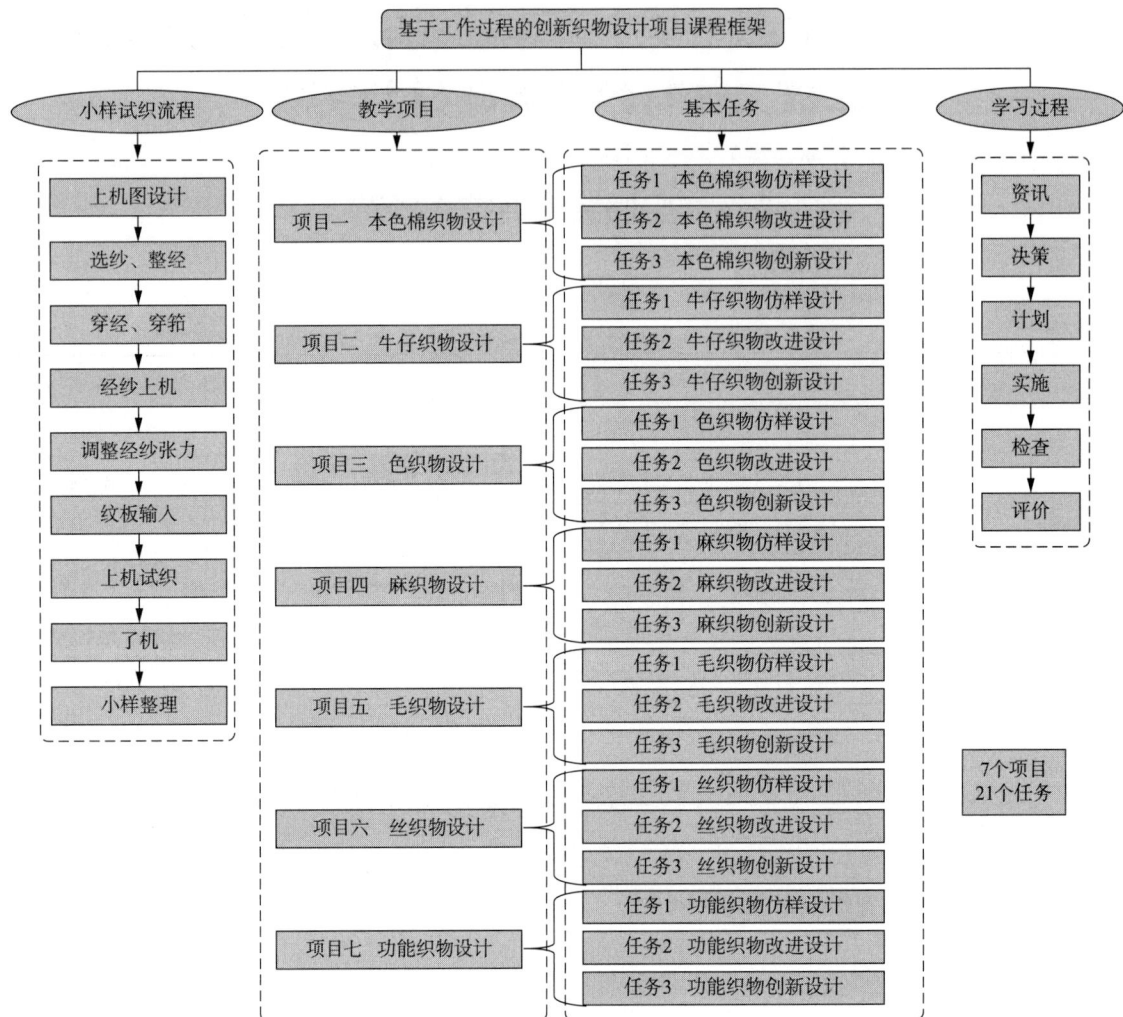

图 1 创新织物设计项目课程框架的内容体系

（2）2015 年，创新织物设计确立为"现代纺织技术专业"国家教学资源库平台课程建设；2017 年，"纺织品设计专业"国家教学资源库建设"创新面料设计与小样制作""数码提花织物设计与案例"课程。经过团队精心设计，建设了1503 个立体化特色教学资源，其中动画、视频807 个。建设了典型织物组织案例库，创建了基于工作过程的"织物组织分析、组织设计、3D 模拟、小样试织"四位一体的教学模式。其中，数码拍照织物分析、Excel 组织设计、3D 模拟组织动画、3D 模拟试织小样微课填补了国内外空白。

（3）创建"层次化、阶梯式、个性化"的"一班一课"翻转课堂教学模式，推进"三教"改革实施。

1.2 主要解决的教学问题

（1）解决了教学内容与企业职业核心能力需求不匹配的问题。立体资源以"项目导向、任务驱动、内容递进"的理念构建创新织物设计颗粒资源，实现了三个结合：知识学习与技能训练结合、学校与企业结合、职业素质训导与能力培养结合。

（2）资源内容以数码织物分析、Excel设计织物组织、3D模拟组织动画、3D模拟小样试织、小样试织模块建设。

（3）立体资源解决了不同专业、不同学时、不同学生特点、不同层次、个性化重组课程内容的需要。课程组织按教学目标、任务引入、任务分析、相关知识、任务实施、考核评价和作业与思考等七个环节实施，实现面料设计岗位知识技能的需求，能满足课前、课中和课后不同时段和线上线下混合式教学设计的需要；适应"教、学、做"一体的教学改革要求。

（4）立体资源3D模拟试织小样，解决了样机试织耗材、费时、污染环境问题。织物清晰展现，激发学生设计织物兴趣。推进了"三教"改革实施。

2　成果解决教学问题的方法

2.1　实现真实织物设计为导向的教学模式的课程特色资源建设

通过3D技术手段放大织物组织微结构，制作经纬纱线交织示意图和动画等立体化特色资源（图2），使师生可清晰看到织物组织结构，交流顺畅。这些立体化资源按工作过程贯穿"织物组织分析、组织设计、3D模拟、小样试织"四位一体的教学动画和视频，解决了织物快速设计与模拟试织方法和资源，师生共同体验设计作品的快乐，实现人才培养与职业能力完全对接。

图2　制作经纬纱线交织示意图和动画

2.2　根据织物组织特点制作快速织物分析与3D模拟小样试织微课资源

课前教师准备织物快速设计资源，为学生设计真实的织物快速设计路线图，使织物分析与组织绘制技巧有机结合，织物分析省时省力、又快又准，课中引导学生解决问题的方法，培养就业后可持续发展的能力。系列织物快速分析微课资源（图3），对企业在职织物设计人员也有很好的指导作用。

图3　织物快速分析技巧微课画面截图

3D模拟织物组织三维微结构，模拟织物微结构宏观化，将平面织物组织三维立体化、动画仿真，使织物空间结构经纬交织清晰可见，有效提高了织物组织设计效果（图4）。

图4 三维立体模拟织物组织动画体验

2.3 立体资源可分层组建"一班一课"教学方案，开展混合式翻转教学

开发的立体资源，以教学模块的来样、仿样、创新设计为任务，共享在国家纺织品设计专业教学资源库职教通平台上。授课教师可根据这些特色资源，自行组建适合学生学情的"个性化、层次化、阶梯式"课程，进行分层教学（图5）及翻转课堂教学模式（图6）。

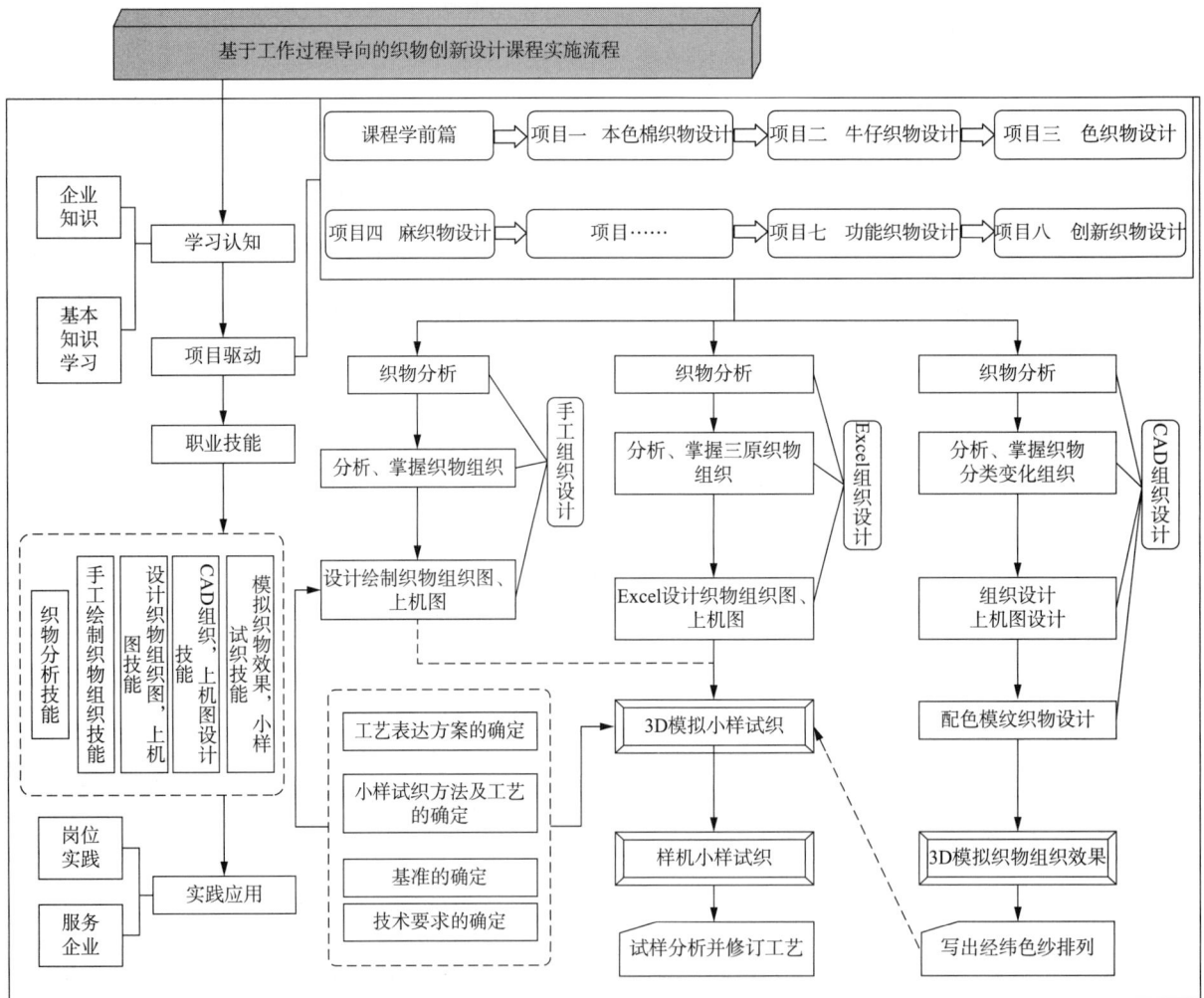

图5 基于工作过程导向的织物创新设计课程实施流程

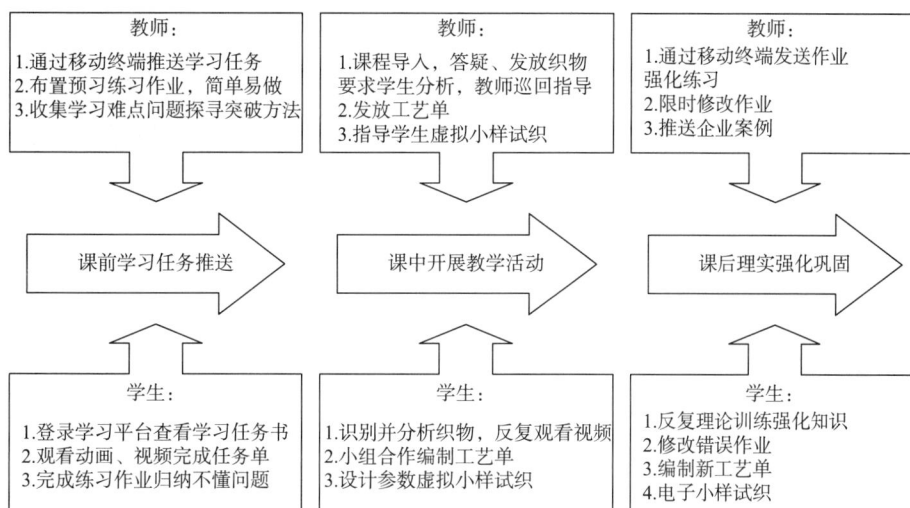

教师：
1.通过移动终端推送学习任务
2.布置预习练习作业，简单易做
3.收集学习难点问题探寻突破方法

教师：
1.课程导入、答疑、发放织物要求学生分析，教师巡回指导
2.发放工艺单
3.指导学生虚拟小样试织

教师：
1.通过移动终端发送作业强化练习
2.限时修改作业
3.推送企业案例

课前学习任务推送

课中开展教学活动

课后理实强化巩固

学生：
1.登录学习平台查看学习任务书
2.观看动画、视频完成任务单
3.完成练习作业归纳不懂问题

学生：
1.识别并分析织物，反复观看视频
2.小组合作编制工艺单
3.设计参数虚拟小样试织

学生：
1.反复理论训练强化知识
2.修改错误作业
3.编制新工艺单
4.电子小样试织

图6　混合式翻转课堂教学模式

2.4　以工作过程为抓手，任务驱动载体，优势资源共享

以特色资源为载体，带带新疆阿克苏职业技术学院青年教师组建教学团队，聘请企业兼职教师，一起制定教学标准、落实任务化教学方案，共同开发教学微课和立体化案例库，编撰手册式教材，改革考核评价机制。通过"互联网+"动态教学内容，推动东西部优势资源共享。

3　成果的创新点

3.1　以织物设计工作过程为教学导向，建设数字化资源体系

（1）建设了织物组织模型库，教师和学生共同完成，提高学生对织物结构认识（图7）。

图7　织物组织模型库

（2）织物组织数码相机（智能手机）拍照分析方法，拍摄高清晰织物组织图片（图8），制作经纬纱交织示意图及动画，全方位展现了织物的经纬纱线交织结构，学生优秀作品可入库，极大提高学生积极性。

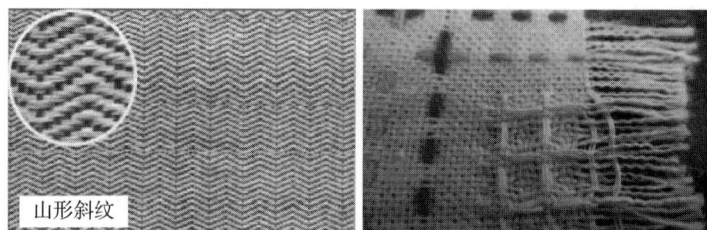

山形斜纹

图8　高清晰数码织物组织图片

（3）织物组织对应样品库解决了快速分析织物技巧（图9）。根据组织绘制特点总结制作的织物快速分析微课，资源共享在国家纺织品设计专业教学资源库职教通平台上。

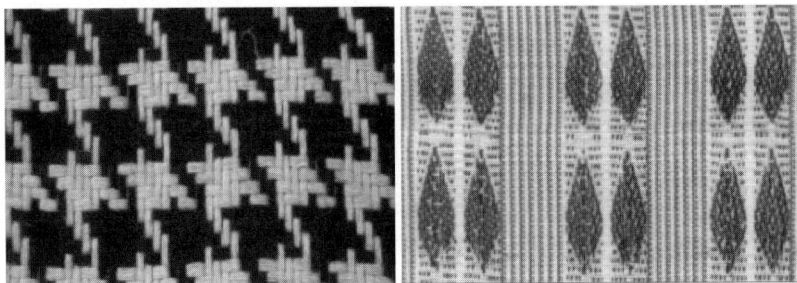

图9　织物组织对应样品库

（4）3D虚拟织机仿真模拟织造场景，共享动画资源，国内首创打造仿真场景课堂，有效缩短真实小样试织周期，同时降低了成本，且无污染（图10）。

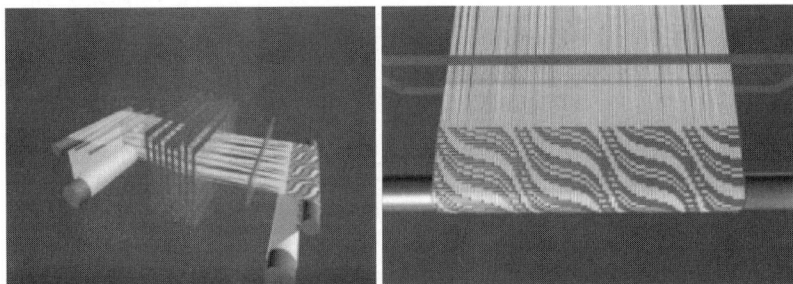

图10　3D虚拟织机仿真模拟试织场景

（5）建设立体化试题库。充分发挥"互联网＋"线上资源的优势，课程团队编摸了1000道多维度立体可视化习题，供学生课后强化练习。

3.2　课程教学模拟工作过程任务实施

以织物仿样、改进、创新设计为教学任务，根据工作过程导向的任务实施流程如图5所示，学生主动从课程资源库中选取织物组织分析、组织设计、3D模拟、小样试织等相关素材，进行织物设计成为课堂的主体。实现了学生为主体的教学模式。

3.3　基于"互联网＋"的颗粒化教学资源，学生可任选实践任务环节

个性化数码织物分析、Excel设计织物组织、3D模拟组织动画、3D模拟小样试织、小样试织等课程资源，供不同层次的班级学生任务实施时选用。

3.4　创新课堂教学模式，"互联网＋"连接西部推送优势资源

校、校企组建东西部跨校帮带教学团队（浙江纺织服装职业技术学院、阿克苏职业技术学院、企业兼职教师），分工协作，共建共享特色化资源，根据本校的课程标准，构建个性化的工作过程翻转课堂教学方案。

4　成果的推广应用情况

4.1　在线开放资源，在纺织高职院校全面推广，资源质量受到好评

2015年，该课程信息化特色资源在国家纺织品设计和现代纺织技术专业教学资源库"智慧职

教""职教通"平台上线开放建设期间,两个平台学习人数累计达10674人,用户覆盖了全国22个省和18所高职院校、1个江苏省先进纺织工程技术中心、35家企业和社会人员。使用该课程建立班级进行授课的教师数为30人次。在国家纺织品设计专业教学资源库职教通平台25门在建、在用课程中该课程综合应用情况排在前五位,带动了国内高职院校纺织类该课程的良好交流与互动。

4.2　人才培养质量显著提升,学生学科竞赛能力明显增强

该成果在线数字化资源突破时空、随时随地可学的便利性,学生学科竞赛能力大幅提高。历届全国纺织服装高职高专学生面料设计大赛参加65项。指导学生完成"挑战杯"4项、省大创项目3项、发表论文15篇、授权专利8项、获得优秀毕业设计7篇、创业3项。

项目建设团队11人,其中7人为西部高校青年教师,帮带指导提升了他们的教科研能力,入选自治区高校"双带头人"1人,入选2018年自治区"天山青年计划"1人,授权国家新型实用专利4项,教育部纺织面料开发设计"1+X"职业技能证书和考点申报并立项,考试学生一次性通过率100%。市级以上项目7项、7人参与或主持,期刊上公开发表论文8篇,学生技能大赛优秀指导教师4人次。省高等学校微课教学比赛一等奖,2人次。《面料设计》一书为"十二五"职业教育国家规划教材,第二版2016年由中国劳动社会保障出版社出版,教材特色鲜明,目前每年销售量2000册以上,销售了11个省市,18所高职院校和多家纺织公司使用。该教材于2013年由人力资源和社会保障部命名为"国家级技工教育和职业培训精品教材"称号,2017年获浙江省高教学会浙江省高校"十二五"优秀教材,对高职院校及企业具有良好的示范和辐射作用。

成果负责人在2015年作为国家纺织品设计和现代纺织技术专业课程资源的建设者,为浙江援疆优秀代表,为阿克苏职业技术学院纺织工程学院副院长,带领该校现代纺织技术、纺织品检验与贸易专业团队,建设课程体系,为帮带青年教师成长奠定了基础。成果在全国纺织类院校尤其是新疆高校及纺织工业园区企业广泛推广,提高了新疆纺织产业转型信心,也为其他课程建设提供了典型范本,极具推广价值。

基于服装企业转型升级数字化与标准化技术需求的服装专业课程改革与创新实践

山东服装职业学院

完成人及简况

姓名	性别	所在单位	党政职务	专业技术职称
李金强	男	山东服装职业学院	服装设计与表演系主任	教授、正高级工程师
刘兆霞	女	山东服装职业学院	服装设计与表演系第一党支部书记，专业负责人	讲师
于政婷	女	山东服装职业学院	服装设计与表演系副主任	副教授
李小静	女	山东服装职业学院	课程负责人	副教授
杜雁鸣	女	山东服装职业学院	服装设计与表演系教学科长	副教授
王清越	女	山东服装职业学院	课程负责人	助教
武忍	男	山东服装职业学院	服装设计与表演系教务员	助教
苏慧敏	男	山东服装职业学院	艺术设计系辅导员	助教

1 成果简介及主要解决的教学问题

1.1 成果简介

该成果针对新时代服装专业课程教学内容不能满足服装产业对于数字化与标准化人才培养需求、落伍于新时代服装产业发展需求的问题，新时代高职专业教学内容与产业岗位人才素质需求如何一体推进、相互促进的问题，基于国家"职教20条"及深化产教融合意见精神，贯彻教育部提出的"十三五"期间"职业教育进入高质量发展的新阶段"思路，构建了服装专业课程数字化与标准化教材体系，对服装专业课程教材与产业数字化、标准化发展需求进行了系统性项目化改革实践。该成果提出"新时代高职服装专业学生专业力与职业力紧密连接式发展"的育人理念。系统设计新时代服装专业高职生"专业课程知识链对接产业岗位技能链"的育人目标和"专业课程内容信息化与产业智能化进行项目化教材创新实践"的发展路径。构建专业课程"五融合"育人体系。建立服装专业课程"五对接"的育人模式。通过服装产教融合联盟建立服装专业课程有机融合的"五方"师资融入课堂教学机制。建立"学业、职业、企业、产业、行业"的"五业"协同评价机制。

1.2 主要解决的教学问题

（1）解决服装专业课程教学内容不满足服装企业岗位对于数字化与标准化人才培养需求、落伍于新时代服装产业发展需求的问题。

（2）解决新时代高职专业课程教材教学内容与产业岗位人才素质需求未能一体推进、相互促进的问题。

（3）解决课程教学载体教材数字化与标准化内容欠缺、适应产业转型升级教材建设路径不明的问题。

（4）解决课程改革载体教材评价机制单一、课程教材改革后课堂教学效果评价机制不全的问题。

2　成果解决教学问题的方法

（1）提出"新时代高职服装专业学生专业力与职业力紧密连接式发展"的育人理念。

（2）系统设计新时代服装专业高职生"专业课程知识链对接产业岗位技能链"的育人目标和"专业课程内容信息化与产业智能化进行项目化教材创新实践"的发展路径。

（3）构建专业课程"五融合"育人体系。以"岗课赛证"为育人合力，以"岗位核心职业力建设"为根本任务，构建对接服装产业转型升级的"数字化、标准化、信息化、智能化、项目化"的"五融合"育人体系，夯实了产业人员"大国工匠"职业素质培养。

（4）建立服装专业课程"五对接"的育人模式。"专业课程标准对接企业岗位标准、课程教学内容对接岗位工作内容、课程教学过程对接生产过程、考试标准对接岗位技能考核标准、课堂教学标准对接岗位操作标准"。

（5）通过服装产教融合联盟建立服装专业课程有机融合的"五方"师资融入课堂教学机制。建立了由学院、软件技术研发公司、服装企业、"1+X"证书以及职业资格证书培训公司、行业产业协会五方师资融入的课堂教学设计与课堂教学质量考核，形成"五方"师资有机融入课堂教学联动专业培养运转机制。

（6）建立"学业、职业、企业、产业、行业"的"五业"协同评价机制。从专业水平发展、岗位职业能力发展、企业设计生产实力发展和产业技术水平发展、行业运行水平指标发展态势来多维度生成综合评价指标，对课程教材创新进行全过程全方位考核评价，建立学生对教材适应性即时课程考核和岗位职业资格证书综合考核相结合的质性评价体系。

3　成果的创新点

（1）提出"新时代高职服装专业学生专业力与职业力紧密连接式发展"的育人理念。创新设计新时代服装专业高职生"专业课程知识链对接产业岗位技能链"的育人目标和"专业课程内容信息化与产业智能化进行项目化教材创新实践"问题解决路径。创建对接服装产业转型升级的"五化融合"育人体系。以"岗课赛证"为育人合力，以"岗位核心职业力建设"为根本任务，构建对接服装产业转型升级的"数字化、标准化、信息化、智能化、项目化""五化融合"育人体系，夯实"大国工匠"职业素养。

（2）创新课程改革路径：通过服装产教融合联盟建立"五对接"育人模式和"五方师资融入"课堂教学评价机制。创建"专业课程标准对接企业岗位标准、课程教学内容对接岗位工作内容、课程教学过程对接生产过程、考试标准对接岗位技能标准、课堂教学标准对接岗位操作标准"的"五对接"的育人模式。通过服装产教融合联盟建立服装专业课程有机融合的"五方"师资融入课堂教学评价机制。创建由学院、软件技术研发公司、服装企业、"1+X"证书及职业资格证书培训公司、行业产业协会"五方"师资融入课堂教学设计与课堂教学质量考核，形成"五方"师资有机融入课堂教学联动培养及专业评价运转机制。

（3）创建学业、职业、企业、产业、行业的"五业协同"评价机制，全方位全过程进行项目化教材创新实践。从专业水平发展、岗位职业能力发展、企业设计生产实力发展和产业技术水平发展、行业运行指标发展态势来多维度生成综合评价指标，对课程教材创新进行全过程全方位考核评价，建立由学生对教材适应性即时课程考核和岗位职业资格证书综合考核相结合的质性评价体系。

4 成果的推广应用情况

4.1 课程教学成果产业化，通过产教融合实施，行业产业应用示范效果明显

课程教材《服装标准工时》是中国服装标准时间研究方面的第一本专业书籍，其配套软件《GSD标准工时软件》是自主研发的新一代动作研究和时间研究管理系统，被很多品牌服装企业采用，作为进行细节科学标准管理的重要手段。教材配套软件《GSD标准工时软件》成为中国第一套商业化服装标准工时软件。

4.2 课程教学改革成果丰硕

课改项目在6家国家级出版社出版了16部教材，有7部被列为部委级规划教材。参与建设山东省精品资源共享课程9门，开发课改配套校企合作教材8部、国家级规划教材2部，完成教学改革项目7项，完成服装类专业核心课程标准33门。参与打造了省品牌专业群2个、省高水平专业群2个、省名师工作室3个、省技能传承创新平台5个，牵头开发2个教学指导方案，参与国家专业教学标准修订4项。

4.3 课程教学改革成果广泛被业内认可，并得到教育行政部门、行业的较高评价

《基于服装产业数字化与标准化转型升级需求的专业技术技能课程改革创新与实践》获2021年院级教学成果奖特等奖；《服装设计与工艺专业的服装标准工时项目教学应用实践》获中国纺织工业联合会纺织职业教育教学成果奖三等奖；《服装智能制造时代服装数字化与标准化教学改革项目应用与实践》获2020年度中国纺织工业联合会纺织职业教育教学成果奖三等奖。《服装CAD设计》获得省级教学成果奖二等奖；《服装标准工时》获中国纺织服装产业研究优秀成果奖一等奖；《服装CAD技术》获山东省文化艺术科学优秀成果奖二等奖；《Photoshop CS5》获山东省艺术学科优秀科研成果奖二等奖；《服装CD设计与应用技术》获2020~2021年度山东省职工教育与职业教育优秀科研成果奖三等奖。

4.4 推广辐射，同行关注

成果在山东科技职业学院、山东轻工职业学院、山东特殊教育职业学院、泰山职业技术学院、扬州市职业大学等单位推广，惠及学生2万余人，师生获国家、省级职业比赛奖项15项，学生得到用人单位高度认可，出版课程教材16部，获国家发明专利11项，为企业岗位职业培训师资1000余人次。

4.5 数字化标准化课程改革成果应用于服装产业转型升级

成果教材配套软件在教学实践基地即各个服装企业产生了较好的经济效益与社会价值，为数百家服装企业建立标准工时体系，为实践教学基地服装企业的数字化、标准化和智能化制造提供了基础性管理工具，产生了很好的社会价值，并为国家推行服装智能制造产业转型升级建立了一定的智力支撑平台。

"英语＋服装外贸"应用英语专业"双精准、三融通"复合型人才培养创新实践

广东职业技术学院

完成人及简况

姓名	性别	所在单位	党政职务	专业技术职称
吴教育	男	广东职业技术学院	校长	教授
彭琳	女	广东职业技术学院	外语外贸学院院长	教授
梁娟	女	广东职业技术学院	外语外贸学院应用英语专业负责人、教研室副主任	讲师
张宏仁	男	广东职业技术学院	质量监控中心副主任、直属第四支部书记	副教授
蒋伟平	男	广东职业技术学院	外语外贸学院副院长	讲师
许明丽	女	广东职业技术学院	外语外贸学院副院长	副教授
陈孟超	男	广东职业技术学院	服装学院副院长	讲师
陈木丰	男	广东职业技术学院	外语外贸学院教研室主任	副教授
吕绍敢	男	广州嘉龙服饰有限公司	总经理	无
刘书晴	女	广东职业技术学院	无	助教

1　成果简介及主要解决的教学问题

1.1　成果简介

为适应纺织服装产业转型升级、国际化及建设纺织强国对于复合型人才的需求，针对应用英语专业设置与产业需求、教学内容与岗位需求、人才供给与用人需求等不匹配问题，以培养"精英语、懂服装、通外贸"复合型人才为目标，依托省级和校级教改项目展开研究，逐步形成"英语＋服装外贸"应用英语专业"双精准、三融通"复合型人才培养体系（图1），解决了应用英语专业精准发力、精准育人的人才培养问题。

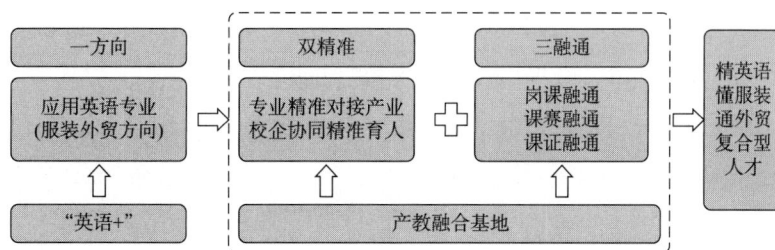

图1　"英语＋服装外贸"应用英语专业"双精准、三融通"复合型人才培养模式

"双精准"：提出"专业精准对接产业，校企协同精准育人"理念，率先探索应用英语专业"英语＋产业"的专业发展路径，实现了专业精准对接产业；校企共建产教融合基地、校内外教育资源，实现校企协同精准育人。

"三融通"：岗课融通，以岗定课，以岗位能力需求确定教学内容；课赛融通，以赛提技，大赛项目融入教学实践；课证融通，以证定标，职业技能标准融入课程标准；多元协同开发了"英语＋服装外贸"应用英语专业"双精准、三融通"复合型人才培养课程体系和优质教学资源，通过以赛提技、以证促学的教学实践，实现学生复合能力培养。

经过3年检验，以应用英语专业为核心组群的高水平专业群获省级立项。学生参加各类大赛获省级以上奖项35项，其中国家级8项，省级27项。毕业生起薪点和就业对口率大幅提升。

1.2 主要解决的教学问题

（1）解决了专业设置与产业需求不匹配的问题。

（2）教学内容与岗位需求不匹配的问题。

（3）解决人才供给与用人需求不匹配的问题。

2 成果解决教学问题的方法

2.1 以"英语＋产业"的专业设置导向建立动态调整机制，解决了专业设置与产业需求不匹配的问题

遵循"双精准"理念，基于我校纺织服装办学特色和纺织服装产业需求，确立应用英语专业以服装外贸为特色方向；基于就业对口率、就业率、人才需求变化、用人满意度等要素建立专业动态调整机制；围绕纺织服装产业转型升级和国际化需求，不断优化专业结构，实现应用英语专业与产业精准对接（图2）。

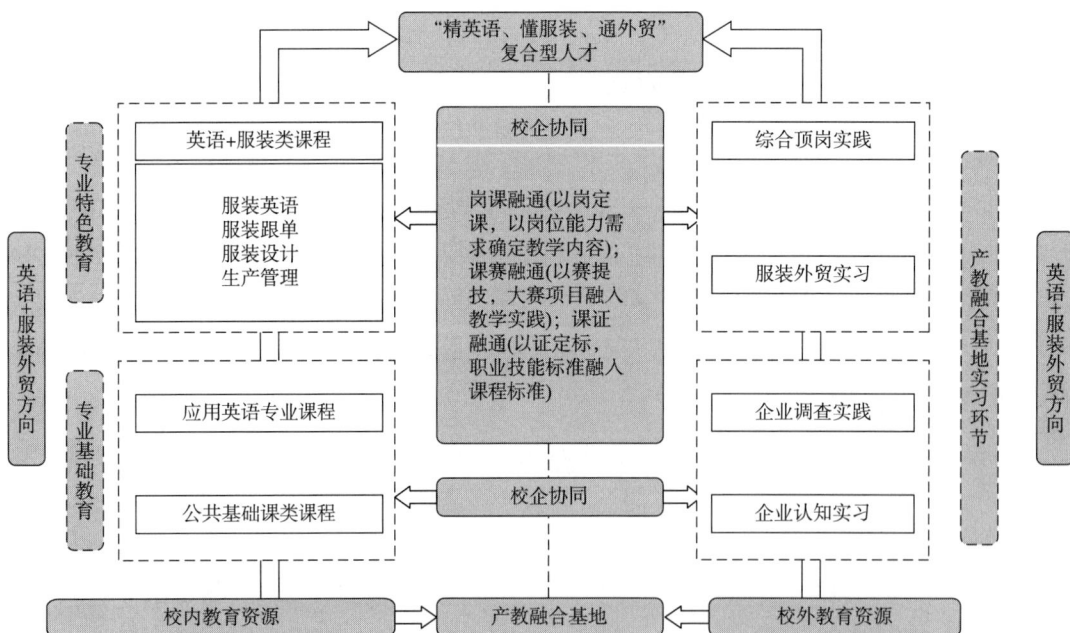

图2 "英语＋服装外贸"应用英语专业"双精准、三融通"复合型人才培养课程体系

2.2 以岗定课重构"双精准、三融通"人才培养课程体系，解决了教学内容与岗位需求不匹配的问题

以"岗位能力需求确定教学内容、大赛项目融入教学实践、职业技能标准融入课程标准"的原则，将企业元素、大赛项目、技能要求融入课程，校企协同重构课程体系，形成了以培养学生"精英语、懂服装、通外贸"复合能力的"双精准、三融通"人才培养课程体系，实现教学内容与岗位需求有效对接。

2.3 以"课赛证"融通和"三教"改革并举多元协同育人，解决了人才供给与用人需求不匹配的问题

大赛引领，以赛提技，赛证促学。引导学生结合课程积极参加各类大赛，贯彻落实职业技能等级等考试。以证定标，职业技能标准融入课程标准，实现"课证融通"，并把大赛和考证资源转化为教学资源，反哺教学，实现以"岗"为导向，"课""赛""证"形成循环联动。

同步推进"教师""教材"和"教法"改革，以"课赛证"融通和"三教"改革并举多元协同育人实现学生复合能力培养，解决了人才供给与用人需求不匹配的问题。

3 成果的创新点

3.1 理念创新：重构英语语言的定位，确定大专业、小方向的"英语+产业"的创新专业发展理念

应用英语专业聚焦纺织服装产业集群，重点发展服装外贸方向，形成"英语+产业"深度融合的专业发展模式，为英语专业的内涵建设注入新元素，开辟了英语专业持续发展新路径。

3.2 模式创新：构建了"英语+服装外贸"应用英语专业"双精准、三融通"复合型人才培养模式

率先探索"英语+产业"的专业发展模式，依托服装产业办应用英语专业服装外贸方向，以岗定课、以赛提技、以证定标，形成培育"精英语、懂服装、通外贸"复合型人才的"双精准、三融通"培养模式。

3.3 实践创新：搭建"以行业岗位技能为核心，以英语运用能力为主线，以涉外服务项目为支撑"的应用英语服装外贸课程体系

对标岗位任务，设置核心课程；以比赛考证为纽带，夯实英语综合运用技能；校企协同研发涉外服务项目，共建课程，形成应用英语服装外贸课程体系，实现教学资源转化与助力产业升级发展同步化。

4 成果的推广应用情况

4.1 学生技术技能得到大幅提升，竞赛成果丰富

成果应用以来，创新创业类学生参赛人数达到1070余人次，获奖人数达到50人次。技能大赛学生参赛人数达到600人次，省级学生竞赛获奖32人，国家级技能比赛获奖14人。获得全国职业院校技能大赛口语比赛一等奖1项；获得中国纺织类高校大学生创意创业大赛二等奖1项；获得中国国际"互联网+"大学生创新创业大赛国赛铜奖1项、省银1项；获得"外研社"杯全国高职高专英语写作技能大赛二等奖3项；获得全国商业精英挑战赛一等奖2项，获得广东省科技创新战略专项资金立项1项。

4.2 教师教学水平和教科研能力明显提高，技能奖项颇丰

实施"依托比赛、培养骨干、打造双师、促进科研、回归教学、提高素质"为目标的师资队伍建

设方案，打造"德技双馨"教师教学创新团队，教师团队屡获专业技能奖。

教师团队编写部委级规划教材2部。主持省市级教科研项目4项、校级教科研项目3项、校级精品课程2项、校级课程思政示范课程1项、专创融合课程2项、课程思政优秀案例5项。基于课程建设和教科研成果，教师参加教学能力比赛和信息化大赛，获国赛二等奖1项、国赛遴选二等奖1项，省赛获奖11项。参加青年教师大赛，获省二等奖2项；参加全国高校外语教学大赛全国总决赛微课组一等奖1项；参加首届全国高等学校外语课程思政教学比赛二等奖1项；参加外研社教学之星，获国家二等奖1项；参加全国高校教师教学创新大赛中国外语微课大赛获三等奖1项、省级9项。纺织服装专业英语交际教学案例在中国职业技术教育学会第十八届"说专业·说课程·说专业群·说教材"研讨会高职组进行优秀教学案例展示。成果应用以来，专业内8名教师获取"双师素质"资格，1名教师获得"1+X"证书考评员资格证书，1人拥有TOELC Bridge（托业桥）考评员证书。立项校级教师教学创新团队1支。

4.3 以特色树品牌，高水平专业群获省级立项

2021年，以服装外贸为特色方向的应用英语专业群获广东省高职院校高水平专业群立项。应用英语专业与广州喜龙服饰有限公司共建广东省第一批建设培育产教融合型企业，并获得广东省教育厅、广东省财政厅等认定的省第一批建设培育产教融合型企业；与广东头狼教育科技有限公司共建校级现代学徒制项目；与佛山市健笙轩纺织有限公司达成合作意向，推动搭建大学生产学研实践教学基地和创新创业实践基地，共建共享共育，培养高质量复合型创新人才。不断完善专业建设发展机制，强化特色，增强专业实力和核心竞争力。承办2021~2022年广东省英语口语大赛，这是对外语外贸学院人才培养模式的认可，也是应用英语高水平专业群建设的一项硕果。

4.4 培养高技能型人才，实现高质量就业

近年来，人才培养质量呈现"起点高、技能强、专业精、满意度高"的特点。起点高：毕业生平均薪酬起点高，平均达3732元，毕业半年后收入稳步提升。技能强：在各类职业技能大赛中屡获佳绩。毕业生就业对口率高：平均就业对口率达88.23%，近九成毕业生选择与自己专业相关的工作，并成为行业内专业人士。满意度高：指就业满意度高，通过近3年的统计，毕业生对自己的就业满意度平均达85%，用人单位对毕业生的平均满意度达100%，其中优秀率达67.69%。

4.5 本成果受到社会和兄弟院校的高度认可

本成果受到佛山日报等媒体的报道，得到中共佛山市委宣传部转载，是对成果跨领域整合、专业交叉与学科融合、探索"英语+产业"应用英语专业人才培养路径的认可。本成果形成的"英语+服装外贸"应用英语专业"双精准、三融通"复合型人才培养模式，得到了顺德职业技术学院、广东轻工职业技术学院等兄弟院校的借鉴与赞赏。

大师协同、国际视野：SGM ART·MOUSE JI产教融合平台的探索与实践

苏州工艺美术职业技术学院

完成人及简况

姓名	性别	所在单位	党政职务	专业技术职称
徐雪漫	女	苏州工艺美术职业技术学院	服装设计学院院长	副教授
周琴	女	苏州工艺美术职业技术学院	服装设计系主任	副教授
徐加娟	女	苏州工艺美术职业技术学院	SGM ART·MOUSE JI时尚中心主任	副教授
于越	女	苏州工艺美术职业技术学院	时尚表演与传播系系主任、SGM ART·MOUSE JI时尚中心副主任	副教授
孙丽	女	苏州工艺美术职业技术学院	服装设计学院副院长	讲师
宁萌	女	苏州工艺美术职业技术学院	无	讲师
李俊蓉	女	苏州工艺美术职业技术学院	无	讲师
李佳	女	苏州工艺美术职业技术学院	无	副教授
张莉君	女	苏州工艺美术职业技术学院	手工学院首饰专业负责人	副教授
王欣	男	苏州工艺美术职业技术学院	服装设计学院服装陈列与展示专业负责人	副教授
崔馨心	女	苏州工艺美术职业技术学院	无	讲师
吴亚文	女	苏州工艺美术职业技术学院	无	讲师
吉平生	男	南京远东国际艺品有限公司	SGM ART·MOUSE JI时尚中心艺术总监	设计总监

1 成果简介及主要解决的教学问题

1.1 成果简介

成果依托2016年学校与"MOUSE JI"品牌成立的SGM ART·MOUSE JI国际时尚中心产教协同育人试点项目，顺应国办发〔2017〕95号文件提出的深化产教融合的发展趋势，成果牢牢抓住了校企合作协同育人目标，促进人才培养供给侧和产业需求侧全方位融合。

该成果包括实践与创新：第一，聘请MOUSE JI创始人担任艺术总监，联合打造"SGM ART·MOUSE JI"时装品牌，开启研、创、营模式教学探索。第二，跨专业青年教师为主设计师，聘请行业能工巧匠，组建混编师资团队，师生共同设计研发实用化、国际化时装系列产品。

该成果国内外影响显著，2018~2021年师生作品亮相荷兰设计周，2019年登上米兰国际时装周，助推中国原创设计走向世界。清华大学美术学院李当岐教授认为该成果对中国设计教育起到了非常积

极的示范作用。在"学习强国"上，以"苏州工艺美术职业技术学院：让中国设计源源不断走向世界"为题，指出我校是首个进入米兰时装周官方日程的中国高校，意大利知名设计学院——米兰新美术（NABA）学院时尚总监说："这是我见过最好的时尚院校作品。"

1.2 主要解决的教学问题

创意设计产业迫切需要识时尚、会设计、能制作的高端技术技能型人才。而制约这一目标的教学问题如下。

（1）设计人才教育供给与服装产业需求存在结构性矛盾，人才培养规格与岗位能力要求脱节。

（2）教学团队师资结构单一，不能适应当下多元化专业融合发展的趋势。

2 成果解决教学问题的方法

2.1 导入国际品牌运作经验，完善设计人才的职业能力

以国际品牌服装设计师职业能力为核心，通过"文化导入、标准引领、项目贯穿"，实现职业能力系统化训练，从贴近市场的角度，考虑面料、工艺、款式、大货可生成性和成本等，形成灵活交替式的校企教学实践课堂，构建了以国际品牌设计师职业活动为导向的人才培养途径。

2.2 融通教学内容和职业能力，提升教师素养

一方面，"走出去"，选派青年骨干教师到国外一流大学进行教学设计培训，学习前沿理念和跨文化设计思维。另一方面，"引进大师"，在 SGM ART·MOUSE JI 产教融合产品开发中，根据岗位需求设立服饰品牌设计、版型设计和样衣制作三个大师工作室团队，将国际化设计新理念、新技术、新工艺引入教学，提升教师的产、学、研能力。

2.3 对接行业企业评价标准，加快学生向职业人转变

以培养专业能力强、通用能力优、职业素质好、人文素养高的技术技能型人才为目标，利用国际时尚中心产教融合平台、驻校兼职教师等资源优势，参照行业企业用人标准，制定与企业岗位吻合的各项学生评价标准。

2.4 引入实际项目，构建结构多元的跨专业教学团队

组建服装、首饰、皮具、模特、数媒等多学科、异质互补的教学团队，围绕中国国际时装周、米兰国际时装周新品发布会要求，建立"全流程"实践教学平台。在平台中集体备课、团队教学、调研、分析与设计，使学生提高了工艺、展示、团队协作等技能，进而提升了创意的实现度。

3 成果的创新点

3.1 创新工作情景化教学，使学生以职业人的身份进入学习

注重服装设计工作过程的体验及实践经验的积累，掌握基于实际、有感而发的原创性表达方法和综合研究的工作方法。始终以职业服装设计师的状态进行学习，并在工作中逐步建立起对职业的客观认识。

3.2 创新国际品牌原创设计本土化，传承民族优秀传统文化

深入挖掘传统工艺，发扬东方美学，结合国际化品牌设计理念，以原创思维训练、设计方法训练，激发学生的创造性和求知欲。在此基础上开发了传统染织技艺、传统服饰装饰工艺、传统服装结构与工艺系列双语课程。

3.3 创新产教融合平台，实现职业和教育的融合

教学以多领域、跨学科为特征，由专、兼职教学团队授课，学生以开放、交叉、综合、联动的形式，从行业展会、面辅料市场、生产一线、服装终端等多渠道获取知识。这种将学习方法与工作方法、教学方法与职业方法、教学内容与工作任务相融合的教学模式，真正实现了职业目标和教育目标的融合。

4 成果的推广应用情况

4.1 产教融合成效显著，学生综合能力得到全面提高

学生实践和创新能力提升显著。近3年，学生获得省级以上一等奖5项，其他各级各类获奖达30多人次；学生申请著作权数达152个。麦可思公司第三方评价《社会需求与培养质量年度报告》显示，毕业生就业对口率、起薪率和创业率等指标高于全国骨干院校平均水平。毕业生创新能力和工作潜力得到了以波司登等行业领军企业的一致认可。

4.2 积累丰富校企合作经验，吸引国内外院校交流和推广

SGM ART·MOUSE JI国际时尚中心研发产品分别在2018年和2019年登陆中国国际时装周和米兰国际时装周，产生了深远的国际和国内影响。荷兰圣卢卡斯艺术学院、法国杜百利高等实用艺术学院等多所高校来访并交流。建设6个针对留学生的专业课程包，开发服装传承与创新系列在线双语课程，提高留学生培养质量。吸引短期与学历留学生来我校交流与学习，培养学历留学生28名、短期交流生182名。

4.3 学院综合影响力不断增强，社会美誉度大幅提升

学院被评为全国高职院校国际影响力50强、综合满意度50强、服务贡献50强。学院"SGM ART·MOUSE JI"国际时尚中心师生设计系列作品于2018年10月在中国国际时装周发布，成为首个登上中国国际时装周的高职院校；2019年9月，"SGM ART·MOUSE JI"在米兰国际时装周成功发布第二季作品，成为首次亮相世界四大时装周官方日程的中国高校。国内中央电视台、新华日报、高职高专网以及法国、意大利时尚等30多家媒体对学院在发布展示的作品以及实践教学建设方面的重要举措进行了报道。

中职"三融两创"民族染织绣人才培养的研究与实践

广西纺织工业学校

完成人及简况

姓名	性别	所在单位	党政职务	专业技术职称
汪薇	女	广西纺织工业学校	服装系教师	正高级讲师
陈黔	男	广西纺织工业学校	校长	高级讲师
马宇丽	女	广西纺织工业学校	副校长	女
李雯	女	广西纺织工业学校	系主任	讲师
朱华平	女	南宁师范大学	教研室主任	高级讲师
刘梅	女	广西纺织工业学校	教研室教师	高级讲师
刘霞	女	广西纺织工业学校	副校长	正高级讲师
黄乐	男	广西纺织工业学校	教师	讲师
李卉	女	广西纺织工业学校	教师	讲师
欧利惠	女	广西纺织工业学校	教师	讲师
康静	女	广西纺织工业学校	教师	讲师
陈秋梅	女	广西纺织工业学校	教师	讲师
莫海莹	女	广西纺织工业学校	教师	助理讲师
谢秀荣	女	广西民族文化发展研究会	无	广西工艺美术大师
程宗宁	男	广西民族博物馆	主任	经济师

1 成果简介及主要解决的教学问题

1.1 成果简介

本成果依托三个广西职业教育教学改革重点项目及三个教育厅专项项目，聚焦中职"染织绣"技艺人才培养。自 2013 年起，历经七年的研究、探索、实践和评价，取得丰硕的成果。

（1）搭建产学研"双坊"平台——广西纺织工业学校"民族绣织坊"和广西中职"穿针引线"名师工作坊；打造染织绣人才培养"双基地"——对接区域产业链的染织绣专业群发展研究基地和校企行合作共建的中国纺织服装人才培养基地，成为广西最完整地传承"织染绣"传统服饰技艺的中职学校。

（2）构建对接区域产业链的"三融两创"染织绣人才培养模式，重构"三对接+三融合"专业群课程体系，开发了以"染织绣文化"为主线的 3 门特色课程及配套资源。

（3）创建"作品—产品—商品"实训教学模式，教学实训与产品研发合二为一，实现了学生综合素养提升和技能迁移，培养中职生创新能力及自主创业意识。

（4）打造了一支由名师引领、大师传艺的传承创新教学团队，通过示范辐射，带动了民族地区"染织绣"专业群教师教学水平的整体提升。

（5）探索出"前店后坊"产学合作运作模式，打造并注册"绣织坊"本土民族品牌，开发了染织绣民族服饰产品约254件，获国家外观专利15项，增强了学生、社会对民族文化的认同感，推进民族文化产业的传承和发展。

（6）实践成果丰硕，发表论文28篇，出版教材4本，编写著作2本，完成《广西地方标准》（民族服饰篇）3个，师生参加各类大赛获奖42项。

1.2 主要解决的教学问题

主要解决了三个问题：第一是染织绣技艺传承与民族技艺人才培养有机结合的问题；第二是中职学校学生创新创业实战型训练与产业市场脱节的问题；第三是对接产业链的专业群教学资源共建共享问题。

2 成果解决教学问题的方法

（1）染织绣技艺传承与民族技艺人才培养有机结合的问题以"传承传统技艺，融入现代技术"为思路，构建专业群之间课程相融合、校内实训与校外实训课程相融合、民族特色与时尚创意相融合的"三对接+三融合"模块化课程体系，将"染织绣"传统技艺写进教材、融入课程，课程标准对接广西民族服饰地方标准，课程内容体现区域"染织绣"特色，建设一批"染织绣"课程资源，建设民族技艺传承实训基地，创新教学模式，尝试多种教学手段，将工序烦琐复杂的粘膏印染、壮锦织造、马尾绣传统技艺与信息化技术手段相结合，从关键技术层面解决如何将"染织绣"技艺传承与民族技艺人才培养有机结合的问题。

（2）解决中职学校学生创新创业实战型训练与产业市场脱节的问题，民族绣织坊采用"前店后坊"的运作模式，为学生提供了一个创新创业就业的平台，本成果成功注册"绣织坊"商标，在淘宝网注册开办"绣织坊"网店，在微信平台注册开办"绣织坊"微店，构建了线上线下混合营销模式。以"绣织坊"产品开发为载体，工作室接单后在后坊进行设计与生产，将产品在校内实体店、网店以及集市、企业展馆等前店进行售卖展示、推广宣传，在"作品"升级为"产品—商品"过程中实现了技能迁移，有助于中职生沟通能力、协作能力、创新能力及自主创业意识的培养。

（3）对接产业链的专业群教学资源共建共享问题，开展了具有鲜明产业链产出特征的染织绣人才培养基地建设实证研究，依托原创品牌"绣织坊"，构建了涵盖服装、纺织、染整三个专业以"织—染—绣—服—销"产业链产出为核心的中职服装专业群实训链，开发了染织绣服饰品开发实训等三门专业群共享课程和20份教学工作页，以双坊为平台，通过实训、社团活动、校园开放活动等，推动专业群内专业共同提升。

3 成果的创新点

3.1 理念创新，提出"前店后坊"产学合作运作理念

与本地多家企业合作，联合行业专家、工艺美术大师共建产品开发团队，打造民族绣织坊，做好品牌推广的顶层设计，制定运行保障制度，建立有效的产品开发措施，实施"前店后坊"产学合作运

作模式，校企合作共同推进产品的市场化和品牌效应，开展市场化运作探索，校企合作设计开发、生产、营销具有广西民族特色的"染织绣"服饰产品。

3.2 模式创新，构建"三融两创"人才培养模式

通过"三融两创"人才培养模式开展民族"染织绣"技艺传承教学。依托名师工作坊和民族绣织坊，引入文化企业，通过大师进校园，民族技艺进课堂、入社区，探索"染织绣"技艺传承与时尚创新融合；对接区域民族文化企业及市场需求，染整、纺织和服装三个专业联动，构建"作品—产品—商品"的"三品"产训融合教学模式；将教学传承升级为生产性活态传承，作品升级为产品和商品，使民族技艺传承与染织绣产业链发展形成互动共生机制，增强了民族"染织绣"技艺传承的自身造血功能，获得了中国纺织服装学会产学研委会授予的"产学研创新研发基地"。

3.3 路径创新，打造对接产品生产链的跨专业实训链

建设广西唯一一个能完整涵盖"染、织、绣"技艺的人才培养基地，依托"双坊"+"双基地"，以教学名师主导、谢秀荣大师领衔，以"绣织坊"品牌系列产品为载体，构建跨专业合作实训链，不同专业共同完成产品全生产链工作，专业群各专业实训项目环环相扣形成上下联动的实训链，使各专业实训内容以产品为纽带形成联动，实现专业群实训链与产品生产链的对接，专业群联动借力品牌推广"染织绣"技艺，将民族织绣服饰产品成功地推向市场，优化了中职学生创新创业能力的培养途径。

4 成果的推广应用情况

4.1 校内实践应用

成果促进了我校纺织服装专业群教育教学质量的提高，形成区域职业教育办学优势和特色，为广西本地民族"染织绣"企业输送了大量人才，就业率达98%，专业对口率95%，是我校对口率最高的专业群，用人单位满意度均为95%以上；一些学生毕业后联手合作，在淘宝上开汉服定制工作室，在抖音平台做直播；2021年，玉林市福绵、贵港市平南工业园区与我校开设定向培养订单班，在学生实习实训、企业生产及培训、校企订单式人才培养、企业实习推荐等方面进行深度合作。教师教学能力显著提升，公开发表论文26篇，获奖6篇，出版专著2本，出版教材4本；染纺服专业群学生参加各类职业院校技能大赛，获全国一等奖6项、二等奖9项，全区一等奖10项、二等奖12项，职业能力和创新能力得到了很好的提升。

4.2 校外推广应用效果

（1）本成果之一"校企合作系统化培养壮锦民族技艺人才"入选第四届全国教育改革创新典型案例并赴京参与成果展示；在全国服装行业职业教育与产业对话活动中进行交流，应邀在2018年中国纺织工业联合会纺织教育教学成果奖宣讲培训会上做专题报告，我校教师应邀上系列网络空中课程——壮美广西"民"师课堂，网课在东盟文化艺术网、星光视界直播平台现场播放，获广西电视台、广西日报、南宁电视台、广西新闻网、中国职业技术教育网、广西民族报、南国早报等9家媒体聚焦报道50次。

（2）"绣织坊"已经成为学校办学品牌，是广西民族染织绣技艺人才培训的重要基地，区内外40所中高职院校组团来校参观学习。"染织绣"作品近7年参加广西大型民族技艺展演活动近60场，全面展示项目建设成果，向社会各界传播广西染织绣文化和技艺，获得良好声誉。2019年，中国东盟职教展上丝巾作品《瑶王印章》获得泰国教育部部长的高度评价。

（3）完成《广西地方标准》（民族服饰篇）编制，采用"标准化技术"手段，解读广西民族服饰的款式组合形制、刺绣工艺、印染工艺、缝制工艺、图案绘制工艺等核心技艺，实现了对广西民族服饰的鉴别、保护、传承和开发利用。

（4）服务"一带一路"建设，与缅甸纺织协会携手，共同开展"衣路工坊"国际交流合作项目，面向缅甸输出广西职业教育标准，组织开展染整技艺培训。

（5）2018年，名师工作坊团队到全区多所县域职校巡讲，举办"广西中职民族服装专业课程改革交流会"和公开课展示，推动广西中职服装专业的建设与发展；区微课一等奖作品在面向全区60多所职校的经验交流会上进行分享与推广；主编"十三五"职业教育部部委级规划教材在8所区内中职学校推广使用。

（6）2019~2020年连续两年，我校被广西民族大学作为广西非遗传人培训班教学观摩基地，为"中国非遗传承人群研修研习培养计划·广西民族服饰制作技艺传承人群培训班"开展培训。

织读：夏布非遗传承"新织女"育训颠覆性创新实践

重庆科技职业学院

完成人及简况

姓名	性别	所在单位	党政职务	专业技术职称
周明星	男	重庆科技职业学院	副校长	二级教授
黄秀英	女	重庆科技职业学院	荣昌区工商联副主席	市级技能大师
谭家德	男	重庆科技职业学院	校长	讲师
邓泄瑶	男	重庆科技职业学院	学院党委书记	副教授
朱亮	男	重庆科技职业学院	科技处副处长	讲师
向松林	男	重庆科技职业学院	教务处副处长	讲师
李国川	男	重庆科技职业学院	教研室主任	助教
周启凤	男	重庆科技职业学院	无	讲师
唐锡海	男	南宁师范大学、广西职业教育发展研究中心	副院长	教授
高涵	男	重庆科技职业学院	无	副教授
聂清德	男	重庆科技职业学院	无	副教授
温晓琼	男	重庆科技职业学院	无	副教授
黄秀兰	男	重庆市荣昌区加合夏布制品有限公司	无	无

1 成果简介及主要解决的教学问题

1.1 成果简介

（1）成果价值：2018 年，中共中央、国务院《关于实施乡村振兴战略的意见》强调，支持职业院校综合利用教育培训资源，扶持培养一批农业职业经理人、经纪人、乡村工匠、文化能人、非遗传承人等。在乡村振兴中，职业院校育训非遗传承大学生，往往能用一技之长革新一个专业，兴旺一群产业，搞活一方经济，美丽一片乡村。进入新时代，农村非遗技艺传承既需要生力军（大学生），也需要生产军（新农民）。由此，借助"乡村织女"传统生产力量，弘扬"中国夏布织造技艺"，构建"织读"育训模式，培养在校新织女（高考的专业学生）和在家新织女（扩招留守妇女），成为"青年归来""中年守住""老年安享"田园追求，助力农村扶贫、脱贫和堵贫，助力技能乡村建设，实现乡村共同富裕的迫切需要。

（2）成果依据：基于长期关注国家战略，2007 年，项目主持人立项全国教育科学规划重点课题"我国职业教育半工半读制度研究"，该课题项目组成员主持校级重大项目"夏布大学生新织女培养的

'半工半读'模式研究"。

（3）成果内涵：课题研究秉持"技艺强乡"理念，以国家非遗夏布织造技艺为载体、以服装设计与工艺专业为依托、以大学生新织女为育训对象、以加合夏布为创新创业平台，开展"织（产）读（教）"融合育人的实践。即培养夏布非遗传承大学生和培训夏布非遗传承的新农民，形成"学府+坊府+镇府、校园+田园+家园、学业+创业+产业"的政校企"织读"育人范式。

（4）成果特色：上述内涵外化为"育训一体、织读双育"成果特色，实现了助力乡村振兴的"三个扶贫"，即扶夏布文化失传之贫（增强技艺文化传承的责任感）、扶夏布织技新法之贫（增强享受科技文明的幸福感）、扶夏布工匠致富之贫（增强感谢共产党领导的恩情感）。

（5）成果影响：11年来，培育出一批具有"工匠精神、织造志趣、创新能力、专业技艺、电商素养"的夏布大学生新织女，产生广泛影响。学校先后在广州和重庆主持两届"全国民族技艺学校传承研讨会"，来自全国160名专家学者给予该成果高度评价；人民日报、光明日报、重庆日报、重庆晨报等媒体隆重报道。

1.2 主要解决的教学问题（图1）

（1）不想织造。传统织女长期受"男主外、女主内"思想影响，缺乏创新意识和致富动力，不想参与织造产品的创意活动。

（2）不会织造。传统织女受教育程度偏低，又长期生活在村寨，视野较窄，缺乏掌握织造产品或开发实体的能力。

（3）不能织造。传统织女创业很难实现，因缺乏资金和平台，产品织造与创意缺乏落地条件。

图1 "新织女"面临的核心问题

2 成果解决教学问题的方法

针对上述问题，政校企合作建立学、坊、镇"三府"协同机制，校、田、家"三园"联动机制和学、创、产"三业"融合机制予以破解（图2）。

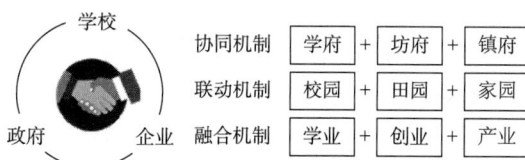

图2 政校企合作解决问题的整体方案

2.1 以布扶志，激发想织读动力，解决不想织造的问题

学府＋坊府＋镇府：帮助新织女摆脱"精神贫困"，让大学生新织女在熟悉的文化场域中增强织信（图3）。

（1）通过文创活动弘扬夏布文化。自2010年以来，企业"三组织"（组织订单、组织生产、组织电商），小镇"三引导"（引导新织女培训、引导产业转型、引导政策落地），学校"三办班"（开办全日制"夏布班"，开办"巧手云集"培训班，开办"民族技艺传承研修班"）。

（2）通过共创基地习得专业志趣。通过企业参与治学，学生感染到非常浓厚的专业文化，获得热爱专业的兴致。同时，与中国夏布小镇合作建成重庆科技职业学院服装艺术设计产教基地，协同建设夏布文化博物馆，每月平均接待参观人数900人次以上。

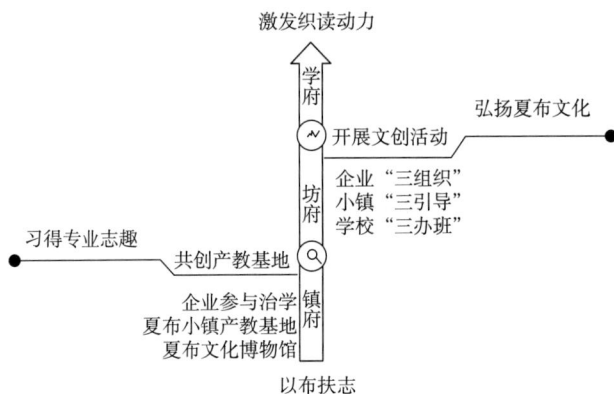

图3 "学府＋坊府＋镇府"协同机制图

2.2 以织扶智，培养会织造能力，解决不会织读的问题

校园＋田园＋家园：学校成立了"夏布技艺非遗学院"，通过"田园"课堂、"云上"课堂培养大学生新织女织造能力（图4）。

（1）"校社合作"打造田园课堂。学校与"妈妈制造重庆荣昌夏布合作社"合作，打造"田园"课堂。在校大学生新织女到田园课堂与在家大学生新织女互帮互学，合作社与学校教师在荣昌田间地头现场手把手教授大学生新织女。

（2）"网络联校"构建云上课堂。共建由在校大学生新织女和在家大学生新织女构成的"夏布花"微信群，实行"班主任督导—教师结对帮扶制"，不定期地将制作的教学视频发到群里，实现网课资源下沉互通，新织女通过手机收看示范视频，有问题直接远程联系结对教师。

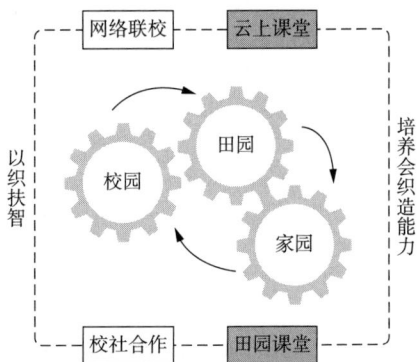

图4 "校园＋田园＋家园"联动机制图

2.3 以业扶贫，汇聚能织造合力，解决不能织读的问题

学业＋创业＋产业：通过住镇孵化建设线下实体，结对指导建设线上空间，让大学生新织女有实践创业的平台，形成人人、时时、处处能织造的合力（图5）。

（1）"驻镇孵化"建设线下"学创产"实体。学校选派创业教师驻镇，孵化了"妈妈制造重庆荣昌夏布合作社"、中国夏布小镇农民工返乡创业园、"夏布三娘子"织染绣技艺培训工坊、"巾帼扶贫家庭

工坊"等线下工坊,为夏布大学生新织女创造实践平台、提供实践岗位,在校和在家大学生新织女在线下空间得到了历练。

(2)"结对指导"打造线上"学创产"空间。学校和加合夏布共同组建创业指导团队,为大学生新织女指定结对创业导师,帮助她们在淘宝网上开设线上网站、选定品类、设定搜索词、设计商户页、销售引流。现夏布小镇有各类电商网店24个,其中18个是由学校结对指导帮扶的新织女经营。

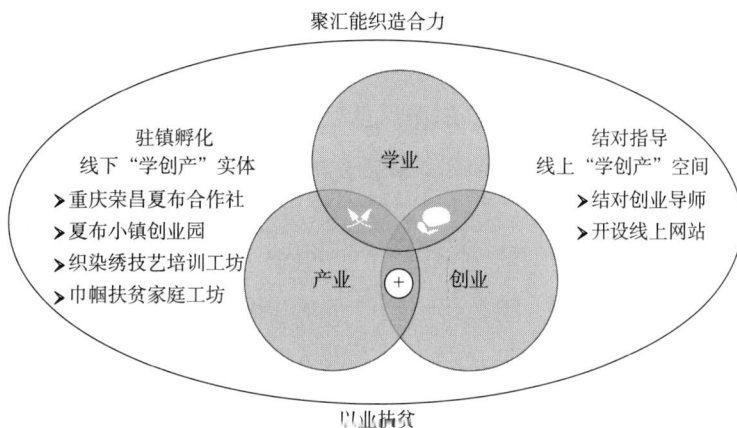

图5 "学业+创业+产业"的融合机制图

3 成果的创新点

本成果具有"育训一体、织读双育"特色,查新显示国内未见相同的文献及报道。

3.1 首创了夏布非遗传承新织女育训的新理论

提出"织读"育人全新概念,亦指在夏布织造过程中习得织造技艺。育训具有"工匠精神、专业志趣、创客知识、劳作能力、手工技艺、电商素养"的夏布在校和在家大学生新织女。

3.2 独创了夏布非遗传承新织女织读的新模式

为了使夏布大学生新织女"想织读、会织读、能织读",构建了"学府+坊府+镇府"协同机制、"校园+田园+家园"联动机制和"学业+创业+产业"融合机制。

3.3 开创了夏布大学生新织女兴乡的新路径

以大学生新织女为示范,开展女性职业教育,优化村落留守女性人力资源,带动当地青壮年回乡创业,倒逼村落关注女童教育,有效阻断代际贫困根源,开辟了乡村振兴的新路径。

4 成果的推广应用情况

4.1 实践成效

(1)助兴乡村技能人才队伍。以中国夏布小镇为传承场所,调动在校大学生和在家大学生两个积极性,为乡村传统技能振兴聚集了队伍。其中,校镇企联合培养130余名夏布在家大学生新织女;学校服装设计与工艺专业培养在校大学生250余名、毕业生中已有210人参与振兴夏布和时尚服饰产业创业。夏布在家大学生王艳已成为加合夏布副总经理。

(2)助推乡村特色产业兴旺。"新织女织造"带动约10万人参与夏布织造技艺的推广和传承,40余户新织女家庭平均年收入达8万元,实现"带着娃、养着家"田园梦想。荣昌新织女周朝英长期靠几亩田土和丈夫外去务工的有限收入生活，生活十分清贫。自从参加夏布手工制品培训班后，她终于掌握了一门手工技艺，很快就收到了手工制作产品订单。她做的夏布杯垫、夏布香包等手工制品因质量过硬、花色多样、精美耐用，深受用户欢迎，订单不断增多，不仅让她的家庭每月增收三千多元，还吸引在外打工的丈夫辞工回家共同创业。这彻底告别"牛郎织女"般的夫妻生活，而且年纯收入超过5万元，日子过得红红火火。

（3）助长非遗传承本土经验。在传承非遗技艺过程中，政府、学校和企业优势互补、挖掘留守妇女生产潜力、利用现代科技手段等成为本土成果经验。通过非遗节庆典、全国民族技艺学校传承研讨会、外出讲学等方式得到传播。我校副校长周明星教授、中国夏布服饰文化研究院院长黄秀英大师等先后到广州、云南、湖南、海南、江西、韩国、日本等地交流。

（4）助亮专业教学改革品牌。11年来，学校"服装设计与工艺"专业评为市级骨干专业，该专业成为重庆市职业教育实训基地及现代学徒制试点项目，出版"十三五"职业教育规划教材《服装款式图绘制》《服装立体剪裁》等10余部自编教材，2017年荣获重庆纺织服装制板师技能大赛"十佳服装制板师"3项，第46届世界技能大赛时装技术项目重庆市二等奖，第三届广东省青年师生设计艺术大赛一、二、三等奖4项，2021年获重庆市职业院校技能大赛教学能力比赛二等奖。

4.2 理论技术成果

（1）著作：出版专著《现代职业院校非遗教育导论——重庆荣昌夏布织造技艺产育的"小镇"模式》《夏布织造技艺》和《孤独的技艺：绝技绝活之教育传承》《孤独的工匠：乡村工匠培养调控系统》等。

（2）论文：在《教育研究》《高等工程教育研究》《光明日报》《教育研究与实验》等刊物发表论文30余篇，其中CSSCI10篇，中文核心6篇。

（3）专利：获得专利《全手工纯天然植物染色技术》《一种夏布折扇扇面的制作方法》等18项专利。

非遗文化视域下高职服装专业群"三融、三创、共享"的创新创业教育体系建设

辽宁轻工职业学院

完成人及简况

姓名	性别	所在单位	党政职务	专业技术职称
韩雪	女	辽宁轻工职业学院	无	副教授
何歆	女	辽宁轻工职业学院	纺织服装系党总支二支部书记	讲师
宋东霞	女	辽宁轻工职业学院	无	副教授
祖秀霞	女	辽宁轻工职业学院	纺织服装系主任	教授
鲍向华	男	辽宁轻工职业学院	创新创业中心主任	讲师

1　成果简介及主要解决的教学问题

1.1　成果简介

课题组在近7年的创新创业教育实践中，不断研究高职教育的发展趋势，结合我国创新驱动发展战略，思考和探索非遗文化视域下高职服装专业群创新创业教育体系建设与实践。

（1）首次提出了非遗文化视域下高职服装专业群"三融、三创、共享"的创新创业教育理念。

（2）创建了非遗文化视域下高职服装专业群价值塑造、能力培养和知识传授"三融"创新创业教育体系，首创"挑战性学习课程"促进创新教育融入专业。

（3）创建了非遗文化视域下高职服装专业群多学科联动的创意、创新和创业"三创"校级协同教育平台。

（4）创建了非遗文化视域下高职服装专业群产学对接的全社会"共享"创新创业教育支撑平台。

1.2　主要解决的教学问题

（1）融入非遗文化，对在高职院校服装专业中开展创新创业教育的意义和目标认识不清。只落在结合非遗文化进行创新创业上，没有落在育人上，迫切需要厘清目标和意义。

（2）如何处理非遗文化视域下高职院校服装专业群创新创业教育和现有人才培养体系的关系？存在"重知识传授，轻价值塑造和能力培养"等挑战性问题，迫切需要探索全面融入现有人才培养体系的模式。

（3）非遗文化视域下，对怎样达成创新创业育人的目标及教育模式比较茫然，迫切需要探索建立跨越学科界限、跨越产学界限的教育平台的机制。

2 成果解决教学问题的方法

2.1 广泛深入调研，明晰非遗文化视域下在高职院校服装专业群中开展创新创业教育本质

课题组开展研究调研，逐渐明晰了创新创业教育最本质是育人，梳理了价值塑造、能力培养、知识传授"三融"的创新创业人才培养目标，即以文化自信、匠人精神、民族责任为核心的价值塑造，以创新力、执行力和领导力为核心的能力培养，以跨界学习为核心的知识传授。

2.2 融入现有培养体系，创建"三融"的创新创业教育体系

引入基于成效教育 OBE 实现矩阵，建设针对非遗文化的创新创业通识课、专业课、训练项目和赛事等环节，使得创新创业教育覆盖育人全过程；针对专业课程的教学，首创"挑战性学习课程"，围绕服装专业领域的挑战性问题进行教学设计，培养学生勇于挑战和创新的精神和能力。

2.3 跨越学科界限，创建创意、创新、创业"三创"的校级协同教育平台

非遗文化视域下高职服装专业群的创新创业教育需要突破本专业学科知识的界限，融合不同院系的教师和学生，共同实现学科交叉并探索跨学科育人管理机制。2016年，学院大学生创业指导中心创建了推动大学生创业教育的"创+"平台，给有创新创业志趣和能力的学生提供了创意激发、产品实现和创业指导的全价值链培养和全方位支持。

2.4 打通学校围墙，创建全社会"共享"的教育支撑平台

非遗文化视域下高职院校服装专业群创新创业教育还需要突破院校和产业间的屏障，互通师资、课程、资金等教育要素。提出"教师+""课程+"等概念，引入校外的非遗文化传承人及具有丰富实战经验的企业家等，并建立引入机制。同时，建设完成在线开放课程，向社会开放结合非遗文化优质的服装专业创新创业教育资源。

3 成果的创新点

（1）首次提出了非遗文化视域下高职服装专业群"三融、三创、共享"的创新创业教育理念；明晰了创新创业教育最本质是育人；提出了价值塑造、能力培养和知识传授"三融"的育人目标，创意、创新、创业"三创"的育人模式和全社会"共享"的协同育人理念。

（2）创建了非遗文化视域下高职服装专业群价值塑造、能力培养和知识传授"三融"的创新创业教育体系。引入基于成效教育 OBE 实现矩阵，建设针对非遗文化的创新创业通识课、专业课、训练项目和赛事等环节，使得创新创业教育覆盖育人全过程；针对服装专业群课程的教学，首创"挑战性学习课程"，围绕服装专业领域的挑战性问题进行教学设计，培养学生勇于挑战和创新的精神和能力。

（3）创建了非遗文化视域下高职服装专业群多学科联动的创意、创新和创业"三创"的校级协同教育平台。建立了以"非遗文化"为核心的多个创新创业团队和支撑学生在真实环境中"创业"的"创+"平台，面向全校学生提供了从创意、创新到创业的全价值链成长通道。

（4）创建了非遗文化视域下高职服装专业群产学对接的全社会"共享"教育支撑平台。在校内，建立了"教师+""课程+"等机制，引入非遗传承人、企业家等社会资源，构建打通"学校围墙"的创新创业生态圈；在校外，开放上线课程8门，线下线上共同促进创新创业教育优质资源的全社会开放共享。

4 成果的推广应用情况

经过多年努力，本项目提高了我院服装专业群专业人才培养质量，产生了重大社会效益和影响。

4.1 创新创业教育学生受益面大，受益程度深，教学成果显著，毕业生社会认可度高

专业群共开设非遗文化双创教育8门通识课、12门挑战性学习课、12门双创专业课，覆盖六个专业逾700人次，对价值塑造和能力培养贡献较强的课程占90%以上。共参与承办8个双创品牌赛事和活动，20余双创训练项目，近200多人参加世锦赛、国赛、省赛，取得"互联网+""挑战杯"等20余赛事的一等奖、二等奖、三等奖的好成绩；同时，与40个企业联合创业实习基地，年参与500人次。通过创新创业教育，团队学生承接了大连话剧团、中国（大连）国际服装纺织品博览等20余家服装企业的企业融合非遗文化的典型产品延展设计，深受企业好评，毕业学生获社会认可度高。

4.2 宣传推广创新创业教育理念和模式，示范性、辐射力和引领性强

成果完成人先后主持东北双创教育研讨会，双创报告10余场，发表双创教育研究论文12篇，研发创新创业新型专利18项，承担双创教育研究项目6项，团队100%取得ESB创业导师职业资格，辐射区域及东北，宣传了双创教育理念、营造了浓厚氛围。双创教育理念和模式在中高职及本科学院进行推广应用，带动沈阳市轻工艺术学校、大连艺术信息工程学院服装学院、大连艺术学院服装学院、大连工业大学、辽阳职业技术学院、大连女子职业中专等非遗创新创业教育推广，同时开发上线8门创新创业课程，线上选课用户5万余人次；出版创新创业教材1本，教材销售10万多册，彰显了引领作用。

4.3 创新创业教育模式服务社会，传授技艺助力就业，产生了重大社会效益

近年来，团队师生深入22个社区、街道，为低保户、无业者进行非遗技艺教学培训与艺术指导，真正将非遗传承与保护深入基层民众中，让更多人认识、了解、掌握中国非遗技艺。现在多个创业团队已经为1800多人提供再就业实践机会，共同参与中国非遗绒花、布老虎的制作、葫芦、贝雕工艺品制作、满绣等，得到政府、区域的一致好评和嘉奖，多家媒体进行报道。

4.4 创新创业教育获得社会的广泛关注，在国际国内产生重大影响

带动非遗文化发展，让中国非遗产品和文化双双走进国际市场。学院现有非遗满族刺绣大师工作室及非遗绒花大师工作室、贝雕工艺品设计工作室、葫芦文创工作室，由国内知名民家艺术家满族刺绣传承人吴丽梅、绒花传承人李嘉斌、贝雕艺术传承人金阿山担任工作室的负责人，以工作室为基点，提高学生的技术与审美素养。大师带领学生结合市场需求研发多元新纺织服装产品，并投入市场，产生经济价值，学生设计的非遗服装、服饰作品在国内外展会展出。2019~2021年，匠心传承的非遗作品绒花、发饰、贝雕、虎娃、刺绣等手工作品参加多场辽宁双创优秀项目展览、国家职业教育非遗成果展，在2020年、2021年参加中国（大连）国际服装纺织品博览会时，中国纺织工业联合会会长孙瑞哲，大连市委副书记、市长陈绍旺，大连市人大常委会主任肖盛峰，中国服装协会会长陈大鹏等国家部委、行业协会及市委市政府、市工信局等部门各级领导、嘉宾组成的巡展团队莅临展位进行指导，获得一致好评。

"一通两联三位四体、产学研虚实结合"服装专业工艺类课程教学改革与实践

广东女子职业技术学院

完成人及简况

姓名	性别	所在单位	党政职务	专业技术职称
李红杰	女	广东女子职业技术学院	无	高级工艺美术师、讲师
谢盛嘉	男	广东女子职业技术学院	应用设计学院院长	应用设计学院院长
和健	男	广东女子职业技术学院	服装教研室主任	高级工艺美术师
王永健	男	广东女子职业技术学院	无	副教授、高级服装设计师
谢秀红	女	广东女子职业技术学院	无	副教授、高级服装设计师
廖小丽	女	广东女子职业技术学院	无	讲师
王舒	女	广东女子职业技术学院	无	工艺美术师
徐万清	女	广东女子职业技术学院	无	讲师，服装设计二级定制师
吴缅	女	安达服装（深圳）有限公司	行政主管	报关员

1 成果简介及主要解决的教学问题

1.1 成果简介

近年来，高职院校人才培养以就业为主要目标，佐以立德树人来修订教学方案，进行专业教学改革。经过系列尝试和调整，在2014年广东教育教学成果奖（高等教育）培育项目"校企合作、项目导向的工作室制"协同育人创新培养模式体系的保证和指引下，对服装专业工艺类课程实施实践教学改革。经过4年建设，至2019年教学改革成果："校企合作、项目导向的工作室制"协同育人创新培养模式研究与实践获得广东教育教学成果奖培育项目二等奖。2022年，服装版型设计课程获得省级精品在线开放课程立项。服装专业工艺类课程逐步从单一的课堂讲练的教学模式转变为素质优先、智能传达、校企贯通的"一通两联三位四体，产学研虚实结合"实践教学模式。校企共建、共育、共享的"一通"；教师联合企业专家、工匠，教学内容联合思政、生产、科研、竞赛、服务等不同项目进行的"两联"；加强师生互动教做练、企业名匠产学研、服务创新用赛展的"三位"；通过教室、智能平台、教师工作室、校外实训基地等"四体"，不同的多功能教学平台。线上线下虚实结合，以学生为中心，进行全面科学综合的教练和实践（图1）。

本成果以实践教学为主，通过校企融合——锤炼实训，理论实践——转移重心，线上线下——虚实结合，思政教育——深化内涵，智慧课堂——与时俱进等方式，打磨专业课程，建设专业智能综合

实践教学平台，树立品牌专业精品课程标杆式形象。

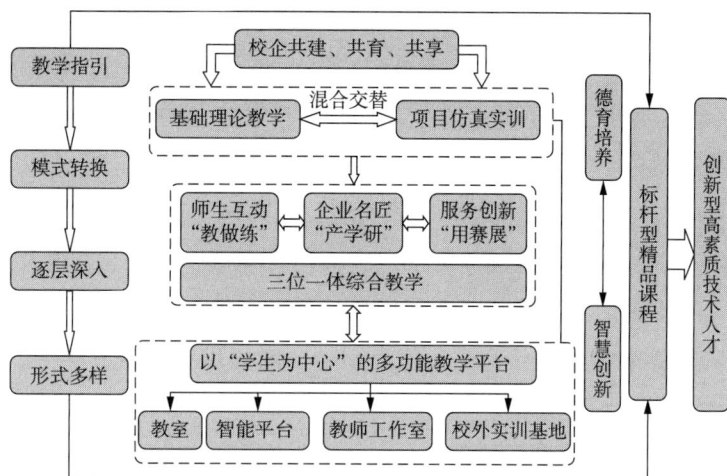

图 1 "一通两联三位四体、产学研虚实结合"服装专业工艺类课程教学改革与实践

1.2 主要解决的教学问题

（1）学生工艺动手能力不足，缺乏良好的职业素养。生源减少、院校扩招、出现学生学习动力下降，技能兴趣减退，专业素养不足等情况，形成"企业缺员工、学生难就业"的奇怪局面。网络信息良莠不齐，影响学生的生活，学生在迷茫中很难确立正确的人生观和价值观，找到自己的职业定位。

（2）服装专业传统教学知识老旧，落后于行业技术需求。专业通识性教学解决不了企业问题。服装行业技术不断推新、新型材料不断应用、智能软件替换手工操作、工艺发生巨大变革等，需要教师将专业知识重新整合和研究，与时俱进，掌握企业发展动态，细分技术要领，及时传播给学生，以满足企业对技术人才的需求，推进学生就业。

（3）专业工艺类课程实践教学模式单一，集体上课工艺细节难掌握。专业工艺类课程课堂教学实操示范难以做到面面俱到，课堂录制回放效果并不完善，课程重难点难以展示。如何顺应时代发展，恰当应用网络教学、智慧教学，结合智能技术大数据，扩大专业技能教学的成效，是我们一直坚持不懈探索的问题。

2 成果解决教学问题的方法

针对专业中出现的各种现状，教学团队进行反复探讨和反馈修改，逐步实现较为显著的成果。

构建"一通"：依托学院已经建好的校企融合平台和校外实训基地进行校企"共建、共育、共享"教学研究，解决技术脱节问题；"两联"：教师联合业内名师、名匠引领课堂教学，实训内容结合生产、科研、竞赛、服务等不同项目；"三位"：师生互动的教、做、练，企业名匠的产、学、研，服务创新的用、赛、展三位一体，两者结合解决学生技术提升和职业素养问题；"四体"：教室、智能平台、教师工作室、校外实训基地四地配合，实施不同层次虚实结合教学任务，综合实施教学改革，建设高质量精品开放课程，打造拥有技术能力、职业素养和科研创新的高素质人才。

2.1 企业项目贯穿课程教学，完善"校企融合"的沟通渠道，促进实践项目具体化、时代化

对接"1+X"中"X"行业认证标准，融入企业新技术、推进智慧课堂教学，合理运用3D虚拟技术，逐步实现传统实训到智能实训的转变，进行教材创新与教法革新。课程依托完善的教育改革机制

后盾，秉承"走出去，引进来"的原则，对师生进行职业技能和教学能力培训，育训结合、教学创新，以赛促教，推动智慧课堂多样化、成效化发展。开发丰富的课程教学资源，成就优秀的教学团队和精湛的授课技术平台。

2.2 科技引领，虚实结合。重塑师生角色，开发以"学生为中心"的在线课程资源，改革教学评价，丰富实践教学模式

将"导"与"学"融入"师与生、校与企、教与学、练与研"，有效引导学生自主探究学习、协同学习。课堂采用混合式教学，基础课程翻转教学，虚拟仿真模拟生产教学等科技引领，虚实结合，重塑师生角色，开发以"学生为中心"的在线课程资源。科学管理、规范考核、多元评价。充分使用智能创新技术，将工作室教学渗透企业任务进行信息整合，增值增效，激发学生潜能，发展学生个性，引领学生创业就业。共建共享，优势互补。

2.3 思想教育有机融合，开展课程教育及公益活动，提升学生社会责任感

强化德育教育引领课堂建设，在德育教育指导下进行课程创新，结合校内外实践磨炼思想意志，开展"为家人做一件衣服，为老师烫一次外套，为同学修改一次裤脚"等公益活动，提升学生的存在感和社会责任感。"少年强则中国强"，鼓励学生参加各类专业竞赛，挑战自我、超越梦想，体验竞赛的拼搏精神，学习精益求精的工作态度，展现中华民族的"自强自立，生生不息"，培养学生自主学习的热情和能力，锤炼其工匠精神。

3 成果的创新点

3.1 给予校企融合新概念，课程中搭建虚实结合集成训练空间站

运用虚实结合，智能大数据技术有效联合学校基础教学和项目实践教学，建设校内教师工作室。联合校外实训基地，以项目任务为导向，构建"一通两联三位四体、产学研虚实结合"现代综合服装工艺类课程实践教学体系，实现校企"共建、共享、共研"。

3.2 项目研发"请进来"，技术服务"走出去"

通过工作室实训、校外实训基地项目实训引进企业项目，将企业技术需求投射到日常教学，校企师生共同研发专业发展任务；运用网络课程及小红书、抖音等时尚视频平台扩展出去，校内学生学习的同时，施教更多的爱好者和社会人员。

3.3 智能系统对接教学及评价系统，全方位综合评价学生职业素养

课程渗入智能制造、3D模拟、虚拟现实（VR）试衣等技术，对接生产项目，轻松实现传统实训室向智能实训室的设计生产转变。推进教育信息化建设，创新信息化评价工具，运用大数据全面记录学生学习实践经历，客观分析学生能力，检验学生技术水平和协作能力，支撑各学段全过程纵向评价和德智体美劳全要素横向评价。

4 成果的推广应用情况

4.1 课程数字化转型，促进校企合作，构建高质量教学典范

参照新型基础设施建设标准，以新发展理念为引领、技术创新为驱动、数据为核心、信息网络为基础，对课程进行数字转型、智能升级、融合创新等方向改革。在提升自主创新能力前提下，加强服装产业技术研发和成果转化，借助现代智能平台、虚拟软件，构建多层次、宽领域、高水平的科技创

新型课程教学。产教研融合，发挥带动服装产业结构调整的引擎作用，推进企业科技进步，带动服装产业整体升级。

将智能技术融入教学，解决企业技术要求与传统校内教学的衔接问题。根据"教、产、学、研"教学指导，深度融合企业解决课程与社会专业技术需求。课程创新化、模块化、片段化，将知识点打散重组成微课、慕课，添加社会热点和工匠精神，重组课程评价体系，扩展学习时间，提升学生学习兴趣。

校企深度融合形成"一通两联三位四体、产学研虚实结合"课程实践教学模式，引进企业研发项目作为教学主要载体，依托国家数字教育资源，提升数字资源的产业贡献，将校内工作室3D为主的虚拟仿真实训和校外实训教学基地的企业生产实训有效结合，线上线下，构建智慧教育的实训新模式。智能结合实训的推广，促进校企合作的"共建、共享、共研"，有效支撑专业可持续发展，构建高职院校高质量教育典范。

通过课程改革，专业综合实力和教学质量以及社会服务能力全面提升。2020年5月，广东女子职业技术学院通过验收被确定为广东省示范性高等职业院校；2020年12月，被确定为全国职业院校数字校园建设样板校；2020年10月，入选广东省职业院校"双师型"教师培训基地；2019年，服装与服饰设计专业评定为国家二类品牌专业；2017年，专业主持完成广东省教育厅"终身教育背景下的中高职衔接服装设计专业一体化教学标准与课程标准研究与实践"研制；2016年，服装专业参与完成全国高职纺织服装专业"服装与服饰设计"专业教学标准制定；2015年，服装与服饰设计专业成为广东省首批重点专业。

4.2 聚焦服装产业"时尚、科技、绿色"，进行课程升级转型，扩大课程服务对象

聚合各类教育应用，搭建面向各种不同阶段学习的开放平台。实施微课上云平台，通过提供便捷、优质、可选择的云应用，开展理论教学、虚拟产品教学和线下实训教学，扩大课程服务范围。专业教师发挥个人特长，组建精准对接企业的校内教师工作室，业务涵盖服装工艺、服装设计、皮具设计、智能软件开发等。加大虚拟设计平台与实训室的融合力度，减少实践浪费，节约实践成本。以教师工作室为研发基地，服务产业发展，提升专业社会服务能力。

课程已经建设培育了校内外高水平技术服务团队，申请自主知识产权10项以上，承接企业服务项目40余项。面向社会承接各类专业素质技能培训，与院校进行专业先进技术交流和课程标准方面的经验传授，5年来培训人数达1500人次，各类服务到款额累计超过60万。校内建有中央财政支持的服装设计实训基地等6个国家级、省级实训基地，共有24间实训工作室，面积数达4609.33平方米，总资产达700万，可用工位为816个；另外建有32个校外实训基地，专业构建9间教师工作室、2间大师工作室和3个企业教师工作站。现有专任教师20人，企业兼职教师18人，专兼职教师比例接近1∶1，双师素质比率为100%。专任教师中广东省技术能手2人，省级职业教育专业领军人才培养对象1人，高级服装设计师4人，广东省服装行业"十佳设计师"3人，国家级工艺大师2人，"广东省技术能手"2人，省级高层次技能型兼职教师4人。国家高职院校教学能力竞赛三等奖1项，广东省高职院校信息化教学大赛一等奖2项、二等奖4项、三等奖6项，中国服装创意设计与工艺教师技能大赛一等奖2项等等，累计获得省级以上的奖项达60多项。

专业取得考点资质，开展"全国高新技术考试"方面的社会培训和职业资格培训，开展服装制板师、图形图像处理、办公软件、网页设计等中高级的职业技能鉴定工作，每年组织600多人进行了职

业技能鉴定的工作，其中服装专业的毕业生双证率高达96.75%。响应时代发展，对接"1+X"中"X"行业认证标准，融入企业新技术、新工艺、新规范，为学生就业增加新机会。

4.3 成果提高了专业科研与社会服务能力

教学成果市场化，职业能力培养效果提升。依托服装与服饰设计专业的中央财政支持实训基地优质软硬件资源，构建校企合作协同智能创新中心，以服装款式设计为基点，以服装版型设计为纽带，以服装3D模拟试衣展示为结果，组成教师实训工作室群，各工作室由专业骨干教师领衔，企业导师远程指导，一线教师和学生参与实训，线上线下、虚实结合，共同承接服装产品项目，依据企业标准，完成相关任务。

至今为止专业所有课程均开设线上课程，完成1项校级专业教学资源库建设，资源容量达到1T，包含微课资源超过100个；购置蝶讯网和POP服饰流行前线网站两大服装设计资讯网站，支撑专业以学生为中心的"互联网+项目"教学改革；17门校级精品课程，其中"服装成衣设计""服饰图案工艺"和"服装版型设计"三门专业必修课立项为省级精品开放课程，2门已通过验收，1门正在建设中；编撰14本实训指导书，《服装立体裁剪》等8门通过学校验收成为校级优质课程；公开出版《服装图案设计与应用》等9本教材。

本专业实训课程充分发挥校外实训基地优势资源，与珠三角区域服装企业开展项目合作，帮助企业提升品牌意识，开拓海外市场。两年来，专业通过劳务置换的方式（企业项目教师免费指导参与工作的学生，讲授相关的行业规范要求与最新标准，学生的项目成果可由企业无偿使用，转化为市场产品的成果企业会给予学生适当的奖励），与10多家企业签订了产品研发的合作协议。设计教师和健多次带领学生完成广州双城服饰有限公司、犁人坊创意（广州）服饰设计有限公司等企业的季度品牌服装配饰研发并投产销售；版型教师李红杰为安达服装（深圳）有限公司、深圳佰恋服饰有限公司等进行技术指导和生产流程设计，仅其中一项为企业增加盈利30万；产品教师王永健为虹猫蓝兔等11家企业进行品牌研发，教学任务和品牌研发项目紧密衔接，师生团队完成品牌研发项目共计13项，完成成衣设计2570款，企业投产款式247款；3D虚拟服装设计教师王舒建立"佛山市南海NO.1实业有限公司王舒教师工作站"，开展校企合作，为公司2018年秋季研发新产品，运用3D模拟技术代替传统设计，为公司大幅度降低了设计成本，3D虚拟技术得以在公司大力推行，由此，王舒教师编写了国家十三五规划教材《3D服装设计与应用》教材，此书现已在服装企业广泛应用。

4.4 课程实践教学改革带动专业整体发展，推动赛项承办和科研项目发展

专业教师主持的广东省教育厅教学改革课题"终身教育背景下的中高职衔接服装设计专业一体化教学标准与课程标准研究与实践"项目通过验收，为省内院校同行提供教学标准指导；参与全国纺织服装职业教育教学指导委员会关于服装与服饰设计、服装陈列与展示设计等专业教学标准的制定。承办2012年、2013年、2016年、2022年共4届全国职业院校技能大赛高职组服装设计类项目广东省选拔赛，受到省教育厅和其他参赛单位的好评。

专业与广东省服装设计师协会、福建泉州匹克体育用品有限公司等33家行业协会企业建立合作关系，依托校内外丰富的实践教学基地，构建9间校系教师工作室、2间大师工作室和3个企业教师工作站，由企业教师、校内教师和学生共建项目团队，承接中山市尊龙丹宁服装有限公司等企业项目45项，充分发挥专业的特长，解决企业在转型升级中遇到的问题。专业教师深入教改研究和技术创新，分别在《课程教育研究》《美术教育研究》等专业期刊上发表《服装设计风格中的结构与结构刍议》

《"技能型人才培养"与"工匠精神"》《浅谈服装设计智能化发展前景下3D服装设计技术的应用》《基于市场需求的"服装成衣设计"课程定位研究》和《自然系列染织时装作品》等40篇教科研论文和艺术创作。教师团队获得《带头立体裁剪模特》《多功用裁布轮刀》等10项国家专利,通过合作企业应用到生产一线,有效解决了企业在设计生产过程中出现的问题,为企业增加了工作效益,带动了企业科技创新。

4.5 综合型智慧教学成就毕业生的灿烂人生

课程遵循2012年广东省委书记汪洋视察学校时"突出特点,进一步提高质量、创建品牌,发挥引领作用"的指示,多年来立足国内、走向国际,推进对外交流合作,与国内外同行进行经验分享。向法国、日本、老挝、柬埔寨、布隆迪等国外来宾展示服装专业教学的丰硕成果,与广西贺州学院、广东韶关学院、广东肇庆学院、广西职业技术学院等国内同行分享专业建设和课程改革经验,接受来自全国同类院校教师交流达500多人次,羊城晚报、广东电视台、澳亚卫视、腾讯视频等媒体对专业发展情况均有报道。

校企融合型、综合智能化教学全面整合课程资源,在正确的政治思想及职业素养的指引下,将专业理论、虚拟仿真和生产实践结合在一起,面向市场,强化教学目标,有效提升毕业生的技能水平和道德理念。有效缩短了毕业生职业岗位转正时间,学生对各项教学的满意度均在95%以上,学生学习驱动感提升,增加了疫情期间的就业率。专业实现普通高考、自主招生和中高职三二分段培养三种招生模式,新生第一志愿投档录取率100%(表1)。

服装专业自2012年以来承办4届全国职业技能大赛服装设计与工艺赛项广东选拔赛,组织参赛指导教师及选手进行集训,在国赛取得优良成绩。近5年,服装设计专业学生参加全国职业院校技能大赛屡获佳绩,共获得国家级二等奖1项、三等奖6项,省级一等奖13项、二等奖5项、三等奖8项,其他省市级专业技能竞赛获得三等奖及以上49项。毕业生对口创业日益增多,学生连续4年参加"广东省大学生时装周",与国内外高水平院校同行同台竞技不相上下,取得骄人成绩。

表1 2021级、2022级在校学生满意度统计

调研人次	课堂育人满意度/%	课外育人满意度/%	思想政治课教学/%	专业课教学/%
1895	99.28	96.25	96.50	95.06

适应新业态的高职服装类专业"1+2+N"工作室
育人模式探索与实践

常州纺织服装职业技术学院

完成人及简况

姓名	性别	所在单位	党政职务	专业技术职称
庄立新	男	常州纺织服装职业技术学院	校学术委员会副主任	教授
李臻颖	女	常州纺织服装职业技术学院	专业带头人	副教授
潘维梅	女	常州纺织服装职业技术学院	服装学院副院长	副教授
王兴伟	男	常州纺织服装职业技术学院	服装学院副院长	讲师
王淑华	女	常州纺织服装职业技术学院	无	副教授/工艺美术师
李蔚	女	常州纺织服装职业技术学院	专业带头人	副教授
马德东	男	常州纺织服装职业技术学院	无	副教授
季凤芹	女	常州纺织服装职业技术学院	教研室主任	副教授

1 成果简介及主要解决的教学问题

1.1 成果简介

随着智能制造技术的不断发展和人们时尚审美需求的不断提升，中国服装行业立足中国文化，制造品牌、消费品牌、区域品牌的品牌化建设成效不断突显。以"时尚、绿色、科技"为新标签的纺织服装产业与"云大智物联"的融合，触发了纺织服装"新时尚、新设计、新商业、新空间"新业态的迭代发展，服装从业人员的岗位职业能力发生了大幅度变化。2010年，我校在服装设计省特色专业建设基础上，对接行业转型升级和创新发展，分析了服装企业高素质技术技能人才需求规格，制订了与现实和发展同步的高职服装类专业"1+2+N"工作室育人方案，2016年，随着江苏高校品牌专业建设一期项目服装与服饰设计专业项目的展开，本成果正式进入实践检验期。

1.2 主要解决的教学问题

本成果主要针对解决服装专业人才培养的目标错位、教学内容与产业需求不同步、方式单一缺乏智创特色的教学问题。以"擅设计、通工艺、能策划、会管理"人才培养为目标，组建了大师与名师引领的中外专兼、校企互融的教师教学创新团队；开发了线上线下、内外结合、共建共享的立体化教学资源；基于工作室育人平台，以工作室为桥梁纽带，连接学校和企业，建立了校企协同育人机制；通过"1+2+N"方式，即，1个工作室协同校、企双方，对接引入 N 个企业产品项目，根据 N 种产品需求，开发 N 个课程项目，培育 N 种技术技能，根据学生兴趣、发展和认知，分方向、分产品、分层级构建了基于企业真实产品的项目课程体系；实施了以学生为中心的"教—学—做—研—创"一体化专业课堂方案；实践了"五阶递进"的教学流程；探索了"四元四维"学业评价体系，培养了一大批具有中国文化底蕴的时尚设计师、数字化制板师、智能化工艺师、品牌陈列师和服装运营师。

经过5年实践显示，我校服装专业建设水平和教学质量不断提升，受益在校生2951人；受益校外学员2万余人；通过现代职教体系对接、援建云贵新疆院校、实用技能进社区、科普下乡进校园等项目，受益人数5300余人，建成国家精品开放课程"服装立体裁剪"学习人数3万余人；毕业设计作品连续五年入展"中国国际大学生时装周"，获"人才培养成果奖"等奖项20项，彰显中华元素的学生作品受到CCTV央视媒体广泛报道。毕业生大量入职品牌服装企业，以红豆集团为例，近年来，我校毕业生在任基层主管占比为9.2%，校友任高层主管5.3%、中层主管3.4%，其中有年薪百万产品设计总监。被"上大学网"排名为国内最具专业影响力和美誉度的三所高职服装设计类院校之一，服装专业在"金平果"（GAR）中评榜位列国内158所院校7所五星级服装专业之一。

2　成果解决教学问题的方法

针对服装专业人才培养的目标错位、教学内容与产业需求不同步、方式单一缺乏智创特色的教学问题，本成果总结了一系列解决问题的方法。

（1）整合校企资源，建立江苏纺织服装产教联盟。牵头江浙沪、粤闽冀、新疆、宁夏、云南等省市自治区的近200家单位共同创建"江苏纺织服装产教联盟"，在政府相关部门指导下，联合行业协会、相关院校、企业，通过联盟建立一体化的服务体系和运行机制，"政、行、企、校"良性互动、优势互补、成果共享、合作共赢，在产教融合、科学研究、技术服务、对外交流、人才联合培养、教育教学与培训、实训基地建设与就业等方面深度合作。

（2）准确定位培养目标，创设育人模式，实施个性化培养。根据服装行业"新时尚、新设计、新商业、新空间"的新业态，立足学生成就需求和不同发展潜力，制定高职服装专业"擅设计、通工艺、能策划、会管理"人才培养目标，组建以大师与名师引领的教师教学创新团队，创设"1+2+N"工作室育人模式及平台，突出个性、特色培养，降低同质化竞争，满足企业选才用人、学生职业成长和人人出彩的成就需求。

（3）构建项目课程体系，分类分层组织教学内容。顺应互联网时代服装产业"创意时尚""品牌产品""智能制造""虚拟展示"和"数字营销"的创新性发展，根据学生兴趣、发展和认知，分方向、分产品、分层级构建基于企业真实产品的项目课程体系；以服装专业工作室群为桥梁纽带，对接"N"家企业和"N"个产品项目，分类组织实施教学内容，使"N"种产品设计研发、工艺技术、产品展示与网销管理的课程教学，动态同步企业运营和生产实际。

（4）充实教学资源，改革教学方式，丰富教学手段。围绕核心课程群，开发了适应新业态的产品化项目化教材，建成国家级、省级精品在线开放课程服装立体裁剪、女装设计、服装画技法、服装工艺基础和国家级服装设计专业教学资源库男装设计项目，甄选企业典型项目，开发了服装Style 3D数字设计、高定手工、服装数字营销等立体化教学资源，主导开发了全国服装制版师职业技能等级认定题库，形成基于校企协同工作室平台的以实践为主体的"理实一体化"教学方式和方法，同时利用虚实结合、内外结合、共建共享的立体化教学资源实现了教学手段的提升。

3 成果的创新点

3.1 创新了五阶递进的服装专业能力发展模型

校企双方紧密围绕专业人才培养定位，根据服装专业技术技能人才成长规律，递进式分解典型岗位职业能力，创新"新手—生手—熟手—能手—高手"五阶递进的服装专业能力发展模型。据此构建基于工作室学徒制的产品化项目课程体系，设置由"文化浸润→典型项目→创意项目→产品项目→品牌项目"层级递进的技能训练项目，沿着学生"照着做→学着做→反复练→做中研→独立创"的实践路径，设计融"教→学→做→研→创"为一体的学徒制课堂方案，实施"四元四维"的学业评价，使学生实现五阶递进职业技能成长。成果进入实践期以来，获中纺联教学成果奖一等奖2项，学校在2021全国高职高专满意度排行榜居25名，位列同类服装艺术类院校前2名。

3.2 创新了校企协同的工作室教学运行模式

基于OBE理论和拉斯卡新行为主义的学习理论，以学生为中心，个性化选择课程模块。依托系列特色工作室，将企业产品项目转化为教学项目，协同校企双方优势资源，选用分组教学、协作教学、现场教学、线上线下混合式教学、个性化教学等五种教学组织形式实施一体化课堂，工作室即研发室，教室即车间，师生即师徒，作品即产品；结合课程项目特点，课堂采用项目引领、任务驱动、情景教学、经典赏析、赛训练技等方法，采用呈现、实践、发现、强化等手段，使学生胜任企业岗位，实现增值赋能。

3.3 创建了校企融合、中外专兼混编的教学团队

创建了设计大师和教学名师引领的校企融合、中外专兼混编的教师教学创新团队。建设了"劳模工作站""大师工作站"教师企业实践流动工作站，甄选并聘请了大量行业企业专家、项目主管和高技能人才建立校企双向流动人才库，形成"身份互认、角色互换"的校企协同教学团队创新机制，开展了基于"1+2+N"工作室育人平台的校企双导师制和"设计师领路工程"，有效解决了教学内容与产业需求的动态同步问题，满足了服装行业新业态的人才需求。

4 成果的推广应用情况

4.1 为高素质服装技术技能人才培养提供了一种范式

本成果实践应用以来，先后受益在校生2951人，应用于现代职教体系"3+3""3+2""4+0"项目和云、贵、新疆对口援建项目，受益人数5300余人，在引领中职校服装专业建设的同时，也促进了本科高校服装专业提升。在中国大学MOOC平台建成服装立体裁剪、女装设计、服装画技法等国家级、省级在线精品开放课程，选课高校50多所，学习人数达3万余人，惠及全国10多所知名本科高校和40多所同类兄弟院校。成果还应用于国内20多个省份的30多家服装企业集团"服装技术与管理"脱产培训班，受益培训学员1703人；送教上门培训受益学员2万余人，成为国内同类院校成功推广校企合作人才培养和继续教育的典范。

4.2 为互联网时代高职服装专业建设提供了经验和素材

作为江苏高校品牌专业"服装与服饰设计"项目建设单位和江苏省服装设计与工艺专业教指委主任委员单位，我校适应新业态的高职服装类专业"1+2+N"工作室育人模式示范引领了高职服装专业建设发展，对口扶贫援建云、贵、新疆兄弟院校，传递共享人才培养成果。通过招收"一带一路"沿

线国家留学生，推广中国智造技艺，传播中华服饰文化，提升国际影响力。先后有省内外40多所高职院校来校交流取经，并成功借鉴引用本成果教改理念和做法。面向社会连续开展"领·秀"时尚文化节特色活动，开展了实用技能进社区、职业体验进校园，推广教改成果，被"上大学网"等媒体排名为国内最具专业影响力和美誉度的3所高职服装院校之一，服装专业被"金平果"（GAR）评全国158所服装院校中为7所五星级专业其中之一。

4.3 成果的实践在国内同类院校和社会产生广泛影响

成果实践以来，专业带头人和骨干教师分别在教育部高职高专服装专业骨干教师提高班开设"高职项目化课程管理研究"讲座；在全国纺织服装职业教育教学指导委员会会议作"分析人才供需，指导人才培养"的成果分享；受邀2020首届"华夏衣裳"中国高校服装史教学研讨会，分享"高职服装史教学谈"的教改经验；牵头举办江苏省中职校服装专业骨干教师培训班，开设"服装专业课程体系建设"系列讲座；在中文核心期刊发表服装专业教研教改论文十余篇。连续3年承办江苏省国际服装节"常纺之夜年度盛典"，连续5年受邀"中国国际大学生时装周"，连续获得中国服装设计师协会"人才培养成果奖"等20多个奖项，优秀学生作品在CCTV央视频道报道推广，在国内同类院校和社会各界产生广泛影响，在2021全国高职高专满意度排行榜居25名，位列全国同类服装艺术类院校前2名。

理念引领、平台支撑、机制驱动：基于丝绸文化的
劳动育人体系构建与实践

山东轻工职业学院

完成人及简况

姓名	性别	所在单位	党政职务	专业技术职称
公昆	男	山东轻工职业学院	学校党委委员/工会主席	教授
杨永亮	男	山东轻工职业学院	学生工作处处长	副教授
刘仰华	男	山东轻工职业学院	无	教授
杨新月	女	山东轻工职业学院	教务处（合作办公室）处长	副教授
曹荔	女	山东轻工职业学院	团委书记	讲师
李敏	女	山东轻工职业学院	党委学生工作部副部长	讲师
孙琳霞	女	山东轻工职业学院	商务贸易系党总支书记	副教授
张昱	女	山东轻工职业学院	国际合作与继续教育中心主任	副教授
吕宁	女	山东轻工职业学院	工商管理系主任	副教授
聂仁婷	女	山东轻工职业学院	艺术设计系副主任兼教务科科长	讲师
张玉惕	男	山东轻工职业学院	无	教授
高庆刚	男	上海赛特丝绸进出口有限公司	董事长	无
齐元章	男	鲁泰纺织股份有限公司	鲁丰织染有限公司开发部经理	正高级工程师

1 成果简介及主要解决的教学问题

1.1 成果简介

学校于1994年把劳育课纳入所有专业的教学计划，2008年起，依托全国教育科学重点课题"职业教育中价值观教育的比较研究与实验"等省级以上项目，经过14年探索，构建了"理念引领、平台支撑、机制驱动"基于丝绸文化的劳动育人体系（图1），取得了突出成效。

（1）创新劳育理念。基于丝绸行业文化，提出"一蚕一茧"无私奉献、"一梭一织"辛勤劳动、"一丝一缕"精益求精的劳育理念。

（2）融合劳育要素。在劳育内容中融合思政教育、素养培育、技能训练、文化传承、创新创业，实现以劳树德、增智、强体、育美、促创。

（3）畅通劳育路径。将劳育纳入人才培养方案、并入综合素质测评、融入人才培养全程。设置劳动认知、劳动体验、劳动技能劳育课程体系。

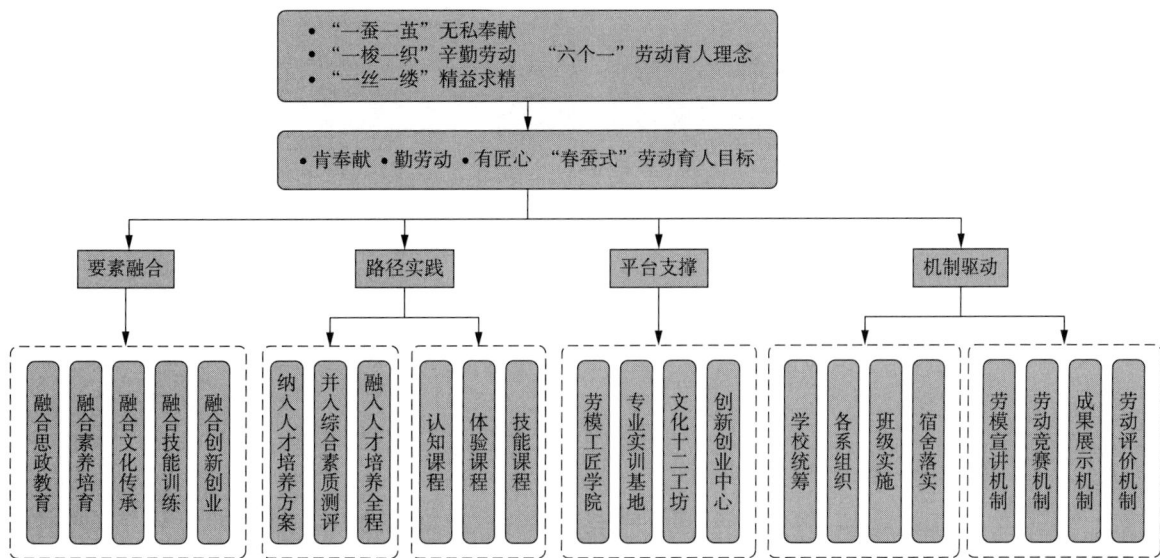

图1 基于丝绸文化的劳动育人体系

（4）搭建劳育平台。政校行企共建劳模工匠学院、专业实训基地、文化传承"十二工坊"、大学生创新创业中心，形成劳育综合载体。

（5）健全劳育机制。实施劳模宣讲、劳动竞赛、成果展示、劳动评价等机制，通过校、系、班级、宿舍四级联动，为劳育提供坚实保障。

成果在省内外报告交流25次，中央电视台、中国教育报等专题报道32次，产生了广泛影响。

1.2 主要解决的教学问题

（1）解决劳育目标不清，价值导向模糊的问题。

（2）解决劳育资源不足，路径载体单一的问题。

（3）解决劳育机制不畅，教管学评脱节的问题。

2 成果解决教学问题的方法

2.1 确立"六个一"育人理念和"春蚕式"育人目标，解决目标不清、价值导向模糊问题

提出"一蚕一茧"无私奉献、"一梭一织"辛勤劳动、"一丝一缕"精益求精的劳育理念，明确了培养肯奉献、勤劳动、有匠心的"春茧式"育人目标。

2.2 搭建"政校行企"劳育平台，解决劳育资源不足问题

整合政校行企资源，共建劳模工匠学院、实训基地、文化传承"十二工坊"和"大创中心"（图2），形成综合化资源平台，共建教师、师傅、劳模结构化师资团队，开发劳育教学标准、课程、岗位、项目，为劳育提供重要支撑。

2.3 构建"五融合"劳育内容体系、建立"三入三课堂"劳育路径，解决路径载体单一问题

在劳育中，融合思政教育，实现心行合一；融合素养培育，强化奉献勤俭品质和安全环保意识；融合技能训练，培养敬业精神和专业技能；融合文化传承，培养匠心匠技；融合创新创业，提升"双创"能力（图3）。将劳育纳入人才培养方案，并入综合素质测评，融入人才培养全程，贯穿各学期，渗透寒暑假。设置劳育认知课堂、体验课堂、技能课堂三课堂，实现知劳、乐劳、善劳递进。

图 2   "政校行企"劳育平台

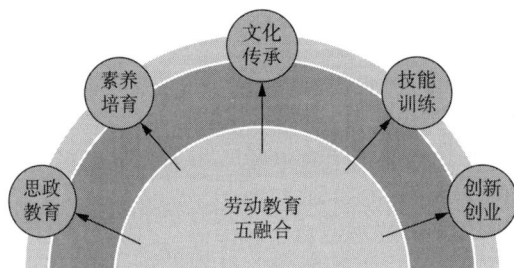

图 3   "五融合"劳动教育体系

2.4   健全"讲赛展评"劳育机制，解决劳育机制不畅、教管学评脱节问题

开展劳模巡讲，宣传劳模事迹，弘扬劳动光荣风尚；开展劳动竞赛，形成比武氛围，强化技能宝贵认同；开展成果展示，展览劳动成果和创意作品，营造创造伟大氛围；开展劳动评价，实行"信息化+课分"评价模式，表彰技能标兵，树立先进典型。通过校、系、班级、宿舍四级联动，实现机制驱动，推动"讲赛展评"落细落实。

3   成果的创新点

3.1   创新了"六个一"劳育理念

根据马克思教育观和劳动观，结合学校专业特色，提出"一蚕一茧"无私奉献、"一梭一织"辛勤劳动、"一丝一缕"精益求精"六个一"劳育新理念（图4）。突出理念引领，坚持育劳合一，实现知行合一，达成"春蚕式"育人目标。该理念丰富了新时代职业教育理念。

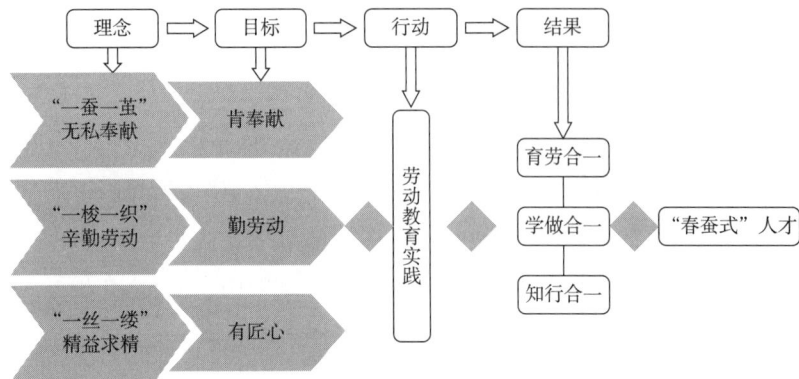

图 4   "六个一"劳育新理念

3.2 创新了"三入、三课堂"劳育路径

遵循职教规律,将劳育纳入人才培养方案,并入综合素质测评,融入人才培养全程,建立认知课堂、体验课堂、技能课堂"三课堂"体系,构建全员、全向、全程劳育格局,形成系统化、融合化、递进化劳育路径(图5),统筹培育劳动精神、劳模精神、工匠精神,全面提升学生劳动知识、素质和技能。

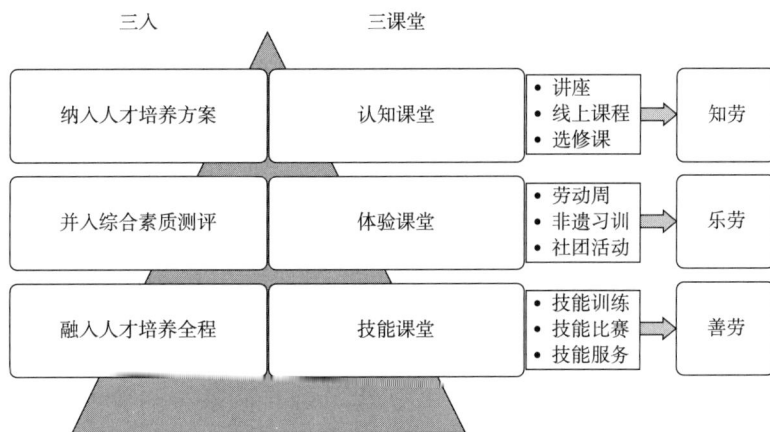

图5 "三入、三课堂"劳育路径

3.3 创新了"校系班舍联动、讲赛展评贯穿"劳育机制

加强制度建设和过程优化,创新实施校、系、班级、宿舍主体联动,讲、赛、展、评环节贯穿的劳动育人机制,打造出"百名劳模进讲堂""百种技艺入课堂""百项成果展馆堂"系列品牌活动,提升了劳育效果和效益(图6)。

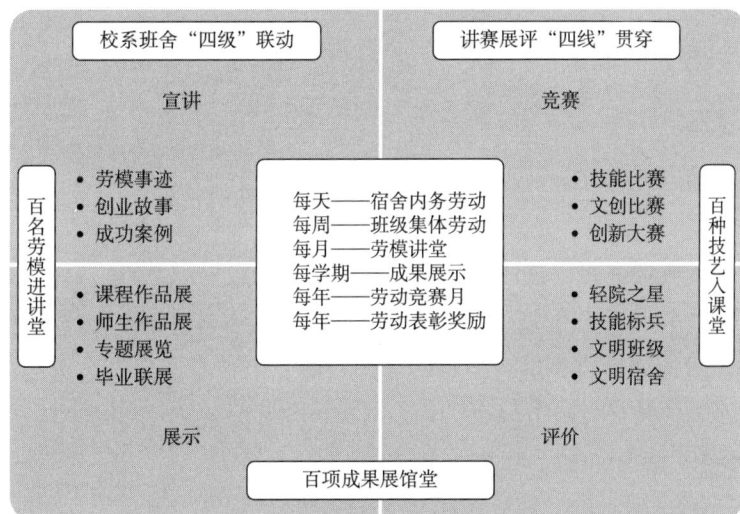

图6 "校系班舍联动、讲赛展评贯穿"劳育机制

4 成果的推广应用情况

4.1 育人成效显著,学生素养全面提升

经过实践,受益学生4万余人,学生素质全面提升,培养出全国五一劳动奖章获得者吴新文,国

家科技进步二等奖获得者齐元章，全国优秀共青团员、中国大学生自强之星丁姣，"中国大学生自强之星"奖学金获得者崔灿灿，全国纺织服装专业学生职业技能标兵王海迪、朱林林，受到国家最高领导人接见的博士黄强等优秀学子，获得中国工艺美术大师称号的周祖嵘等6人，中国美术家协会会员尤德民等8人，中国书法协会会员丁峰等3人，非遗传承人张鸿磊等5人及四川大凉山支教小学校长时贞通等优秀毕业生。

近5年，学生获全国职业技能大赛一等奖45项，学生就业率98%以上，企业满意度99%以上，在全省高职院校名列前茅。企业普遍反映学生品德优良、作风扎实、吃苦耐劳、忠诚度高。

4.2 实践应用扎实，内涵建设成果丰硕

学校制定了劳动教育相关制度9个，出台了《关于进一步加强新时代劳动教育的实施方案》，开发了劳动教育相关课程24门和劳动岗位标准12套，完成劳动育人相关课题19项、论文24篇。建立校内外劳动教育实践基地35处，聘任导师328人。导师刘子斌成为全国劳模，吕宁获得全国职业院校信息化教学大赛一等奖，张玉惕、马雪梅成为中国纺织行业职业教育突出贡献人物，师生制作了绒绣壁挂《祖国大地》等优秀作品（图7），《"民族匠心"育时代新人，"薪火相传"铸育人品牌》获山东省辅导员优秀工作案例一等奖。

图7 《祖国大地》创作团队

学校获得全国无偿献血促进奖，被评为国家级节约型公共机构示范单位、全国纺织人才培训基地，建成全国职业院校民族文化传承与创新示范专业1个、全国骨干专业2个，连续18年获得山东省文明单位称号，被评为山东省职业教育先进单位、职业院校毕业生就业工作先进集体、山东省中华优秀传统文化传承基地、山东省智慧教育示范校等。

4.3 示范辐射明显，海内外影响广泛

面向全国同行推广劳动教育育人教材6本。在第二届全国大中小学劳动教育峰会、高职高专公共基础课程建设与实施研讨会等省内外会议交流发言25次。淄博职业学院、美国帕森斯设计学院等56家海内外学校交流借鉴。韩国南部大学等海外学生239人次来校游学体验传统劳动实践项目，巴基斯坦、越南、印度等120余名留学生学习刺绣、扎染、剪纸等课程。全国政协委员、教育部原副部长鲁昕到校考察"十二工坊"文化传承项目（图8），中央电视台《新闻联播》以"平等共享发展成果 我国残疾人事业取得长足进步"为题报道我校毕业生丁姣、中国教育报以"构建'三课堂三融合三导师'劳动育人体系"为题报道劳动教育实践经验等32次，在海内外产生了重大而广泛的影响。

图 8　全国政协委员、教育部原副部长鲁昕到校考察"十二工坊"文化传承项目

产教共生、三维四阶：服装专业专创融合人才培养模式的创新与实践

嘉兴学院

完成人及简况

姓名	性别	所在单位	党政职务	专业技术职称
虞紫英	女	嘉兴学院	服装系主任	副教授
苏海林	女	嘉兴学院	教学质量监控中心副主任、嘉兴教育局副局长（挂职）	副教授
刘建铅	男	嘉兴学院	服装系副主任	讲师
韦浩	男	嘉兴学院	设计学院院长	教授
黄蒙水	男	嘉兴学院	数媒系主任	讲师
钱大可	男	嘉兴学院	无	副教授
武剑	男	平湖市经济和信息化局、平湖服装文化创意园	中小企业服务中心副主任、董事长兼总经理	国家一级人力资源管理师、中级工艺美术师
浦海燕	女	嘉兴学院	无	副教授
吕海舟	男	嘉兴学院	无	副教授
卓海丹	女	嘉兴学院	办公室主任	讲师
王艳敏	男	嘉兴学院	艺术与设计中心主任	副教授

1 成果简介及主要解决的教学问题

1.1 成果简介

因服装产业创新升级、业界交融而带来的跨界人才需求，以及对毕业生独立实践和创新创业能力的更高要求，本校服装与服饰设计（专科）于2008年起依托嘉兴时尚产业集群优势，以产业人才需求为导向，形成"需求牵引、双核共育"的人才培养改革理念，明确了服装专业教育与创新创业能力培养融合为目标的改革方向，最终聚焦于三个主要教学问题：如何构建产学研合作平台支撑专创融合；如何变革传统教学维度驱动专创融合；如何设定人才培养路径引导专创融合。

"产教共生、三维四阶"专创融合人才培养模式是在专创育人产教共生系统内，本着专业、市场、产业"三维融合"培养理念，实现专创融合"四阶递进"（教学过程四阶、专创能力培养四阶、专创项目四阶），将产教融合"平台"与"模式"的创新作为创新驱动的核心要素，积聚力量，助推创新创业教育融入人才培养全过程。该模式实现平台、主体、路径和成果的全方位融合，培养不仅具备扎实跨界专业知识与技能，同时还拥有创新精神与创业能力的服装专业双创人才（图1）。

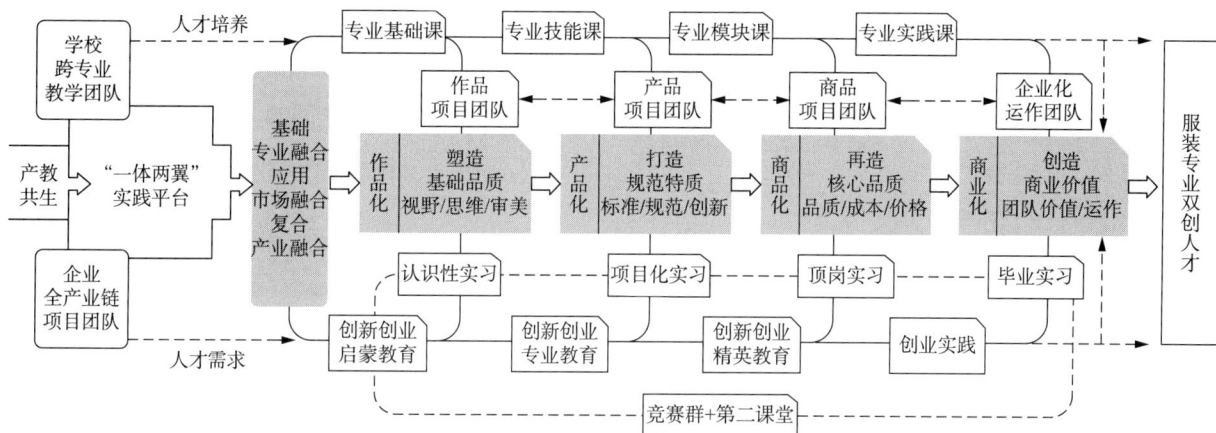

图1 "产教共生、三维四阶"专创融合人才培养模式

成果在理论上有创新，在实践上有拓展，校企共创运营"隶玛"服装品牌推动产教共生系统不断完善，创新创业教育学生受益面和收益深度显著提高，专创融合育人成果参加国家级平台展示形成一定影响力。

1.2 主要解决的教学问题

（1）如何构建产学研合作平台支持专创融合。

（2）如何变革传统教学维度驱动专创融合。

（3）如何设定人才培养路径引导专创融合。

2 成果解决教学问题的方法

2.1 "产教共生"：校企共建创意实验园，筑成教学实体平台

打造"一体两翼"专创融合人才培养实践类平台（以平湖服装文化创意园为主体，校内大学生创业创新实践园和校外时尚创新基地为两翼），确立产教融合共生系统中各要素的组织框架和顺序。牵头成立平湖市羽绒服企业联盟，建立校企共建众创空间；选聘覆盖多专业的全产业链的校外28名导师组成名师联盟，打造跨专业全产业链教学团队；制定保障校企共创可持续发展的规章制度；调整专业人才培养方案；校企合作企业带项目与学生共同创业；实现产业经济效益和创新创业人才培养双提升（图2）。

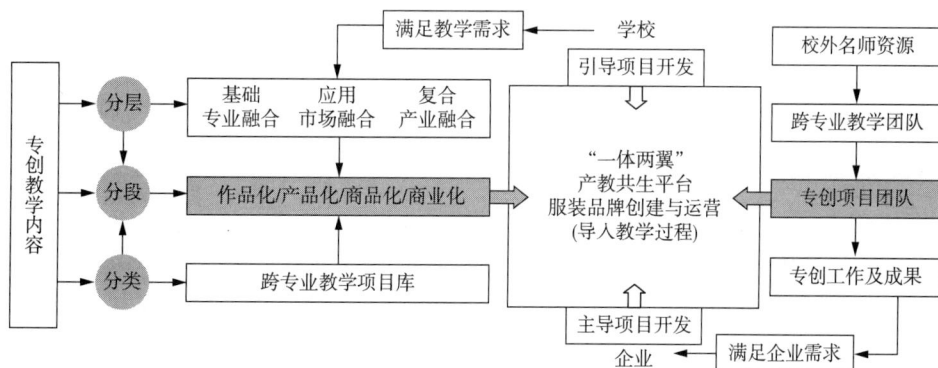

图2 专创融合人才培养"产教共生"平台

2.2 "三维融合"：搭建链式"课程群、竞赛群、项目群"课程体系

课程体系构建贯彻专业、产业、市场三维融合培养理念，以"学生中心、成果导向"为教学原则，按照"塑造、打造、再造、创造"的能力进阶培养路径，通过专业课程融合创新创业实践，开展"课程+"模式，即课程群、竞赛群、项目群"三群联动"浸入式教学，培养学生的设计实现力、设计服务力、团队合作力和事业发展力（图 3）。

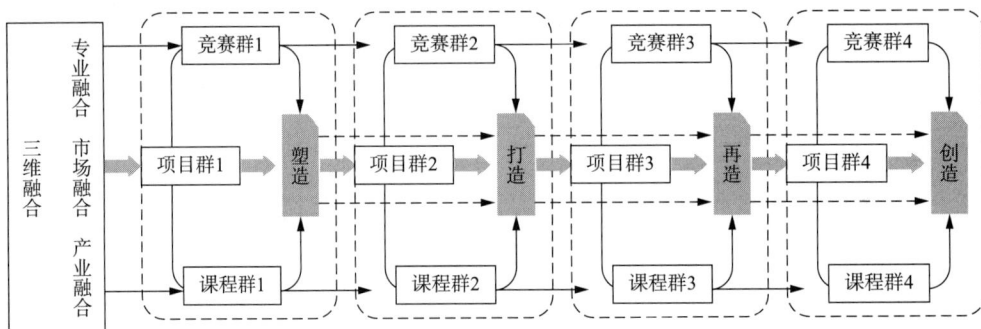

图 3 "三维融合"链式专创融合课程体系

2.3 "四阶递进"：教学路径推动专创全面融合

"四阶递进"以"作品化—产品化—商品化—商业化"的教学进阶路径为导向，构筑从低阶到高阶项目（作品项目、产品项目、商品项目、创业项目），融合创新创业能力培养（启蒙教育、专业教育、精英教育、创业实践）和专业能力培养（专业基础课、专业技能课、专业模块课、专业实践），实现专业教育与创新创业教育全方位、全周期、全过程融合（图 4）。

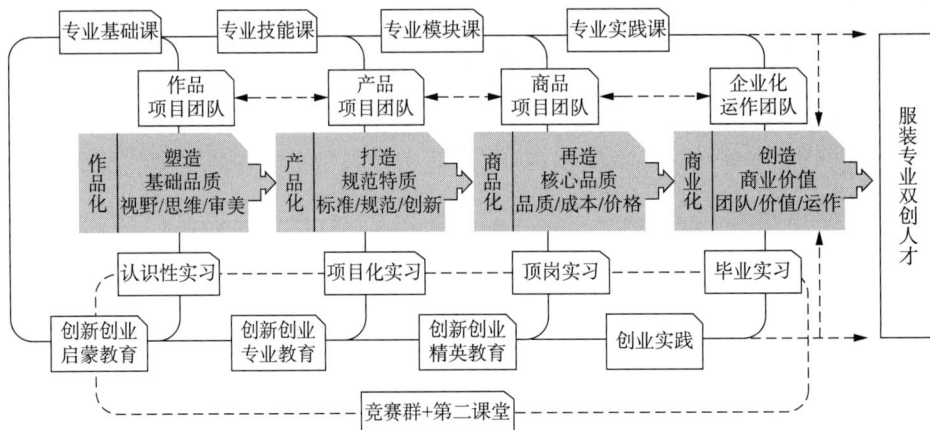

图 4 "四阶递进"专创融合教学路径

3 成果的创新点

3.1 协同创新：序化产教融合共生系统

借助区域时尚产业优势，推进"一体两翼"平台建设，完善全产业链跨专业教学团队，序化结构、配置、形态、功能、目标五个基本要素构成。产教融合共生系统的良性运作，使课程教学、学生实践与创新创业活动得到协同效应，保证专创人才培养有序推进。

3.2 路径创新：提高能力培养的连贯性与进阶性

本着专业、市场、产业"三维融合"驱动创新创业育人模式，提炼"四阶递进"教学路径，达到学生"塑造、打造、再造、创造"能力升级，提出课程群、竞赛群、项目群"三群联动"的链式课程体系，支持不同课程的能力培养递进融合创新创业能力培养。

3.3 模式创新：提升双创教育融合度

打破壁垒，围绕"四阶"的教学路径，建立"专创融合"通道，开展专业教育与双创教育从教学举措、教学模式、教学内容、教学过程、教学评价五个维度的教学探索，实现人才培养、社会服务和创新创业无缝链接的育人模式，提高专业知识技能向创新创业能力转化。

4 成果的推广应用情况

成果是服装与服饰设计专业（专科）教学团队十余年在人才培养过程中，通过阶段性教学成果奖项、教科研项目、课改项目、精品课程、多规格创新平台建设和创业实践园及综合性大学生实践教育基地建设逐渐形成的，成果的形成过程也是应用实践的过程。

4.1 教学改革效果显著，学生受益面广

不断提升教学改革质量，服务地方产业创新发展，得到校、政、企各界好评。获得校级教学成果一等奖4项、省级实践教育基地1项、省级实验中心1个，校级产教融合基地4个。完成高质量学术论文9篇、省级教改项目7项、省级教材2部。获浙江省"互联网+教学"优秀案例特等奖、一等奖、二等奖各1项，省微课比赛、教育技术比赛一、二等奖10项。45名教师（校内双师型教师15人，创业导师2人；校外创业导师12人，专业导师16人）组建三大类跨专业教学团队，实施跨专业教学项目，直接受益学生900余名。论文《基于应用型跨界人才培养的跨学科教学项目研制与实施》获2016全国应用型课程改革实践征文大赛三等奖。

4.2 人才培养成效明显，毕业生质量提高

改革各项举措，显著增强学生的专业实践水平和创新创业能力，增强学生应对产业升级变革、持续学习的能力，培养质量得到各界认可。近5年，学生学科竞赛获奖等级不断提升，省级以上学科竞赛获奖97项，"双导师"制完成学生创新项目23项，发表论文29篇。毕业生就业率100%，工作胜任率、用人单位满意率均在98.6%以上。大学生创业创新实践园成功被立为第三批嘉兴市创业基地，学生在校参与真实技术服务项目近800万元，孵化创业公司40余家；部分学生毕业后延续在校孵化项目，其中"小鹿要飞"品牌淘宝粉丝量近300万，年销售额逾亿元。2020年浙江省教育厅调查数据显示，服装专业（专科）2016届毕业生的创业率是浙江省高职类平均水平的近2倍；"专业课堂教学效果""实践教学效果"和"教学水平"等指标的数据充分体现了学生对专创融合育人模式的肯定。

4.3 产教共生特色鲜明，学生参与度高

一体两翼专创融合产教共生平台建设成效显著，多位教师被聘为企业顾问专家，社会服务能力大大提升。承办行业发展论坛2次，协办全国性服装设计大赛7届、服装博览会5届，为企业及学生作品发布动态会演10多场。"服装城之夜"被认定为平湖时尚文化品牌活动。多年来，校企共建"创新课堂"经平湖经信局考核优秀，获得40万经费奖励。师生团队主持运营的服装品牌"隶玛"，获得浙江省出口名牌、嘉兴市名牌，系列活动学生参与达1500余人次。

4.4 推动产业转型升级，得到行业同行赞誉

国内外高校和政府部门考察团均有前来考察产教融合双创平台建设，交流创新创业人才培养经验。教育部高校设计学类专业教指委委员刘秀伟教授、侯东昱教授，中国服装协会副会长杨金纯，对本校服装专业专创人才培养模式、引导和服务地方产业转型升级给予了充分肯定。中国纺织服装行业年会中发布的"纺织服装产业社会责任报告"中，对本成果促进了教育与产业集群的同步可持续发展给予高度评价。

4.5 校外辐射范围大，应用推广效果好

教学成果受邀参加2020第三届长三角国际文化产业博览会和第十二届中国艺术节演艺及文创产品博览会。中国教育在线、中国服装网、中国日报、央广网、新浪网、凤凰网、搜狐网、瑞丽网、第一设计网、嘉兴电视台等知名媒体报道了我校设计类专业专创融合育人成果，辐射范围大，受益面广，形成社会影响力。

"双线并行、德技并举"构建"现代纺织＋信息化"课程体系的实践

盐城工业职业技术学院

完成人及简况

姓名	性别	所在单位	党政职务	专业技术职称
秦晓	女	盐城工业职业技术学院	纺织服装学院副书记、副院长	副教授
李桂付	男	盐城工业职业技术学院	教务处处长	教授
王建明	男	盐城工业职业技术学院	纺织服装学院教师	副教授
赵菊梅	女	盐城工业职业技术学院	纺织服装学院教学办公室主任	副教授
王慧玲	女	盐城工业职业技术学院	纺织服装学院专业带头人	副教授
徐帅	男	盐城工业职业技术学院	纺织服装学院教师	副教授

1　成果简介及主要解决的教学问题

1.1　成果简介

针对信息化教学时代高职院校学生线上学习自觉性差、混合式教学效果不理想、课程考核形式相对单一、学生的素质养成体现不足、课程思政与专业教学"两张皮"等问题，于2013年始，依托校级教改课题"MOOC时代基于网络课程创新高职院校'混合式'教学模式改革的实践研究"和省级教改课题"基于交互网络环境创'MFW'混合式教学模式的改革与实践"，对在线课程的建设与混合式教学进行了长达8年的研究、实践，构建了"现代纺织＋信息化"课程体系，推进了信息化教育时代高职院校的混合式教学，以及课程思政教育与专业技能培养的深入融合、同向同行。

其间，立项了国家精品在线开放课程1门，示范引领了所在专业建成5门国家级课程（资源库）、8门省在线开放课程、1门省级课程思政示范课程、1门省级英文精品课程，完成6部省重点教材的出版；教学科研、互助相长，教师参加全国信息化教学大赛获二等奖1项、江苏省信息化教学大赛获一等奖2项，建设了一支省级青蓝工程优秀教学团队"现代纺织信息化教学融合创新教学团队"，为教学做好保障；技能培养、思政同行，学生在各类全国技能大赛中取得优异成绩，获团体一等奖6项、各类单项一等奖22项；注重学生创新创业能力的培养，学生参与专利申报授权64项、参与省部级以上论文发表38篇，挖掘专利技术产业化产品参与各类省部级以上创新创业大赛获奖7项，其中全国挑战杯创新创效创业大赛特等奖1项。

1.2　主要解决的教学问题

（1）解决高职院校学生线上学习自觉性差，影响混合式教学效果的问题。

（2）解决混合式教学中课程考核不全面，素质能力提升体现不足的问题。

（3）解决职业教育教学中重技能轻素质，课程思政与专业教学"两张皮"的问题。

2 成果解决教学问题的方法

2.1 "双线并行、德技并举"，构建"现代纺织＋信息化"课程体系

（1）双线并行，开发一批优秀的在线课程开放共享。依托国家实训基地、江苏省品牌专业，整合校企资源，建设了以国家精品在线开放课程《新型纺织面料来样分析》为代表的一批优秀在线课程并上线开放。

（2）德技并举，构建"现代纺织＋信息化"课程体系。并在实践的过程中推行"线上＋线下"双线并行、"德育＋技能"德技并举。

2.2 基于多元智能人才观，校企协同开发在线课程，增强资源的有效性

基于多元智能人才观，针对高职院校学生的特点，邀请企业能工巧匠参与在线课程的开发与资源建设，有效增强在线课程的使用性。

2.3 构建课程在线学习跟踪管理机制和多元过程考核机制，切实提高混合式教学实效

（1）构建学生在线学习跟踪管理机制，提高学生线上学习成效。针对线上学习缺乏监管、学生学习自觉性较差等问题，构建在线学习跟踪管理机制，并将线上学习部分纳入课程学习全过程。

（2）线上线下"双线并行"，切实增强课程的有效教学。每一次任务教学都从5个环节15个层面展开，根据具体"任务"特点来安排实施"线上"与"线下"的教学内容，切实增强课堂有效教学。

（3）构建多元化、过程化考核方式，闭环评价、以评促学。将课程考核评价与教学实施过程一一对应，技能培养与素质提升相辅相成，从"过程养成"的角度出发来衡量其技能和素质的达成度，并形成闭环评价体系。

2.4 思政技能"德技并举"，德育素质与技能培养同向同行

通过专业知识与思政教育的融合，关注并致力于学生"德育＋技能"培养的同向同行，潜移默化中促进学生整体素质的不断提升，推进地方纺织产业的持续发展。

3 成果的创新点

（1）理论层面上，以首要教学原理为指导，学生在完成"企业真实任务"的过程中达成学习目标，提升了课堂的有效教学。以"首要教学原理"为指导，针对高职学生倾向于形象思维的特点，课程的教学任务均选自企业真实的工作任务，内容符合高职院校及校外企业工作人员的需求，以简单的语言、直观的操作与演示来适应形象思维强的学习对象，探索在线开放课程的个性化学习模式。

（2）方法层面上，进行了线上线下"双线并行"，思政技能"德技并举"的教学设计，实现了将"素质养成"纳入课程考核。本着考核评价是促进课程教学改革、学生有效学习的手段，依据CIPP评价模式，构建了与教学过程一一对应的考核评价体系，并将学生素质养成（课程思政）纳入课程的评价体系。

（3）实践层面上，将学校文化与企业文化、行业文化、地域文化有机融合，推进了思政教育与技能培养同向同行。将企业文化引入校园，践行行业企业多方位参与课程开发与建设；将课程思政与专业技能培养有机融合，重视学生素质的培养。梳理专业教学内容和环节，结合企业相应工作岗位的素

养要求，分析发掘课程教学中的思政元素并融入专业教学中。

4 成果的推广应用情况

4.1 国家精品、示范引领，领先兄弟院校建设优质资源

（1）精品课程示范引领。本着贴近企业开展教学的原则，以国家精品课程为例，自开发以来一直深入企业走访调研，先后邀请了江苏悦达家纺有限公司王成军、盐城市纤维检验所徐毓亚、南京必维国际检验集团孔兰兰等企业技术人员参与课程设计和操作视频录制，制作真正适合高职学生的课程资源。开课期间，学生的疑问也能够得到及时的答复。成果实施过程中，课程不断建设完善，先后被立项为校级项目化课程（2016年）、省级在线开放课程（2017年）、国家级精品在线开放课程（2019年），以及省级课程思政示范项目（2021年）。

（2）优质资源教学保障。在国家精品课程的示范引领下，学院积极响应教育信息化，加大在线开放课程的建设。除建设有1门国家精品在线开放课程外，还建成8门江苏省在线开放课程，含1门江苏省英文精品课程、国家现代纺织技术专业国家教学资源库课程6门。同时，引进借鉴国外教学资源，建成双语课程3门；引进香港理工大学"Smart Fibers Fabrics and Clothing"（智能纤维织物和服装）课程；开发了中外礼仪基础等2门跨文化交流和合作任选课，提高学生职业素养和国际视野。

（3）配套教材重点规划。基于在线课程推进"新形态一体化教材"的建设，先后完成8本江苏省重点教材和十余本部委级规划教材的编写和出版。

4.2 混合教学、构建模式，有力保障课堂开展有效教学

在教育信息化时代，混合式教学模式在很大程度上体现了以学生为中心的教学服务理念，基于交互网络环境，融合网络在线课程、翻转课堂以及微信等创新高职院校教学模式，改变以教师为中心的教学观念，在教学内容、教学方法、考核方式等方面体现学生的感受，促进学生主动学习、自主学习。经过几年的实践，江苏省教学改革课题《基于交互网络环境创新"MFW"混合式教学模式的改革与实践》已完成结题；《教育信息化背景下混合式教学模式的改革与实践》获得中国纺织工业联合会教学成果三等奖。

4.3 教学科研、互助相长，优秀教学团队做好教学保障

（1）教学水平不断提升。授课教师积极研究教学模式和教学方法的改革，参加全国信息化教学大赛获二等奖、江苏省信息化教学大赛获一等奖。在比赛的过程中，教师的教学能力得到了提升，也有效保障了在线课程的建设和实践。团队成员参加各类教学大赛获奖21项，发表相关教学论文9篇，完成相关教学课题17项，获各级各类教学成果奖34项等。课程团队成员不忘提升自身素质，先后打造了江苏省专业带头人高端研究团队、江苏省青蓝工程优秀教学团队"现代纺织信息化教学融合创新教学团队"。

（2）科研教学互助相长。一定程度上，科研是教学的升华，但最后仍落脚于教学改革与发展上。成果实施以来，校企联合申报省产学研前瞻项目4项，教师带领学生在省部级以上期刊发表论文38篇，授权专利64项，获省部级以上各类人才项目7人次，同时还打造了一支省级"青蓝工程"优秀教学团队。

4.4 技能培养、德育同行，学生素质和技能水平国内领先

（1）学生技能国内领先。本着"以'赛'促改、以'赛'促教、教学相长"的原则，以建构主义

和终身教育为理念，构建了"标准化、规范化"的项目任务。经过实践，学生在全国职业院校学生纺织面料检测技能大赛中，连续多年全国领先，多次获得团体、个人一等奖。多名获奖的优秀学生被当地纤维检验所、国内外知名的检测公司直接录用，备受企业好评。

（2）学生素质社会认可。课程教学推行思政教育与技能培养同向同行，潜移默化中，学生的各方面素质都有了大大提升，就业质量连续几年在省内高职院校排名靠前，企业满意度也较高。同时，课程教学注重学生创新创业能力的培养，学生参与专利申报授权64项、参与省部级以上期刊发表论文38篇，挖掘专利技术产业化产品参与各类省部级以上创新创业大赛获奖7项，其中全国挑战杯获创新创效创业大赛特等奖1项。

4.5 校企合作、协同发展，社会影响彰显真实力

（1）学校内外示范引领。"新型纺织面料来样分析"课程是最早一批的校级项目化课程，也是目前校内乃至江苏省专业内唯一的一门国家精品在线开放课程。2021年4月，该课程被认定为江苏省课程思政示范课程，在推进纺织专业课程思政建设的同时，也推进了在线开放课程的课程思政建设。

（2）校外同行学习交流。我院的在线课程以国家精品在线课程为首，在国内同类院校中一直处于领先地位。截至当前积累资源200多条，面向社会服务18000多人次，完成9期在线授课。近几年，有10余家同类院校来我校学习交流。

（3）行业企业深度合作。紧密结合企业需求、融入当地企业文化，以"立德树人"为任务，思政教育与技能培养同向同行。育人机制得到社会及众多企业关注，吸引了天虹集团、悦达纺织集团等知名企业主动来校联手育人、订单培养，为全国同类院校开展专业改革提供了成功范本。

（4）社会各界普遍好评。本着校企合作开发资源，企业技术人员参与课程建设的原则，课程的教学内容与市场、企业精准对接，在社会、兄弟院校，以及广大学习者中广受好评。2019年9月8日，《光明日报》专题报道学校"面向地方经济发展和企业需求，从生产一线的实践中培养人才"（图1）。在线课程的建设过程中，为了让教学内容与市场、企业精准对接，学校将新型纺织面料来样分析列入课程教学改革新方向，打造了国家精品在线开放课程。

图1 《光明日报》报道

2019年11月，盐城电视台做了专题采访，报道我校"画好校地融合发展同心圆"（图2），"推进素能一体　助力学生出彩"入选《江苏高校品牌专业项目建设优秀案例集（2016）》。

图2　盐城电视台报道

双轮驱动、四维协同、三创融合的纺织品设计专业人才培养探索与实践

浙江纺织服装职业技术学院

完成人及简况

姓名	性别	所在单位	党政职务	专业技术职称
罗炳金	男	浙江纺织服装职业技术学院	纺织学院纺织品设计专业带头人	教授
陈敏	女	浙江纺织服装职业技术学院	无	副教授
刘翠萍	女	浙江纺织服装职业技术学院	无	副教授
周碧丽	男	浙江纺织服装职业技术学院	无	助理研究员
马旭红	女	浙江纺织服装职业技术学院	无	副教授
徐丛璐	女	浙江纺织服装职业技术学院	无	讲师
胡晓	女	浙江纺织服装职业技术学院	无	讲师

1 成果简介及主要解决的教学问题

1.1 成果简介

本成果以红帮文化思想为引领，以培养面向纺织面料开发、纺织品文化创意设计的"懂文化、精技艺、能创新、会设计"工匠型、创新型人才为目标，基于文化与技艺双轮驱动，牵头制定国家相关专业教学标准；围绕纺织文化、时尚创意和技术创新，建设国家专业教学资源库，搭建"产教研赛"四维协同创新平台和协同育人机制，实现学创、科创和赛创融合，探索了传统专业在产业新业态下的改造升级和人才培养新路子。

经过多年的理论探索和实践，走出了一条特色育人、实践育人之路，取得了丰硕成果。近5年，我校纺织品设计专业在高职院校"金平果"排名中位列全国第一，主持建设国家职业教育纺织品设计专业教学资源库、省级教学创新团队、省课程思政示范基层教学组织，以纺织品设计专业为龙头的专业群列入省高职"双高"建设，学生在全国和省级挑战杯大赛、全国纺织职业院校技能大赛中屡获佳绩。

1.2 主要解决的教学问题

（1）人才培养定位问题。专业人才培养存在着重工艺轻文化、重技能轻素养的问题，忽视了高职教育内蕴的文化传承、职业素养以及支撑技能长期发展的创新思维训练。

（2）教学资源开发问题。专业教学资源不能满足产业新业态下的人才培养需要。现代纺织产业"新业态"特征和教学模式改革的要求，需要将传统的纺织文化、技艺和时尚元素、新技术等素材转变

为教学活动状态，并以此来架构课程和教材资源。

（3）校企协同育人问题。专业与产业之间缺乏有效的校企协同创新平台和协同育人机制，教学内容、比赛内容与企业项目兼容较难，学生的技能竞赛活动、科研项目与学生的创新创业教育结合不紧密，无法支撑"工匠型""创新型"高职设计人才培养。

2 成果解决教学问题的方法

2.1 以"红帮文化"思想为引领确定人才培养的特质和定位

以文化与技艺为驱动，面向时尚、绿色、科技纺织产业，设计人才职业特质、培养定位和课程体系。以"敢为人先、精于技艺、诚信重诺、勤奋敬业"的红帮文化思想为引领，确定了新形势下纺织品设计人才职业特质（文化素养+技术技能）和培养定位（工匠型+创新型），并通过修（制）订高职纺织品设计专业教学标准，对接"纺织面料开发'1+X'证书标准"，将人才职业特质和定位融入人才培养方案、教学资源建设标准中，构建"创新创业、织锦世界"、有文化、有个性课程体系（图1）。

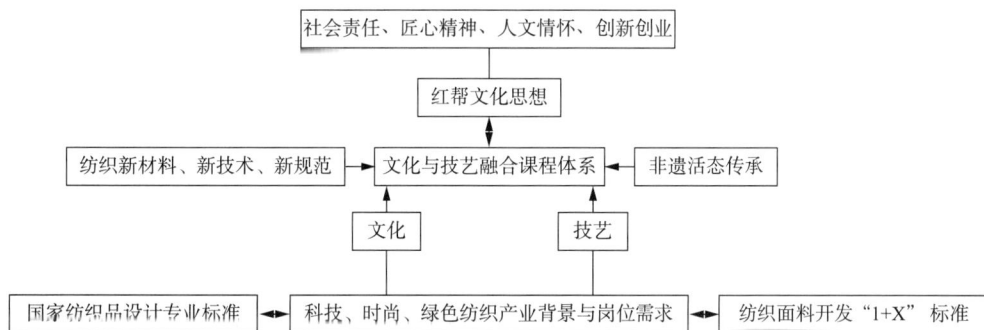

图1 纺织品设计专业人才培养方案设计思路

2.2 围绕民族文化技艺纺织品、时尚创意和技术创新纺织品，建设国家职业教育纺织品设计教学资源库

主持建设国家职业教育纺织品设计专业教学资源库建设，搭建关于纺织文化技艺、时尚创意和新技术素材的三大特色子库（图2）和"一带一路"纺织文化风情、纺织工艺的虚拟仿真系统，将专业教学资源库的2万多条颗粒化素材转变为教学活动状态，并通过岗位工作过程的任务、情境、项目来架设课程体系和教学单元，校企合作、联建院校协作开发15门标准化线上课程、12本活页式教材。

| 文化(非遗)纺织品库 | 时尚创意纺织品库 | 技术创新纺织品库 |

图2 国家职业教育纺织品设计教学资源库的三大教学子库

2.3 搭建"产教研赛"四维协同平台，学创、科创、赛创"三创"融合，培养人才

（1）与行业龙头企业深度合作，共建产教融合平台，实施多元协同育人模式。与行业龙头企业深度合作，共建产教融合平台，包括产学研技术创新联盟、产教融合实训基地和智慧型学习工厂。依托

平台，创设"纺织品设计创新实验班"，校企共同开发产教特性的教学项目和开展技能比赛。从合作企业中遴选出能工巧匠来担任学生的技能培训和竞赛的"工匠导师"，通过"工匠导师＋专业教师"双师指导和"比赛驱动、项目导向、协同教学、多元评价"的方式，实现"红帮文化＋工匠精神＋知识技能"多元育人，培养"工匠型""创新型"人才。

（2）建设非遗纺织技艺技能大师工作室，课内与课外联动，实现"学创"融合。建设包括国家级金银彩绣大师工作室在内的非遗纺织技艺工作室。依托工作室、国家职业教育纺织品设计专业教学资源库，打造基于工作室的"线下小班课堂"＋基于资源库的"SPOCS个性化课堂"，将传统的"红帮裁缝"学徒制培训方法与现代信息化教学手段相结合，让学生"边学习、边实践、边创新"，使学生从"学做结合"过渡到"学创融合"。

（3）共建科技创新协同平台，推进学生科研项目"双创化"，实现"科创"融合。包括新型面料协同创新中心和5家大学生校外创新创业基地，建立"科研项目＋创新创业"的学生科研团队和兴趣小组，搭建以学生科研项目为载体的经纬创客训练营，组织学生进行"非遗＋文创""时尚＋数字"产品研发。

（4）搭建技能竞赛递增训练平台，推进技能竞赛"双创化"，实现"赛创"融合。搭建四级递增式技能比赛训练平台，包括学校红帮技能节设计比赛、全国纺织面料设计比赛、浙江省创新创业挑战杯比赛、国际纺织品设计比赛，依托比赛训练平台，建立了长效竞争机制，营造班级人人参与、层层参与的氛围，推进技能竞赛"双创化"，达到"以赛促训、以赛促创"的目的。

3 成果的创新点

3.1 红帮文化思想与工匠精神融合，精准定位，彰显专业个性

以"红帮文化"的"敢为人先、精于技艺、诚信重诺、勤奋敬业"思想精髓与现代工匠精神融合，明确工匠型、创新型的纺织品设计人才专业培养目标，通过修（制）定高职纺织品设计专业教学标准，将纺织品设计人才职业特质（文化素养＋职业技能）融入人才培养方案、教学资源建设标准中，实现传统文化元素与现代纺织工艺技术的时尚演绎。

3.2 构筑基于产业新业态要求的协同、融合、共生专业教育体系

搭建产、教、研、赛协同创新平台，建设国家职业教育专业教学资源库，开发构建"创新创业、织锦世界"的有个性文化的课程体系，创建"纺织品设计创新实验班"，通过"工匠导师＋专业教师"双师指导和"比赛驱动、项目导向、协同教学、多元评价"的方式，推动专业学习与工作过程对接、教学团队与企业工匠导师对接、作品与市场评价对接，实现多元育人，促进专业教学与产业发展共同演进。

3.3 探索了基于协同创新平台的工匠型、创新型人才培养新路径

以产教、科教项目任务为驱动，以比赛为载体，推进学生科研、技能比赛"双创化"，使学生将技能竞赛题目或者科研项目转化为创新创业活动；在学习和训练过程中，将传统的"红帮裁缝"学徒制培训方法与现代职业教育理念相结合，使学生在真实的纺织品设计项目中能运用不同思维方法进行产品创意和创新，让学生边学习、边实践、边参赛、边创新，实现学生创新能力培养三个融合：学创融合、科创融合和赛创融合。

4 成果的推广应用情况

4.1 人提升学生的实践创新能力和就业质量

（1）学生竞赛成绩突出。从2016年开始，学生参加各级类型比赛216人次，共取得省部级及以上一等奖20多人次、二等奖85人次。学生连续6年获全国纺织面料设计比赛团体一等奖、连续5届获浙江省创新创业挑战杯团体特等奖和一等奖，连续三届分别获全国挑战杯比赛特等奖和一等奖。

（2）学生技术服务能力大幅度提高。每年为宁波锦胜海达进出口有限公司、宁波东方威尔进出口有限公司等企业设计产品超过150多件、被企业选中而生产每年超70多件，每年学生参赛作品被企业孵化和选用率达到38%；近3年，学生申报并完成学院创新特色项目98项，申报省级新苗计划项目14项，学生申请专利22项，授权专利17项。

（3）就业质量较高。毕业生就业率始终保持在98%以上，历届纺织专场大型招聘会，供需比达到1:3，用人单位满意度始终保持在87%以上，近6年为浙江纺织产业培养500多名纺织面料开发技术骨干，浙江中小型纺织企业的面料设计人员90%以上来自我校。每年学生的自主创业率在8%左右。

4.2 教学改革和研究成果丰硕，专业具有较强的影响力

纺织品设计专业在高职院校"金平果"排名中位列全国第一，牵头建设国家职业教育纺织品设计专业教学资源库项目，主持制定国家纺织品设计专业教学标准，纺织品设计专业立项为浙江省教学创新团队和省课程思政示范基层教学组织，以纺织品设计专业为龙头的专业群列入浙江省"双高"建设。

在国家职业教育纺织品设计专业教学资源库上开发线上标准化精品课程15门，资源库注册用户数23700余人，用户总访问量超7356000次，提供培训服务11800人次以上。全国所有设有纺织品设计及相关职业院校都积极应用该资源库，180多家企业使用资源库资源开展有关培训。

出版部委级规划教材8本、国家规划教材2本，开发13本"产业先进元素+"的活页式新形态教材，其中纺织新工艺、新技术、新产品特色教材3本，在教学杂志上发表教学改革论文16篇，丰富了职业教学改革的理论和实践。

4.3 成果辐射其他专业和其他学校，具有较强的示范作用

在校内，本成果辐射以纺织品设计专业为龙头的纺织专业群，包括现代纺织技术、纺织品检验、家用纺织品设计、服饰品设计等专业。

本成果为传统专业的改造升级及其人才培养探索了新路子，在教育部纺织服装职业教学指导委员会中进行交流和推广，受到同类院校的高度评价，认为目标明确、针对性强，起到示范引领作用；学生创新特色项目活动，走出了一条特色育人、实践育人之路，获得宁波市校园文化品牌荣誉称号，并得到东南商报、宁波晚报等多家媒体报道。

基于纺织行业特色的"1245"优秀传统文化育人体系的创新与实践

成都纺织高等专科学校

完成人及简况

姓名	性别	所在单位	党政职务	专业技术职称
蔡玉波	男	成都纺织高等专科学校	校党委书记	副教授
周红	女	成都纺织高等专科学校	校党委副书记	教授
廖雪梅	女	成都纺织高等专科学校	无	副教授
朱利容	女	成都纺织高等专科学校	无	教授
徐海艳	女	成都纺织高等专科学校	马克思主义学院副院长	讲师
史在宏	男	成都纺织高等专科学校	党委宣传战部常务副部长	讲师
唐辉	男	成都纺织高等专科学校	马克思主义学院支部书记	副教授
李晓岩	女	成都纺织高等专科学校	服装学院院长	副教授
太扎姆	女	成都纺织高等专科学校	服装学院总支书记	副教授
杨淑琼	女	四川省服装服饰行业协会	协会会长	高级工程师
杨敏	女	安靖街道办事处	安靖街道蜀绣办主任、街道妇联主席	无

1 成果简介及主要解决的教学问题

1.1 成果简介

针对当前存在重技能轻人文、对优秀传统文化育人价值认知不足、育人载体泛化、文化育人知行脱节等问题，本成果立足我校深耕纺织83年的办学历史，以能体现职业教育特点并能与国家、社会、产业发展需求和学校行业特色紧密结合的纺织优秀传统文化为育人载体，建设积极追求真善美、有使命感和社会担当的校园文化精神，在社会主义核心价值观教育的同时实现了中华优秀传统文化资源向生产力转化，促进了地方经济的发展。学校从2009年70年校庆提出"长向桑梓纺经纬、永为河山织锦绣""衣被天下、科教兴国"理念后，开始进行纺织特色的优秀传统文化育人探索与实践。依托2010年国家骨干建设项目、2016年优质校建设形成纺织特色文化育人体系并在校推广实施，以2018年四川省教育厅2018~2020年教育改革项目和2019年度学校的团队建设项目为契机进行调整优化，经过10年基础研究、试点应用、整体开发，形成了基于纺织行业特色的"1245"优秀传统文化育人体系。

五年推广实践，形成教材、研究报告、论文、课例、演本（影像）、唱本（歌曲）等理论与实践成果和工作坊、博物馆、校园景观等物化成果，实现纺织行业优秀传统文化育人覆盖率100%。开发《中华优秀传统文化精髓赏析》《蜀绣》《蜀锦》优秀传统文化教材和资源库。教师获首批"天府万人计划"天府名师、第六届黄炎培职业教育奖"杰出教师奖"等；学生设计作品获省级以上奖项270余项，其中国家级奖项 27 余项；获省级以上创新创业大赛奖项 64 项，其中国家级奖项 6 项；出版专著 1 部、教材 2 部，发表论文 20 篇；成功申报省部级以上科研项目 55 项，其中教育部及国家级科研项目 7 项；建省级课程思政示范课 6 门，开发国际课程 23 门；新增校内外实践平台 20 余个。成果惠及学生创新创业、精准扶贫、非遗传承人群，对"一带一路"沿线国家产生重要影响。

1.2　主要解决的教学问题

（1）解决了中华优秀传统文化教育缺失，教育载体泛化，与行业特色、专业教育结合不紧密的问题。

（2）中华优秀传统文化教育中外部灌输与内在自我教育未能有效衔接、知行脱节的问题。

（3）中华优秀传统文化教育碎片化，缺乏系统性和一体化设计的问题。

2　成果解决教学问题的方法

2.1　纺文化自信，织教育之魂，解决中华优秀传统文化教育载体泛化，与行业特色、专业教育结合不紧密的问题

以本校独特的纺织行业特色、纺织文化底蕴和丰富优质的纺织文化资源为牵引，深挖纺织优秀传统文化精魂，凝练出"大德教育"理念、"嫘祖精神"义化及"人德铸魂、文化培根、匠心传承、创新驱动"育人理念等，形成学校育人文化。以纺织优秀传统文化育人为"一条主线"，纺好文化自信经线，织密文化育人纬线。建"文化育人＋育人文化"两翼并举的纺织优秀传统文化专业群教学体系，推"文化育人"进专业、植"育人文化"入课堂，打造"价值引领、层级递进、知行合一"的专业群课程体系和"立德、润智、粹技、浸美、浣能"的课程模块；打造"铸中国心、育纺织情"的特色校园文化景观，以"环境熏陶、认知教育、情感引导、学用相长、知行合一、品质塑造"的育人路径，通过专业教育、习惯教育、职业教育、创新教育的"四个结合"，建立学生与纺织优秀传统文化的价值链接；设置纺织优秀传统文化实践项目，将纺织优秀传统文化为载体的社会主义核心价值观贯穿价值观培育、思维方式培养到行为能力养成全过程，发展学生对中华优秀传统文化的理解能力；树立学生的"五个认同"意识，通过个体的文化实践构成学生与中华优秀传统文化的良性互动，获得个体精神的成长和文化素养的发展。让学生树立起正确的文化立场、审美观、劳动观和价值观，培养学生的家国情怀、匠心品质、文化品位和创新精神，并外化于行、固化为习，解决中华优秀传统文化教育载体泛化，与行业特色、专业教育结合不紧密的问题。

2.2　构建"1245"纺织优秀传统文化育人实践体系，解决文化育人与一、二课堂脱节，价值观教育知行不一问题

根据人才培养目标要求，用好"一个主阵地"一课堂，发挥"两个主渠道"二课堂活动、网络课堂的育人功能，以真实情境、真实项目，构建一课堂"文化通识、专业理论、专业技能、创新创业、综合实践"课程模块群和二课堂对接精准扶贫、乡村振兴、社区服务、行业需求、国际交流合作，以"纺织非遗文化与地域特色、非遗技艺与文化传承、社会主义先进文化与革命红色文化、文化传播与文化创新发展"的"四个结合"理念整合学校与社会资源，构建"五个实践育人平台"，通过"纺织优秀传统文化＋"实践项目，以一、二课堂协同贯通育人促进学生在实践中不断进行文化建构，得到行为、言论、作品、产品等多种形式的外化，在创造社会效益和经济效益的实践活动中实现自我价值的现代增值，实现外部灌输教育与学生内在自我教育的有效衔接与知行统一，内化生成"政治认同、民族认同、文化认同、职业认同和行业认同"，铸就爱国情怀，实现中华优秀传统文化资源向适应经济社会发

展的文化资本的转变，促进地方经济的发展（图1）。

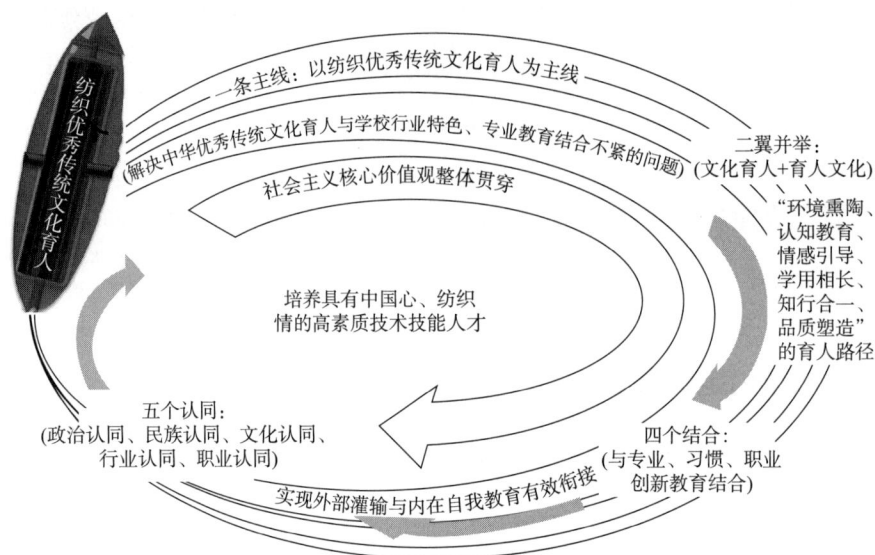

图1 基于纺织行业特色的"1245"传统文化育人体系

2.3 创新"四突出四强化"保障体系，解决中华优秀传统文化教育碎片化，缺乏系统性和一体化设计的问题

"大德教育"入大思政工作，突出课程思政与思政课程协同育人，强化机制保障；突出贯通育人，突破课堂教学、文化建设、社会实践等环节的体制机制壁垒，细化制度强化文化育人制度保障，实现主渠道与主阵地协同育人的高效联动；突出过程管理，创新一课堂内部质量保证体系和二课堂成长积分综合素质考核认定体系，强化评价保障机制，以评价标准引导学生进行正确的价值判断；突出"团队+名师+大师"组合，引育并重，打造"专兼结合队伍"，保障文化育人的高水平实施。确保中华优秀传统文化育人的系统化、制度化，实现一体化文化育人顶层设计。

3 成果的创新点

3.1 创新中华优秀传统文化的育人理念

将基于纺织产业的优秀传统文化如嫘祖文化等，融入专业教育，推"文化育人"进专业、植"育人文化"入课堂，形成"大德铸魂、文化培根、匠心传承，创新驱动"文化育人理念，是中华优秀传统文化精神价值在职业教育领域中的现代阐发，实现了中华优秀传统文化育人资源向适应经济社会发展的文化资本的转变。

3.2 创新中华优秀传统文化的育人体系

基于纺织行业特色的"1245"优秀传统文化育人体系，充分体现了职业教育特点并与国家、社会、产业发展需求和学校行业特色紧密结合，"文化育人"与"育人文化""两翼并举"教学体系与"1245"文化育人实践体系有效强化了中华优秀传统文化的育人效果，促进了地方经济的发展。实现了灌输教育与自我教育有机衔接和学生对中华优秀传统文化的理论认知与实践锻炼的有机统一，实现优秀传统文化资源向生产力的转变和知行合一。

3.3　创新中华优秀传统文化的育人运行机制

将基于纺织产业的优秀传统文化教育理念贯穿学校人才培养的各个环节，形成"四突出四强化"制度机制保障体系，突破课堂教学、文化建设、社会实践等环节的体制机制壁垒，确保中华民族优秀传统文化育人的系统化、制度化，实现一体化文化育人顶层设计，实现了主阵地与主渠道贯通育人的高效联动。

4　成果的推广应用情况

4.1　成果受益人群广

覆盖校内学生100%，为甘孜、阿坝、凉山地区建乡村技能培训基地14个、培育乡村创业合作社7个、农牧民精准扶贫技术培训100余人、建立"金马"服饰品牌创收400余万元、开展乡村规划项目2项、乡村环境美化项目1项；作为四川高职院校唯一国家非遗技艺传承人研修计划承接单位，培训非遗传承人群2000余人，学员返乡后带动当地1000余名百姓居家灵活就业，志愿者服务等惠及人群2万余人。

4.2　教学改革成效显著

建课程思政示范专业1个，建课程思政示范团队2个，建思政课程示范课程2门，建成省级课程思政示范课6门，建"中华优秀传统文化"系列课程41门，开发中华优秀传统文化国际交流课程23门，新增实践平台20个。编著《蜀绣》《四川彝族图集》教材，编写《刺绣设计与工艺专业标准》，建设《蜀锦》《羌族服饰》《藏族服饰》2项国家级资源库，开发《蜀绣》等非遗专业教材，出版《中华优秀传统文化作品赏析》教材，发表论文20余篇，固化体实践育人成果的《锦记》原创大型舞台剧。成果填补了无刺绣纺织非遗教材、无纺织非遗刺绣专业标准、无纺织非遗教学资源库、无纺织非遗蜀锦的题材文化传播作品等4大空白。

4.3　人才培养成效显著

（1）创新能力提高，2017年起，仅服装专业学生作品获省市级设计比赛奖项达100余项，原创舞蹈《织》获四川省大学生艺术节专业组二等奖。学生开发制作蜀锦获外观专利27项，为成都市经信局及十余家企业开发服饰产品400余套。

（2）创业质量提升。孵化学生创业项目并转化64个、双创团队9个、特色培训团队5个；学生获得"互联网+""创青春""挑战杯"等省级以上奖项64项。

（3）就业质量明显提升。2018年起，被四川省教育厅、省人社行业协会评为"四川省普通高等学校毕业生就业创业工作先进单位"，据第三方机构调研反馈，我校毕业生就业竞争力强、发展空间大。

4.4　社会影响大辐射广

2021年，《教育导报》报道推广了我校十年磨一剑的纺织优秀传统文化育人成果；2018年，学校《培育纺织服装特色文化，深化育人功能》案例，获四川省职业院校"奋进新时代，中华传统美德天府职教行动活动周"优秀案例一等奖；2018年，四川省教育厅第53期省教工委简报向全省重点推广"成都纺织高等专科学校创新蜀绣人才培养激发非遗传承活力"育人经验。与老挝琅南塔省教育厅在琅南塔省师范学院共建海外嫘祖学院及海外实训基地等传播中华优秀文化。连续6年举办"一带一路"国际文化艺术周，成为四川省教育厅人文交流品牌项目，吸引近20个国家师生2000余人到校学习交流280余次。学校依托纺织服装特色专业打造品牌国际项目，实现课程资源双向互动，构建国际合作布局。学校先后获得2018年亚太职业院校影响力50强、2020年中国职业院校世界竞争力50强等荣誉，对"一带一路"沿线国家产生重要影响。

高职院校重大教育教学改革项目"三链四化五式"管理模式创新与实践

成都纺织高等专科学校

完成人及简况

姓名	性别	所在单位	党政职务	专业技术职称
夏平	男	成都纺织高等专科学校	中国纺织工业联合会第四届理事会理事、中国职业技术教育学会常务理事	教授
宋超	男	成都纺织高等专科学校	发展规划与重大项目建设处处长	教授
胡颖梅	女	成都工贸职业技术学院	四川省职业技能竞赛研究中心主任、科研技术处处长	副教授
王诗倩	女	成都纺织高等专科学校	机关党支部书记	助教
孙艳	女	成都纺织高等专科学校	无	讲师

1 成果简介及主要解决的教学问题

1.1 成果简介

从促进高职教育内涵式发展需求出发，以推动学校教育教学改革深入推进为目标，以学校治理体系和治理能力现代化为导向，学校自2011年"国家骨干（示范）高职院校"建设开始初步探索，经过"创新发展行动计划""国家优质高职院校""提质培优行动计划""国家双高计划""四川省产教融合示范项目"等重大教育教学改革项目建设，逐步成熟与发展，到2020年，将理论创新和实践运用相结合，形成了"三链四化五式"高职院校项目管理体系和信息化管理平台：创建"三链贯通"的项目化管理体系、"四化协同"的专业群迭代协同发展机制、"五式融合"的矩阵管理支撑平台（图1）。区别于以往高职院校项目建设只关注建设忽视治理、只关注绩效忽视过程、只关注效率忽视质量的建设模式，本成果以学校重大教育教学改革项目建设实际为支撑，创造性地将信息化建设融入项目化管理的全过程，形成了适用、高效、充分体现现代高职院校治理理念的项目管理模式，极大推动了学校重大教育教学改革项目建设的进程，极大激发了专业群发展活力，也极大提高了学校治理体系和治理能力现代化，具有较强的示范性和可借鉴性。

1.2 主要解决的教学问题

（1）解决"绩效为王"的项目管理理念"怪圈"。从学校的长远性发展和全面化目标来看，骨干建设、优质校建设、"双高"校建设等项目只是阶段性活动，这些阶段性活动都是包含在学校整体建设中的具体项目，其目的在于最终推动学校教育教学水平的提升。因此，在项目建设的过程中，负责人往往将其作为专项工作来抓，将"利益成果"来评判项目建设成败，忽视了建设过程带来的"隐形价值"、反馈的"建设漏洞"、实现的"内涵提升",将项目建设视作单一维度的发展指标堆砌,导致项目建设、部门、学院治理"两张皮",只注重结果而忽视建设质量,最终陷入"绩效为王"的怪圈。

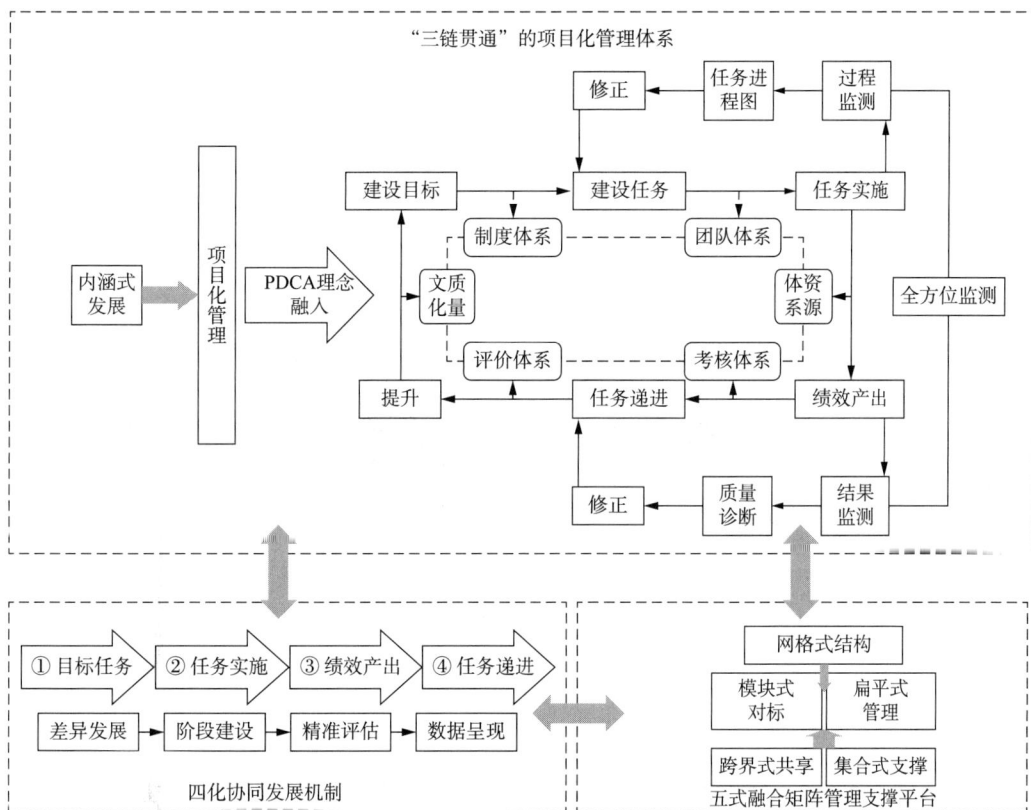

图1 "三链四化五式"高职院校项目管理体系和平台

本成果明确了"骨干建设""优质高职院校""双高计划"等重大教育教学改革项目的建设出发点,即摆正"过程"与"绩效"并重的项目管理理念,项目负责人既是项目建设的执行者,也是项目建设的管理者,从宏观层面明确了学校目标、项目任务、组织角色三者共同演化的规律,建立了基于项目全过程管理、全方位监控、全要素支撑的"PDCA"管理循环。

(2)改变"规模拼接"的项目管理实施"老路"。近年来,"扶优扶强"成为高职院校重大教育教学改革项目落地的落脚点,"双高计划"就是要培育一批"高、特、强"的高水平院校和高水平专业群。因此,在项目管理实施的过程中,将比较有优势、雄厚基础的专业、团队、课程、基地整合起来的抱团式发展成为高职院校的建设利器,但忽视了各项目、各专业群的发展差异,缺少项目化的建设机制和评价体系,容易走上只追求成果量化的"规模扩张"或者"数字拼接"的"老路",专业群构建空有形式缺乏内涵,各项目建设空有外在架势缺乏内生动力。在"竞争性"的重大教育教学改革项目建设中,面对新一轮的资源再分配,项目之间出现的发展"马太效应"。

本成果明确了"骨干建设""优质高职院校""双高计划"等重大教育教学改革项目的建设路径,即迭代化的管理机制和评价机制,变规模扩张、数字拼接为自我提升、动态发展,从中观层面探究评价机制、发展个体、学校资源三者共同演化的逻辑,形成项目内部、专业群的发展数字画像,从内部和外部双向,实现专业群整体建设水平的提升。进一步帮助学校找准专业群发展优势和潜力,提升学校治理水平,并优化资源配置,在有限资源中实现整体效益最大化。

（3）避免"碎片化"的项目管理策略"误区"。高职院校项目化管理往往是全校参与的行动，学校往往采取各个职能部门牵头项目内部建设，负责各个任务的落实和绩效的达成，每个指标、每个任务背后反映的都是各个部门的不同利益诉求，不同任务形成不同的部门利益，容易出现多头管理、任务割据的现象，各任务相互交错，呈现项目管理的"碎片化"。

本成果明确了"骨干建设""优质高职院校""双高计划"等重大教育教学改革项目的管理策略，即目标共建、任务共管、成果共享的矩阵化管理，从微观层面探究项目管理各环节的协同效应。

2 成果解决教学问题的方法

2.1 全面融入PDCA管理理念，创建"三链贯通"的项目管理体系

树立"过程"与"结果"并重的管理理念，建立管理链、监督链、要素链"三链贯通"的项目管理体系，兼顾"质量"与"效益"，促进项目建设与日常管理协同推进，形成项目全过程管理、全方位监控、全要素支撑的"PDCA"管理循环赋予项目负责人"执行者"和"管理者"双重角色定位（图2）。

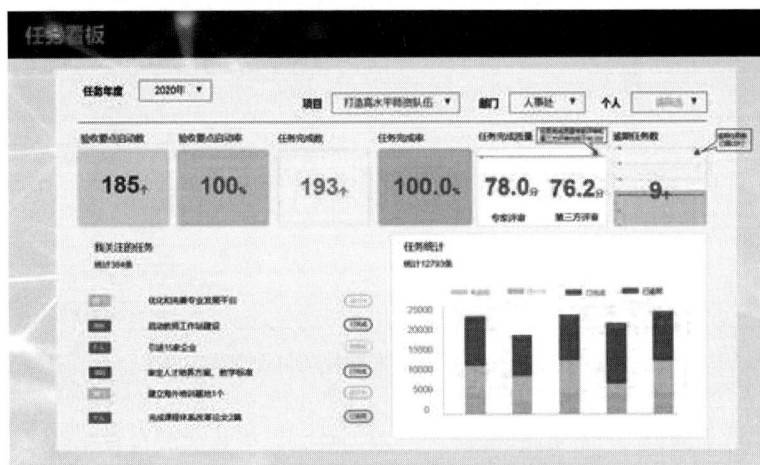

图2 "三链贯通"的项目管理体系平台

（1）建立全过程管理链，实现"目标、任务、绩效"三位一体递进式发展。以任务分级支撑建设目标，以绩效布点支撑任务实施，构建"目标—任务—绩效""一线多点"的全过程管理路径。构建目标体系，分阶段裁定建设目标，采用"步步为营"的方针将目标任务化整为零；构建任务体系，明确工作重点与建设举措，制定任务导图，针对建设目标各个击破；构建绩效体系，凸显工作成效和评价要点，制定绩效导图，对建设任务实现点状把控。通过分层分级的全过程管理，以上一阶段建设绩效成果推动下一阶段建设目标的改进和建设任务的调整，以此循环往复，层级式实现建设质量持续提升。同时，推动了学校对建设进程的宏观把控，负责人对建设任务的整体布局，有效避免了项目建设与日常管理的割裂，极大提高了项目建设效率。

（2）建立全方位监督链，实现过程监测与结果监测双向并重。通过双向监测，对项目建设开展"实时监控"和"实时反馈"：针对项目目标、任务落实的过程，建立"过程监测"路径，对于各项任务的推进情况形成"任务进程图"；针对任务实施的结果，建立"结果监测"路径，对于各任务的完成绩效形成"质量诊断报告"。对未达标的绩效和任务反馈至下一层级的建设任务中，开展任务修订。对已达标的绩效和任务，反馈至下一阶段建设目标，实现建设目标的升级，以全方位的监督最终促进建

设项目的螺旋改进。

（3）建立全要素整合链，形成"六大要素"全面支撑的建设局面。根据"目标、任务、绩效"三位一体循环式管理的需求，创造性提出高职院校项目化管理的"六要素"：制度体系、团队体系、资源体系、考核体系、评价体系、质量文化，并将此融入项目建设的任务中，强化行政部门服务职能，形成部门支撑二级学院、资源整合服务项目建设的项目化管理局面。

2.2 构建内涵式发展路径，创建"四化协同"的迭代发展机制

重视项目建设内部任务、专业群的内涵式发展，立足学校服装设计与工艺国家高水平专业群、高分子材料智能制造和电气自动化技术两个省级高水平专业群、四大校级特色专业群，以"专业群项目管理数据平台"为依托，创建迭代发展机制，促进"高水平引领、重点建设、补足强化"的专业群发展格局的形成。

（1）构建"差异化"目标。学校将所有专业群纳入项目化管理，并根据不同专业群发展方向、产业前景、建设基础等，制定了突出特色的发展目标和建设任务，打造"一群一策"的"任务看板"平台，专业负责人可自行设置建设任务图，以专业群目标"差异化"，推动专业群与产业的深度融合，释放出更大的内生动力与办学活力。

（2）实现"动态化"发展。学校形成了"1.0版·特色专业（群）®、2.0版·优质专业（群）®、3.0版·高水平专业（群）"迭代发展机制。建成"专业群项目管理平台"（图3），开展专业群四年一周期阶段化建设，将前一阶段建设成果作为下一阶段建设起点，同时通过对专业群的全过程管理，找到专业群实力增长点，预估专业群未来发展增长值，不断调整学校资源投入结构和比例，形成专业（群）建设"滚雪球"效应。

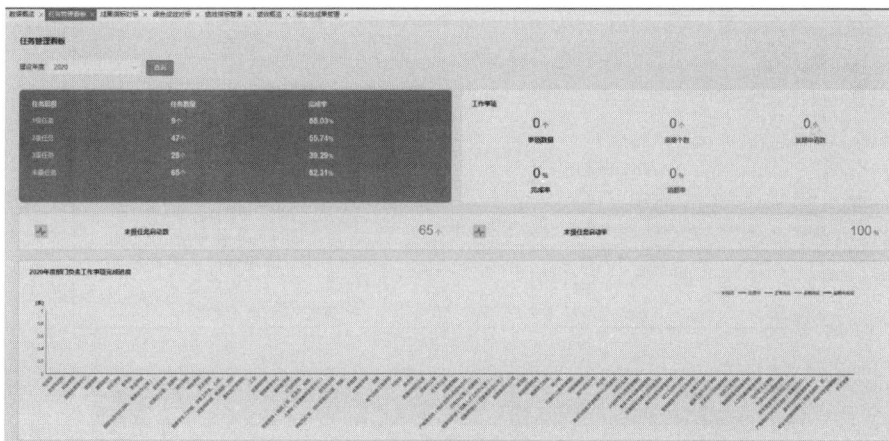

图3 专业群项目管理数据平台

（3）进行"精准化"评估。在"专业群项目管理平台"中下设"成果对标管理平台"，对各个子项目建设绩效、目标达成度、任务进度等进行精准化把控，建立子项目评价体系和专业群评价指标体系。并生成专业群评估报告，直接作用于专业群迭代建设（表1）。

（4）形成"数据化"呈现。在"专业群项目管理平台"中下设"专业群建设绩效管理平台"，基于专业群建设绩效指标，形成专业群的数字画像，直接作用于专业群迭代建设（图4）。

表1 专业群评价指标体系

评价指标	评价维度	评价等级	备注
基础评价指标	学制设置	B	大多数评价指标达到要求，但是对内交流和学分制上还有欠缺，同时缺少3+2人才培养模式
	学生发展	B	各项评价指标基本达标，在国家级和国际职业资格证的获取率上较低，获奖以省内为主，缺少国家级比赛获奖
	招生	B	录取率指标达到A类但是部分专业的第一志愿率偏低，专业报到率也弱于对标学校
	就业	A	就业率指标达到A类用人单位平均满意度达到A类
"三分类"特色评价指标	分层分类人才培养模式	C	有小班教学课程和分层分类教学，但是占比较低，同时缺少分类人才培养模式、路径和体系
	创新型人才培养	B	多项评价指标表现良好，但是学生获奖主要在省内，缺少国家级奖项，同时没有自主创业的学生
	技术型人才培养	C	1+X改革有一定成绩，但是校企合作在技术领域深度不足，多个评价指标存在空白
	工匠型人才培养	B	各项评价指标都达到标准，"大师+学徒"模式覆盖学生比例较高，但是实践劳动课程的占比总体较低
"一线二翼三制四化"特色指标	校企融合	B	有较多校企合作标志性成果，但是缺少技术融合
	高水平双师教师队伍建设	A	多项评价指标表现良好专业带头人在省内具有较强影响力专业骨干教师比例≥25%专业骨干教师到企业实践比例≥20%省级以上教师教学创新团队2个获得各类教学能力大赛4项
	生产实训条件	B	有精品虚拟实训室2个工程实训中心2个国家重点专业校内实训基地及相关设备充足校外实训基地充足，较为稳定校企合作制定实践教学标准4个缺少虚拟仿真中心和省部级高校重点实验室
	育人大师制	B	有技能大师工作室6个"万人计划"教学名师1人现代特色学徒制班9个大师工作室培养学徒人数较多大师工作室开展多类项目缺少定型的专业教学模式

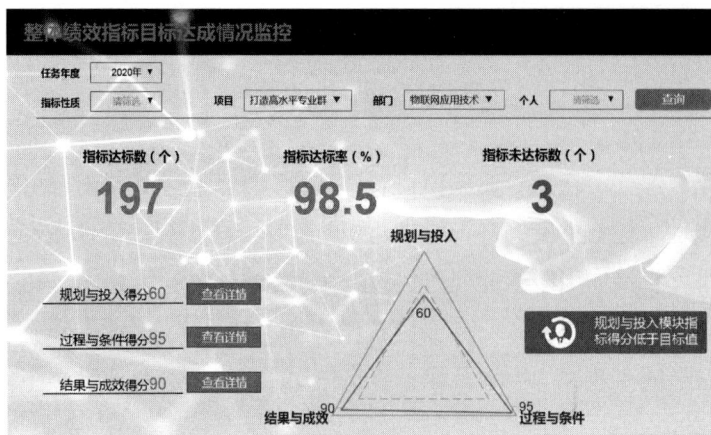

图4 专业群建设绩效管理平台

2.3　跨越管理边界，创建"五式融合"的矩阵管理支撑平台

创建了"网格式结构、模块式对标、扁平式管理、跨界式共享、集合式支撑"的管理支撑平台，构建了多部门、多任务的管理矩阵，同时信息化技术的运用，实现了校内各业务部门的数据互联互通，极大地提高了管理效能，促进了学校治理体系和治理能力的现代化。

根据"三链贯通"的项目管理体系，将"目标—任务—绩效"的分层分级管理与职能部门牵头管理机制相结合，形成基于任务模块的"横纵向"管理网络（表2），构建职能部门与项目任务一一对应的管理矩阵，确保建设任务、绩效、责任人协同联动，建设目标稳步实现。

表2　网格式管理结构

管理部门	一级建设任务								
	人才培养高地	技术技能创新服务平台	高水平双师队伍	提升校企合作水平	提升服务发展水平	提升学校治水平	提升信息化水平	提升国际化水平	专业群建设
教务处	▨								▨
科技处		▨							▨
人事处			▨						
计财处	▨		▨	▨	▨	▨	▨	▨	▨
……									

针对每一个任务模块设立国家权威排名、标杆院校成果、国家平均水平线等对比，在"项目管理数据平台"中设立"对标管理库"，形成对标发展的态势（图5）。

在"项目管理数据平台"中设立"任务管理和工作事项管理库"，实行一级负责人问责制和牵头制，末级负责人负责任务和绩效填报，一级负责人直接把握各层级任务建设动态，并对末级任务的绩效产出、目标达成、建设进度负责，实现扁平化管理（图6）。

同时，将"任务管理和工作事项管理库"与学校科研管理系统、教务管理系统、就业服务系统等多个业务系统进行联通，实现数据云端传送，简化绩效填报流程，消除校内数据孤岛，实现跨部门、跨领域的数据互通互享。

在"项目管理数据平台"中设立"知识库"和"文档库"，通过"知识库"对项目建设提供专家观点、政策解读等智力支持，通过"文档库"将项目建设和管理过程中产生的各类证明材料、过程资料等提供分项目、分任务存储、提取、浏览等技术支持，为项目建设打造集合式"建设后台"。

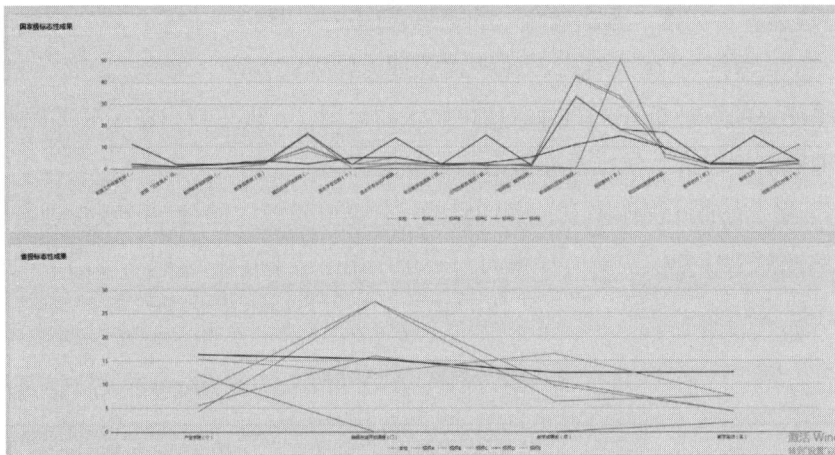

图5 对标管理库

图6 任务管理和工作事项管理库

3 成果的创新点

3.1 理论创新：将企业精细化项目管理理念全面融入高职院校项目管理

过去高职院校项目管理以建设为主，强调项目建设的短期显性效益，没有将项目建设变成学校办学质量持续提升的内生动力，以项目促改进、以项目促建设的高职院校发展特点没有充分展现。本成果将企业精细化项目管理理念、以PDCA为代表的质量管理办法引入高职院校项目管理过程，强调量化管理、过程监控、扁平组织、信息化支撑，建设成果反映了高职院校项目管理的逻辑机理、效应产生的根源，更深层次地完善了高职院校项目管理的认知，即通过项目建设促进学校建设目标的"提档升级"。

3.2 实践创新：提出了"精准式"项目化管理的新模式

以往项目建设只关注项目本身，而忽略了项目建设过程中环境、组织个体、制度等要素对项目建设的影响，没有将项目建设放在学校治理体系的大背景中进行思考。本成果将项目建设与学校治理相结合，形成系统化的管理模式，探索以项目建设的形式提升学校治理体系和治理水平。同时，以往项目管理更关注建设成果或绩效产出，忽略了项目建设的过程，容易造成成果与目标的"偏移"、日常管理与项目建设的"割裂"、项目管理过程的"碎片化"。本成果体现了"绩效"与"过程"并重的现代治理理念，把"精准式"（过程精准、评价精准、对象精准、措施精准）发展融入管理模型中，创新性地构建了"三全三链"的项目化管理体系，并建成了相应的管理机制和信息化支撑平台，有效地解决了以上问题。

3.3 方法创新：将信息化建设融入项目化管理的全过程

本成果采用现代治理方法，打造重大教育教学改革项目管理的信息化平台，改变了以往以人力管理为主的方式，创造性地将信息化手段运用在项目管理、建设、评估全过程，有利于更直观、更清晰、更系统地展现项目化管理的成效，促进了管理过程更精准、更灵活、更便捷，极大地推动了学校治理体系和治理能力的现代化。

4 成果的推广应用情况

4.1 应用情况

（1）直接作用于学校"双高计划"的建设过程，实现学校重大教育教学改革项目顺利推进、高效产出。通过"三全三链"的项目化管理体系的构建，学校国家"双高计划"建设成效明显：学校进一步明确了办职业本科目标，以98%的赞同率通过教代会审议；2021年入选四川省"双高计划"A类校，被评选为四川省首批教育评价综合改革试点高校；培育的"高分子材料智能制造技术专业群"和"电气自动化技术专业群"成功入选四川省"双高计划"A类专业群建设名单；2020年入选四川省产教融合示范项目建设单位；2017年入选国家发改委产教融合发展工程——智慧服装实训基地建设单位。按照"以群建院"思路，调整二级学院专业布局，精简机构7个，管理效能进一步提高。电气自动化技术专业群入围教育部"法国施耐德电气绿色低碳产教融合项目"。国家高水平专业群——服装设计与制作专业群培育了国家"万人计划"教师1名、黄炎培职业教育杰出教师1名，学生获得"全国技术能手"称号、荣获全国工业设计职业技能大赛银奖等。

（2）极大激发了专业群发展活力，教育教学改革成果丰硕。学校获得2021年四川省教育教学成果奖7项，入选四川省"三全育人"综合改革试点学校，成功申报"三全育人"综合改革试点院系1个，思想政治工作精品项目1个，4个教改项目被认定为四川省职业教育教学改革研究重大项目；累计"1+X"证书制度试点专业34个、试点证书32个，成为四川省轻工纺织类职业技能等级证书联盟牵头单位；承办省教育厅、人社厅等部门的各类技能大赛6项，学生参加各类竞赛获国家级奖21项，省部级奖288项，其中在"互联网+"大学生创新创业大赛中，学校获奖率全省第1，1个项目进入国赛职教赛道获得银奖。

（3）促进了教师参与项目建设的积极性，提高了教师教学管理的能力。学校专业负责人、骨干教师全部参与学校项目化管理过程，成立了14个校级教学名师工作室；引培高层次人才12人，其中全国技术能手1人，创学校高层次人才引培人数历年新高，获得省教育厅、省财政厅100万元专项奖励；1人获人社部表彰的国家技能人才培育突出贡献个人奖，4人入选教育部教指委和行指委，1人获得第七届黄炎培职业教育"杰出教师奖"，1人入选"天府青城计划"天府名师项目，25名教师获得省级以上竞赛奖励。

4.2 推广情况

该成果已经在重庆电力高等专科学校、四川工程职业技术学院、四川文化产业职业学院等省内外20余所高校推广，并被9所高职院校借鉴应用。

基于该体系构建的项目财务治理机制荣获"第二批全国职业高等院校财务治理十佳案例"。

建设成果文章《四维对接 六向支撑 双轨评价 成都纺专打造人才培养新体系》受到新华网报道。

纺织专业群"一平台·双驱动·四融合"实践教学体系的创新与实践

江西工业职业技术学院

完成人及简况

姓名	性别	所在单位	党政职务	专业技术职称
杜庆华	女	江西工业职业技术学院	无	教授
张苹	女	江西工业职业技术学院	轻纺服装学院院长兼支部书记	教授
胡浩	男	江西工业职业技术学院	副校长	副校长
陈锦程	男	华峰华锦有限公司	党委书记	中级经济师
甘志红	女	江西工业职业技术学院	现代纺织技术专业负责人	教授
谭艳	女	江西工业职业技术学院	现代纺织技术专业负责人	教授
李菊华	女	江西工业职业技术学院	染化教研室主任	副教授
赖燕燕	女	江西工业职业技术学院	纺织教研室主任	讲师
王飞	男	江西工业职业技术学院	招生就业处副主任	教授
谢晓鸣	女	江西工业职业技术学院	无	教授
刘琼	男	江西工业职业技术学院	轻纺服装学院副院长	副教授
赵慧星	男	江西工业职业技术学院	轻纺服装学院副院长、支部副书记	讲师

1 成果简介及主要解决的教学问题

1.1 成果简介

江西工业职业技术学院为适应纺织产业转型升级对纺织复合型人才的需求，以现代纺织技术专业教育部第三批现代学徒制试点、教育部提升专业服务产业发展能力两项国家级建设项目和江西省高校高水平优势特色专业建设等四项省部级项目建设为基础，创建纺织专业群"一平台、双驱动、四融合"实践教学体系。"一平台"即政府、行业、学校、企业协同搭建产教融合协同育人平台，"双驱动"即产业技术进步驱动课程内容更新、创新项目驱动教学方法改革，"四融合"即专业教育与思政教育、专业教师与名师工匠、课程内容与职业标准、创新创业教育与专业社团四个方面融合。其中，"一平台"是基础，"双驱动"是动力，"四融合"是具体路径，基础、动力、路径三者相辅相成，形成特色鲜明的纺织专业群实践教学体系，落实全员、全过程、全方位育人。经过 4 年的实践检验表明，该成果提高了纺织专业群人才培养质量，为区域纺织产业高质量发展提供了应用型人才支撑。

成果改革成效显著，专业建设获国家级荣誉项目2项、省部级荣誉项目19项；师生技能大赛与创新创业大赛获奖105项，授权专利13项，社会服务260人次，全国优秀教师1人，取得良好的经济和社会效益，获得人民网、新华社、光明网、中国纺织报、"学习强国"平台、江西教育网、江西电视台等主流媒体的多次报道（表1）。

表1　主要建设成果一览表

序号	主要成果
1	创新政府、行业、学校和企业联动机制，构建了纺织专业群"一平台、双驱动、四融合"实践教学体系，相关过程建设成果获得2017年省级教学成果二等奖2项，2020年校级教学成果一等奖1项、二等奖1项
2	建成省级高校现代纺织技术专业教师教学创新团队和省级名师工作室，培育了拥有国家级优秀教师、省级高校"名师""中青年骨干教师"、企业能工巧匠的双师型教师团队
3	校企共建多维立体化纺织专业群教学资源库，完成省级校级精品在线开放课程15门，开发部委级规划教材、优秀教材7部，现代学徒制特色校本教材6部
4	校企共建"江西省现代纺织染技术实践教学基地"，开发设计、工艺、检测和贸易等四大类48个实战化创新项目应用于实践教学，16个学生作品转化为企业产品，成为省级纺织行业"1+X"技能鉴定考评基地

1.2　主要解决的教学问题

（1）解决如何集聚资源，形成产教融合长效共赢机制的问题。

（2）解决如何提高实践教学与纺织产业智能制造、数字化管理和绿色时尚的融合度的问题。

（3）解决如何建设纺织专业群信息化教学资源，实现资源共享、育训结合的问题。

2　成果解决教学问题的方法

2.1　创建政行校企协同机制，形成产教融合协同育人平台

以教育生态理论为指导，组建纺织专业建设指导委员会，联动江西省南昌市青山湖区政府、江西纺织工业协会、学校省级现代纺织染技术实训基地和华峰华锦有限公司等企业，创建产教融合协同育人平台，形成"政府、行业、学校、企业"四级协同长效机制，实施"一平台、双驱动、四融合"实践教学体系（图1），通过"华峰华锦学徒制班""华孚学徒制班"等产教融合新举措，有效提高人才培养与纺织产业转型升级需求的融合度。

2.2　实施"一平台、双驱动、四融合"实践教学，精准对接纺织产业对人才的需求

依托产教融合育人平台，校企共建省级现代纺织染技术实践教学基地。"校中厂""厂中校"基地模式（图2），形成纺织专业群与纺织产业链精准对接。以高端、智能和绿色时尚制造为中心，开发实战化创新项目48个，驱动教学内容更新、教学方法改革；建设融入思政元素和职业标准的国家级教材7部、校本教材6部、课程标准25套；专业教育与思政教育融合，实践教学融入社会主义核心价值观教育；专业教师和能工巧匠成为实践教学的"双导师"；课程内容融入纺织面料设计师、染色师和针纺织品检验工等职业资格标准；创新创业教育融入经纬社、针织社和印花社等专业社团活动。通过基本技能、职业技能、创新技能的多层次实训，使学生的能力培养呈阶梯式递进，精准对接纺织产业转型

升级对复合型人才的需求。

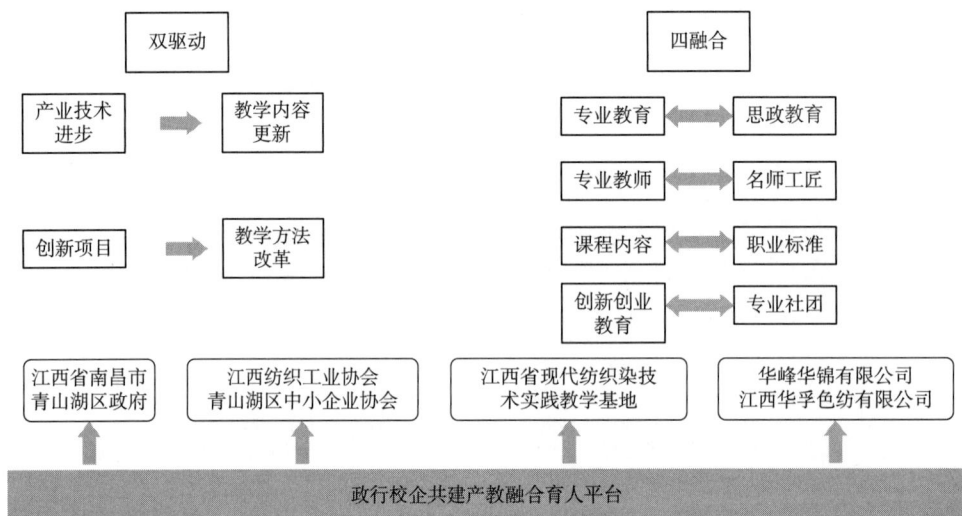

图 1　"一平台、双驱动、四融合"实践教学体系

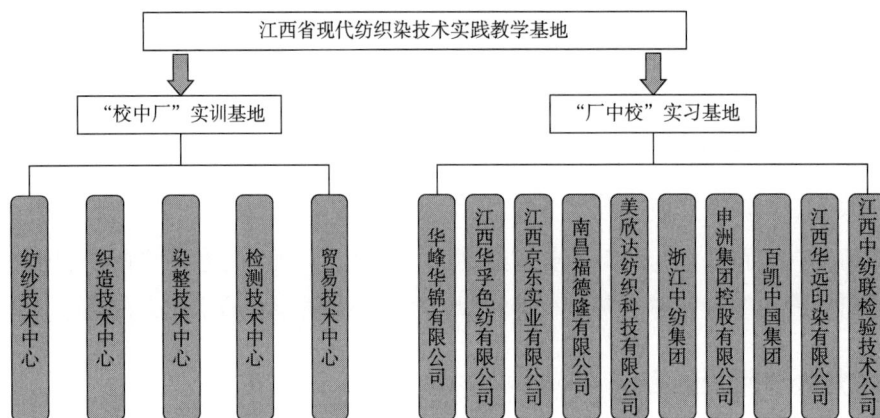

图 2　省级现代纺织染技术实践教学基地

2.3　建设专业群信息化教学资源库，实现共建共享和育训结合

充分发挥纺织专业集群效应，有机整合校企课程资源、教师资源与实训资源，校企合作完成省级、校级精品在线开放课程15门（表2），构成多维立体的信息化资源库，打造技术技能创新服务平台。通过信息化手段，融入纺织产业智能制造新技术、新工艺、新规范，把技能大师和生产实践引入资源库。目前总访问量超过750万次，素材总数2865个，用户总数超过12000人，资源库被青山湖区昌东工业园企业广泛应用于培训和考核，实现了共建共享和育训结合。

2.4　建设结构化教师团队，实现教师团队双师化

通过产教融合协同育人平台，名师工匠融入教学团队，发挥专业群"1+1>2"的集聚效益，建设结构化教师团队。校企联合建设高水平专兼结合的省级教师教学创新团队和"甘志红名师工作室"。校内教师深入企业顶岗实践，聘请纺织行业专家、技术人员和能工巧匠担任兼职教师，参与课程设计、教学、实习指导等，实现教师队伍双师化。

表2 校企课程一览表

序号	课程名称	主持人	合作企业	级别	类别
1	针织技术基础	张草	华峰华锦有限公司	省级	精品在线开放课程
2	纺织材料与检验	甘志红	江西中纺联检验技术公司	省级	精品在线开放课程
3	面料检测与分析	王飞	江西中纺联检验技术公司	省级	精品在线开放课程
4	染整技术基础	杜庆华	华峰华锦有限公司	省级	精品在线开放课程
5	针织服装跟单	赖燕燕	南昌福德隆实业有限公司	校级	在线开放课程
6	机织工艺设计与实施	余建峰	申洲集团控股有限公司	校级	在线开放课程
7	印花工艺	杜庆华	南昌福德隆实业有限公司	省级	精品共享资源课程
8	织物结构与设计	陈晓青	江西华孚色纺有限公司	省级	精品课程
9	染色工艺	谭艳	江西京东实业有限公司	省级	精品课程
10	现代纺纱技术	谢晓鸣	江西华孚色纺有限公司	省级	精品课程
11	测色配色技术	杜庆华	江西京东实业有限公司	校级	网络课程
12	现代织造技术	余建峰	华峰华锦有限公司	校级	网络课程
13	机织工艺	张惠英	江西华孚色纺有限公司	校级	网络课程
14	纹织工艺设计	陈晓青	申洲集团控股有限公司	校级	网络课程
15	练漂工艺	周寒枝	江西京东实业有限公司	校级	网络课程

3 成果的创新点

3.1 创建政行校企协同机制，实现可持续发展

创建政府、行业、学校、企业四方协同长效机制，搭建产教融合协同育人平台。充分发挥政、行、校、企各自在产业规划、经费筹措、先进技术应用、兼职教师聘用、实训基地建设和吸纳学生就业等方面的优势，形成人才共育、过程共管、成果共享、责任共担的紧密型协同机制，实现可持续发展。2021年，学院与江西服装学院开展纺织工程专业本科联合培养，实现了纺织专业群的跨越式发展。

3.2 创建"一平台、双驱动、四融合"实践教学体系，精准对接纺织产业需求

依托产教融合育人平台，以"双驱动"为动力，开展设计、工艺、检测和贸易等四大类48个创新项目实践教学，16个学生作品转化为企业产品；以"四融合"为路径，落实全员、全过程、全方位育人。学院已成为纺织面料设计师"1+X"证书等纺织行业职业技能证书考评基地（表3），开展技术服务260人次，创新创业大赛获奖五项（图3），近20位毕业生成功创业；学生技能大赛获奖84项（其中"标兵"2项、一等奖16项）。专业群成为教育链、产业链、人才链和创新链无缝对接的平台，精准对接纺织产业发展需求。

表3　实践教学基地创新项目一览表

设计类 实训项目	工艺类 实训项目	检测类 实训项目	贸易类 实训项目
横机小提花CAD纬编针织产品设计	高效短流程前处理工艺设计与实施	纬编基本组织织物参数检测分析	纺织服装进出口商务信函写作
经编织物地组织设计	染色全自动滴配液系统操作	纬编提花织物参数检测分析	纺织服装进出口报价核算
经编网眼织物设计	牛仔面料再造	纬编复合织物参数检测分析	纺织服装进出口信用证审核与修改
纬编单面大圆机小花型织物设计	纯棉织物扎蜡染制作	机织面料仿样检测与分析	纺织服装进出口托运订舱及投保
纬编双面大圆机小花型织物设计	天丝纺纱工艺设计与实施	纺织品原料成分定性与定量分析	纺织服装进出口贸易制单结汇
小提花织物CAD设计	混纺纱工艺设计与实施	服装面料服用性能检测与分析	跨境电商店铺建设及营销
色织物色织工艺设计	机织工艺设计与实施	纺织纤维性能检测与分析	跨境电商选品及上品
纹织物工艺设计	活性墨水数码印花工艺设计	纱线性能检测与分析	跨境电商店铺订单处理
普梳纺纱白纺工艺设计	天然纤维面料上浆	机织物品质综合检测与评定	跨境电商店铺运营数据分析
精梳纺纱白纺工艺设计	纺织品综合印花	染整产品性能检验	直播策划与场景布置
色纺纱工艺设计	计算机测色配色操作	纺织品安全性检测	直播竞品分析
纺织厂工艺设计与计算	纯棉织物卫生整理工艺设计	染整废水环保指标测定	直播脚本编写

图3　学生创新创业大赛获奖

3.3　创新教师团队组织管理模式，建设高水平教师团队

改变传统专业教研室组织方式，打破专业限制，根据不同职业岗位面向，组建高水平双师型教师

团队，更好地贴近市场发展和技术变化前沿。已培育全国优秀教师1名（图4）、省级高校学科带头人1名、省级教学名师2名、省级中青年骨干教师4名，获"江西省高职院校教师教学创新团队""江西省名师工作室"等荣誉（图5）；团队成员有江西"十三五""十四五"纺织发展规划专家、高等职业教育教学专家、教师数字提高计划专家和高新企业评审专家。完成省级教改课题14项、省级和校级精品在线开放课程15门；专利授权13项；省级以上优秀教改论文25篇；教师获奖41人次。

图4　甘志红老师获得"全国优秀教师"称号证书

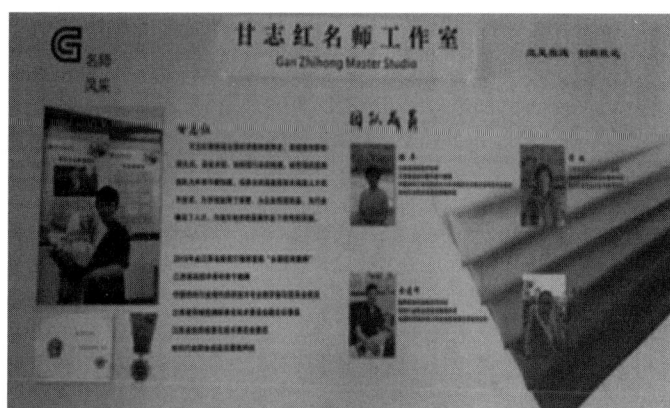

图5　省级名师工作室

4　成果的推广应用情况

纺织专业群经历多年的建设，形成"政府、行业、学校、企业"四级协同长效机制，创建了"一平台、双驱动、四融合"实践教学体系。以产教融合协同育人平台为基础，以"双驱动"为动力，以"四融合"为具体路径，基础、动力、路径三者相辅相成，在实践教学中落实全员、全过程、全方位育人，人才培养与纺织产业需求实时对接，体系完善，运行有效。该成果自2019年进入推广应用阶段，促进了纺织专业群办学实力稳步提升，人才培养质量、专业建设水平明显提高，技能大赛、社会服务及交流合作成绩显著。2021年，学院与江西服装学院开展纺织工程专业本科联合培养，实现了纺织专业群的跨越式发展（图6）。

图6 青山湖区政府、纺织企业与学校合作交流

4.1 校内推广硕果累累

纺织专业群签订"华孚学徒制班""华峰华锦学徒制班"等现代学徒制定向班和订单班15个（图7），学生职业技能明显提高，在"国泰杯""七彩云电商杯""方达杯""溢达杯"等全国高职高专学生职业技能大赛和创新创业大赛中摘金夺银，获奖84项，其中获得"纺织职业技能标兵"称号2人次，一等奖16个；职业技能考核合格率高达99%，就业岗位与学生数比例达到4∶1，一次性就业率连续5年100%；近5年，有22位学生就职于智能化高端核心技术岗位，近20位毕业生成功创业，用人单位普遍反映毕业生动手能力、创新能力强（图8）。学生就业创业率高，学院连续多年被省教育厅授予"江西省高校毕业生就业先进单位"（图9）。

图7 现代纺织技术专业教育部第三批现代学徒制合作企业签约

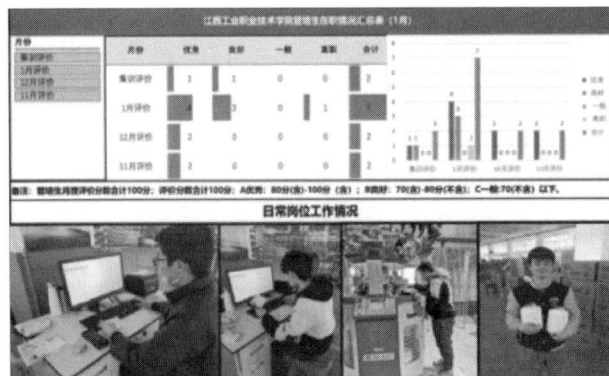

图8 学生日常工作

图 9 中国纺织报对我院建设发展的专题报告

4.2 校外辐射示范作用明显

校企共建纺织材料、针织技术基础、纺织面料检验、染整技术基础等15门省级校级精品在线开放课程，完成省级教改课题14项，出版教材7本，发表省级以上论文25篇，这些成果已在全省共享，惠及师生上千人。现代纺织染技术实践教学基地承接了江西科技学院和江西服装学院等多所本专科院校相关专业的实践教学，承接全省职业院校相关专业教师的业务和技能培训；专业群信息化资源库已在省内外多所院校中共享，目前总访问量超过750万次，素材总数2865个，用户总数超过12000人，得到了教育部高职高专纺织教指委和中国纺织服装学会的高度赞誉。4年来，专业群接待10多所兄弟院校的参观考察者 300 多人次，通过现场介绍情况、对口交流、书面资料及现场拍照录像等形式推广建设成果，在省内外院校中起到了示范作用。

4.3 服务纺织产业发展能力增强

学校成为"轻纺人才的摇篮、职业培训的中心、技术服务的基地"，是江西省唯一进行针纺织品检验工、纺织面料设计师和染色师等纺织行业职业技能培训与鉴定的基地，江西省委书记易炼红等省级领导多次来校调研并给予肯定（图10、图11）。建成省级高水平教师创新团队，多名教师成为江西"十三五""十四五"纺织发展规划专家、江西省教育厅"江西省高等职业教育教学专家库"专家

（图12）、"江西省职业院校教师数字提高计划专家库"、江西省高新技术企业认定评审专家及江西省工业和信息化委员会纺织行业专家，为行业企业提供技术服务累计260人次（图13）；16个学生作品转化为企业产品；信息化资源库被青山湖区昌东工业园企业广泛应用于培训和考核，实现了共建共享、育训结合。纺织专业群社会认可度高，获批国家重点专业1个、省级高水平优势特色专业1个、省级特色专业2个、省级人才培养模式创新实验区1个、省级教育教学创新教师团队1个、省级高校"名师工作室"1个。纺织专业群育人质量、行业影响力及社会服务能力不断提升，得到了人民网、新华社、光明网、中国纺织报、"学习强国"平台、江西教育网、江西电视台等主流媒体的广泛关注和报道。

图10　省委书记易炼红视察现代纺织染技术实践教学基地

图11　原省委书记、代省长刘奇视察现代纺织染技术实践教学基地

图12　教师参加省政府组织的科技、金融及园区产业发展规划服务

图13　教师参加省级纺织新产品论证

泛家居家纺设计人才"双驱动、三融入"培养模式创新与实践

广东职业技术学院

完成人及简况

姓名	性别	所在单位	党政职务	专业技术职称
王丹玲	女	广东职业技术学院	艺术设计学院院长	教授
高洁	女	广东职业技术学院	无	讲师
杨晓丽	女	广东职业技术学院	教研室主任	讲师
陈欢	女	广东职业技术学院	无	中级工艺美术师
衣明珅	女	广东职业技术学院	无	讲师
徐晓星	男	广东职业技术学院	艺术设计学院教工支部书记	副教授
陈雄军	男	广东职业技术学院	无	副教授、高级工艺美术师
陈海玲	男	广东职业技术学院	艺术设计学院副院长	副教授
邓宏亮	男	广东职业技术学院	无	讲师
刘妹	女	广东职业技术学院	无	副教授
洪泽芳	女	广东省家用纺织品行业协会	广东家纺协会党支部书记	高级家纺设计师
付祖军	男	三星装饰集团	佛山市室内设计协会会长	一级建造师

1 成果简介及主要解决的教学问题

1.1 成果简介

为适应家居纺织制造业迅速转型升级对家纺设计复合型人才的需求,自2014年1月起,广东职业技术学院艺术设计学院联合佛山市团委、文化馆、版权中心,与韶关学院、汕头文化艺术学校、志达纺织集团、广东省家用纺织品行业协会、佛山市室内行业协会等家纺行企,校政企行共建实践育人平台,协同推进、深化产教融合。把以"项目驱动课程开发、创新驱动复合培养"为"双驱动"和以"思政融入育人、技术融入创意、企业融入教学"为"三融入"培养模式融入人才培养的全过程,提升了人才培养质量,形成了对泛家居产业实效的技术支撑,成果转化为企业发展提供了源动力,助推佛山地区泛家居行业的高质量发展,取得了良好的经济和社会效益,得到了政府、家居纺织行业和用人企业的一致好评(图1)。

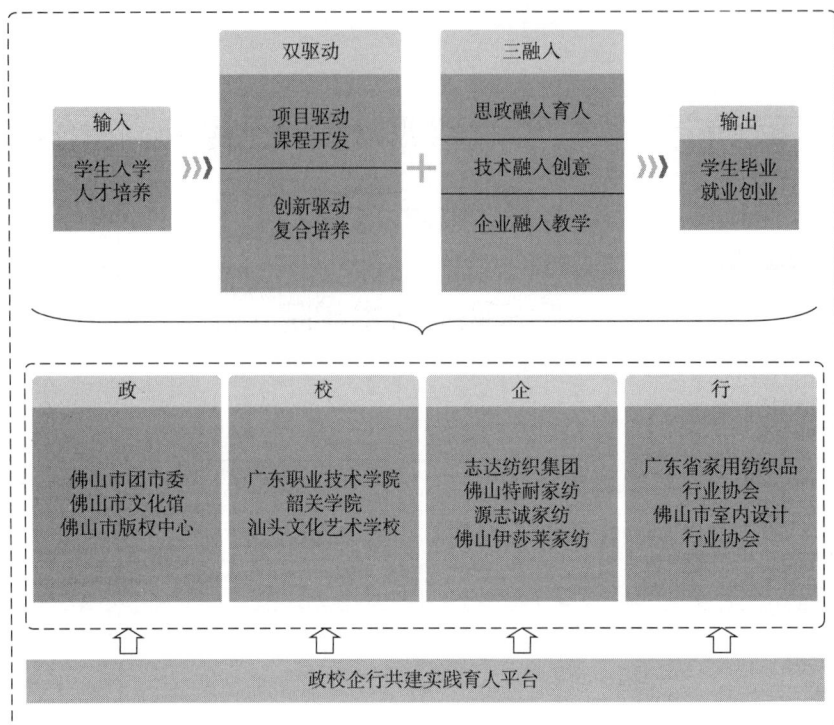

图 1 "泛家居"家纺设计人才"双驱动、三融入"培养模式图

（1）成果构建了"项目驱动课程开发和创新驱动复合培养"为"双驱动"的专业建设模式。以培养泛家居行业技术技能型人才为目标，精准对接泛家居产业链，构建螺旋递进式课程体系，项目制课程教学成效突出，课程成果在服务企业专利、版权方面的成果转化为企业发展提供了源动力，并形成对泛家居产业有实效的技术支撑。

（2）建立了"思政融入育人、技术融入创意、企业融入教学"的"三融入"全过程复合型人才培养模式。艺术设计（家纺设计）专业群实现中职、高职、本科融合贯通培养，打造了辐射家居产品全产业链的"泛家居"家纺设计特色专业群，提升了人才培养质量。

1.2 主要解决的教学问题

（1）构建"双驱动"为专业建设模式，解决技术技能型人才供需矛盾的问题。

（2）建立"三融入"人才培养模式，解决高质量人才培养的问题。

（3）在专业群内打通同专业壁垒，解决区域产业链人才的问题。

2 成果解决教学问题的方法

2.1 构建了"双驱动"专业建设模式，解决"人才供需矛盾"的问题

实施"项目驱动课程开发和创新驱动复合培养"为"双驱动"的专业建设模式。将企业项目融入课程，深化课程改革，将课程成果积极对接成果转换。同时，开展中职、高职、本科多层次人才融通贯通培养，使"教学"与"产业"无缝衔接，解决技术技能型人才供需矛盾问题（图2）。

2.2 创新"三融入"全过程的人才培养模式，解决"高质量人才培养"问题

校企行协同推进"思政融入育人、技术融入创意、企业融入教学"全过程的复合型人才培养模式，确保人才培养质量满足企业需求（图3）。

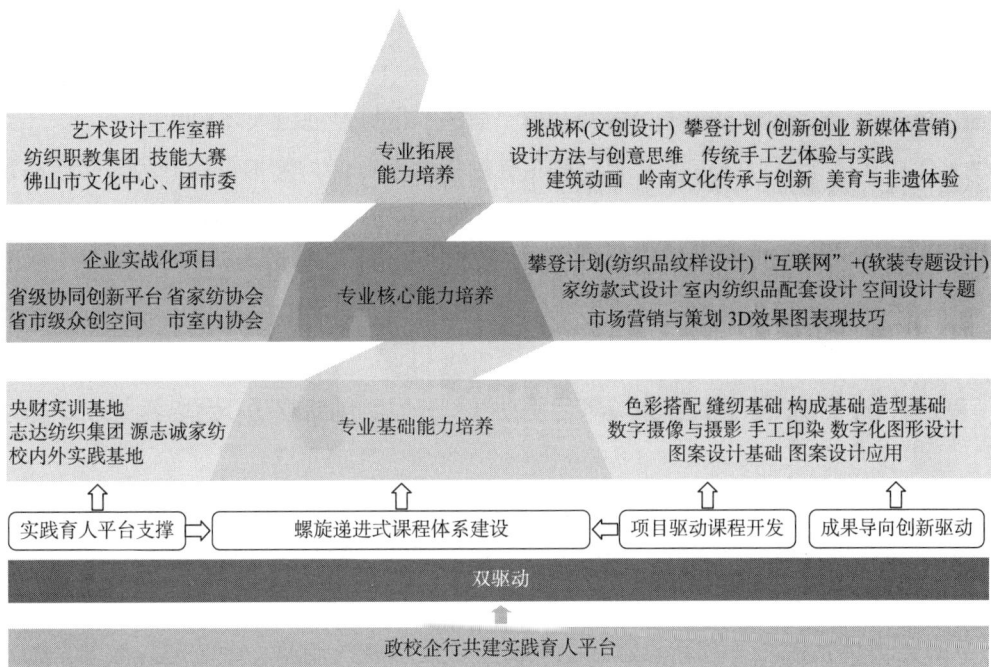

图 2　"项目驱动课程开发和创新驱动复合培养"为"双驱动"的专业建设模式

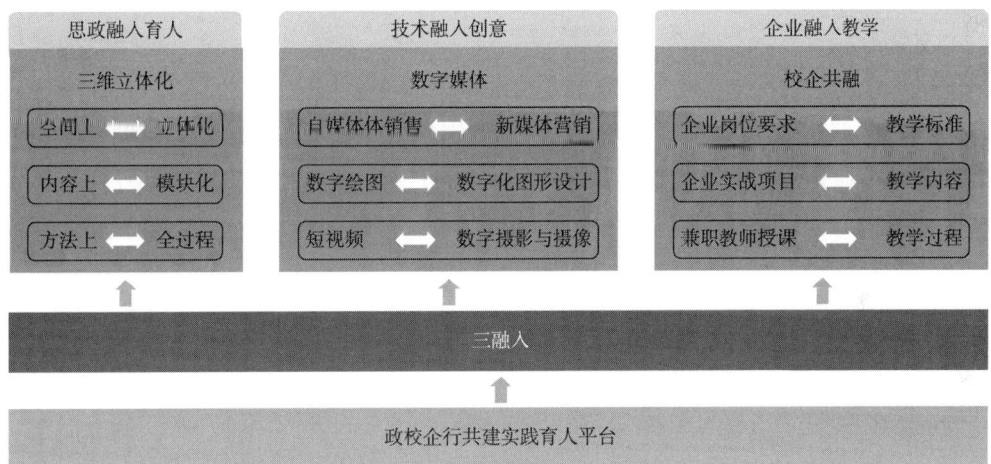

图 3　"三融入"全过程的人才培养模式

（1）加强思政教育体系建设，构建"三维立体化"课程思政教学模式。在"空间、内容、方法"三个维度构建"空间—立体化、内容—模块化、方法—全过程"的整体教学模式。近年来，获得相关省社科规划项目6项、市厅级教科研项目16项，课程思政示范课程2门，有力地提升学生的思政融入育人的实效性。

（2）加强成果转化服务，在技术技能培养的同时加强创新能力培养；近年来，本专业的师生获得专利、软著授权126项，知识版权登记74项，开展社会服务业绩卓著。获大学生"攀登计划"资助项目5项、国家级奖项107个，省级奖项78个。

（3）从"贴近企业"变"融入企业"，坚持"走出去，引进来"，实施"企业大师进校园、学校师生进企业、企业专家进课堂、企业项目进课程，学校教学进企业"的教学方式。校企联合开发校本教材8本、课程标准12门，携手行企共建人才培养基地12个、提供技术服务34项、技能大师工作室1个。

2.3 打造辐射泛家居全产业链的特色专业群，解决"区域产业链人才"问题

映射泛家居产业链，打造辐射泛家居全产业链的特色专业群，艺术设计分为家纺产品设计专业、家纺营销与设计专业、陈设设计专业三大特色专业方向，实现了专业向专业群的延伸。在专业群建设的基础上，通过数字技术的融入，面向家居产品全产业链延伸专业发展。

3 成果的创新点

3.1 专业建设模式创新：构建了以"项目驱动课程开发和创新驱动复合培养"为双驱动的专业建设模式

依托产业优势，落实"双驱动"方针，人才培养精准对接"泛家居"产业链。将企业实战项目融入课程，课程项目成果积极对接专利、知识版权、横向课题、社会服务成果转换。同时，开展中职、高职和本科多层次人才衔接培养，满足企业对人才的多层次需求。

3.2 人才培养体系创新：创新"思政融入育人、技术融入创意、企业融入教学"的"三融入"全过程的人才培养体系

通过政府主导、学校主体、行业指导、企业参与的办学模式，构建专业"基础能力、核心能力、拓展能力"三阶螺旋递进式课程体系，使"教学"与"产业"无缝对接。将"思政融入育人、技术融入创意、教学融入企业"确保人才培养质量满足行业发展需求。

3.3 专业群发展布局：打造了辐射泛家居全产业链的特色专业群，培养复合型设计人才

为适应泛家居产业发展需求，提高专业发展内在动力。通过多年的发展与创新，形成了以地域文化引领、传承创新的"连接紧密、高度共享、优势互补"的专业群发展布局，解决泛家居产业链用人问题。

4 成果的推广应用情况

4.1 校内应用

（1）人才培养质量显著提升。艺术设计（家纺）专业招生就业质量优势明显，自2014年成果应用以来，每年的就业率稳定在98%。与汕头文化艺术学校、龙江职业技术学校展开"三二分段中高职贯通培养"，与韶关学院联合展开"三二分段高本融通培养"，毕业生专插本升学36人，形成了"中、高、本"融通贯通培养的家纺设计人才培养体系。学生在各级各类比赛中取得优异的成绩。近年来，获得大学生攀登计划资助项目5项，累计获得国家级奖项106项、省级奖项78项，凸显了家纺设计复合型人才培养的实效。

（2）社会服务能力持续增强。近5年，助力泛家居产业转型发展，社会影响力日益凸显，面向社会开展的培训及技术服务34项，总到账金额79万余元，承担项目数量与服务产值逐年增长。承办两届广东省教育厅"美育杯"职业院校创意设计大赛、多次主办A级家纺面料的技能培训及鉴定；承办广东省中职艺术设计类教师培训等，为地方企业开展了超过2000人次的培训，为全国兄弟院校培训超1000人次；基于资源库平台协同兄弟院校，开展线上线下培训2000余人/年。有力地服务了行业发展和社会发展，凸显了专业群在教育界、产业界的知名度和影响力。

4.2 校外应用、社会影响和辐射

（1）形成典型案例校外推广。与汕头工艺美术学校开展中高融通人才培养，在该校两个专业中应用，应用效果良好，提高了该校艺术设计专业人才培养质量，惠及8名教师、230名学生；与韶关学院开展高本贯通人才培养，在该校环境艺术设计专业中应用，应用效果良好。在实践过程中产出的优秀成果案例，南方日报、珠江时报、佛山日报等10多家媒体多次进行了相关报道。教学成果、人才培养得到了行企、政府和社会的广泛认可及高度评价，在广东省内乃至全国都产生了广泛的影响和示范效应。

（2）用人单位评价高。近年来举办的全校大型供需见面会和家纺设计毕业生专场招聘会，佛山特耐家纺实业有限公司、佛山伊莎莱纺织装饰有限公司、广州市源志诚家纺有限公司等用人单位踊跃到学校招贤纳士，家纺设计毕业生供不应求。毕业生良好的职业形象和专业素质得到了用人单位的一致认可和高度评价。

院园协同、四能五接：服装与服饰专业学徒制人才培养模式创新与实践

义乌工商职业技术学院

完成人及简况

姓名	性别	所在单位	党政职务	专业技术职称
洪文进	男	义乌工商职业技术学院	服装与服饰设计专业主任	讲师
陈桂林	男	广东省卓越师资教育研究院	广东省卓越师资教育研究院院长	教授
苗钰	女	义乌工商职业技术学院	无	讲师
薛川	女	义乌工商职业技术学院	无	副教授
刘慧芬	女	义乌工商职业技术学院	无	助教

1 成果简介及主要解决的教学问题

1.1 成果简介

在国家战略和职业教育发展的新要求下，高中毕业生和退役军人、下岗职工等多元化生源结构带动了人才培养供给侧和产业需求侧改革，高职服装与服饰设计专业教育改革势在必行。义乌工商职业技术学院服装与服饰设计专业自2015年对专业人才培养改革实施以来，突出协同育人、学徒育人，注重岗位教学、技能教学。成果的形成基于区域特色产业园区、产业集群，依托教育部产教融合典型案例、浙江省教育教学改革研究项目、浙江省思政优秀教学案例，从"学院、产业（创意）园"两个维度，协同设计学徒、学生"基本技能、专项技能、综合技能、创新技能"的四能力，管理学徒过程的"专与职""课与岗""课与职""师与师"与"实与就"的五对接。成果突破了高素质服装技术技能人才培养供给侧和区域产业需求侧在结构、质量、水平上还不能完全适应的瓶颈，畅通育人与用人的无缝衔接，培养了"擅创意、精设计、懂工艺、通商道、厚人文"的复合型创新型技术技能人才，打造了行业范式与标杆。

成果受益学生1400余人，入选教育部产教融合典型案例、浙江省第二批现代学徒制试点、浙江省高校课程思政优秀教学案例，受到行业、企业、学校、教育主管部门领导的一致好评，得到中国教育报、新华网、人民网、浙江工人网等媒体的广泛关注。

1.2 主要解决的教学问题

成果主要解决以下三大教学问题：

（1）校热企冷——脱节问题。

（2）岗多技乏——单一问题。

（3）重理轻实——窄化问题。

2　成果解决教学问题的方法

2.1　构建"院园协同"新机制，用"一体双元"解决校热企冷的脱节问题

构建以学徒制人才培养为载体的学院与产业（创意）园区协同育人机制，成立由学院和产业园区共同组成的一体化学徒制领导小组及工作委员会，搭建"学院元、产业元"协同参与、协同服务、协同获益的可持续发展人才培养平台。二元主体协同负责专业课程教学标准、人才培养方案、教材编写、管理制度制定等建设任务管理，共同解决校企业合作普遍存在的"校热企冷"旧问题。

2.2　搭建"四能递进"新理念，用"技能为王"解决岗多技乏的单一问题

学徒班学生形成"基本技能、专项技能、综合技能、创新技能"的"四能递进"职业技能水平，不断提高升华。根据企业岗位、产业人才供需不平衡需求——岗位多，技术技能人才缺乏的现状，除了完成学徒班学生规定的基础素质课程学习之外进行岗位课程技能递进学习、训练，接受岗位课程技能水平评价考核，为用人岗位技能要求奠定基础（图1）。

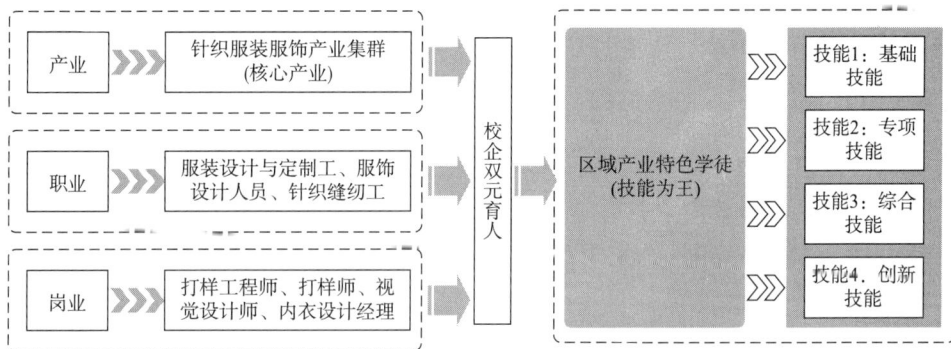

图1　"四能递进"校企双育人岗位技能新理念

2.3　塑造"五维对接"新模式，用"理实一体"解决重理轻实的窄化问题

为了解决重理轻实的窄化问题，实现岗位适应、实践历练、自我塑造等方面的协同作用。对校企双元育人进行了升华，塑造"五维对接"新模式：专业与职业对接。根据产业需求设置专业，明确职业能力标准，按照职业资格要求和能力制订学徒班人才培养方案；课程与岗位对接。分析岗位特点，制定岗位的典型工作任务、职业能力要求，依据岗位职业技能的现实要求，设计课程内容、课程标准，把职业资格证书实践技能纳入教学计划；课堂与职场对接。采用理论与实践结合、学习环境与工作环境交替，将"教、学、做、练"融为一体；教师与师傅对接。实行双岗互聘制度，建立一支双师（教师＋师傅）型学徒班理实教学团队；实习与就业对接。实现顶岗实习与就业无缝对接，推动学生向企业员工角色过渡，强化实训，针对性完成实习任务，适应就业环境。

3　成果的创新点

3.1　提出"一评二证、四能递进"育人理念

创新提出"岗位课程核心技能水平评价、职业资格证书、'1+X'证书"和"岗位技能培育、专项技能优化、综合技能训练、创新技能"递进提升的"1E2C+PSSC"综合育人理念，积极引导学生树立

"眼高手强"的学习意识。通过二级学院、产业（创意）园区协同联动，为学生不同阶段学徒提供指导与服务，依托无缝针织服装产业园、商城设计学院等各类联盟平台的建设，实现校企双元育人全域整体推进。

3.2 探索"院园一体协同、三维互动"育人机制

根据服装与服饰设计专业特性，将院校制与园区制结合，各育人环节以坚持岗位实训和生产实训分主次。2020年，与义乌市创意园、园区针织无缝针织企业一体签订《无缝针织服装园区产业特色学徒育人合作协议》，衔接院校育人与产业育人，形成学院元、产业元育人主体责任的协同，从院校、园区和产业三个维度立体式全域构建学徒育人良性互动。

3.3 整体推进"五维对接、理实一体"全链式育人环节

创新提出"五维对接、理实一体"全链式的概念，设计"专业与职业""课程与岗位""课堂与职场""教师与师傅""实习与就业"的"五维"对接育人实践环节。通过二级学院、产业（创意）园区协同联动，为学生在"课程理论""岗位实践""生产实践"等不同阶段提供指导和服务，依托无缝针织产业园区、行业龙头企业等平台，实现区域产业集群特色学徒育人环节的全链整体推进。

4 成果的推广应用情况

4.1 校内推广，发挥"示范区"作用

产教融合，校企双元育人模式成效卓著发挥示范区的作用。教育部职业教育与成人教育司组织、中国教育发展战略学会产教融合专业委员会发布2021年产教融合校企合作典型案例，学院《面向市场聚焦转化——建设多元混合所有制商城设计学院，打造产教融合"义乌新范式"》。入选2021年全国高职高专校长联席会"优秀案例"。

4.2 同行学习，发挥"引领者"作用

学院服装与服饰设计专业牵头，与省内3所兄弟高职院校、省级产教融合型企业浙江梦娜袜业股份有限公司、浙江天派针织服股份有限公司、浙江宝娜斯袜业有限公司、浙江蓝天制衣有限公司等校企共同发起组建"无缝针织服装服饰校企联盟"，同行互相学习、借鉴、传播产教融合下的成果经验，引领特色学徒人才培养新风尚。

4.3 领导评价，发挥"思想库"作用

近几年，团队成员分别在期刊、媒体发表署名文章，介绍义乌区域产业集群特色学徒教育经验，应邀参加国内高端会议，专题介绍区域产业集群特色学徒教育经验，得到行业协会领导一致好评与肯定。撰写有关咨询报告、决策建议，受到省部级领导批示，发挥重要智库作用。

4.4 媒体报道，引起社会反响

人民日报、中国教育新闻网、中国教育在线、浙江工人网、金华网等媒体纷纷报道"多元混合制"，打造产教融合新范式的产业集群特色学徒教育工作，引起社会反响。

附　录

"纺织之光" 2022年度中国纺织工业联合会纺织职业教育教学成果奖预评审会议专家名单

序号	工作单位	姓名	学术（行政）职务
1	常州纺织服装职业技术学院	夏冬	教务处长
2	广东女子职业技术学院	和健	主任
3	广东职业技术学院	古发辉	教务处长
4	江苏工程职业技术学院	尹桂波	教务处长

"纺织之光" 2022年度中国纺织工业联合会纺织职业教育教学成果奖评审会议专家名单

序号	工作单位	姓名	学术（行政）职务
1	常州纺织服装职业技术学院	郭雪峰	纺织学院院长
2	广东女子职业技术学院	龙建佑	校长
3	广东职业技术学院	古发辉	教务处长
4	广西纺织工业学校	汪薇	教师
5	广州市纺织服装职业学校	段恋	副校长
6	杭州职业技术学院	郑小飞	达利女装学院院长
7	江苏工程职业技术学院	陆锦军	校长
8	山东科技职业学院	王晓卫	科研与专利管理中心主任
9	山东轻工职业学院	王鸿霖	国际时尚学院教学副院长
10	陕西工业职业技术学院	康强	党委副书记
11	四川省服装艺术学校	黄英	质管办主任
12	苏州经贸职业技术学院	盛立强	党委委员、副院长
13	温州职业技术学院	章瓯雁	设计学院院长
14	武汉职业技术学院	李望云	副校长
15	义乌工商职业技术学院	金红梅	创意设计学院院长、创意园主任
16	浙江纺织服装职业技术学院	郑卫东	校长
17	浙江工业职业技术学院	祝良荣	纺织学院院长

"纺织之光"2022年度中国纺织工业联合会纺织职业教育教学成果奖网络评审专家名单

序号	院校	姓名	职称	序号	院校	姓名	职称
1	安徽职业技术学院	张文徽	副教授	32	广东女子职业技术学院	何文华	教授
2	安徽职业技术学院	瞿永	二级教授	33	广东女子职业技术学院	龚成清	副教授
3	安徽职业技术学院	许平山	教授	34	广东女子职业技术学院	卢志高	副研究员
4	安徽职业技术学院	张勇	教授	35	广东女子职业技术学院	赖亮鑫	副教授
5	安徽职业技术学院	张莉	副教授	36	广东女子职业技术学院	牛岩红	副高
6	昌乐宝石中等专业学校	徐真真	讲师	37	广东女子职业技术学院	王凤基	研究员
7	常州纺织服装职业技术学院	夏冬	教授	38	广东女子职业技术学院	肖建辉	副教授
8	常州纺织服装职业技术学院	郭雪峰	教授、高级工程师	39	广东女子职业技术学院	谢卓君	教授
9	常州纺织服装职业技术学院	陶丽珍	教授	40	广东女子职业技术学院	汤健雄	副教授
10	常州纺织服装职业技术学院	刘建平	教授	41	广东女子职业技术学院	徐万清	讲师
11	常州纺织服装职业技术学院	岳仕芳	教授	42	广东女子职业技术学院	谢秀红	副教授
12	常州纺织服装职业技术学院	袁霞	副教授	43	广东女子职业技术学院	黄华林	讲师
13	常州纺织服装职业技术学院	孙宏	副教授	44	广东女子职业技术学院	郭晓洁	副教授
14	常州纺织服装职业技术学院	李蔚	副教授	45	广东女子职业技术学院	黄娟	讲师
15	常州纺织服装职业技术学院	卞颖星	副教授	46	广东女子职业技术学院	石利平	副教授
16	常州纺织服装职业技术学院	潘维梅	副教授	47	广东女子职业技术学院	罗海滨	高级经济师
17	常州纺织服装职业技术学院	季凤芹	副教授	48	广东女子职业技术学院	李红杰	讲师、高级工艺美术师
18	常州纺织服装职业技术学院	宋黎菁	副教授	49	广东女子职业技术学院	王永健	副教授、高级服装设计师
19	常州纺织服装职业技术学院	钟璞	副教授、高级工程师	50	广东女子职业技术学院	蒋桂梅	副教授
20	常州纺织服装职业技术学院	刘子明	副教授、高级工程师	51	广东女子职业技术学院	贺聪华	中级
21	常州纺织服装职业技术学院	包忠明	教授	52	广东女子职业技术学院	和健	副高
22	常州纺织服装职业技术学院	翁治清	副教授	53	广东职业技术学院	吴教育	教授
23	成都纺织高等专科学校	宋超	教授	54	广东职业技术学院	古发辉	教授
24	成都纺织高等专科学校	江磊	教授	55	广东职业技术学院	李竹君	教授
25	成都纺织高等专科学校	阳川	教授	56	广东职业技术学院	洪洲	教授
26	成都纺织高等专科学校	刘银锋	副教授	57	广东职业技术学院	王丹玲	教授
27	东莞市纺织服装学校	江学斌	高级讲师	58	广东职业技术学院	陈海玲	副教授
28	东莞市纺织服装学校	李军	高级讲师	59	广东职业技术学院	杨桦	副教授
29	东莞职业技术学院	亓晓丽	副教授	60	广东职业技术学院	文水平	副教授
30	佛山南海理工	钟柳花	服装设计与工艺高级讲师	61	广东职业技术学院	李文东	教授
31	广东女子职业技术学院	龙建佑	教授	62	广东职业技术学院	李集城	副教授

序号	院校	姓名	职称	序号	院校	姓名	职称
63	广东职业技术学院	梁冬	副教授	96	杭州职业技术学院	张守运	副教授
64	广东职业技术学院	朱江波	副教授	97	杭州职业技术学院	梅笑雪	副教授
65	广东职业技术学院	范新民	副教授	98	杭州职业技术学院	徐高峰	教授
66	广东职业技术学院	任洁	副教授	99	河北科技工程职业技术大学	王丽霞	教授
67	广东职业技术学院	任丽惠	副教授	100	河北科技工程职业技术大学	王瑞芹	副教授
68	广东职业技术学院	陈孟超	服装设计高级技师、讲师	101	河北科技工程职业技术大学	孙超	副教授
69	广东职业技术学院	邹振兴	讲师	102	河北科技工程职业技术大学	张晓明	副教授
70	广东职业技术学院	邓宏亮	讲师	103	河北科技工程职业技术大学	王振贵	副教授
71	广西纺织工业学校	马宇丽	高级讲师	104	河北科技工程职业技术大学	张静	副教授
72	广西纺织工业学校	汪薇	正高级讲师	105	河北科技工程职业技术大学	臧莉静	副教授
73	广西纺织工业学校	巴亮	高级讲师	106	河源职业技术学院	高晓杰	副教授
74	广西纺织工业学校	梁慧婷	高级讲师	107	河源职业技术学院	胡叶娟	副教授
75	广西纺织工业学校	李红梅	高级讲师	108	淮北职业技术学院	王莹莹	教授
76	广西纺织工业学校	柏千梅	高级讲师	109	淮北职业技术学院	谢保卫	高级工程师
77	广西纺织工业学校	蒋智忠	高级讲师	110	嘉兴学院	虞紫英	副教授
78	广西纺织工业学校	姚洁	高级讲师	111	嘉兴学院	徐利平	副教授
79	广西纺织工业学校	刘梅	正高级讲师	112	嘉兴学院	罗建勋	副教授
80	广州南洋理工职业学院	倪进方	副教授	113	嘉兴职业技术学院	代绍庆	副教授
81	广州市纺织服装职业学校	段恋	高级讲师	114	嘉兴职业技术学院	罗晓菊	副教授
82	广州市纺织服装职业学校	丁伟	高级讲师	115	嘉兴职业技术学院	蒙冉菊	副教授
83	广州市纺织服装职业学校	阳洪东	高级讲师	116	嘉兴职业技术学院	曹颖	副教授
84	杭州万向职业技术学院	黄格红	副教授	117	江苏工程职业技术学院	陆锦军	教授
85	杭州万向职业技术学院	李志梅	教授	118	江苏工程职业技术学院	孙兵	教授
86	杭州职业技术学院	郑小飞	副教授	119	江苏工程职业技术学院	仲岑然	教授
87	杭州职业技术学院	王天红	副教授	120	江苏工程职业技术学院	尹桂波	教授
88	杭州职业技术学院	白志刚	教授	121	江苏工程职业技术学院	贾礼进	教授
89	杭州职业技术学院	卢华山	教授	122	江苏工程职业技术学院	倪红耀	副教授
90	杭州职业技术学院	章瓯雁	教授	123	江苏工程职业技术学院	徐益	副教授
91	杭州职业技术学院	袁飞	副教授	124	江苏工程职业技术学院	杨晓红	教授
92	杭州职业技术学院	刘椏楠	副教授	125	江苏工程职业技术学院	洪杰	副教授
93	杭州职业技术学院	张虹	副教授	126	江苏工程职业技术学院	马昀	教授
94	杭州职业技术学院	曹帧	副教授	127	江苏工程职业技术学院	吉利梅	副教授
95	杭州职业技术学院	郭雪松	副教授	128	江苏工程职业技术学院	丛炜莉	副教授

序号	院校	姓名	职称	序号	院校	姓名	职称
129	江苏工程职业技术学院	胡革	副教授	160	江阴职业技术学院	王银明	副教授
130	江苏工程职业技术学院	姜冬莲	教授	161	江阴职业技术学院	陈英	副教授
131	江苏工程职业技术学院	魏振乾	副教授	162	江阴职业技术学院	周悦	高级实验师
132	江苏工程职业技术学院	耿琴玉	教授	163	黎明职业大学	吕明旭	副研究员
133	江苏工程职业技术学院	刘桂阳	副教授	164	黎明职业大学	曾安然	副教授
134	江苏工程职业技术学院	季媛	讲师	165	黎明职业大学	侯霞	副教授
135	江苏工程职业技术学院	陈桂香	副教授	166	辽宁轻工职业学院	常元	副教授
136	江苏工程职业技术学院	张炜栋	副教授	167	辽宁轻工职业学院	乔燕	副教授
137	江苏工程职业技术学院	陈伟伟	副教授	168	辽宁轻工职业学院	曲侠	副教授
138	江苏工程职业技术学院	李朝晖	副教授	169	辽宁轻工职业学院	高世会	副教授
139	江苏工程职业技术学院	马顺彬	副教授	170	辽宁轻工职业学院	马丽群	教授
140	江苏工程职业技术学院	邵改芹	副教授	171	辽宁轻工职业学院	潘岩	副教授
141	江苏工程职业技术学院	张盼	讲师	172	辽宁轻工职业学院	于莉	副教授
142	江苏工程职业技术学院	马文静	讲师	173	辽宁轻工职业学院	宋东霞	副教授
143	江苏工程职业技术学院	高星	讲师	174	辽宁轻工职业学院	韩英波	教授
144	江苏工程职业技术学院	胡志刚	副教授	175	辽宁轻工职业学院	夏立娟	讲师
145	江苏工程职业技术学院	陈伟卓	副教授	176	辽宁轻工职业学院	韩雪	副教授
146	江苏工程职业技术学院	陆艳	讲师	177	辽宁轻工职业学院	孙伟	副教授
147	江苏工程职业技术学院	刘梅城	副教授	178	辽宁轻工职业学院	乔国荣	教授
148	江苏省南通中等专业学校	施捷	正高级讲师	179	南宁职业技术学院	李丕玉	讲师、工艺美术师
149	江西工业职业技术学院	杜庆华	教授	180	南宁职业技术学院	罗冬梅	副教授
150	江西工业职业技术学院	张苹	教授	181	南宁职业技术学院	尹红	教授
151	江西工业职业技术学院	刘琼	副教授	182	宁夏民族职业技术学院	刘云	讲师
152	江西工业职业技术学院	唐磊	副教授	183	青岛市城阳区职业教育中心学校	祝梅	正高级讲师
153	江西工业职业技术学院	赖燕燕	副教授	184	青岛市城阳区职业教育中心学校	孙文谦	高级讲师
154	江西工业职业技术学院	程曦	讲师	185	青岛市城阳区职业教育中心学校	肖立飞	高级讲师
155	江西工业职业技术学院	徐缓	副教授	186	青岛职业技术学院	乔璐	教授
156	江西工业职业技术学院	谭艳	教授	187	青岛职业技术学院	刘卫国	副教授
157	江西工业职业技术学院	李菊华	副教授	188	青岛职业技术学院	黄娜	副教授
158	江西工业职业技术学院	甘志红	教授	189	泉州纺织服装职业学院	吴赞敏	教授
159	江西工业职业技术学院	王飞	教授	190	泉州纺织服装职业学院	韩静	副教授

序号	院校	姓名	职称	序号	院校	姓名	职称
191	泉州纺织服装职业学院	郑琦珲	副教授	224	陕西工业职业技术学院	杨小侠	副教授
192	沙洲职业工学院	于勤	教授	225	陕西工业职业技术学院	潘红玮	副教授
193	沙洲职业工学院	范尧明	教授	226	陕西工业职业技术学院	裴建平	副教授
194	沙洲职业工学院	费燕娜	讲师	227	陕西工业职业技术学院	赵伟	副教授
195	山东科技职业学院	徐晓雁	教授	228	陕西工业职业技术学院	袁丰华	副教授
196	山东科技职业学院	杨晓丽	副教授	229	陕西工业职业技术学院	杨华	副教授
197	山东科技职业学院	李公科	副教授	230	陕西工业职业技术学院	李仲伟	副教授
198	山东科技职业学院	陈国强	副教授	231	上海纺织工业职工大学	吕雯俊	高级经济师
199	山东科技职业学院	管伟丽	副教授	232	上海纺织工业职工大学	解德诚	教授级高级工程师
200	山东科技职业学院	孙金平	副教授	233	上海纺织工业职工大学	储谨毅	高级工程师
201	山东科技职业学院	王艳芳	副教授	234	上海纺织工业职工大学	周学军	高级工程师
202	山东科技职业学院	冯华	高级实验师	235	上海纺织工业职工大学	周静	讲师
203	山东科技职业学院	董敬贵	教授	236	四川省蚕丝学校	冯锐	高级讲师
204	山东科技职业学院	张振东	教授	237	四川省蚕丝学校	黄英	正高级讲师
205	山东科技职业学院	董传民	教授	238	四川省蚕丝学校	叶菁	高级讲师
206	山东科技职业学院	王晓卫	副教授	239	苏州经贸职业技术学院	赵驰轩	研究员
207	山东轻工职业学院	梁菊红	教授	240	苏州经贸职业技术学院	盛立强	教授
208	山东轻工职业学院	李志刚	副教授	241	苏州经贸职业技术学院	周燕	教授
209	山东轻工职业学院	马雪梅	副教授	242	苏州经贸职业技术学院	周谨	教授
210	山东轻工职业学院	陈爱香	副教授	243	苏州经贸职业技术学院	杭伟明	教授
211	山东轻工职业学院	赵爱国	研究员、教授	244	威海职业学院	姜华美	副教授
212	山东轻工职业学院	王鸿霖	教授、高级工程师	245	温州职业技术学院	施凯	教师
213	山东轻工职业学院	杨新月	副教授	246	温州职业技术学院	潘玲珍	副研究员
214	山东特殊教育职业学院	宋泮涛	副教授	247	温州职业技术学院	章瓯雁	教授
215	陕西工业职业技术学院	贾格维	教授	248	温州职业技术学院	李洁	副教授
216	陕西工业职业技术学院	杨建民	教授二级	249	温州职业技术学院	刘长江	副教授
217	陕西工业职业技术学院	康强	教授	250	温州职业技术学院	钱小微	教授
218	陕西工业职业技术学院	姚海伟	副教授	251	温州职业技术学院	孟志军	教授
219	陕西工业职业技术学院	赵双军	副教授	252	温州职业技术学院	邢旭佳	教授
220	陕西工业职业技术学院	王化冰	教授	253	温州职业技术学院	章纬超	正高级实验师
221	陕西工业职业技术学院	纪惠军	教授	254	温州职业技术学院	吴国智	副教授
222	陕西工业职业技术学院	王显方	教授	255	温州职业技术学院	蒋振刚	副教授
223	陕西工业职业技术学院	严瑛	教授	256	温州职业技术学院	林莹懿	副教授

序号	院校	姓名	职称	序号	院校	姓名	职称
257	无锡工艺职业技术学院	潘早霞	副教授	289	烟台南山学院	左洪芬	副教授
258	无锡工艺职业技术学院	许家岩	副教授	290	盐城工业职业技术学院	邵从清	教授
259	无锡工艺职业技术学院	张静	讲师	291	盐城工业职业技术学院	瞿才新	教授
260	无锡工艺职业技术学院	吴萍	副教授	292	盐城工业职业技术学院	秦晓	副教授
261	无锡工艺职业技术学院	严华	副教授	293	盐城工业职业技术学院	刘华	教授
262	无锡工艺职业技术学院	李斌	正高级工艺美术师	294	盐城工业职业技术学院	杜梅	教授
263	无锡工艺职业技术学院	朱书华	副教授、正高级工艺美术师	295	盐城工业职业技术学院	赵磊	副教授
264	无锡工艺职业技术学院	李兴振	副教授	296	盐城工业职业技术学院	陈春侠	副教授
265	无锡工艺职业技术学院	刘莹	讲师	297	盐城工业职业技术学院	陈玉红	副教授
266	无锡工艺职业技术学院	方洁	副教授	298	盐城工业职业技术学院	周红涛	副教授
267	无锡工艺职业技术学院	朱旭东	副教授	299	盐城工业职业技术学院	陈贵翠	副教授
268	无锡工艺职业技术学院	张家骅	讲师	300	盐城工业职业技术学院	刘艳	副教授
269	武汉职业技术学院	戴冬秀	副教授	301	盐城工业职业技术学院	王林玉	副教授
270	武汉职业技术学院	孔莉	副教授	302	盐城工业职业技术学院	周荣虎	副教授
271	武汉职业技术学院	全建业	讲师	303	盐城工业职业技术学院	施建华	副教授、高级工程师
272	武汉职业技术学院	包振华	教授	304	盐城工业职业技术学院	肖民尧	副教授、高级工程师
273	武汉职业技术学院	何方容	教授	305	盐城工业职业技术学院	陈安柱	副教授
274	武汉职业技术学院	李岳	副教授	306	盐城工业职业技术学院	朱璟	副教授、高级工程师
275	武汉职业技术学院	王作宏	副教授	307	盐城工业职业技术学院	陈杰	副教授
276	武汉职业技术学院	任泉竹	副教授	308	扬州市职业大学	陈亮	副教授
277	武汉职业技术学院	高菁	副教授	309	扬州市职业大学	徐继红	教授
278	武汉职业技术学院	陈汉东	副教授	310	义乌工商职业技术学院	马广	教授
279	武汉职业技术学院	汪玲	副教授	311	义乌工商职业技术学院	朱加民	教授
280	武汉职业技术学院	侯利华	讲师	312	义乌工商职业技术学院	金红梅	教授
281	武汉职业技术学院	肖琦	讲师	313	义乌工商职业技术学院	华丽霞	副教授
282	烟台南山学院	王晓	副教授	314	义乌工商职业技术学院	龚晓嵘	副教授
283	烟台南山学院	王鸣	教授	315	义乌工商职业技术学院	洪文进	讲师
284	烟台南山学院	金晓	教授	316	义乌工商职业技术学院	刘慧芬	助教
285	烟台南山学院	张淑梅	副教授	317	浙江纺织服装职业技术学院	郑卫东	研究员
286	烟台南山学院	王文志	副教授	318	浙江纺织服装职业技术学院	杨威	教授
287	烟台南山学院	梁立立	副教授	319	浙江纺织服装职业技术学院	王成	教授
288	烟台南山学院	张媛媛	副教授	320	浙江纺织服装职业技术学院	董杰	副研究员

续表

序号	院校	姓名	职称	序号	院校	姓名	职称
321	浙江纺织服装职业技术学院	陈海珍	教授	336	浙江工业职业技术学院	项伟	教授
322	浙江纺织服装职业技术学院	胡贞华	副教授	337	浙江工业职业技术学院	张奇鹏	副教授
323	浙江纺织服装职业技术学院	张鹏	教授	338	浙江工业职业技术学院	李志刚	副教授
324	浙江纺织服装职业技术学院	朱远胜	教授	339	浙江工业职业技术学院	金关秀	教授
325	浙江纺织服装职业技术学院	叶宏武	教授	340	浙江工业职业技术学院	杨宏林	副教授
326	浙江纺织服装职业技术学院	夏建明	教授	341	浙江工业职业技术学院	高丽贤	副教授
327	浙江纺织服装职业技术学院	罗炳金	教授	342	浙江工业职业技术学院	董艳	副教授
328	浙江纺织服装职业技术学院	张芝萍	教授	343	浙江艺术职业学院	项敢	副教授
329	浙江纺织服装职业技术学院	孟海涛	教授	344	浙江艺术职业学院	李雪芬	副教授
330	浙江纺织服装职业技术学院	于虹	副教授	345	浙江艺术职业学院	巴蕾	副教授
331	浙江纺织服装职业技术学院	龚勤理	教授	346	郑州市科技工业学校	花芬	高级讲师
332	浙江工业职业技术学院	祝良荣	教授	347	郑州市科技工业学校	马越雁	正高级讲师
333	浙江工业职业技术学院	蒋少军	教授	348	重庆科技职业学院	周明星	正高级
334	浙江工业职业技术学院	胡海霞	教授	349	重庆科技职业学院	周启风	教授
335	浙江工业职业技术学院	张毅	副教授	350	淄博理工学校	袁鹏	讲师